Gruber I Neumann

Erfolg im Mathe-Abi

Übungsbuch Bayern Grundwissen mit Tipps und Lösungen

Gruber | Neumann

Erfolg im Mathe-Abi

Grundwissen
Bayern

Übungsbuch
mit Tipps und Lösungen

Freiburger Verlag

Vorwort

Erfolg von Anfang an

...ist das Geheimnis eines guten Abiturs.

Dieses Übungsbuch ist speziell auf die Anforderungen des neuen G8-Abiturs in Bayern abgestimmt und enthält alle Themenbereiche Analysis, Analytische Geometrie und Stochastik.

Das Buch besteht aus zwei Teilen: Teil 1 enthält viele kurze Aufgaben, mit denen das Grundwissen in Mathematik aufgefrischt und gefestigt werden kann. Teil 2 enthält Anwendungsaufgaben, die etwas komplexer sind und so die Möglichkeit bieten, den Stoff zu vernetzen und zu vertiefen.

Anspruchsvolle Aufgaben sind mit einem Sternchen * gekennzeichnet.

Im Buch «Erfolg im Mathe-Abi Bayern Prüfungsaufgaben» finden Sie dann Muster-Abituraufgaben sowie die Original-Abituraufgaben ab 2011 mit Tipps und ausführlichen und verständlichen Lösungen.

Der blaue Tippteil

Hat man keine Idee, wie man eine Aufgabe angehen soll, hilft der blaue Tippteil zwischen Aufgaben und Lösungen weiter: Zu jeder Aufgabe gibt es dort Tipps, die helfen, einen Ansatz zu finden, ohne die Lösung vorwegzunehmen.

Wie arbeiten Sie mit diesem Buch?

Mit diesem Buch können Sie Ihre mathematischen Grundlagen auffrischen. Dazu befindet sich am Anfang jedes Kapitels eine kurze thematische Übersicht. Die einzelnen Kapitel bauen zwar aufeinander auf, doch ist es nicht zwingend notwendig, das Buch der Reihe nach durchzuarbeiten. Die Aufgaben sind oft in ihrer Schwierigkeit gestaffelt.

Den besten Lerneffekt erreichen Sie, wenn Sie beim Aufgabenlösen zuerst im Tippteil nachschauen. Die Lösungen mit ausführlichen und verständlichen Lösungswegen bilden den letzten Teil des Übungsbuchs. Hier finden Sie neben den notwendigen Formeln, Rechenverfahren und Denkschritten auch sinvolle alternative Lösungswege.

Allen Schülerinnen und Schülern, die sich auf das Abitur vorbereiten, wünschen wir viel Erfolg.

Helmut Gruber und Robert Neumann

Der Ablauf der Abiturprüfung

Die Schule erhält insgesamt Aufgaben zur Auswahl.

Der Fachausschuss wählt dann aus den sechs zur Verfügung gestellten Aufgaben je eine zur Bearbeitung aus:

Analysis

Analysis Aufgabe 1	oder	Analysis Aufgabe 2

Analytische Geometrie

Analytische Geometrie Aufgabe 1	oder	Analytische Geometrie Aufgabe 2

Stochastik

Stochastik Aufgabe 1	oder	Stochastik Aufgabe 2

Die Abiturprüfung besteht also aus **drei Teilaufgaben**: Einer Analysisaufgabe, einer Aufgabe der Analytischen Geometrie und einer Stochastikaufgabe. Die Prüfungszeit beträgt 240 Minuten.
Der Schwerpunkt der Prüfung liegt auf der Analysis, Geometrie und Stochastik spielen eine untergeordnete Rolle.
Insgesamt können 120 Bewertungseinheiten (BE) erreicht werden. Davon entfallen auf die Analysis 60 BE und auf die Stochastik und die Geometrie je 30 BE.
Im Abitur ist neben einem zugelassenen Taschenrechner und der Stochastiktabelle nicht mehr die Verwendung einer Formelsammlung erlaubt. Stattdessen gibt es eine sogenannte «Merkhilfe». Diese kann auf den Internetseiten des ISB unter www.isb.bayern.de heruntergeladen werden. Sie enthält in knapper Form alle wesentlichen Formeln für das Mathematik-Abitur.

Inhaltsverzeichnis

Teil 1 - Grundwissen

Analysis

Analytische Geometrie

Stochastik

Teil 2 - Anwendungsaufgaben

Analysis

Analytische Geometrie

Stochastik

Teil 1 – Grundwissen

Analysis

1 Von der Gleichung zur Kurve

Tipps ab Seite 77, Lösungen ab Seite 110

In diesem Kapitel geht es um die Grundfunktionen und ihre Verschiebung, Streckung und Spiegelung. Dazu sollten Sie die Graphen der wichtigsten Grundfunktionen kennen. Es handelt sich um:

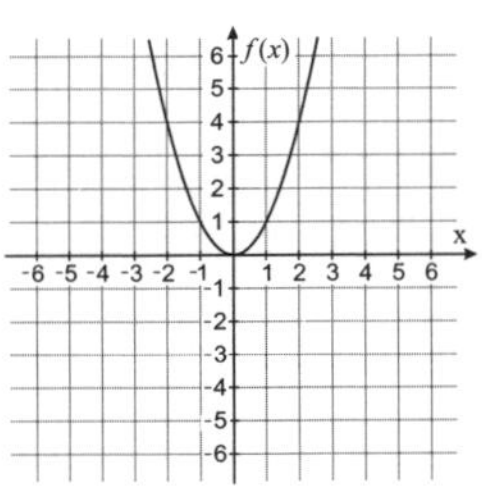

$f(x) = x^2$

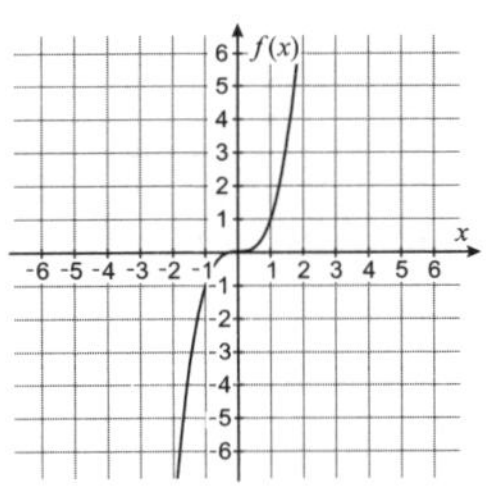

$f(x) = x^3$

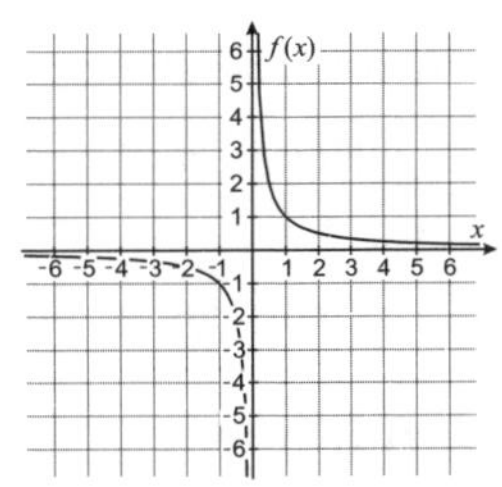

$f(x) = \frac{1}{x}$

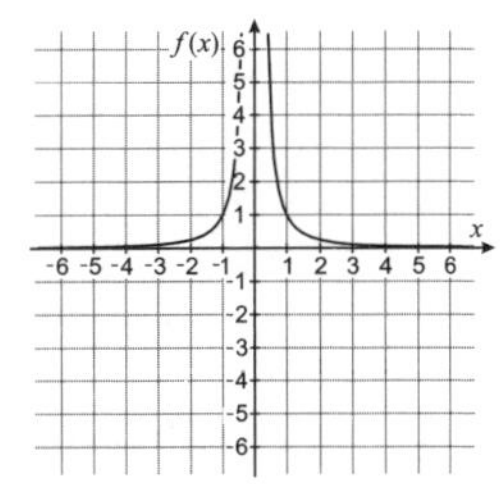

$f(x) = \frac{1}{x^2}$

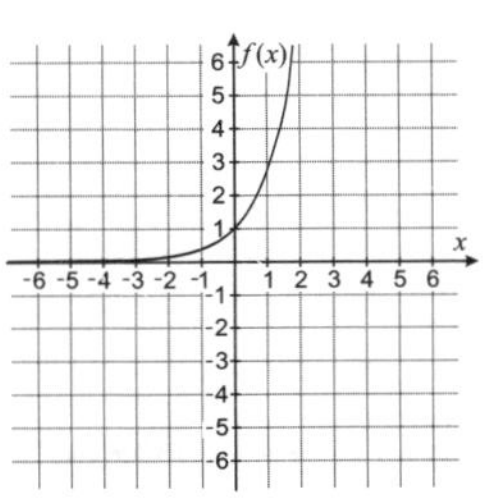

$f(x) = e^x$

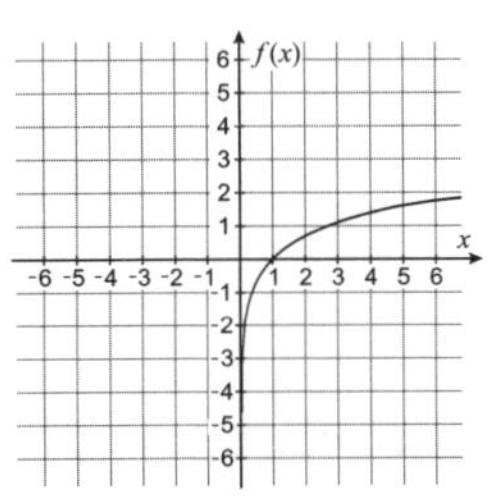

$f(x) = \ln x$

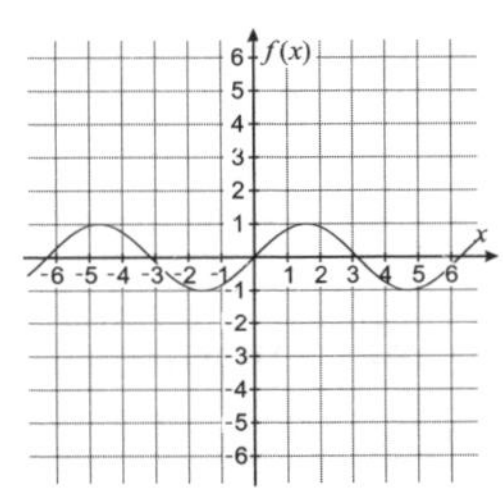

$f(x) = \sin x$

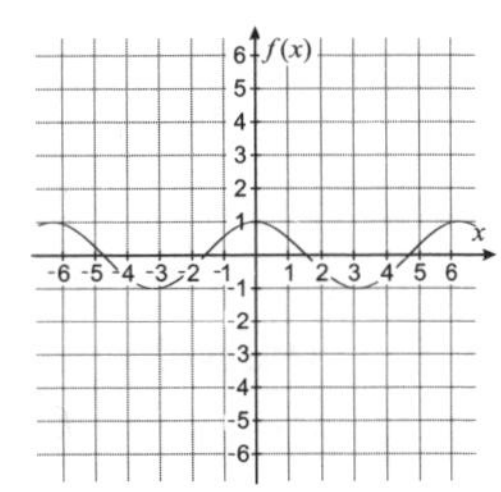

$f(x) = \cos x$

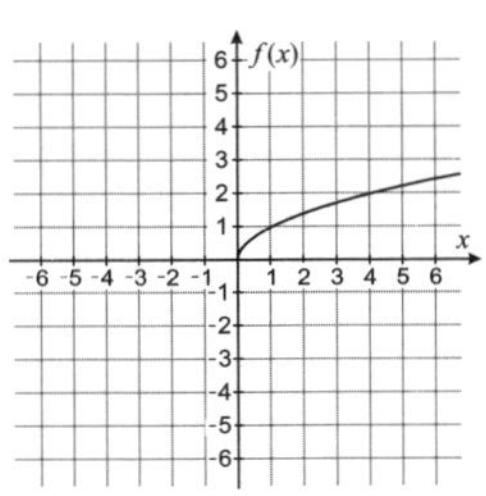

$f(x) = \sqrt{x}$

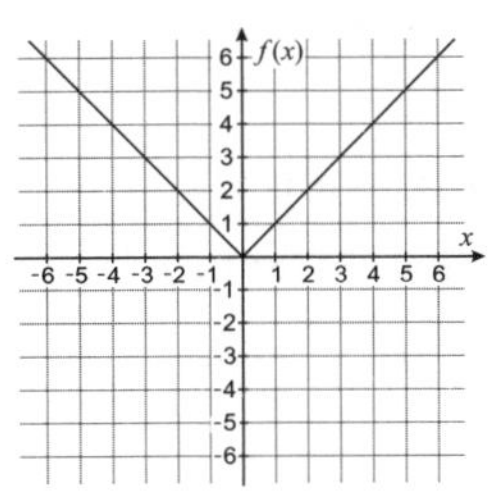

$f(x) = |x|$

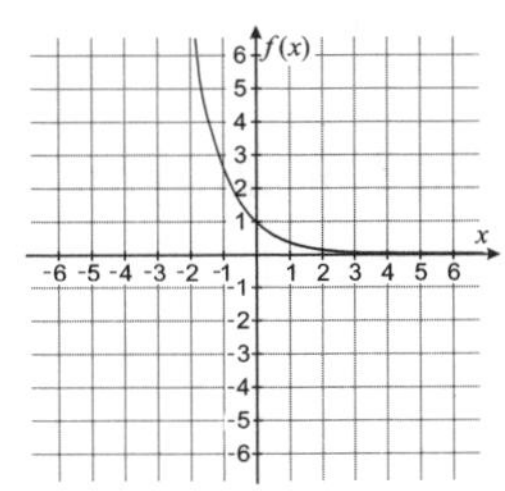

$f(x) = e^{-x}$

Diese Grundfunktionen lassen sich verschieben und strecken:

Beispiel: Die Parabel $f(x) = x^2$

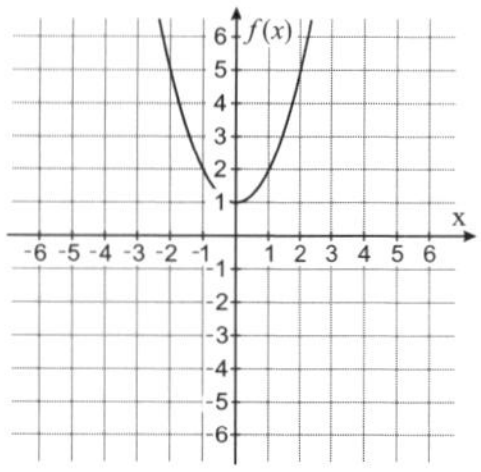

$f(x) = x^2 + 1$

Verschiebung um 1 LE in y-Richtung: das absolute Glied ist 1.

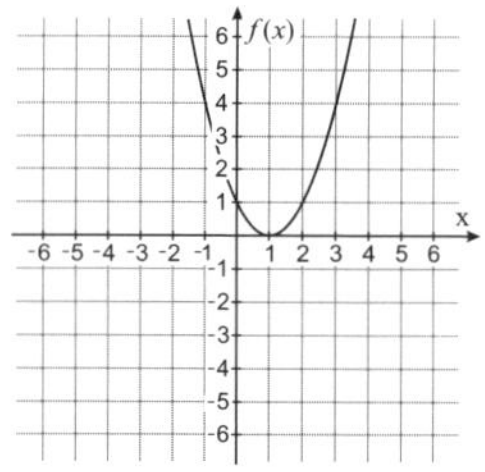

$f(x) = (x-1)^2$

Verschiebung um 1 LE in y-Richtung: x wird ersetzt durch $(x-1)$

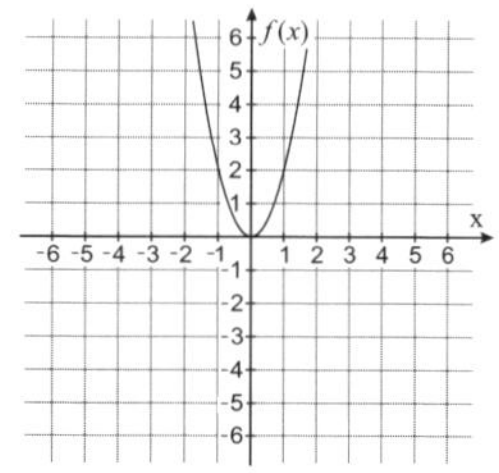

$f(x) = 2 \cdot x^2$

Streckung in y-Richtung um den Faktor 2. Die Funktionsgleichung wird mit 2 multipliziert.

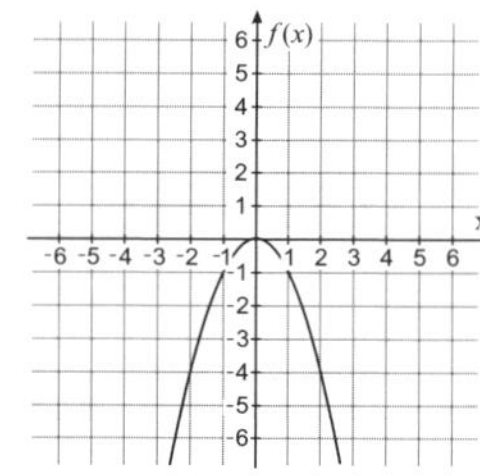

$f(x) = -x^2$

Spiegelung an der x-Achse: Die Funktionsgleichung wird mit -1 multipliziert.

Weitere Variationen:

- Spiegelung an der y-Achse: Hierzu wird x ersetzt durch $(-x)$
- Stauchen in x-Richtung: Hierzu wird x ersetzt durch $a \cdot x$. Der Graph wird bei einem Faktor, der größer als 1 ist, gestaucht, d.h. in x-Richtung «kürzer» und bei einem Faktor, der kleiner als 1 ist, gestreckt, d.h. in x-Richtung «länger».

1.1 Ganzrationale Funktionen

Skizzieren Sie die Graphen folgender Funktionen und bestimmen Sie die Schnittpunkte mit den Koordinatenachsen.

a) $f(x) = \frac{1}{2}x + 1$ b) $f(x) = (x-1)^2 - 4$ c) $f(x) = -x^2 + 4$

d) $f(x) = -(x+1)^2 + 1$ e) $f(x) = (x-1)^3 + 1$

1.2 Gebrochenrationale Funktionen

Skizzieren Sie die Graphen von folgenden Funktionen und bestimmen Sie jeweils die Asymptoten.

a) $f(x) = \frac{1}{x+1} + 2$ b) $f(x) = -\frac{1}{x-1}$ c) $f(x) = \frac{1}{(x+1)^2} - 1$ d) $f(x) = -\frac{1}{(x-1)^2} + 2$

1.3 Exponential- und Logarithmusfunktionen

Skizzieren Sie den Graphen folgender Funktionen und bestimmen Sie jeweils die Asymptote.

a) $f(x) = e^{x-1} + 1$ b) $f(x) = -e^{x-1} + 1$ c) $f(x) = \ln x + 2$ d) $f(x) = \ln(x+2)$

1.4 Trigonometrische Funktionen

Skizzieren Sie die Graphen von folgenden Funktionen und geben Sie jeweils die Periode an.

a) $f(x) = 2\sin x$ b) $f(x) = \frac{1}{2}\cos x$ c) $f(x) = \sin(2x)$

d) $f(x) = -\sin(2x) + 1$ e) $f(x) = \sin(x+1)$ f) $f(x) = \frac{1}{2}\sin(2x) + \frac{3}{2}$

2 Aufstellen von Funktionen mit Randbedingungen

Tipps ab Seite 78, Lösungen ab Seite 115

Hier geht es darum, eine Funktion so aufzustellen, dass sie bestimmte vorgegebene Bedingungen erfüllt. Dazu wird die gesuchte Funktion zuerst in ihrer allgemeinen Form aufgeschrieben. Aus dieser können Sie die Anzahl der benötigten Parameter ablesen. Für jeden dieser Parameter brauchen Sie eine «Information» aus der Aufgabenstellung. Aus jeder «Information» ergibt sich eine Gleichung. Damit erhalten Sie ein Gleichungssystem, welches Sie mit dem Gaußschen Eliminationsverfahren lösen können.

Beispiel:

Gesucht ist der Ansatz zur Bestimmung der Gleichung einer Parabel mit Tiefpunkt $(1 \mid -4)$, die durch den Punkt $(0 \mid -3)$ geht.

Die allgemeine Parabelgleichung lautet: $f(x) = ax^2 + bx + c$, die Ableitung ist $f'(x) = 2ax + b$. Es sind also drei Parameter zu bestimmen. Folgende Bedingungen müssen gelten:
$f(1) = a \cdot 1^2 + b \cdot 1 + c = -4$,
$f'(1) = 2a \cdot 1 + b = 0$ (weil es sich um einen Tiefpunkt mit waagerechter Tangente handelt) und
$f(0) = a \cdot 0^2 + b \cdot 0 + c = -3$. Daraus ergibt sich folgendes Gleichungssystem:

$$\begin{array}{lrcrcrcr} \text{I} & a & + & b & + & c & = & -4 \\ \text{II} & 2a & + & b & & & = & 0 \\ \text{III} & & & & & c & = & -3 \end{array}$$

Aus Gleichung III liest man $c = -3$ ab. Damit erhält man:

$$\begin{array}{lrcrcrcr} \text{Ia} & a & + & b & & & = & -1 \\ \text{II} & 2a & + & b & & & = & 0 \\ \text{III} & & & & & c & = & -3 \end{array}$$

Subtrahiert man Gleichung Ia von Gleichung II, erhält man $a = 1$ und durch Einsetzen $b = -2$. Damit lautet die Gleichung der gesuchten Parabel $f(x) = x^2 - 2x - 3$.

Für andere Funktionenklassen (e-Funktionen, etc.) ist die Vorgehensweise analog: Immer müssen Sie zuerst die allgemeine Funktionsgleichung aufstellen, anschließend bestimmen Sie die Parameter. Zur konkreten Vorgehensweise können Sie im Tippteil nachsehen.

2.1 Ganzrationale Funktionen

a) Eine Parabel geht durch $P_1(0 \mid 4)$, $P_2(1 \mid 0)$ und $P_3(2 \mid 18)$. Bestimmen Sie die Gleichung dieser Parabel.

b) Eine Parabel hat den Hochpunkt $M(1 \mid 3)$ und geht durch $Q(0 \mid 2)$. Bestimmen Sie die Gleichung der Parabel.

c) Der Graph einer ganzrationalen Funktion 3. Grades hat den Wendepunkt W $(0 \mid 0)$ und den Hochpunkt H $(2 \mid 2)$. Bestimmen Sie die Gleichung der Funktion.

d) Eine Parabel dritten Grades (kubische Parabel) hat im Punkt P $(0 \mid 1)$ die Steigung $m_P = -1$; ihr Wendepunkt ist W $(-1 \mid 4)$. Bestimmen Sie die Gleichung dieser Parabel.

2.2 Gebrochenrationale Funktionen

Tipp: Machen Sie sich für die gebrochenrationalen Funktionen unbedingt eine Skizze, anhand derer Sie die Funktionsgleichung stückweise entwickeln können – ein guter Ansatz ist die halbe Lösung!

a) Der Graph einer gebrochenrationalen Funktion hat eine Polstelle mit Vorzeichenwechsel (abgekürzt: VZW) bei $x = 1$, die Gerade mit der Gleichung $y = 4$ ist die waagerechte Asymptote und der Punkt P $(2 \mid 6)$ liegt auf der Kurve. Bestimmen Sie eine mögliche Funktionsgleichung.

b) Der Graph einer gebrochenrationalen Funktion hat eine Polstelle ohne VZW bei $x = 2$, die Gerade mit der Gleichung $y = x + 1$ ist die schiefe Asymptote und der Punkt Q $(3 \mid 2)$ liegt auf der Kurve. Bestimmen Sie eine mögliche Funktionsgleichung.

c) Der Graph einer gebrochenrationalen Funktion besitzt Polstellen mit VZW bei $x_1 = 1$ und $x_2 = -1$, die Gerade mit der Gleichung $y = 2x - 3$ ist die schiefe Asymptote und der Punkt R $(2 \mid 3)$ liegt auf der Kurve. Bestimmen Sie eine mögliche Funktionsgleichung.

d) Der Graph einer gebrochenrationalen Funktion hat einen Pol bei $x = 2$ und eine Nullstelle bei $x = 1$. Bestimmen Sie eine mögliche Funktionsgleichung.

e) Der Graph der Funktion f mit $f(x) = \frac{2x+1}{x+2}$ wird um 3 LE nach rechts und um 2 LE nach unten verschoben. Bestimmen Sie die Funktionsgleichung $g(x)$ des verschobenen Graphs.

f) Der Graph der Funktion f mit $f(x) = \frac{x^2}{x+1}$ wird um 1 LE nach rechts und um 2 LE nach oben verschoben. Bestimmen Sie die Funktionsgleichung $g(x)$ des verschobenen Graphs.

2.3 Exponential- und Logarithmusfunktionen

a) Der Graph einer e-Funktion der Form $f(x) = a \cdot e^{kx}$ geht durch die Punkte P $(0 \mid 2)$ und Q $\left(4 \mid 2e^{12}\right)$. Bestimmen Sie die zugehörige Funktionsgleichung.

b) Der Graph einer e-Funktion der Form $f(x) = a \cdot e^{kx}$ geht durch die Punkte A $(0 \mid 3)$ und B $\left(2 \mid 3e^{8}\right)$.Bestimmen Sie die zugehörige Funktionsgleichung.

c) Bei einer e-Funktion der Form $f(x) = a \cdot e^{kx}$ ist $f'(0) = 6$ und $f(0) = 3$. Bestimmen Sie die zugehörige Funktionsgleichung.

d) Der Graph einer Funktion f mit $f(x) = 2 \cdot e^{x+1}$ wird um 1 LE nach rechts und um 2 LE nach unten verschoben.
Bestimmen Sie die Funktionsgleichung $g(x)$ des verschobenen Graphs.

e) Der Graph einer ln-Funktion hat die Nullstelle $x = 3$ und geht durch den Punkt $P\,(e+2 \mid 4)$.
Bestimmen Sie eine mögliche Funktionsgleichung.

f) Die Funktion f mit $f(x) = \ln(2x-3)$ wird um 1 LE nach links und um 3 LE nach oben verschoben.
Bestimmen Sie die Funktionsgleichung $g(x)$ des verschobenen Graphs.

2.4 Trigonometrische Funktionen

Tipp: Eine verallgemeinerte Sinusfunktion hat die Gleichung:
$f(x) = a \cdot \sin(b \cdot (x-c)) + d$.

a) Der Graph der Sinusfunktion g mit $g(x) = \sin x$ ist um 3 LE nach oben verschoben und hat die Periode $p = \pi$. Bestimmen Sie die Funktionsgleichung der modifizierten Funktion.

b) Der Graph der Sinusfunktion g mit $g(x) = \sin x$ ist um den Faktor 2,5 in y-Richtung gestreckt, hat die Periode $p = \frac{\pi}{2}$ und ist um 3 LE nach rechts und sowie 1,5 LE nach unten verschoben. Bestimmen Sie die Funktionsgleichung der modifizierten Funktion.

c) Der Graph der Sinusfunktion g mit $g(x) = \sin x$ ist um 2 LE nach links und um 4 LE nach oben verschoben, um den Faktor 0,8 in y-Richtung gestaucht und der Abstand zwischen zwei Hochpunkten beträgt 3π LE. Bestimmen Sie die Funktionsgleichung der modifizierten Funktion.

d) Der Graph der Sinusfunktion g mit $g(x) = \sin x$ ist um 1 LE nach rechts und um 2 LE nach unten verschoben, um den Faktor 1,7 in y-Richtung gestreckt und der Abstand zwischen zwei Wendepunkten beträgt $\frac{\pi}{2}$ LE. Bestimmen Sie die Funktionsgleichung der modifizierten Funktion.

3 Von der Kurve zur Gleichung

Tipps ab Seite 80, Lösungen ab Seite 119

Wenn der Graph einer Funktion gegeben ist und die Funktionsgleichung gesucht ist, gibt es zwei Möglichkeiten, diese aufzustellen:

1. Sie erkennen, dass es sich um den Graphen einer verschobenen, gestreckten oder gespiegelten Grundfunktion handelt. Dann beginnen Sie mit einer Gleichung der Grundfunktion und verändern sie so, (wie es im Kapitel 1), bis die abgebildete Funktion entsteht.

2. Der etwas aufwändigere Ansatz, der aber immer funktioniert, besteht darin, Punkte und deren Steigung am gegebenen Graphen abzulesen und die Funktionsgleichung wie im Kapitel 2 beschrieben zu bestimmen.

3.1 Ganzrationale Funktionen

Nachfolgend sind die Graphen einiger Funktionen angegeben. Bestimmen Sie einen möglichen Funktionsterm.

a)

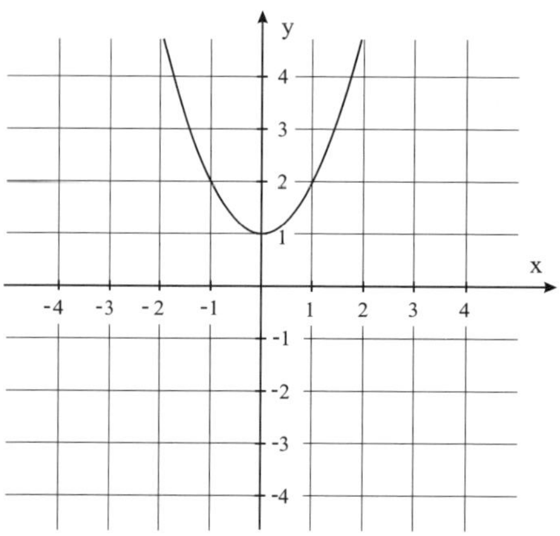

b)

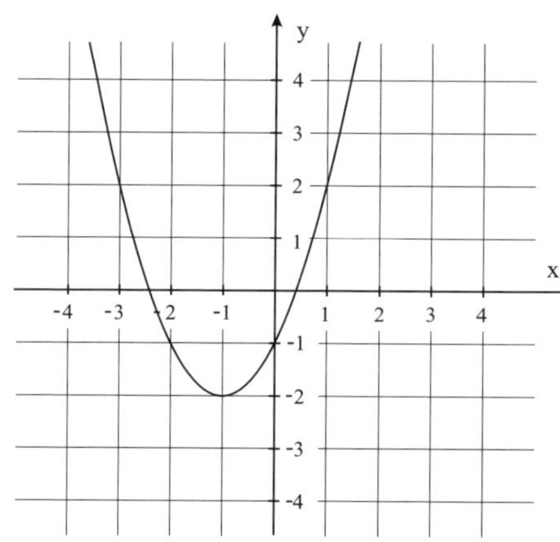

c)

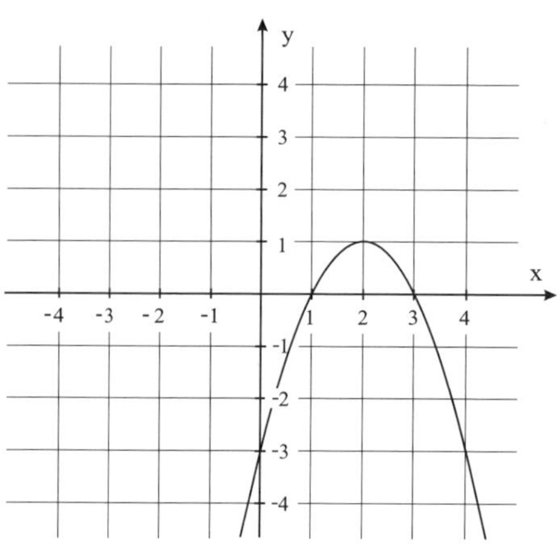

d)

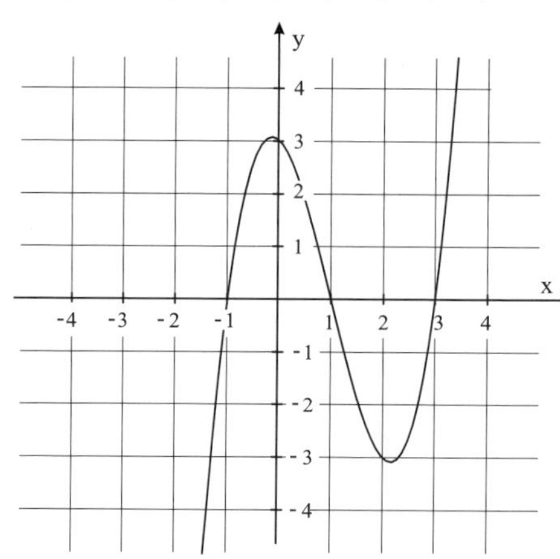

3.2 Gebrochenrationale Funktionen

Nachfolgend sind die Graphen von einigen Funktionen angegeben. Bestimmen Sie einen möglichen Funktionsterm.

Tipp: Überlegen Sie, ob es sich bei den gegebenen Graphen um nach rechts/links oder oben/unten verschobene gebrochenrationale Grundfunktionen handelt. Ansonsten bestimmen Sie die Polstellen (mit bzw. ohne Vorzeichenwechsel), die waagerechte bzw. schiefe Asymptote und die Koordinaten eines gegebenen Punktes des Graphen.

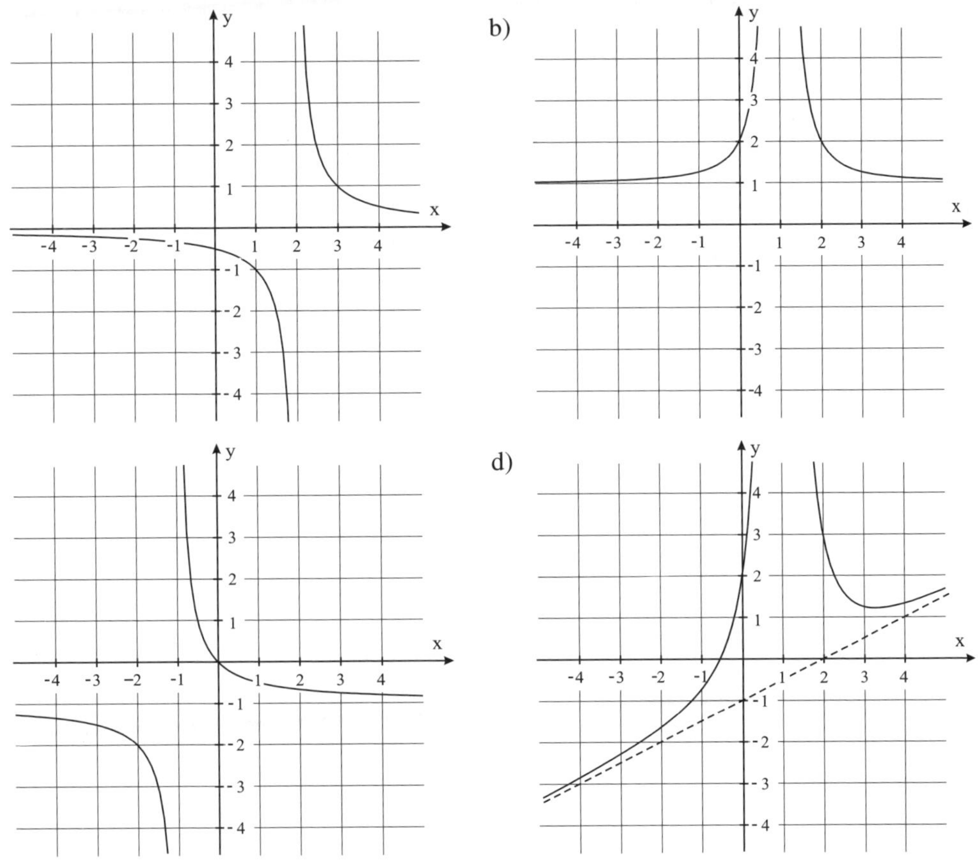

3.3 Trigonometrische Funktionen

Nachfolgend sind die Schaubilder einiger Funktionen angegeben. Bestimmen Sie einen möglichen Funktionsterm.

a)

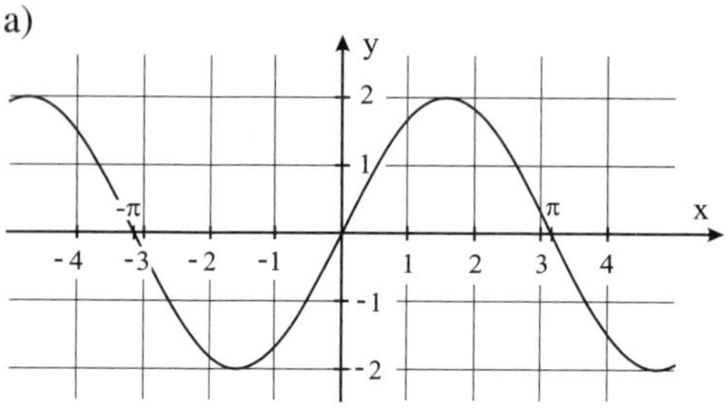

b)

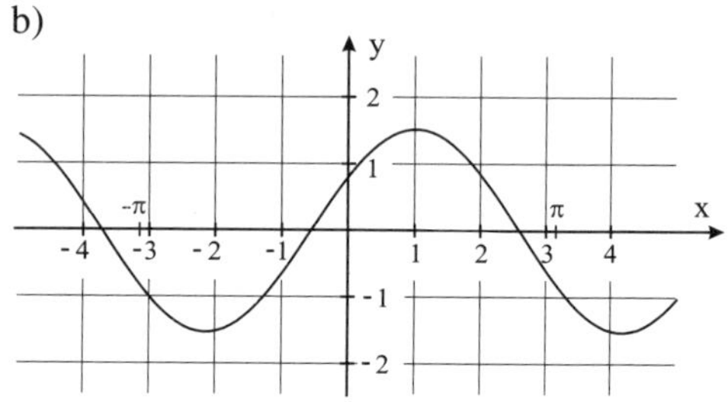

c)

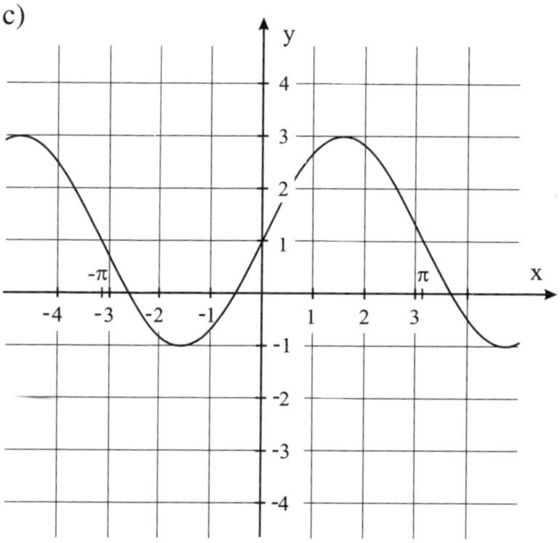

d)

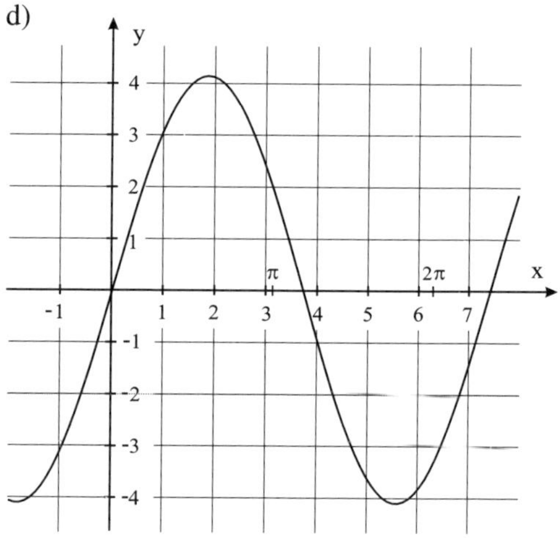

4 Differenzieren

Tipps ab Seite 81, Lösungen ab Seite 122

Die wichtigsten Ableitungsregeln sind:

Name	$f(x)$	$f'(x)$	Bemerkungen
Potenzregel	$a \cdot x^n$	$n \cdot a \cdot x^{n-1}$	Die Potenzregel gilt auch für negative Exponenten
Kettenregel	$u(v(x))$	$u'(v(x)) \cdot v'(x)$	«äußere Ableitung mal innere Ableitung»
Produktregel	$u(x) \cdot v(x)$	$u'(x) \cdot v(x) + u(x) \cdot v'(x)$	«u-Strich mal v plus u mal v-Strich»
Quotientenregel	$\frac{u(x)}{v(x)}$	$\frac{u'(x) \cdot v(x) - u(x) \cdot v'(x)}{(v(x))^2}$	«u-Strich mal v minus u mal v-Strich geteilt durch v-Quadrat»
e-Funktion	e^x	e^x	Die Ableitung ist gleich der Funktion
verkettete e-Funktion	$a \cdot e^{k \cdot x + c}$	$a \cdot k \cdot e^{k \cdot x + c}$	Es gilt die Kettenregel
Sinusfunktion	$\sin x$	$\cos x$	
Kosinusfunktion	$\cos x$	$-\sin x$	
Logarithmusfunktion	$\ln x$	$\frac{1}{x}$	
Wurzelfunktion	$\sqrt{x}$	$\frac{1}{2\sqrt{x}}$	

4.1 Ganzrationale Funktionen

Leiten Sie alle angegebenen Funktionen einmal ab:

a) $f(x) = 4x^5 - 2x^3$ b) $f(x) = 2ax^3 - 6a^2x^2$ c) $f(x) = t^2x^4 - 3t^3x^2 + 4t^2$

d) $f(x) = (4x+1)^3$ e) $f(x) = \left(2x^2 + a\right)^4$

4.2 Gebrochenrationale Funktionen

Leiten Sie alle angegebenen Funktionen einmal ab:

a) $f(x) = \frac{4}{(2x+1)^2}$ b) $f(x) = \frac{x}{(3x+2)^2}$ c) $f(x) = \frac{x^2}{(2x+1)^2}$ d) $f(x) = \frac{ax}{x^2+a}$

e) $f(x) = \frac{3x^2+2x-1}{x^2-1}$

4.3 Exponential- und Logarithmusfunktionen

Leiten Sie alle angegebenen Funktionen einmal ab:

a) $f(x) = 3x^2 \cdot e^{-4x}$ b) $f(x) = \frac{1}{2}x^3 \cdot e^{2x}$ c) $f(x) = (2x+5)e^{-x}$

d) $f(x) = (x+k)e^{-kx}$ e) $f(x) = (4x+e^{-x})^2$ f) $f(x) = \left(2k+e^{-2x}\right)^2$

g) $f(x) = \ln\left(2+3x^2\right)$ h) $f(x) = \ln\left(2x^2+x\right)$ i) $f(x) = \ln\left(4x^2-2x+1\right)$

j) $f(x) = 2x \cdot \ln(4+x)$ k) $f(x) = x^2 \cdot \ln\left(x^2+1\right)$

4.4 Gebrochene Exponential- und Logarithmusfunktionen

Leiten Sie alle angegebenen Funktionen einmal ab:

a) $f(x) = \frac{3}{1+e^x}$ b) $f(x) = \frac{4}{1-e^{-x}}$ c) $f(x) = \frac{x}{2+e^{3x}}$ d) $f(x) = \frac{x^2}{1+e^{-x}}$

e) $f(x) = \frac{2}{\ln x}$ f) $f(x) = \frac{2x}{\ln(ax)}$ g) $f(x) = \frac{\ln(2x)}{x^2}$

4.5 Wurzelfunktionen

Leiten Sie alle angegebenen Funktionen einmal ab:

a) $f(x) = \sqrt{x^2+4}$ b) $f(x) = \sqrt{\frac{1}{2}x^2-2x}$ c) $f(x) = \sqrt{x^3-x^2}$ d) $f(x) = x \cdot \sqrt{x}$

4.6 Trigonometrische Funktionen

Leiten Sie alle angegebenen Funktionen einmal ab:

a) $f(x) = 2x \cdot \cos\left(\frac{1}{2}x^2+4\right)$ b) $f(x) = x^2 \cdot \sin(4x+3)$ c) $f(x) = (x^2-4) \cdot \sin\left(\frac{1}{3}x^2+2\right)$

d) $f(x) = x^2 \cdot \cos\left(\frac{1}{2}x-1\right)$ e) $f(x) = (x+\cos x)^2$ f) $f(x) = (\sin x+\cos x)^2$

5 Gleichungslehre

Tipps ab Seite 82, Lösungen ab Seite 125

5.1 Quadratische, biquadratische und nichtlineare Gleichungen

Bei Gleichungen, in denen x als Quadrat oder höhere Potenz vorliegt, sollten Sie zuerst versuchen, auszuklammern. Geht das nicht, z.B. weil ein absolutes Glied vorliegt, so hilft entweder die pq- oder die abc-Formel weiter. Oft hilft auch der Satz vom Nullprodukt: «Ein Produkt ist genau dann gleich Null, wenn (mindestens) einer der Faktoren gleich Null ist.» Hierzu setzt man die einzelnen Faktoren gleich Null. Ist eine Lösung einer Gleichung dritten Grades gegeben, so führt man eine Polynomdivision durch.

Beispiel

Gesucht sind die Lösungen der Gleichung $x^3 - 5x^2 + 4x = 0$
Zuerst wird ausgeklammert: $x\left(x^2 - 5x + 4\right) = 0$. Also ist entweder $x_1 = 0$ oder $x^2 - 5x + 4 = 0$. Die Gleichung lässt sich mit der pq- bzw. der abc-Formel lösen. Man erhält $x_2 = 1$ und $x_3 = 4$. Die Lösungen der Ausgangsgleichung sind damit $x_1 = 0$, $x_2 = 1$ und $x_3 = 4$.

Aufgaben

Lösen Sie die angegebenen Gleichungen:

a) $x^2 + 3x - 4 = 0$ b) $x^2 + \frac{2}{5}x - \frac{3}{5} = 0$ c) $x^2 \cdot (ax - 4a) = 0$

d) $x^3 - 4x = 0$ e) $x^4 - 4x^2 + 3 = 0$ f) $x^4 - 13x^2 + 36 = 0$

g) $x^3 - 2x^2 - 5x + 6 = 0,, x_1 = 1$ h) $x^3 + 3x^2 - 6x - 8 = 0, x_1 = -1$

i) $x^3 + 0,5x^2 - 3,5x - 3 = 0\ ;\ x_1 = -1$

5.2 Exponential- und Logarithmus-Gleichungen

Beim Lösen von Exponentialgleichung gelten die gleichen Regeln, die oben schon erwähnt wurden. Zusätzlich ist zu beachten:

- Der Satz vom Nullprodukt hilft oft weiter, beachten Sie, dass $e^x \neq 0$ ist.
- Es gilt $e^{2x} = (e^x)^2$, sowie $e^0 = 1$ und $\ln 1 = 0$.

- Um e^x nach x aufzulösen, wird die Gleichung auf beiden Sciten «logarithmiert», da $\ln e^x = x$ ist.
  Beispiel:
  $$e^{2x} = 3 \mid \ln$$
  $$2x = \ln 3$$
  $$x = \frac{\ln 3}{2}$$

  Um $\ln x$ nach x aufzulösen, wird die Gleichung auf beiden Seiten «exponiert», da $e^{\ln x} = x$ ist.
  Beispiel:
  $$\ln(x-2) = 0 \mid e^{\cdots}$$
  $$(x-2) = e^0$$
  $$x-2 = 1$$
  $$x = 3$$

Aufgaben
Lösen Sie die angegebenen Gleichungen:

a) $(2x-5)e^{-x} = 0$ b) $xe^x = 0$ c) $(x-t)\cdot e^{-x} = 0$ d) $e^{2x} - 6e^x + 5 = 0$

e) $2\cdot(1-\ln x) = 1$ f) $\ln(3-x) = 0$ g) $\ln(2x-3) = 0$

5.3 Wurzelgleichungen

Die Gleichung wird zuerst so umgeformt («geordnet»), dass die Wurzel auf einer Seite alleine steht. Dann kann man die gesamte Gleichung (beide Seiten!) quadrieren und lösen. Durch das Quadrieren können weitere Lösungen hinzukommen; daher müssen Sie zum Schluss alle Lösungen zur Kontrolle in die ursprüngliche Gleichung einsetzen:

Beispiel
Gesucht sind die Lösungen der Gleichung $\sqrt{x-2}+4 = x$.

Ordnen führt zu $\sqrt{x-2} = x-4$. Die Gleichung wird quadriert:

$$\left(\sqrt{x-2}\right)^2 = x^2 - 8x + 16$$

Erneutes Ordnen ergibt: $x^2 - 9x + 18 = 0$. Diese quadratische Gleichung kann mit der pq-Formel gelöst werden, wobei sich $x_1 = 3$ und $x_2 = 6$ als Lösungen der Gleichung ergeben.

Zum Schluss werden beide Lösungen zur Kontrolle in die Ausgangsgleichung eingesetzt:
Für $x = 3$ gilt: $\sqrt{3-2}+4 = 5 \neq 3$, für $x = 6$ gilt: $\sqrt{6-2}+4 = 2+4 = 6$, also ist nur $x = 6$ eine Lösung der Aufgabenstellung: $\mathrm{L} = \{6\}$.

Aufgaben
Lösen Sie die angegebenen Gleichungen:

a) $\sqrt{x}+x = 12$ b) $x+5 = \sqrt{x+5}$ c) $\frac{x+5}{\sqrt{x+5}} = 1$ d) $\sqrt{x+7}-x-5 = 0$

5.4 Trigonometrische Gleichungen

Bei trigonometrischen Gleichungen ist das angegebene Intervall zu beachten.
In jedem Fall ist es hilfreich, sich eine Skizze der Sinusfunktion (bzw. Kosinusfunktion) zu machen. Steht im Argument des Sinus bzw. Kosinus mehr als nur x, geht man wie folgt vor:
Zuerst wird substituiert, dann die entsprechende Gleichung gelöst und zum Schluss wieder resubstituiert. Diese Lösungen der Gleichung müssen im angegebenen Intervall liegen.

Beispiel
Gesucht ist die Lösungsmenge der Gleichung $\sin(2x) = 1;\ x \in [0; 2\pi]$.

Die Substitution $2x = z$ führt zu $\sin z = 1$. Um diese Gleichung zu lösen, ist eine Skizze hilfreich:

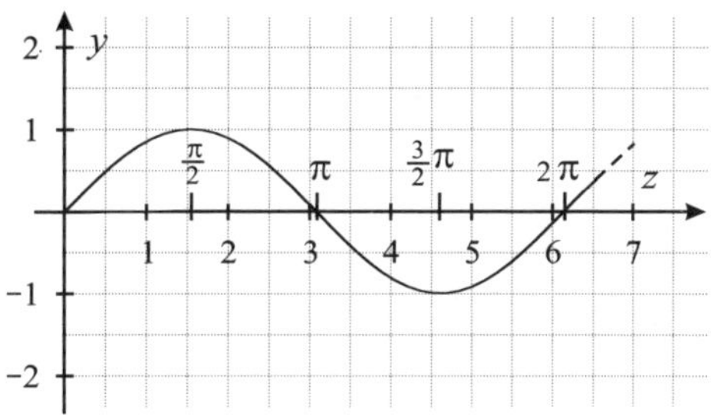

Die Lösungen sind $z = \frac{\pi}{2} + k \cdot 2\pi;\ k \in \mathbb{Z}$, da $\sin z$ die Periode 2π besitzt.
Also sind $z_1 = \frac{\pi}{2}$, $z_2 = \frac{5}{2}\pi$, $z_3 = \frac{9}{2}\pi, \ldots$ mögliche Lösungen.
Die Resubstitution $z_1 = \frac{\pi}{2} = 2x_1$ ergibt $x_1 = \frac{\pi}{4}$, $z_2 = \frac{5}{2}\pi = 2x_2$ ergibt $x_2 = \frac{5}{4}\pi$, $z_3 = \frac{9}{2}\pi = 2x_3$ ergibt $x_3 = \frac{9}{4}\pi = 2{,}25\pi$, diese Lösung liegt aber nicht mehr im angegebenen Intervall $[0; 2\pi]$.
Als Lösungsmenge erhält man also $L = \left\{ \frac{1}{4}\pi; \frac{5}{4}\pi \right\}$.

Aufgaben
Bestimmen Sie für das angegebene Intervall jeweils die Lösungsmenge der Gleichung:

a) $\sin(3x) = 1;\ x \in [0; 2\pi]$

b) $\cos(2x) = -1;\ x \in [0; 2\pi]$

c) $\sin(x - \pi) = 0;\ x \in [0; 2\pi]$

d) $\cos(2x + \pi) = -1;\ x \in [0; 2\pi]$

e) $\sin^2 x + 5\sin x + 4 = 0;\ x \in [-2\pi; 2\pi]$

f) $\cos^2 x + 2\cos x - 3 = 0;\ x \in [0; 2\pi]$

5.5 Lineare Gleichungssysteme

Geben Sie die Lösungsmengen der folgenden linearen Gleichungssysteme an:

Tipp: Prüfen Sie immer zuerst, ob zwei Gleichungen ein Vielfaches voneinander sind. In diesem Fall wird eine der beiden Gleichungen gestrichen. Ein Gleichungssystem mit drei Variablen und zwei Gleichungen besitzt unendlich viele Lösungen (falls kein Widerspruch auftritt). Man setzt zuerst eine Variable als Parameter t fest und rechnet dann die anderen Variablen aus.

a)
$$\begin{array}{rcrcrcr} x_1 & + & 2x_2 & - & x_3 & = & 8 \\ -x_1 & + & x_2 & + & 2x_3 & = & 0 \\ -x_1 & - & 5x_2 & - & 4x_3 & = & -12 \end{array}$$

b)
$$\begin{array}{rcrcrcr} x_1 & + & 2x_2 & - & 2x_3 & = & 7 \\ x_1 & - & x_2 & - & 4x_3 & = & -9 \\ x_1 & + & 4x_2 & + & 3x_3 & = & 25 \end{array}$$

c)
$$\begin{array}{rcrcrcr} x_1 & + & 2x_2 & + & x_3 & = & 4 \\ -x_1 & - & 4x_2 & + & x_3 & = & 7 \\ 2x_1 & + & 8x_2 & - & 2x_3 & = & 18 \end{array}$$

d)
$$\begin{array}{rcrcrcr} x_1 & + & 2x_2 & - & x_3 & = & 4 \\ -x_1 & + & 2x_2 & - & 3x_3 & = & 6 \\ 2x_1 & + & 4x_2 & - & 2x_3 & = & 8 \end{array}$$

6 Graphen von f, f' und F

Tipps ab Seite 83, Lösungen ab Seite 131

In diesem Kapitel geht es darum, Zusammenhänge zwischen den Graphen von f, f' und F zu erkennen und Aussagen zu beurteilen. Außerdem können die Graphen der Ableitungsfunktion oder der Integralfunktion skizziert werden, ohne dass der Funktionsterm bekannt sein muss.

6.1 Von f zu f'

Man kann den Graph einer Ableitungsfunktion zeichnen, ohne den Funktionsterm zu kennen.

Dabei gilt, dass die Steigungswerte der Tangente der Funktion in jedem Punkt genau die Werte der Ableitung sind. Verläuft die Funktion flach, sind die Werte der Ableitung nahe Null, verläuft die Funktion steil, besitzt die Ableitung große Funktionswerte.

Für die charakteristischen Punkte der Kurve gilt:

Funktion	**Ableitung**
Hochpunkt	Nullstelle mit VZW von $+$ nach $-$
Tiefpunkt	Nullstelle mit VZW von $-$ nach $+$
Wendepunkt mit Drehsinnänderung von rechts nach links	Tiefpunkt
Wendepunkt mit Drehsinnänderung von links nach rechts	Hochpunkt

Um den Graph der Ableitungsfunktion zu skizzieren, ist es nötig, den wesentlichen Verlauf der Steigung der Funktion zu erfassen. Dazu betrachten Sie z.B. die

- Lage der Extrem- und Wendepunkte
- Die «Steigungsentwicklung» für $x \rightarrow -\infty$ und $x \rightarrow +\infty$

Beispiel

Gesucht ist der Graph der Ableitungsfunktion der linken Kurve.
An der linken Zeichnung liest man ab:

- Hochpunkt bei $x = 1$, also Nullstelle der Ableitung mit VZW von + nach − bei $x = 1$
- Wendepunkt bei $x \approx 2$ mit Drehsinnänderung von rechts nach links, also Tiefpunkt der Ableitung bei $x \approx 2$
- Für $x \to -\infty$ gehen die Funktionswerte gegen $-\infty$, also werden die Steigungswerte immer größer, die Werte der Ableitung müssen also auch immer größer werden.
- Für $x \to +\infty$ gehen die Funktionswerte gegen Null, also werden die Steigungswerte immer kleiner, die Werte der Ableitung müssen also auch immer kleiner werden.

In der rechten Zeichnung ist dann der ungefähre Verlauf der Ableitungsfunktion gezeichnet.

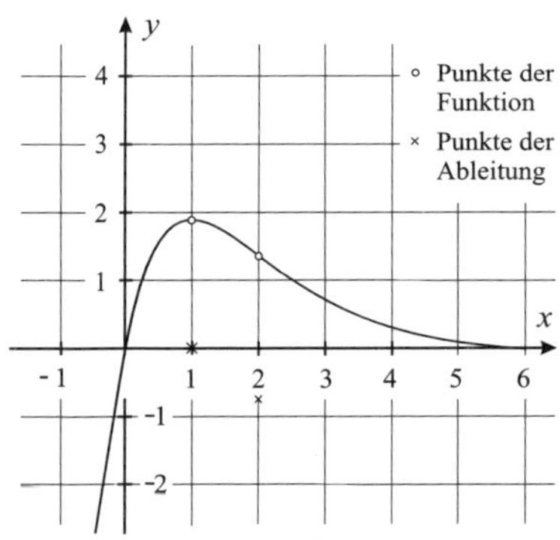

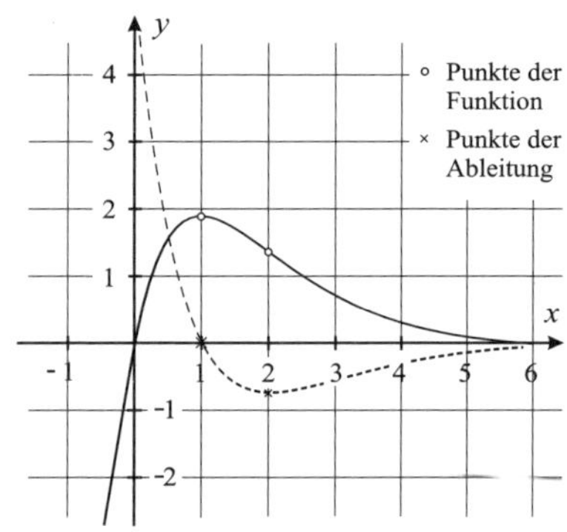

Aufgaben

Nachfolgend finden Sie Graphen von Funktionen. Skizzieren Sie zu jeder Funktion den Graph der Ableitungsfunktion in das Koordinatensystem und bewerten Sie die angegeben Aussagen.

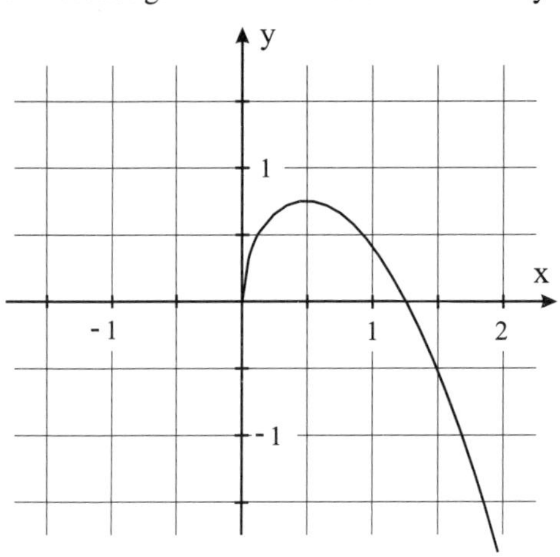

f_1

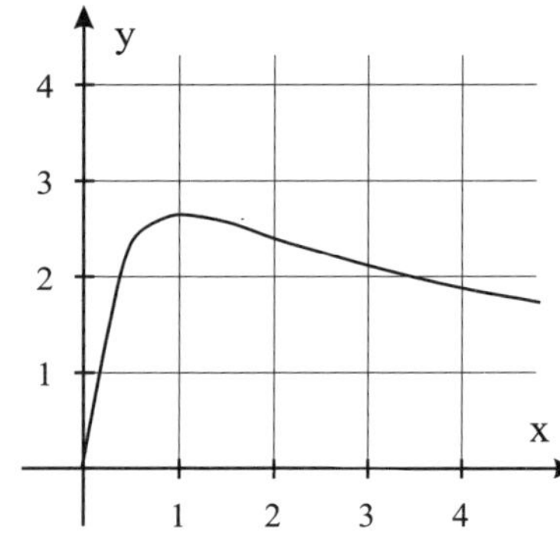

f_2

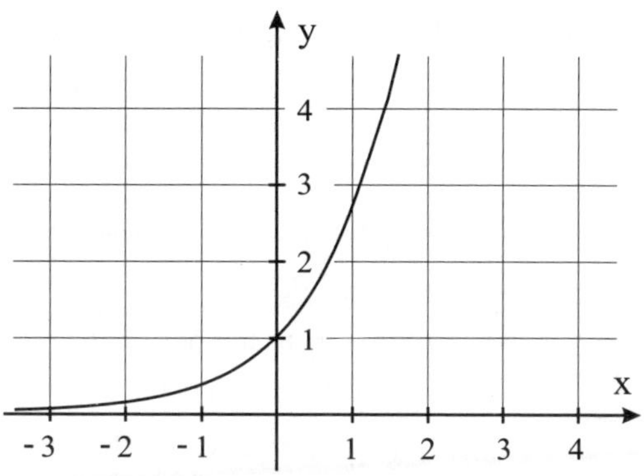

f_3

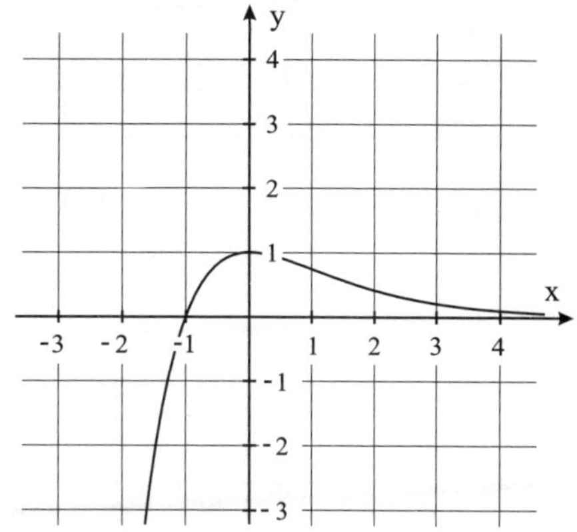

f_4

a) Zeichnen Sie die Graphen der ersten Ableitung in das Koordinatensystem.

b) Nebenstehend finden Sie mehrere Aussagen. Streichen Sie die Funktionen aus, auf die die Aussagen nicht zutreffen.

f' hat für $x = 1$ ein relatives Maximum	f_1	f_2	f_3	f_4
f' ist für $x > 0$ monoton fallend	f_1	f_2	f_3	f_4
f' ist für $x > 0$ monoton steigend	f_1	f_2	f_3	f_4
f' ist für $x > 1$ negativ	f_1	f_2	f_3	f_4

6.2 Von f' zu f

Die Vorgehensweise ist ähnlich wie bei der Bestimmung des Graphen der Ableitungsfunktion, nur gehen Sie umgekehrt vor: Hat der angegebene Graph der Ableitungsfunktion $f'(x)$ z.B. für $x = 1$ den Wert 0 mit Vorzeichenwechsel von + nach $-$, dann hat der Graph der Funktion an dieser Stelle einen Hochpunkt usw.

Bei den folgenden Aufgaben ist der Graph der Ableitungsfunktion f' einer Funktion f gegeben.

Aufgaben

Entscheiden Sie, ob die folgenden Aussagen über f richtig, falsch oder unentscheidbar sind. Begründen Sie dabei Ihre Entscheidung.

Aufgabe I

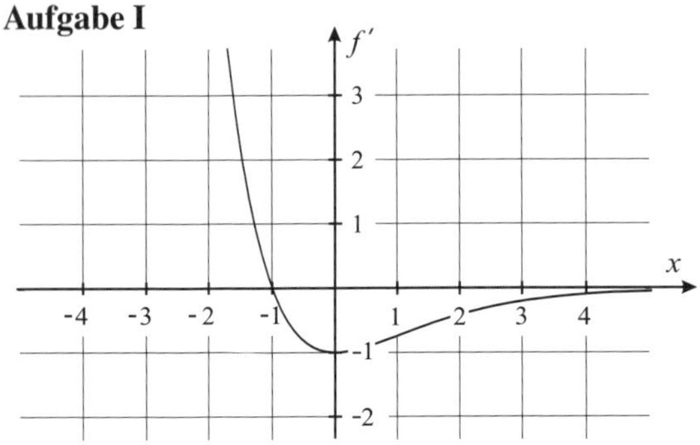

a) Bei $x = 0$ besitzt der Graph von f einen Extrempunkt.

b) Bei $x = -1$ besitzt der Graph von f eine waagerechte Tangente.

c) Der Graph der Funktion f besitzt keine Wendepunkte.

d) $f(x) > 0$ für $x > -1$.

Aufgabe II

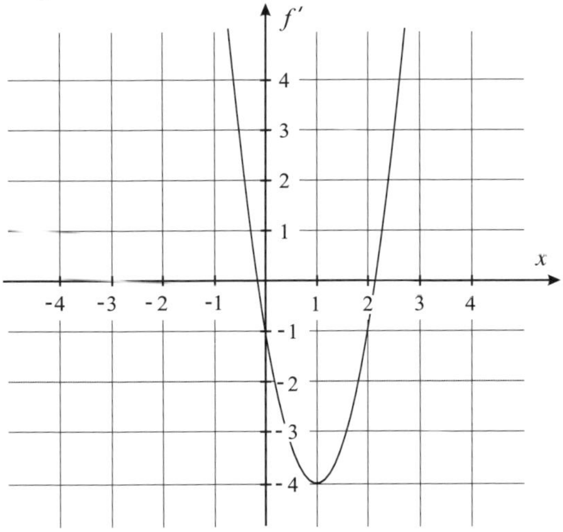

a) An der Stelle $x = 1$ besitzt der Graph von f einen Extrempunkt.

b) An der Stelle $x \approx -0,2$ hat der Graph von f einen Hochpunkt.

c) Der Grad von f ist mindestens gleich 2.

d) Bei $x \approx 2,4$ besitzt der Graph der Funktion f eine Tangente, die parallel zur Geraden $y = 2x$ ist.

Aufgabe III

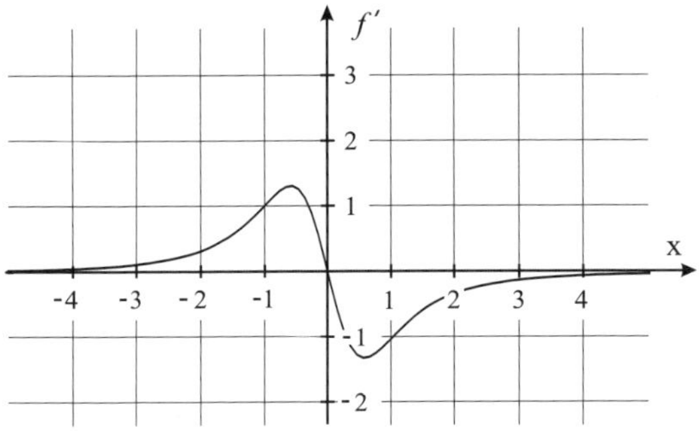

a) Der Graph von f ist achsensymmetrisch.

b) Der Graph von f schneidet die x-Achse in zwei Punkten.

c) Der Graph von f besitzt bei $x = 0$ einen Tiefpunkt.

d) Der Graph von f besitzt 2 Extrempunkte.

6.3 Von f zu F

Zu einer Funktion gibt es unendlich viele Stammfunktionen, die sich durch eine Konstante (das «absolute Glied») unterscheiden. Die Schaubilder dieser Stammfunktionen unterscheiden sich somit durch Verschiebung in y-Richtung. Erst wenn das absolute Glied gegeben ist, ist das Schaubild der Stammfunktion in Bezug auf diese Verschiebung festgelegt.

Die Stammfunktion

Gegeben ist das Schaubild einer Funktion f.

1. Skizzieren Sie das Schaubild der Ableitungsfunktion f' und das Schaubild einer Stammfunktion F.
2. Es sind einige Aussagen zur Funktion f bzw. zur Ableitungsfunktion f' und zur Stammfunktion F gegeben. Begründen oder widerlegen Sie diese bzw. begründen Sie, wenn eine Behauptung unentscheidbar ist.

Aufgabe I

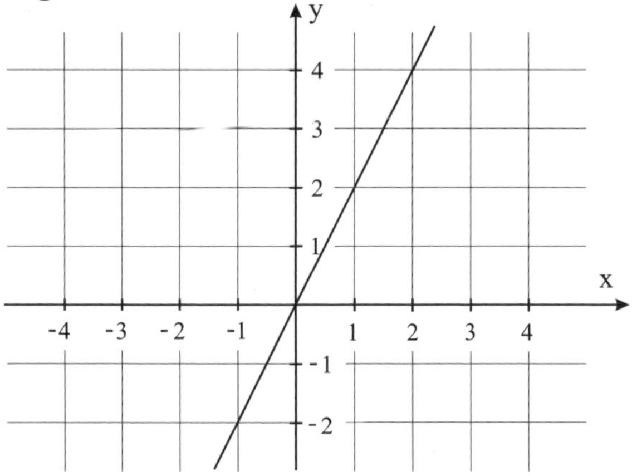

a) Das Schaubild der Ableitungsfunktion ist parallel zur Geraden $y = 1$.

b) Die Stammfunktion $F(x)$ hat an der Stelle $x = 0$ eine Nullstelle.

c) Die Ableitungsfunktion f' ist streng monoton wachsend.

d) Das Schaubild der Ableitungsfunktion ist y-achsensymmetrisch.

Aufgabe II

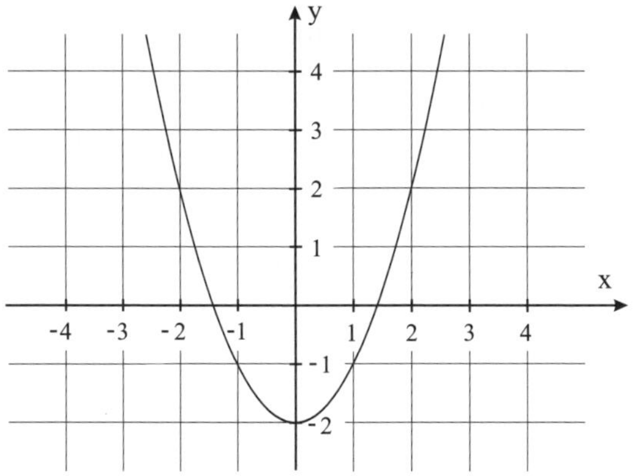

a) f' besitzt im Intervall $[-5;5]$ genau eine Nullstelle.

b) F besitzt im Intervall $[-5;5]$ genau drei Nullstellen.

c) F besitzt Extremstellen im Intervall $[-5;5]$.

Die Integralfunktion

Jede Integralfunktion $J_a(x)$ hat an der Stelle $x = a$ eine Nullstelle, also geht $J_0(x)$ durch den Koordinatenursprung $(0 \mid 0)$. Bei den folgenden Aufgaben ist das Schaubild einer quadratischen Funktion f im Intervall $I = [0;5]$ gegeben.

1. Skizzieren Sie das Schaubild der Ableitungsfunktion f' und das Schaubild der Integralfunktion $J_0(x) = \int_0^x f(t)\,dt$.
2. Es sind einige Aussagen zur Funktion f bzw. zur Ableitungsfunktion f' und zu J_0 gegeben. Begründen oder widerlegen Sie diese.

Aufgabe I

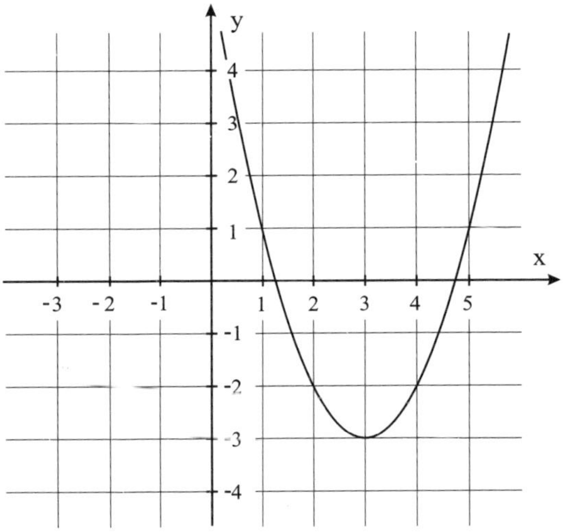

a) Das Schaubild von $f'(t)$ besitzt im Intervall I genau eine Nullstelle.

b) Die Integralfunktion $J_0(x)$ besitzt im Intervall I genau zwei Nullstellen.

c) $J_0(x)$ besitzt im Intervall I genau zwei Extremstellen.

Aufgabe II

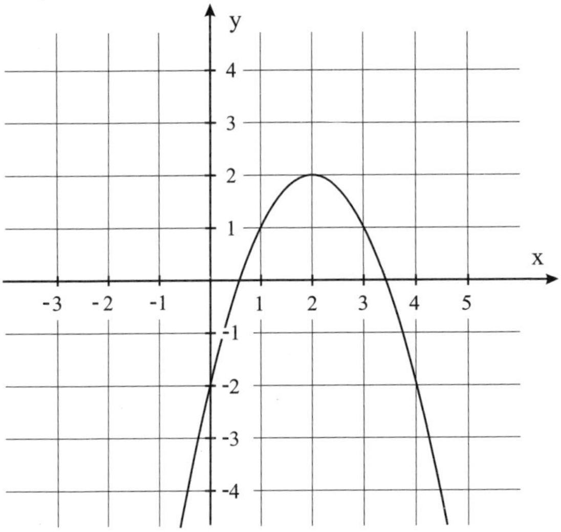

a) $J_0(x)$ besitzt genau drei Nullstellen im Intervall I.

b) $J_0(x)$ besitzt genau zwei Extremstellen im Intervall I.

c) $J_0(x)$ besitzt insgesamt drei Extremstellen.

d) $f'(x)$ ist monoton fallend.

6.4 Zuordnen von Graphen

Gegeben sind die Graphen der Funktion f mit $f(x) = x^2e^x$, ihrer Ableitungsfunktion f', einer Stammfunktion F von f und der Funktion g mit $g(x) = \frac{1}{f(x)}$.

a) Begründen Sie, dass nur Bild 1 der Graph der Funktion f sein kann.

b) Ordnen Sie die Funktionen f', F und g den übrigen Graphen zu und begründen Sie ihre Entscheidung.

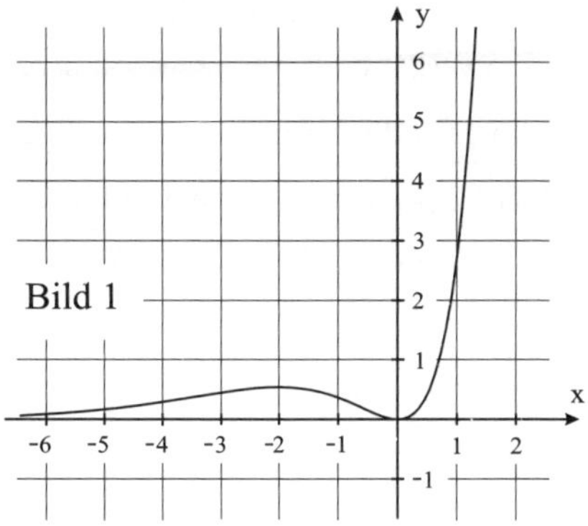

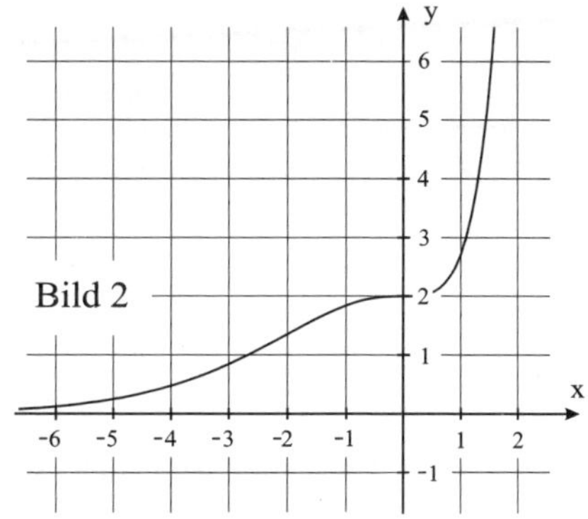

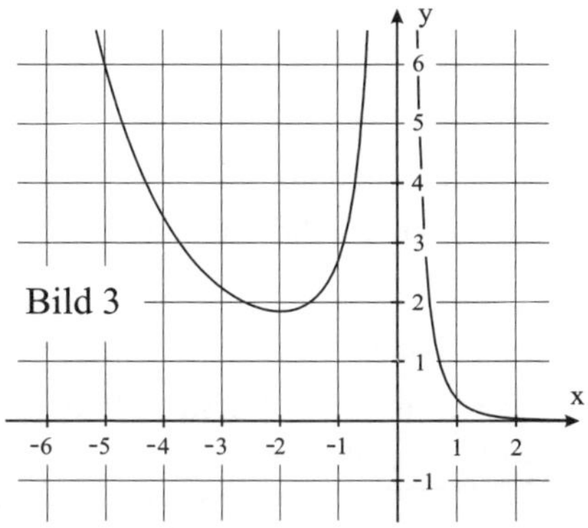

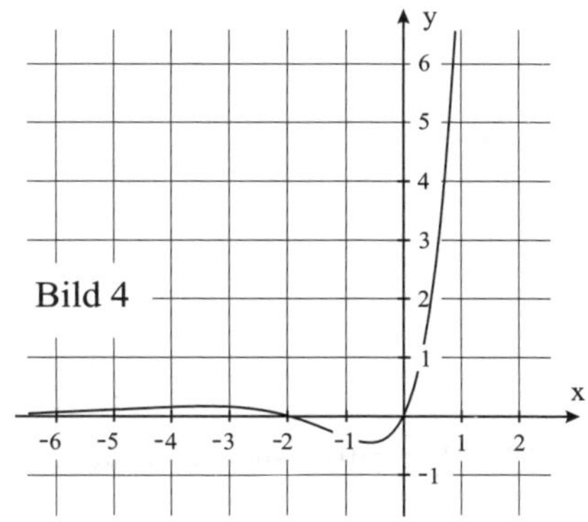

6.5 Interpretation von Graphen

In diesem Kapitel geht es darum, einige Kurven zu interpretieren. Dabei ist es wichtig, sich die besonderen Punkte des Graphen genau anzusehen. Diese sind z.B. Wende- und Extrempunkte. Diese müssen dann wieder in Bezug auf die Situation interpretiert werden, z.B. kann ein Hochpunkt der Punkt der höchsten Temperatur oder des stärksten Verkaufs sein.
Wichtig ist noch, darauf zu achten, ob in der Kurve eine absolute Zahl «verkaufte Artikel» wie in Aufgabe I oder eine Rate «Besucher *pro Tag*», wie in der Aufgabe II angegeben ist.

Aufgabe I

Die Kurve gibt die Gesamtverkaufszahlen eines neuen Produktes an.

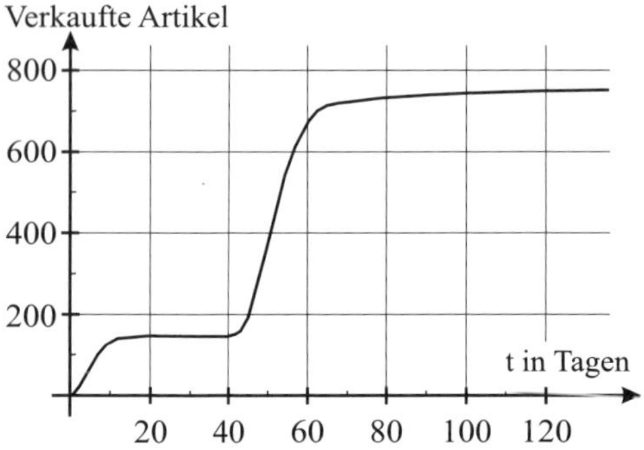

a) Welches sind besondere Punkte im Graph?

b) Wieviele Produkte hat die Firma in der 3. Woche verkauft?

c) Wieviele Artikel hat die Firma in der Zeit vom 40. bis zum 60. Tag durchschnittlich pro Tag verkauft?

d) Wie hoch ist die Verkaufsrate am 50. Tag?

e) Welche Zukunftsprognose bezüglich der Absatzchancen würden Sie aussprechen?

Aufgabe II

Die Abbildung gibt die Besucherzahl einer Ausstellung an.

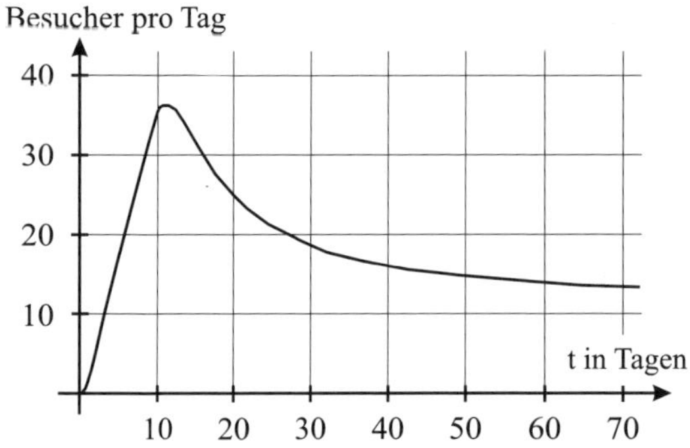

a) Welches sind besondere Punkte im Graph?

b) Welche Bedeutung haben diese besonderen Punkte für die Ausstellung?

c) Schildern Sie einen Weg, um herauszufinden, wie viele Besucher die Ausstellung in den ersten 10 Tagen ungefähr besucht haben.

d) Welche tägliche Besucherzahl erwarten Sie nach 80 Tagen?

7 Kurvendiskussion

Tipps ab Seite 87, Lösungen ab Seite 141

In diesem Kapitel geht es um Aufgaben aus der Kurvendiskussion. Umfassende Kurvendiskussionen werden im Abitur meist nicht verlangt, doch einzelne Elemente sind oft Bestandteil anderer Aufgaben. Meist geht es dabei um das Bestimmen von Extrem- und Wendepunkten, um Symmetrieuntersuchungen, um Definitionslücken und Polstellen und um Grenzwerte.

Die wichtigsten Elemente einer Kurvendiskussion sind:

- Schnittpunkte mit der x-Achse: $f(x) = 0$
- Schnittpunkte mit der y-Achse: $x = 0$ in die Funktionsgleichung einsetzen
- (Lokales) Minimum: $f'(x) = 0$ und $f''(x) > 0$ oder $f'(x) = 0$ und Vorzeichenwechsel von $f'(x)$ von $-$ nach $+$
- (Lokales) Maximum: $f'(x) = 0$ und $f''(x) < 0$ oder $f'(x) = 0$ und Vorzeichenwechsel von $f'(x)$ von $+$ nach $-$
- Wendepunkt: $f''(x) = 0$ und $f'''(x) \neq 0$ oder $f''(x) = 0$ und Vorzeichenwechsel von $f''(x)$
- Bei der Untersuchung für $x \to \pm\infty$ müssen Sie untersuchen, wie sich die Funktionswerte verhalten, wenn die Werte für x gegen $+\infty$ oder $-\infty$ gehen, bzw. ob Asymptoten existieren.

7.1 Elemente der Kurvendiskussion

a) Zeigen Sie, dass der Graph von f mit $f(x) = x^2 \cdot e^x$; $x \in \mathbb{R}$ bei $x = 0$ einen Tiefpunkt besitzt.

b) Schneidet der Graph von f die x-Achse in $(x_0 \mid 0)$, wenn folgende Situation vorliegt: $f(x_0) = 0$, $f'(x_0) = 0$, $f''(x_0) < 0$?

c) Begründen Sie, dass der Graph von $f(x) = x^2 e^{-x} + 1$; $x \in \mathbb{R}$ die Gerade $y = 1$ als Asymptote für $x \to +\infty$ besitzt.

d) Prüfen Sie, ob der Graph von $f(x) = \frac{1}{4}x^4 - x^3 + 4x - 2$; $x \in \mathbb{R}$ an der Stelle $x = 2$ einen Tiefpunkt hat.

e) Zeigen Sie, dass der Graph von $f(x) = \frac{x}{x-1}$; $x \in \mathbb{R} \setminus \{1\}$ bei $x = 1$ eine Polstelle hat.

f) Zeigen Sie, dass der Graph der Funktion f mit $f(x) = x^2 e^{-x}$ zwei Punkte mit waagerechter Tangente hat.

g) Zeigen Sie, dass der Graph der Funktion f mit $f(x) = x \cdot e^{-x}$ genau einen Wendepunkt hat.

h) Gegeben ist eine Funktion f und ihre Ableitung $f'(x) = (x-2)^3$. Prüfen Sie, ob der Graph von f einen Tiefpunkt besitzt.

i) Zeigen Sie, dass der Graph der Funktion f mit $f(x) = 2 \cdot \sin\left(x - \frac{\pi}{2}\right)$ im Punkt $P(\pi \mid 2)$ eine waagrechte Tangente hat.

j) Weisen Sie nach, dass der Graph der Funktion f mit $f(x) = \frac{1}{2} \cdot \sin(2x - \pi)$ an der Stelle $x = \pi$ einen Wendepunkt hat.

7.2 Funktionenscharen / Funktionen mit Parameter

Als Funktionenscharen werden Funktionen bezeichnet, die einen Parameter enthalten. Die dazugehörigen Graphen nennt man Kurvenscharen.

a) Gegeben ist die Funktionenschar $f_t(x) = tx - 2t$ mit $t \in \mathbb{R}$.

   I) Skizzieren Sie die Graphen für einige Werte von t. Beschreiben Sie die Veränderung der Graphen bei der Variation von t.

   II) Für welche Werte des Parameters t geht der Graph von f_t durch $P_1(3 \mid 2)$ bzw. durch $P_2(1 \mid \frac{1}{2})$?

b) Gegeben ist die Funktionenschar $f_t(x) = tx^2$ mit $t \in \mathbb{R}$.

   I) Skizzieren Sie die Graphen für einige Werte von t. Beschreiben Sie die Veränderung der Graphen bei der Variation von t.

   II) Für welche Werte des Parameters t geht der Graph von f_t durch $P_1(2 \mid 2)$ bzw. durch $P_2(-1 \mid -2)$?

c) Gegeben sind die Funktionen $f(x) = -x^2 + 2$ und $g_t(x) = tx^2 - 1$ mit $t \in \mathbb{R}$. Für welchen Wert von t stehen die Graphen der beiden Funktionen in ihrem Schnittpunkt senkrecht aufeinander?

d) Gegeben ist die Funktionenschar f_t mit $f_t(x) = (2x + t) \cdot e^{-x}$ mit $x \in \mathbb{R}$ und $t \geqslant 0$.
   Ordnen Sie den abgebildeten Graphen von f_t die zugehörigen Parameter t zu.

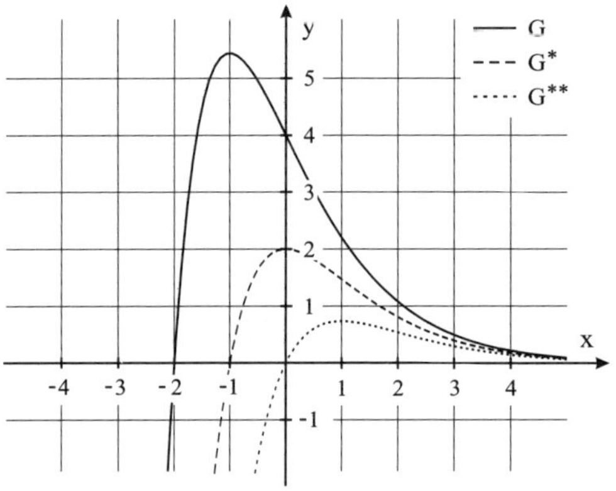

e) Bestimmen Sie t so, dass der Graph der Funktionenschar f_t mit $f_t(x) = x \cdot e^{tx}$; $x \in \mathbb{R}$; $t < 0$ an der Stelle $x = 2$ einen Extrempunkt hat.

f) Für welchen Wert von k hat der Graph der Funktionenschar $f_k(x) = k \cdot \sin(kx)$; $x \in \mathbb{R}$; $k > 0$ im Ursprung die gleiche Steigung wie der Graph der Funktion $g(x) = 2x^3 + 4x$?

g) Für welchen Wert von a hat der Graph der Funktionenschar $f_a(x) = \sin(ax)$; $x \in \mathbb{R}$; $0 < a < \frac{\pi}{2}$ bei $x = 3$ einen Extrempunkt?

7.3 Krümmungsverhalten von Kurven

Eine Kurve kann links- oder rechtsgekrümmt sein. Eine Kurve ist linksgekrümmt, wenn die Steigung streng monoton zunehmend ist. Das bedeutet, dass die Ableitung der Steigung positiv sein muss: $\left(f'(x)\right)' > 0 \Rightarrow f''(x) > 0$. Entsprechend gilt: Eine Kurve ist rechtsgekrümmt, wenn gilt: $f''(x) < 0$.

Für welche Werte von x ist der Graph der Funktion f links- bzw. rechtsgekrümmt?

a) $f(x) = \frac{1}{3}x^3 - x$ b) $f(x) = (x-1)^5$ c) $f(x) = (2x-3) \cdot e^{-x}$

7.4 Monotonie

Eine Funktion kann in einem bestimmten Bereich (streng) monoton wachsend oder (streng) monoton fallend sein; dies hängt von der 1. Ableitung der Funktion ab.

Untersuchen Sie jeweils das Monotonieverhalten der Funktion f :

a) $f(x) = \frac{x^2}{x+1}$ b) $f(x) = \frac{3x}{e^x}$ c) $f(x) = \frac{2x}{\ln x}$

7.5 Tangenten und Normalen

Um die Gleichung einer Tangente t an eine Kurve in einem Punkt $P_1\left(x_1 \mid f(x_1)\right)$ zu bestimmen, benutzt man meist die Punkt-Steigungsform

$$y - y_1 = m \cdot (x - x_1)$$

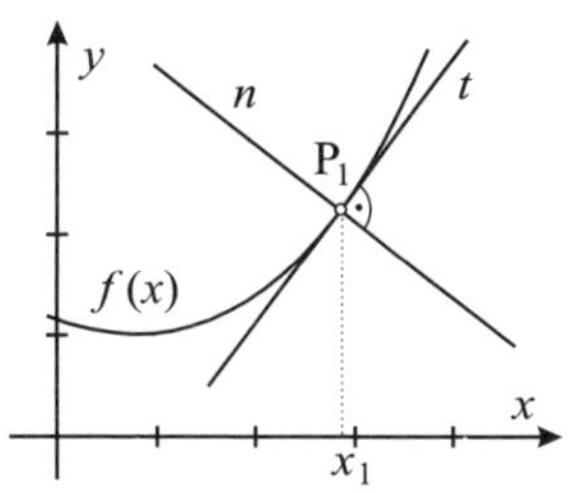

Dabei gilt: $y_1 = f(x_1)$ und für die Steigung $m = f'(x_1)$, d.h. der Wert der Ableitung an der Stelle x_1. Die Normale steht senkrecht auf der Tangente; für die Steigungen gilt $m_n \cdot m_t = -1$ bzw. $m_n = -\frac{1}{m_t}$ (negativer Kehrwert).

a) Bestimmen Sie die Gleichung der Tangente und der Normalen im Punkt $(1 \mid -1)$ an den Graphen der Funktion f mit $f(x) = x^2 - 4x + 2$.

b) Bestimmen Sie die Gleichung der Tangente und der Normalen im Wendepunkt an den Graphen der Funktion f mit $f(x) = x^3 + x + 1$.

c) Gegeben ist die Funktion f mit $f(x) = x^2 + 4x - 3$. Gesucht ist:

I) Die Gleichung der Tangente mit Steigung $m = -2$.

II) Die Gleichung der Tangente, welche orthogonal ist zur Geraden mit der Gleichung $y = -\frac{1}{3}x + 4$.

III) Die Gleichung der Tangente, welche parallel ist zur Geraden $y = 4x - \frac{7}{2}$.

7.6 Berührpunkte zweier Kurven

Wenn sich zwei Kurven schneiden, dann müssen ihre Funktionswerte im Schnittpunkt gleich sein. Wenn sie sich berühren, dann müssen nicht nur die Funktionswerte im Berührpunkt gleich sein, sondern auch die Steigungen. Für einen Berührpunkt B $(x_B \mid y_B)$ muss also gelten:

1. B ist ein gemeinsamer Punkt beider Kurven: $f(x_B) = g(x_B)$.
2. Im Punkt B haben die Graphen eine gemeinsame Tangente, also die gleiche Tangentensteigung: $f'(x_B) = g'(x_B)$.

a) Zeigen Sie, dass sich die Graphen der Funktion f mit $f(x) = \frac{1}{5}x^3 - 2x^2 + 5x + 3$ und der Funktion g mit $g(x) = -x^2 + 5x + 3$ im Punkt B $(0 \mid 3)$ berühren.

b) Berechnen Sie den Berührpunkt der Graphen der Funktion f mit $f(x) = \frac{1}{3}x^3 - 2x^2 + 3x + 4$ und der Funktion g mit $g(x) = -x^2 + 3x + 4$.

7.7 Symmetrie

Graphen von Funktionen können achsen- oder punktsymmetrisch sein. Handelt es sich bei der Achse um die y-Achse, so spricht man von y-Achsensymmetrie; handelt es sich beim Punkt, zu dem der Graph der Funktion symmetrisch ist, um den Ursprung, spricht man von Ursprungssymmetrie.

- Für y-Achsensymmetrie gilt $f(-x) = f(x)$
- Für Ursprungssymmetrie gilt $f(-x) = -f(x)$.

Sie können die Symmetrie zeigen, indem Sie $(-x)$ für x einsetzen und dann umformen. Dabei ist zu beachten, dass gilt: $(-x)^2 = x^2$ und $(-x)^3 = -x^3$.

a) Begründen Sie, dass der Graph von $f(x) = \frac{1}{x^2} + 3;\ x \in \mathbb{R} \setminus \{0\}$ achsensymmetrisch zur y-Achse ist.

b) Begründen Sie, dass der Graph von $f(x) = 3x^5 - 7{,}2x^3 + x;\ x \in \mathbb{R}$ punktsymmetrisch zum Ursprung ist.

c) Zeigen Sie, dass der Graph von $f(x) = 4 \cdot e^{-\frac{x^2}{2}};\ x \in \mathbb{R}$ achsensymmetrisch zur y-Achse ist.

d) Zeigen Sie, dass der Graph von $f(x) = x \cdot \ln\left(x^2\right);\ x \in \mathbb{R} \setminus \{0\}$ punktsymmetrisch zum Ursprung ist.

7.8 Umkehrfunktion

Zeigen Sie, dass die Funktion f umkehrbar ist und bestimmen Sie jeweils die Umkehrfunktion $\overline{f}$ der gegebenen Funktionen f:

a) $f(x) = (x+1)^2;\ x \geqslant -1$ b) $f(x) = \frac{3}{x-1};\ x \in \mathbb{R} \setminus \{1\}$ c) $f(x) = \frac{2x}{x-1};\ x \in \mathbb{R} \setminus \{1\}$

d) $f(x) = 4 \cdot e^{-2x} + 2$ e) $f(x) = 4 \cdot \ln(2x)\ ;\ x > 0$ f) $f(x) = -2 \cdot \ln(x-2)\ ;\ x > 2$

8 Allgemeines Verständnis von Funktionen

Tipps ab Seite 90, Lösungen ab Seite 150

8.1 Definitionsbereich

Bestimmen Sie für folgende Funktionen den maximalen Definitionsbereich:

a) $f(x) = \frac{3x^5-2x^3}{x-4}$ b) $f(x) = \frac{4x^2+3}{x^2+1}$ c) $f(x) = \ln(2x+3)$ d) $f(x) = \ln(3-2x)$

e) $f(x) = \sqrt{8-4x}$ f) $f(x) = \sqrt{7x+5}$

8.2 Definitionsbereich und Grenzwerte

Bestimmen Sie jeweils den Definitionsbereich und das Verhalten der Funktionswerte an den Grenzen des Definitionsbereichs:

a) $f(x) = 4\ln(2-x)$ b) $f(x) = \frac{2x^2+1}{x-1}$ c) $f(x) = \frac{4x}{e^{\frac{1}{2}x}}$ d) $f(x) = \frac{x^2}{x-k}$, $k > 0$

8.3 Stetigkeit und Differenzierbarkeit

a) Geben Sie eine anschauliche Definition der Stetigkeit an. Wie muss sich das Schaubild einer stetigen Funktion zeichnen lassen?

b) Eine Bank bietet Kunden einen Kredit an, bei dem für die ersten 3000 € 5 % jährliche Zinsen fällig werden. Danach sinkt der Zinssatz auf 2,5 %. Rechts abgebildet ist die Funktion, die den Zinssatz in Abhängigkeit von der in Anspruch genommenen Kredithöhe angibt.

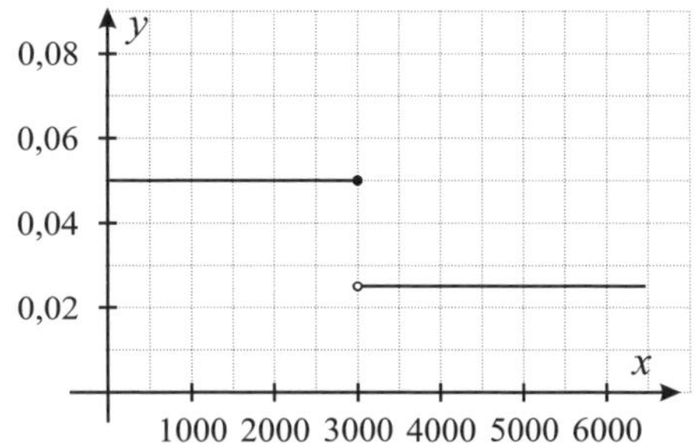

I) Berechnen Sie, wie viel Zinsen ein Kunde zahlen muss, der einen Kredit von 5000 € über einen Zeitraum von einem Jahr in Anspruch genommen hat.

II) Zeichnen Sie den Graphen der Integralfunktion F: $x \mapsto \int_0^x f(t)\,dt$ für $0 \leqslant x \leqslant 6000$ in das Diagramm ein und skalieren Sie dazu die y-Achse entsprechend.

III) Welche Bedeutung haben die Funktionswerte von F?

c) Untersuchen Sie die beiden folgenden Funktionen jeweils auf Stetigkeit:

I) $f(x) = \begin{cases} \frac{1}{3}x & \text{für } x \leqslant 3 \\ 7-2x & \text{für } x > 3 \end{cases}$ II) $g(x) = \begin{cases} \frac{1}{4}x & \text{für } x \leqslant 1 \\ \frac{1}{4}x+1 & \text{für } x > 1 \end{cases}$

wobei für $f(x)$ und $g(x)$ gilt: $x \in \mathbb{R}$.

d) Geben Sie eine anschauliche Definition der Differenzierbarkeit an. Wie muss das Schaubild einer differenzierbaren Funktion aussehen? Was darf es nicht enthalten?

e) Die Abbildung rechts zeigt den Graphen einer Funktion f.
Diese ist aus der Betragsfunktion $\mathrm{B}: x \mapsto |x|$ hervorgegangen.

I) Geben Sie einen Funktionsterm an, der den abgebildeten Graphen beschreibt.

II) Zeichnen Sie den Graphen der Integralfunktion F: $x \mapsto \int_{-1}^{x} f(t)\,\mathrm{d}t$ für $-4 \leqslant x \leqslant 2$ in das Diagramm ein.

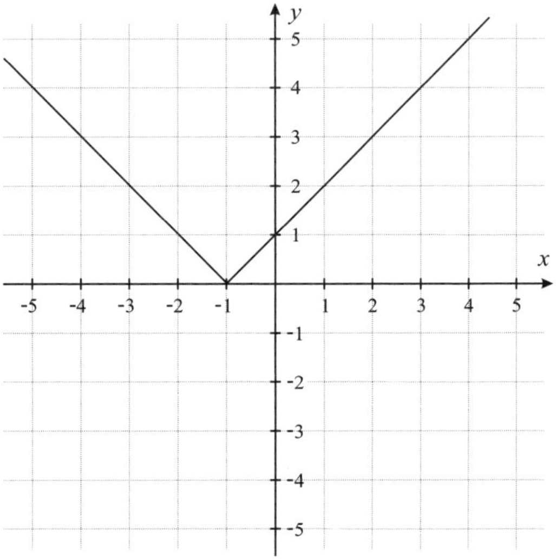

8.4 Das Newton-Verfahren

a) Erläutern Sie wesentliche Gesichtspunkte des Newtonschen Näherungsverfahrens und geben Sie Beispiele für die Anwendung an.

b) Bestimmen Sie mit Hilfe der ersten zwei Schritte des Newtonverfahrens die Nullstelle in der Nähe des gegebenen Startwerts auf 2 Stellen nach dem Komma genau.

I) $f(x) = x^3 + x - 3$; $x_0 = 1$ II) $f(x) = e^{\frac{1}{2}x} - x - 1$; $x_0 = 2{,}4$

9 Integralrechnung

Tipps ab Seite 91, Lösungen ab Seite 156

9.1 Stammfunktionen

Für eine Stammfunktion F einer Funktion f gilt: $F'(x) = f(x)$.
Das Bilden einer Stammfunktion kann man daher als die Umkehrung des Ableitens bezeichnen. Die Stammfunktion ist immer nur bis auf den konstanten Faktor c bestimmt, da dieser beim Ableiten wieder wegfällt.

Folgende Regeln zum Bestimmen der Stammfunktion sollten Sie kennen:

$f(x)$	$F(x)$	$f(x)$	$F(x)$
$a \cdot x^r;\ r \geqslant 0, r \neq -1$	$\frac{1}{r+1} \cdot a \cdot x^{r+1}$+c	e^x	$e^x + c$
$\frac{1}{x}$	$\ln\lvert x\rvert + c$	$a \cdot e^{k \cdot x + b}$	$\frac{a}{k} \cdot e^{k \cdot x + b} + c$
$\frac{1}{k \cdot x + b}$	$\frac{1}{k} \ln\lvert k \cdot x + b\rvert + c$	$\frac{f'(x)}{f(x)}$	$\ln\lvert f(x)\rvert + c$
$\sin x$	$-\cos x + c$	$f'(x) \cdot e^{f(x)}$	$e^{f(x)} + c$
$a \cdot \sin(b \cdot x)$	$-\frac{a}{b} \cdot \cos(b \cdot x) + c$	$\ln x$	$-x + x \cdot \ln x + c$
$a \cdot \cos(b \cdot x)$	$\frac{a}{b} \cdot \sin(b \cdot x) + c$	$f(ax+b)$	$\frac{1}{a} \cdot F(ax+b) + c$
$\cos x$	$\sin x$+c		

Geben Sie eine Stammfunktion für alle Funktionen mit den folgenden Funktionstermen an, es gilt $a, t, k \in \mathbb{R}$:

9.1.1 Ganzrationale Funktionen

a) $f(x) = 2x^3 - \frac{4}{3}x^2 + 2$ b) $f(x) = ax^4 + 2ax^3 - x$ c) $f(x) = t^2x^3 - tx^2$

d) $f(x) = 4x^4 - 2tx^2 + tx$ e) $f(x) = -12(2x-3)^2$ f) $f(x) = 6(3x-1)^3$

9.1.2 Exponentialfunktionen

a) $f(x) = 3e^x$ b) $f(x) = 4e^{-x}$ c) $f(x) = t \cdot e^{-tx}$

d) $f(x) = a \cdot e^{3x+2}$ e) $f(x) = 2\left(x^2 - 6e^{3x}\right)$ f) $f(x) = 3x^2 \cdot e^{x^3}$

g) $f(x) = 2x \cdot e^{x^2+1}$ h) $f(x) = x \cdot e^{x^2}$ i) $f(x) = 2x \cdot e^{3x^2}$

9.1.3 Gebrochenrationale Funktionen

a) $f(x)=\frac{4}{(2x-3)^2}$ b) $f(x)=\frac{12}{(4x-2)^4}$ c) $f(x)=\frac{3}{x^2}$ d) $f(x)=-\frac{a}{x^3}+2ax^3$

e) $f(x)=\frac{t^2}{x^4}-tx^2$ f) $f(x)=\frac{6}{x-2}$ g) $f(x)=\frac{3}{2x}$ h) $f(x)=\frac{4}{2x-1}$

i) $f(x)=\frac{2x}{x^2+3}$ j) $f(x)=\frac{6x+2}{3x^2+2x}$ k) $f(x)=\frac{3x^2}{x^3+1}$

9.1.4 Logarithmusfunktionen

a) $f(x)=\ln(3x)$ b) $f(x)=\ln(2x+1)$ c) $f(x)=4\cdot\ln(4x-2)$

9.1.5 Wurzelfunktionen

a) $f(x)=\sqrt{2x+1}$ b) $f(x)=2\cdot\sqrt{4x+2}$ c) $f(x)=\sqrt{kx+b};\ k\neq 0$

9.1.6 Trigonometrische Funktionen

a) $f(x)=3\cdot\cos(2x+1)$ b) $f(x)=4\cdot\sin(-3x+2)$ c) $f(x)=\frac{2}{3}\cdot\cos(\pi x)$

d) $f(x)=t\cdot\cos(tx+t)$ e) $f(x)=a\cdot\sin\left(ax-a^2\right)$ f) $f(x)=k^2\cdot\cos(kx)$

9.2 Flächeninhalt zwischen zwei Kurven

Um den Flächeninhalt zwischen zwei Kurven zu bestimmen, berechnet man das Integral der Differenz der Funktionen über dem Intervall der beiden Schnittstellen, dabei gilt «obere Kurve minus untere Kurve»

$$A=\int_{x_1}^{x_2}\left(f(x)-g(x)\right)\,dx$$

Sind die Schnittpunkte nicht bekannt, müssen diese zuerst bestimmt werden.

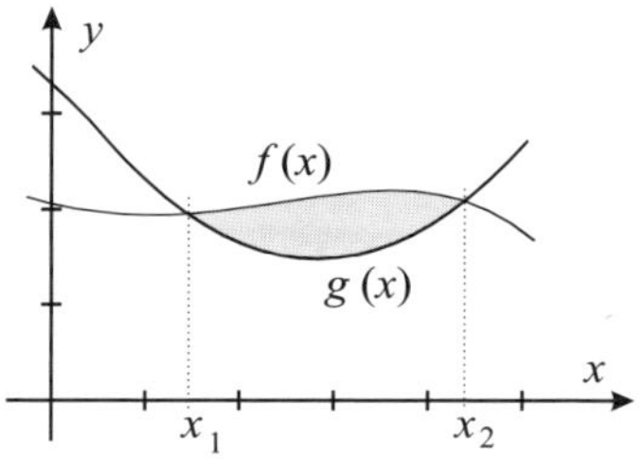

Berechnen Sie den Flächeninhalt zwischen den zwei Kurven:

a) $f(x)=4-x^2$, $g(x)=x^2-4$ b) $f(x)=x^2+1$, $g(x)=x+1$ c) $f(x)=\sqrt{x}$, $g(x)=x^2$

9.3 Angewandte Integrale

Bei diesen Aufgaben kommen Integrale im Anwendungsbezug als Summe vor.

a) Die Produktionskosten eines Werkstücks in Abhängigkeit von der produzierten Stückzahl werden durch die Funktion P mit $\mathrm{P}(x) = \frac{20}{(x+2)^2} + 4;\ x \geqslant 0$ beschrieben. (x: Stückzahl, $\mathrm{P}(x)$: Herstellungskosten des x-ten Werkstücks in €).
Berechnen Sie die Gesamtkosten der Herstellung der 50 ersten Werkstücke sowie die durchschnittlichen Kosten pro Werkstück .

b) Die Niederschlagsrate während eines Monsunregens kann modellhaft beschrieben werden durch die Funktion r mit $r(t) = 23 - 0,02 \cdot e^t$ (t in Tagen seit dem Einsetzen des Regens und $r(t)$ in Liter pro Quadratmeter und Tag gemessen).

   I) Wann hört der Regen auf?

   II) Welche Wassermenge geht insgesamt auf jeden Quadratmeter Fläche des betroffenen Gebiets nieder?

   III) Geben Sie die mittlere Regenmenge pro Quadratmeter an, die während des Regens gefallen ist.

c) Der Zu- und Abfluss eines Wasserbeckens kann durch die Funktion f mit $f(t) = -0,5t + 3$ (t in Stunden $f(t)$ in Liter pro Stunde) beschrieben werden. Am Anfang ist das Becken mit 10 Litern gefüllt.
Wieviel Wasser enthält das Becken nach 9 Stunden?

10 Extremwertaufgaben

Tipps ab Seite 93, Lösungen ab Seite 160

Bei Extremwertaufgaben mit Nebenbedingungen geht es darum, dass das Maximum oder Minimum einer Größe (meist eine Länge oder Fläche) gesucht ist. Dabei muss in der Regel zuerst eine Funktion aufgestellt werden, die diese Größe beschreibt. Der Extremwert wird dann mit Hilfe der ersten und zweiten Ableitung dieser Funktion bestimmt. Für alle Anwendungsaufgaben ist es sehr hilfreich, eine Skizze der Aufgabenstellung anzufertigen.

a) Ein rechteckiger Spielplatz soll eingezäunt werden. Dafür stehen 40 m Zaun zur Verfügung. Wie lang sind die Seitenlängen des Spielplatzes, wenn dieser möglichst groß sein soll und außerdem noch eine 2 m breite Einfahrt besitzt?

b) Ein Gedenkstein, der die Form eines Rechtecks mit einem aufgesetzten Halbkreis besitzt, soll errichtet werden. Für den Umfang gilt: $\mathrm{U} = 10\,\mathrm{m}$. Die vordere Fläche des Gedenksteins soll maximal groß sein. Geben Sie einen Funktionsterm für die Umfangsfunktion an.

c) Ein Sportplatz hat die Form eines Rechtecks mit rechts und links angesetzten Halbkreisen. Der Gesamtumfang beträgt 400 m. Geben Sie einen Funktionsterm an, mit dem man die folgendenen Extremwertaufgaben lösen kann:
   I) Die Fläche des Rechtecks soll maximal sein.
   II) Die Fläche des gesamten Sportplatzes soll maximal sein.

d) Gegeben sei eine Funktion f mit $f(x) = 6 - \frac{1}{4}x^2$; $x \in \mathbb{R}$. Zwischen Kurve und x-Achse ist im 1. und 2. Quadranten ein Rechteck einzuschreiben
   I) mit maximalem Umfang   II) mit maximaler Fläche

   Berechnen Sie den maximalen Umfang bzw. die maximale Fläche.

e) In einen Halbkreis mit Radius 1 m soll ein Rechteck mit maximalem Flächeninhalt einbeschrieben werden. Geben Sie einen Funktionsterm an, mit dem man den maximalen Flächeninhalt berechnen kann.

f) Gegeben ist die Funktion f durch $f(x) = -(x+2)e^{-x}$; $x \in \mathbb{R}$. Ihr Graph sei G. Bestimmen Sie die Gleichung der Normalen im Punkt $\mathrm{W}(0 \mid -2)$.
   Die Normale schneidet G in einem weiteren Punkt Q. Berechnen Sie dessen Koordinaten.
   $\mathrm{P}(u \mid v)$ mit $-2 < u < 0$ sei ein Punkt auf G. Der Ursprung O und die Punkte P und Q sind die Eckpunkte eines Dreiecks OPQ. Für welchen Wert von u wird die Fläche $\mathrm{A}(u)$ maximal?

g) Gegeben sind die Funktion f durch $f(x) = (2x+3) \cdot e^{-x}$; $x \in \mathbb{R}$ und die Funktion g durch $g(x) = e^{-x}$; $x \in \mathbb{R}$. Ihre Graphen seien G_f bzw. G_g.
   Die Gerade $x = u$ mit $u > -1$ schneidet G_f im Punkt P und G_g im Punkt Q.
   Für welchen Wert von u wird die Länge der Strecke PQ maximal?
   Berechnen Sie die maximale Länge der Strecke PQ.

Analytische Geometrie

11 Rechnen mit Vektoren

Tipps ab Seite 95, Lösungen ab Seite 164

In diesem Kapitel geht es darum, die Grundkenntnisse des Rechnens mit Vektoren zu wiederholen. Dazu gehören die Addition und Subtraktion von Vektoren. Neben diesen Rechenoperationen ist es wichtig, das Skalarprodukt zu kennen und zu wissen, dass es genau dann gleich Null ist, wenn zwei Vektoren senkrecht aufeinander stehen.

Da mit den Vektoren geometrische Objekte wie Dreiecke, Parallelogramme und verschiedene Körper beschrieben werden können, sollten Sie die grundlegenden Eigenschaften dieser Objekte kennen, z.B. dass in einem gleichschenklichen Dreieck zwei Seiten die gleiche Länge haben. Rechenregeln für das Rechnen mit Vektoren finden Sie bei den Tipps auf Seite 95. Wenn nicht anders angegeben gilt für alle Parameter: $r, s, t, \lambda, \mu, \nu, \ldots \in \mathbb{R}$.

11.1 Addition und Subtraktion von Vektoren

Gegeben sind die Vektoren $\vec{a} = \begin{pmatrix} -1 \\ 2 \\ 4 \end{pmatrix}$ und $\vec{b} = \begin{pmatrix} 3 \\ 1 \\ 2 \end{pmatrix}$. Berechnen Sie:

a) $\vec{a}+\vec{b}$ b) $\vec{a}-\vec{b}$ c) $2\cdot\vec{a}$ d) $-\vec{a}$ e) $2\vec{a}+3\vec{b}$

f) $\vec{a}\circ\vec{b}$ g) $|\vec{a}|$ h) $|\vec{b}|$ i) $|\vec{a}+\vec{b}|$

11.2 Orthogonalität von Vektoren

Prüfen Sie, ob folgende Vektoren senkrecht (orthogonal) aufeinander stehen.

a) $\vec{a} = \begin{pmatrix} -1 \\ 0 \\ 1 \end{pmatrix}, \vec{b} = \begin{pmatrix} 2 \\ 2 \\ 0 \end{pmatrix}$, b) $\vec{r} = \begin{pmatrix} 5 \\ -1 \\ 3 \end{pmatrix}, \vec{n} = \begin{pmatrix} 2 \\ 1 \\ -3 \end{pmatrix}$,

11.3 Auffinden von orthogonalen Vektoren

Geben Sie drei verschiedene Vektoren an, die zu $\vec{n} = \begin{pmatrix} 1 \\ 2 \\ -3 \end{pmatrix}$ orthogonal sind.

11.4 Verschiedene Aufgaben

Tipp: Fertigen Sie eine Skizze zu den jeweiligen Aufgabenstellungen an und stellen Sie Vektorketten auf.

a) Prüfen Sie, ob das Dreieck ABC gleichschenklig ist:

I) $A(3 \mid 7 \mid 2),\ B(-1 \mid 5 \mid 1),\ C(2 \mid 3 \mid 0)$

II) $A(-5 \mid 2 \mid -1),\ B(0 \mid 5 \mid -3),\ C(-1 \mid 6 \mid -3)$

b) Prüfen Sie, ob das Dreieck ABC rechtwinklig ist:

$A(5 \mid 1 \mid 0),\ B(1 \mid 5 \mid 2),\ C(-1 \mid 1 \mid 6)$

c) I) Bestimmen Sie den Mittelpunkt M von $A(4 \mid 1 \mid 3)$ und $B(-2 \mid 5 \mid -5)$.

II) Bestimmen Sie die Koordinaten des Punktes P so, dass $B(4 \mid 2 \mid 5)$ der Mittelpunkt von $A(3 \mid -1 \mid -4)$ und P ist.

d) Bestimmen Sie jeweils den Schwerpunkt des Dreiecks:

I) $A(4 \mid 1 \mid 2),\ B(5 \mid 3 \mid 0),\ C(0 \mid 2 \mid 1)$

II) $P(-3 \mid 2 \mid 4),\ Q(5 \mid 1 \mid 2),\ R(-5 \mid 3 \mid 6)$

e) Gegeben sind die Punkte $A(4 \mid 2 \mid 3)$, $B(1 \mid 8 \mid 5)$ und $C(-2 \mid 1 \mid -3)$.

I) Bestimmen Sie den Punkt D so, dass das Viereck ABCD ein Parallelogramm ist.

II) Bestimmen Sie den Punkt D^* so, dass das Viereck ABD^*C ein Parallelogramm ist.

f) Von einem Spat (Körper mit jeweils 4 parallelen Kanten) sind die Punkte $A(3 \mid 1 \mid 4)$, $B(-2 \mid 1 \mid -3)$, $C(5 \mid -2 \mid 3)$ und $F(9 \mid 2 \mid 6)$ gegeben.

I) Bestimmen Sie die Koordinaten der übrigen Punkte des Spats.

II) Berechnen Sie die Länge der Raumdiagonalen AG.

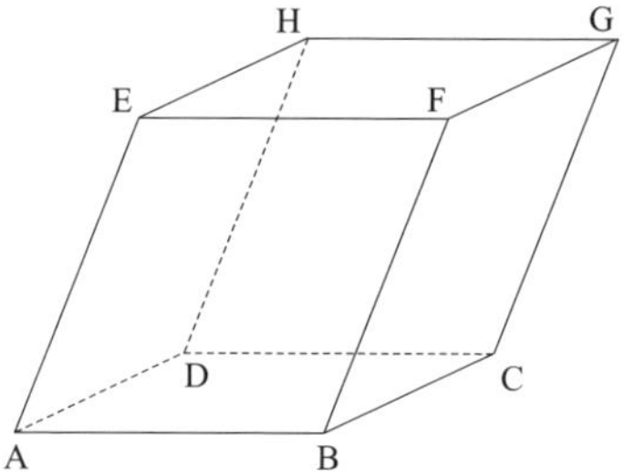

11.5 Vektorprodukt

a) Bestimmen Sie folgende Vektorprodukte:

I) $\begin{pmatrix} 2 \\ -1 \\ 3 \end{pmatrix} \times \begin{pmatrix} 4 \\ 2 \\ -1 \end{pmatrix}$ II) $\begin{pmatrix} -1 \\ 2 \\ 0 \end{pmatrix} \times \begin{pmatrix} 3 \\ 0 \\ 1 \end{pmatrix}$

b) Berechnen Sie den Flächeninhalt des Parallelogramms ABCD, welches durch die Punkte $A(4\,|\,2\,|\,-1)$, $B(6\,|\,3\,|\,1)$, $C(-1\,|\,0\,|\,3)$ und $D(-3\,|\,-1\,|\,1)$ gegeben ist.

c) Berechnen Sie den Flächeninhalt des Dreiecks ABC mit $A(2\,|\,1\,|\,-3)$, $B(0\,|\,4\,|\,1)$ und $C(-1\,|\,2\,|\,2)$.

d) Berechnen Sie das Volumen des Spats, der durch die Punkte $A(3\,|\,1\,|\,4)$, $B(-2\,|\,1\,|\,-3)$, $C(5\,|\,-2\,|\,3)$, $D(10\,|\,-2\,|\,10)$, $E(14\,|\,2\,|\,13)$, $F(9\,|\,2\,|\,6)$, $G(16\,|\,-1\,|\,12)$ und $H(21\,|\,-1\,|\,19)$ gegeben ist.

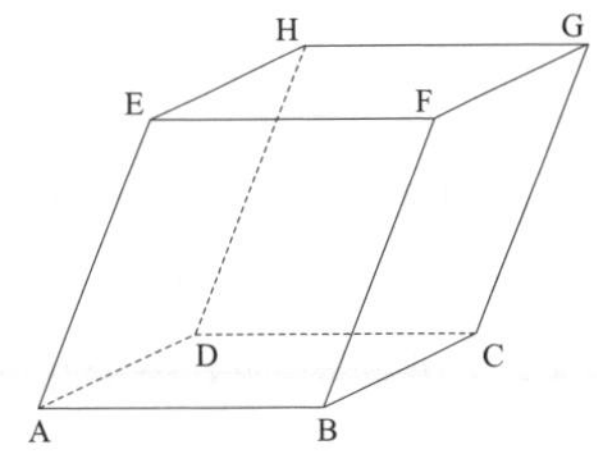

11.6 Lineare Abhängigkeit

Wenn zwei Vektoren $\vec{a}$ und $\vec{b}$ linear abhängig sind, bedeutet das, dass sie ein Vielfaches voneinander sind: $\vec{a} = k \cdot \vec{b}$ mit $k \in \mathbb{R}$. Es muss also immer einen Faktor geben, mit dem man einen der beiden Vektoren multiplizieren kann, so dass sich der andere ergibt.

Sind drei Vektoren $\vec{a}$, $\vec{b}$ und $\vec{c}$ linear abhängig, dann liegen sie in einer Ebene. Das bedeutet, dass man einen der drei Vektoren als «Linearkombination» der beiden andern ausdrücken kann, z.B. $\vec{c} = \lambda \cdot \vec{a} + \mu \cdot \vec{b}$. Man stellt also ein Gleichungssystem auf und bestimmt λ und μ.

a) Prüfen Sie, ob die beiden Vektoren linear abhängig oder unabhängig sind:

I) $\vec{a} = \begin{pmatrix} 2 \\ 1 \\ -3 \end{pmatrix}, \vec{b} = \begin{pmatrix} -4 \\ -2 \\ 6 \end{pmatrix}$ II) $\vec{a} = \begin{pmatrix} 2 \\ 0 \\ 3 \end{pmatrix}, \vec{b} = \begin{pmatrix} -2 \\ 1 \\ -3 \end{pmatrix}$

III) $\vec{a} = \begin{pmatrix} 4 \\ -2 \\ 3 \end{pmatrix}, \vec{b} = \begin{pmatrix} 5 \\ 1 \\ 9 \end{pmatrix}$

b) Prüfen Sie, ob die drei angegebenen Vektoren linear abhängig oder unabhängig sind:

I) $\vec{a} = \begin{pmatrix} 2 \\ 1 \\ -3 \end{pmatrix}, \quad \vec{b} = \begin{pmatrix} 4 \\ -2 \\ 1 \end{pmatrix}, \quad \vec{c} = \begin{pmatrix} 3 \\ 5 \\ 0 \end{pmatrix}$

II) $\vec{a} = \begin{pmatrix} 4 \\ 0 \\ -2 \end{pmatrix}, \quad \vec{b} = \begin{pmatrix} 1 \\ 3 \\ -1 \end{pmatrix}, \quad \vec{c} = \begin{pmatrix} 6 \\ 6 \\ -4 \end{pmatrix}$

12 Geraden

Tipps ab Seite 96, Lösungen ab Seite 170

Die Parameterform der Geradengleichung in der vektoriellen Geometrie lautet

$$g\colon \vec{X} = \vec{A} + \lambda \cdot \overrightarrow{r_g} \text{ mit } \lambda \in \mathbb{R}$$

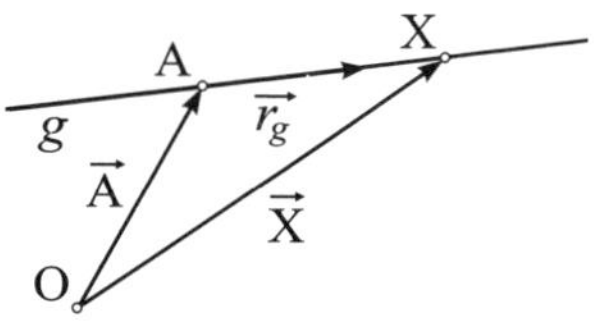

Dabei wird der Vektor $\vec{A}$ als Stützvektor bezeichnet, weil er die Gerade «stützt», der Vektor $\overrightarrow{r_g}$ ist der Richtungsvektor der Geraden, da er die Richtung der Geraden angibt. λ ist der Parameter.

12.1 Aufstellen von Geradengleichungen

Stellen Sie jeweils die Gleichung der Gerade auf, die durch die beiden Punkte geht:

a) $A(1\,|\,0\,|\,2), B(3\,|\,1\,|\,3)$ b) $C(2\,|\,1\,|\,-4), D(4\,|\,0\,|\,1)$ c) $E(1\,|\,1\,|\,0), F(0\,|\,0\,|\,1)$

12.2 Punktprobe

Liegen die gegebenen Punkte A, B, C auf der Geraden $g:\ \vec{X} = \begin{pmatrix} 1 \\ 3 \\ -2 \end{pmatrix} + \lambda \cdot \begin{pmatrix} 1 \\ 4 \\ 2 \end{pmatrix}$?

a) $A(2\,|\,7\,|\,0)$ b) $B(3\,|\,11\,|\,3)$ c) $C(-2\,|\,-9\,|\,-8)$

12.3 Gegenseitige Lage von Geraden

Zwei Geraden können auf vier verschiedene Weisen zueinander liegen: Sie können parallel liegen, identisch sein, sich schneiden oder windschief sein. Die genauen Rechenwege zur Bestimmung der gegenseitigen Lage sind in den Tipps auf Seite 96 beschrieben.

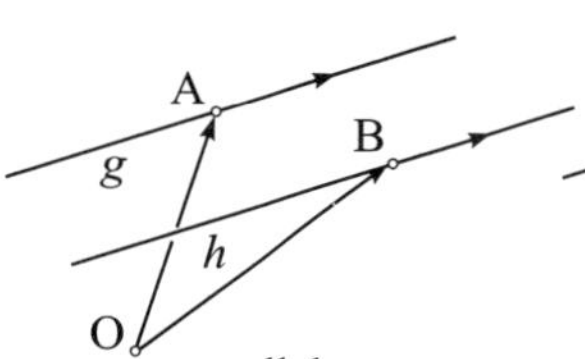

parallel

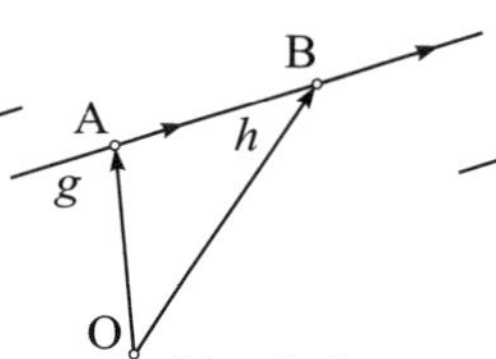

identisch

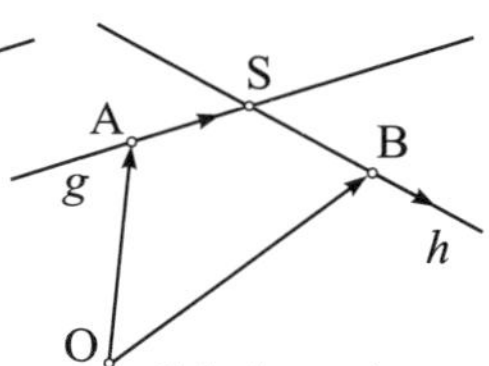

Schnittpunkt

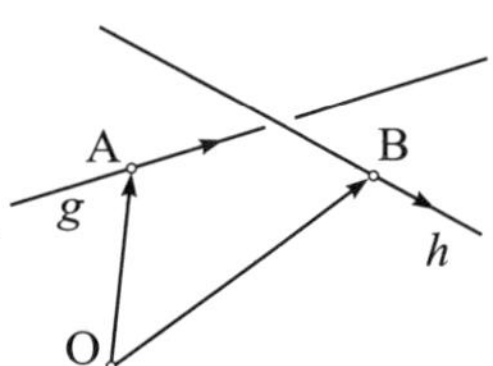

windschief

Bestimmen Sie die gegenseitige Lage der beiden gegebenen Geraden:

a) $g_1:\ \vec{X} = \begin{pmatrix} 4 \\ 2 \\ 5 \end{pmatrix} + \lambda \cdot \begin{pmatrix} 1 \\ 1 \\ 2 \end{pmatrix}$ $g_2:\ \vec{X} = \begin{pmatrix} 0 \\ 0 \\ 0 \end{pmatrix} + \mu \cdot \begin{pmatrix} 2 \\ 0 \\ 1 \end{pmatrix}$

b) $g_1: \vec{X} = \begin{pmatrix} 2 \\ 0 \\ 0 \end{pmatrix} + \lambda \cdot \begin{pmatrix} 1 \\ 1 \\ 1 \end{pmatrix}$ $\qquad g_2: \vec{X} = \begin{pmatrix} 3 \\ 2 \\ 3 \end{pmatrix} + \mu \cdot \begin{pmatrix} 3 \\ 4 \\ 5 \end{pmatrix}$

c) $g: \vec{X} = \begin{pmatrix} 1 \\ -3 \\ 5 \end{pmatrix} + \lambda \cdot \begin{pmatrix} 2 \\ 1 \\ -3 \end{pmatrix}$ $\qquad h: \vec{X} = \begin{pmatrix} 5 \\ 1 \\ -3 \end{pmatrix} + \mu \cdot \begin{pmatrix} 4 \\ -5 \\ -1 \end{pmatrix}$

d) $g: \vec{X} = \begin{pmatrix} 4 \\ 0 \\ 1 \end{pmatrix} + \lambda \cdot \begin{pmatrix} 2 \\ -1 \\ 3 \end{pmatrix}$ $\qquad h: \vec{X} = \begin{pmatrix} 6 \\ -1 \\ 4 \end{pmatrix} + \mu \cdot \begin{pmatrix} -2 \\ 1 \\ -3 \end{pmatrix}$

e) $g: \vec{X} = \begin{pmatrix} 1 \\ 4 \\ -2 \end{pmatrix} + \lambda \cdot \begin{pmatrix} -2 \\ -1 \\ 3 \end{pmatrix}$ $\qquad h: \vec{X} = \begin{pmatrix} -1 \\ 3 \\ -1 \end{pmatrix} + \mu \cdot \begin{pmatrix} 4 \\ 2 \\ -6 \end{pmatrix}$

12.4 Parallele Geraden mit Parameter

Für welchen Wert des Parameters $t \in \mathbb{R}$ sind die Geraden g_t und h bzw. g_t parallel?

a) $g_t: \vec{X} = \begin{pmatrix} 1 \\ 1 \\ 1 \end{pmatrix} + \lambda \cdot \begin{pmatrix} 0 \\ 2 \\ 2t \end{pmatrix}$ $\qquad h: \vec{X} = \begin{pmatrix} 4 \\ 1 \\ 7 \end{pmatrix} + \mu \cdot \begin{pmatrix} 0 \\ 4 \\ 4 \end{pmatrix}$

b) $g_t: \vec{X} = \begin{pmatrix} 2 \\ 1 \\ 3 \end{pmatrix} + \lambda \cdot \begin{pmatrix} 0,5t \\ t \\ 4 \end{pmatrix}$ $\qquad h: \vec{X} = \begin{pmatrix} 3 \\ 4 \\ 5 \end{pmatrix} + \mu \cdot \begin{pmatrix} 1 \\ 2 \\ -2 \end{pmatrix}$

12.5 Allgemeines Verständnis von Geraden

Gegeben seien die Geraden g und h durch $g: \vec{X} = \vec{A} + \lambda \cdot \vec{r}$ und $h: \vec{X} = \vec{B} + \mu \cdot \vec{v}$.

a) Welche Beziehungen müssen zwischen den genannten Vektoren gelten, damit:

   I) g (echt) parallel zu h ist

   II) $g = h$

   III) g senkrecht auf h steht.

b) Wie bestimmt man den Winkel zwischen g und h, falls sich g und h schneiden?

c) Erläutern Sie eine Strategie, wie man die gegenseitige Lage zweier Geraden überprüfen kann.

13 Ebenen

Tipps ab Seite 97, Lösungen ab Seite 175

Um eine Ebene zu beschreiben, gibt es verschiedene Gleichungen: Ähnlich wie für die Gerade gibt es eine *Parametergleichung*, diese lautet:

$$E\colon \vec{X} = \vec{A} + \lambda \cdot \vec{v_1} + \mu \cdot \vec{v_2}$$

Der Vektor $\vec{A}$ ist auch hier der Stützvektor, die Vektoren $\vec{v_1}$ und $\vec{v_2}$ sind die Spannvektoren, da sie die Ebene «aufspannen».

Bei der *Punkt-Normalenform* der Ebene wird die Ebene durch einen Stützpunkt und einen Normalenvektor beschrieben. Der Normalenvektor $\vec{n}$ steht immer senkrecht auf der Ebene. Die dazugehörige Gleichung ist

$$E\colon \vec{n} \circ \left(\vec{X} - \vec{A}\right) = 0$$

Anschaulich gesprochen bedeutet die Tatsache, dass das Skalarprodukt zwischen dem Normalenvektor $\vec{n}$ und jedem Vektor in der Ebene gleich null ist, dass der Normalenvektor $\vec{n}$ auf jedem Vektor, der in der Ebene liegt, senkrecht steht:

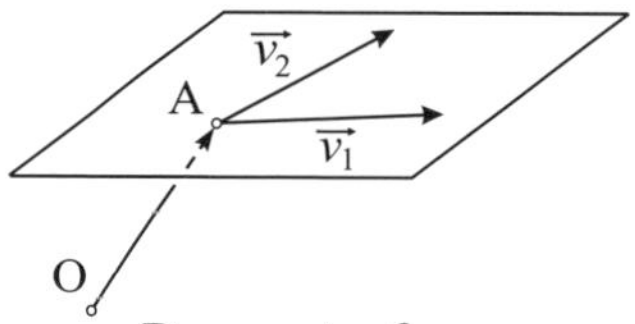

Parameterform

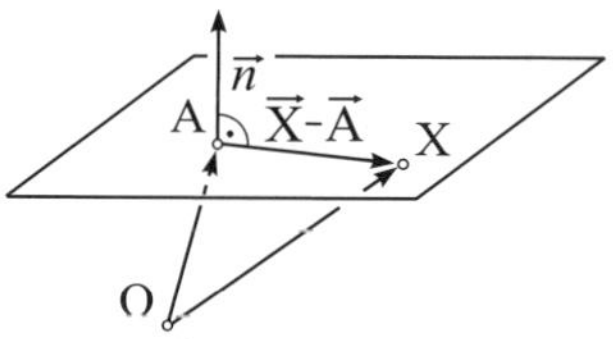

Punkt-Normalenform

Die Koordinatenform erhalten Sie durch Ausrechnen der Punkt-Normalenform. Sie lautet

$$E\colon n_1 \cdot x_1 + n_2 \cdot x_2 + n_3 \cdot x_3 + n_0 = 0$$

Dabei sind n_1, n_2 und n_3 die Komponenten des Normalenvektors $\vec{n}$.

Ist eine Ebene in Parameterform gegeben und suchen Sie die Koordinatenform, so stellen Sie zuerst die Punkt-Normalenform auf und rechnen diese anschließend aus. Dazu ist ein Normalenvektor gesucht, der senkrecht auf den beiden Spannvektoren $\vec{v_1}$ und $\vec{v_2}$ stehen muss. Diesen können Sie mit Hilfe des Skalarprodukts berechnen, indem Sie benutzen, dass $\vec{n} \circ \vec{v_1} = 0$ und $\vec{n} \circ \vec{v_2} = 0$ sein muss. Sie erhalten so ein Gleichungssystem aus zwei Gleichungen mit dessen Hilfe Sie den Vektor $\vec{n}$ bestimmen können. Ein weiterer Weg führt über das Kreuzprodukt, siehe die nächste Seite.

Tipp: Wenn man einen Vektor $\vec{n}$ sucht, der senkrecht auf zwei gegebenen Vektoren $\vec{a}$ und $\vec{b}$ steht, geschieht dies einfach und schnell mit dem **Vektorprodukt**:

$$\vec{n} = \left(\vec{a} \times \vec{b}\right) = \begin{pmatrix} a_2b_3 & - & a_3b_2 \\ a_3b_1 & - & a_1b_3 \\ a_1b_2 & - & a_2b_1 \end{pmatrix}$$

Die Merkhilfe dazu:

1. Beide Vektoren werden je zweimal untereinandergeschrieben, dann werden die erste und die letzte Zeile gestrichen.
2. Anschließend wird «über Kreuz» multipliziert. Dabei erhalten die abwärts gerichteten Pfeile ein positives und die aufwärts gerichteten Pfeile ein negatives Vorzeichen.
3. Die einzelnen Komponenten werden subtrahiert – fertig!

$$\begin{array}{cc} \not{a_1} & \not{b_1} \\ a_2 & b_2 \\ a_3 & b_3 \\ a_1 & b_1 \\ a_2 & b_2 \\ \not{a_3} & \not{b_3} \end{array} \Rightarrow \begin{array}{cc} a_2 & b_2 \\ a_3 & b_3 \\ a_1 & b_1 \\ a_2 & b_2 \end{array} \Rightarrow \begin{pmatrix} a_2b_3 - a_3b_2 \\ a_3b_1 - a_1b_3 \\ a_1b_2 - a_2b_1 \end{pmatrix}$$

Anmerkung: Der Betrag des senkrecht stehenden Vektors entspricht genau der Flächenmaßzahl des Parallelogramms, das von den beiden Vektoren aufgespannt wird.

13.1 Parameterform der Ebenengleichung

Im Folgenden sind drei Punkte bzw. eine Gerade und ein Punkt gegeben, die eine Ebene festlegen. Geben Sie zu diesen Ebenen jeweils eine Ebenengleichung in Parameterform an.

a) $A(1\mid 4\mid 3)$, $B(2\mid 7\mid -3)$, $C(3\mid 5\mid 1)$ b) $A(1\mid 3\mid 6)$, $g\colon\ \vec{X} = \begin{pmatrix} -1 \\ 2 \\ 4 \end{pmatrix} + \lambda \cdot \begin{pmatrix} 3 \\ 6 \\ -1 \end{pmatrix}$

13.2 Koordinatengleichung einer Ebene

Bestimmen Sie eine Koordinatengleichung der Ebene E.

a) $A(2\mid 2\mid 2)$, $B(4\mid 1\mid 3)$, $C(8\mid 4\mid 5)$ b) $A(4\mid 1\mid 2)$, $g: \vec{X} = \begin{pmatrix} 3 \\ 5 \\ 7 \end{pmatrix} + \lambda \cdot \begin{pmatrix} 1 \\ 1 \\ 1 \end{pmatrix}$

c) $g_1: \vec{X} = \begin{pmatrix} 1 \\ 2 \\ 3 \end{pmatrix} + \lambda \cdot \begin{pmatrix} 1 \\ 3 \\ 4 \end{pmatrix}$ $\qquad g_2: \vec{X} = \begin{pmatrix} 1 \\ 2 \\ 3 \end{pmatrix} + \mu \cdot \begin{pmatrix} 2 \\ -1 \\ 3 \end{pmatrix}$

d) $g_1: \vec{X} = \begin{pmatrix} 1 \\ 0 \\ 2 \end{pmatrix} + \lambda \cdot \begin{pmatrix} 3 \\ 1 \\ 2 \end{pmatrix}$ $\qquad g_2: \vec{X} = \begin{pmatrix} 4 \\ 1 \\ 1 \end{pmatrix} + \mu \cdot \begin{pmatrix} 6 \\ 2 \\ 4 \end{pmatrix}$

e) Die Ebene E ist Spiegelebene zwischen $A(1 \mid 4 \mid 7)$ und $A^*(3 \mid 2 \mid 3)$.

f) Die Ebene E enthält die Gerade $g: \vec{X} = \begin{pmatrix} 3 \\ 1 \\ 2 \end{pmatrix} + \lambda \cdot \begin{pmatrix} 2 \\ 0 \\ -1 \end{pmatrix}$ und ist orthogonal zur Ebene $F: -x_1 + x_2 + 2x_3 + 2 = 0$.

g) Prüfen Sie, ob die vier Punkte $A(2 \mid 1 \mid 2)$, $B(4 \mid 3 \mid 4)$, $C(7 \mid 2 \mid 3)$ und $D(8 \mid -1 \mid 0)$ in einer Ebene liegen.

13.3 Ebenen im Koordinatensystem

Zeichnen Sie die Ebenen jeweils in ein kartesisches Koordinatensystem ein; bestimmen Sie dazu jeweils die Schnittpunkte mit den Koordinatenachsen:

a) $E: 3x_1 + 4x_2 + 3x_3 = 12$ b) $E: 4x_1 - 8x_2 + 4x_3 = 16$ c) $E: 2x_1 + 4x_2 = 8$

d) $E: x_1 + 2x_3 = 4$ e) $E: 3x_2 + x_3 = 3$ f) $E: x_2 = 3$

13.4 Bestimmen von Geraden und Ebenen in einem Quader

In der Abbildung ist ein Quader dargestellt, M und N seien die Mittelpunkte der beiden Kanten $\overline{BE}$ bzw. $\overline{CF}$.

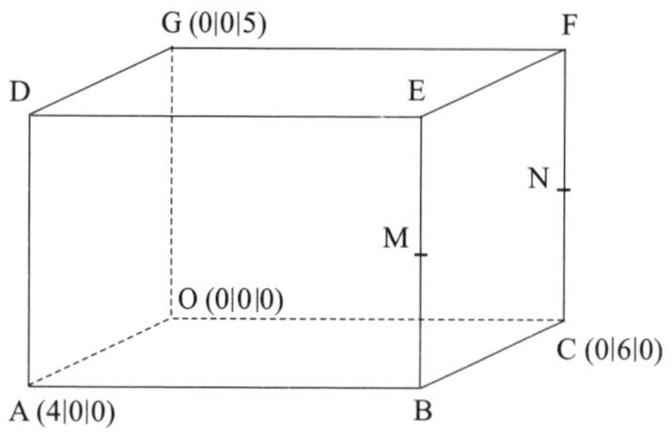

a) Bestimmen Sie die Koordinaten der übrigen Punkte.

b) Geben Sie eine Koordinatengleichung der Ebene durch B, E und F an.

c) Geben Sie eine Geradengleichung der Geraden durch A und N sowie G und M an.

d) Bestimmen Sie die Koordinatengleichung der Ebene durch A, O, E und F.

14 Gegenseitige Lage von Geraden und Ebenen

Tipps ab Seite 99, Lösungen ab Seite 181

Eine Gerade und eine Ebene können auf drei verschiedene Weisen zueinander liegen: Die Gerade kann die Ebene schneiden, sie kann parallel zu ihr liegen und sie kann in der Ebene liegen. Liegt die Ebene in der Parameterform vor, werden Geraden- und Ebenengleichung gleichgesetzt. Liegt sie in der Punkt-Normalenform oder der Koordinatenform vor, schreiben Sie die Gerade als «allgemeinen Punkt» um und setzten diesen in die Ebenengleichung ein.

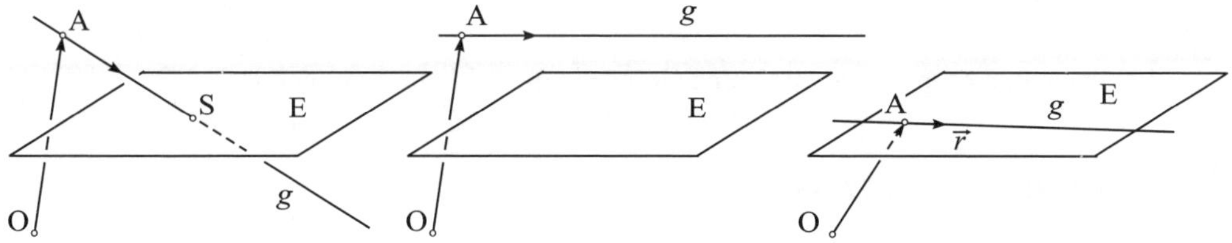

g schneidet E — *g* ist parallel zu E — *g* liegt in E

14.1 Gegenseitige Lage

Bestimmen Sie die gegenseitige Lage der Gerade und der Ebene:

a) $g:\ \vec{X}=\begin{pmatrix}4\\6\\2\end{pmatrix}+\lambda\cdot\begin{pmatrix}1\\2\\3\end{pmatrix}$ $\qquad$ $E:\ 2x_1+4x_2+6x_3+12=0$

b) $g:\ \vec{X}=\begin{pmatrix}3\\2\\2\end{pmatrix}+\lambda\cdot\begin{pmatrix}2\\5\\7\end{pmatrix}$ $\qquad$ $E:\ 2x_1+x_2-3x_3=4$

c) $g:\ \vec{X}=\begin{pmatrix}1\\-2\\3\end{pmatrix}+\lambda\cdot\begin{pmatrix}2\\1\\2\end{pmatrix}$ $\qquad$ $E:\ x_1-x_3=0$

14.2 Gerade und Ebene parallel

Bestimmen Sie den Parameter $t\in\mathbb{R}$ so, dass $g_t \parallel E$ bzw. $g_t \parallel E_t$ ist:

a) $g_t:\ \vec{X}=\begin{pmatrix}1\\4\\-2\end{pmatrix}+\lambda\cdot\begin{pmatrix}2\\1\\t\end{pmatrix}$ $\qquad$ $E:\ x_1+2x_2+4x_3=2$

b) $g_t:\ \vec{X}=\begin{pmatrix}2\\1\\2\end{pmatrix}+\lambda\cdot\begin{pmatrix}1\\t\\2\end{pmatrix}$ $\qquad$ $E_t:\ tx_1+2x_2-x_3=7$

14.3 Allgemeines Verständnis von Geraden und Ebenen

a) Gegeben seien die Gerade g und die Ebene E durch:

$g: \vec{X} = \vec{A} + \lambda \cdot \vec{r}; \quad \lambda \in \mathbb{R} \qquad E: n_1x_1 + n_2x_2 + n_3x_3 + n_0 = 0$

Welche Beziehung muss zwischen den Vektoren gelten, damit

I) g (echt) parallel zu E liegt

II) g senkrecht auf E steht

III) g in E liegt.

b) Wie kann man nachweisen, dass eine Gerade in einer Ebene enthalten ist?

14.4 * Vermischte Aufgaben

a) Gegeben ist die Ebene $E: 2x_1 + x_2 - 2x_3 = 12$. Bestimmen Sie die Gleichung einer Geraden, welche parallel zu E ist und durch den Punkt $P(4 \mid 9 \mid 7)$ verläuft.

b) Die Ebene E hat die Gleichung $E: 4x_1 - 3x_2 + 5x_3 = 17$. Bestimmen Sie die Gleichung der Geraden, die orthogonal zu E ist und durch den Punkt $Q(4 \mid -1 \mid 3)$ verläuft.

c) Gegeben ist die Ebene $E: -2x_1 + x_2 + 2x_3 = 10$. Im Abstand von 3 LE verläuft eine Gerade g parallel zur Ebene E. Geben Sie eine mögliche Geradengleichung von g an.

15 Gegenseitige Lage zweier Ebenen

Tipps ab Seite 100, Lösungen ab Seite 184

Zwei Ebenen können auf drei verschiedene Arten zueinander liegen: Die beiden Ebenen können sich schneiden, sie können identisch sein oder parallel zueinander liegen. Wenn sich die beiden Ebenen schneiden, entsteht eine Schnittgerade s.

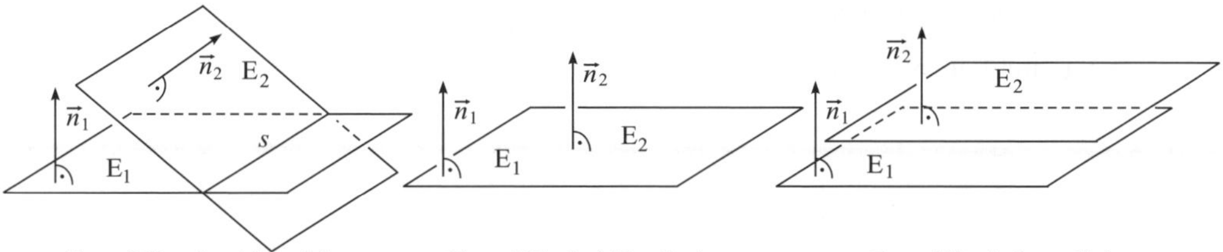

E_1 und E_2 schneiden sich — E_1 und E_2 sind identisch — E_1 und E_2 sind parallel

Liegen die Ebenen in Koordinatenform vor, so läßt sich die Aufgabe relativ einfach dadurch lösen, dass Sie die beiden Gleichungen als Gleichungssystem mit drei Unbekannten auffassen. Sie lösen dieses Gleichungssystem und können die Lösung als Geradengleichung schreiben, indem der Parameter der Lösung zum Geradenparameter wird. Liegen die Ebenen in Parametergleichung vor, setzen Sie diese gleich und benutzen das Gaußverfahren um nach einem Parameter aufzulösen. Sie erhalten so einen Ausdruck in Abhängigkeit vom anderen Parameter, setzen diesen in die Ebenengleichung ein und erhalten so die Schnittgerade.

15.1 Schnitt von zwei Ebenen

Bestimmen Sie eine Gleichung der Schnittgerade der beiden Ebenen.

a) $E_1: \; x_1 + 5x_3 = 8$
$E_2: \; x_1 + x_2 + x_3 = 1$

b) $E_1: \; x_1 - x_2 + 2x_3 = 7$
$E_2: \; 6x_1 + x_2 - x_3 + 7 = 0$

c) $E_1: \; 4x_2 = 5$
$E_2: \; 6x_1 + 5x_3 = 0$

15.2 Parallele Ebenen

Bestimmen Sie den Parameter t so, dass die beiden Ebenen parallel sind:

a) $E_t: \; tx_1 - 2tx_2 - 4x_3 = 6$
$F: \; -2x_1 + 4x_2 - 4x_3 = 7$

b) $E_t: \; 2tx_1 + x_2 + 3x_3 = 8$
$F: \; 8x_1 - 2x_2 - 6x_3 = 7$

15.3 Verschiedene Aufgaben

a) Für welchen Wert von d ist $E_d: \; 2x_1 + x_2 - 3x_3 = d$ identisch mit der Ebene $F: \; -4x_1 - 2x_2 + 6x_3 = 9$?

b) Zeigen Sie, dass die Ebene $E: \; 3x_1 + 4x_2 - 2x_3 = 7$ orthogonal zur Ebene $F: \; 2x_1 + x_2 + 5x_3 = 9$ ist.

c) Für welchen Wert von t ist $\mathrm{E}: \ 2x_1 - x_2 + 3x_3 = 7$ orthogonal zur Ebene $\mathrm{E}_t: \ tx_1 - 2tx_2 - 4x_3 = 6$?

d) Gegeben sind die Ebenen $\mathrm{E}: \ ax_1 + bx_2 + cx_3 = d$ und $\mathrm{F}: \ ex_1 + fx_2 + gx_3 = h$; $a, ..., h \in \mathbb{R}$.
Welche Beziehung muss zwischen den Ebenen bestehen, damit

I) E (echt) parallel zu F liegt

II) E senkrecht auf F steht

III) E und F identisch sind.

16 Abstandsberechnungen

Tipps ab Seite 101, Lösungen ab Seite 187

Die verschiedenen Aufgaben der Abstandsberechnungen lassen sich oft auf die Berechnung des Abstands eines Punktes von einer Ebene oder des Abstands eines Punktes zu einem Punkt zurückführen. So können Sie den Abstand eines Punktes P zu einer Geraden g mit einer Hilfsebene E_H berechnen. Diese steht senkrecht auf g und enthält den Punkt P. Der Abstand ist dann die Länge des Vektors $\overrightarrow{LP}$. (Alternativ können Sie auch das Skalarprodukt benutzen.)

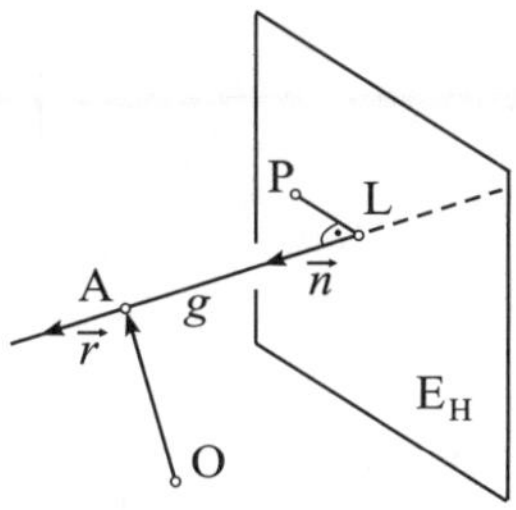

Den Abstand eines Punktes von einer Ebene berechnet man entweder mit einer Hilfsgeraden, mit der man den Lotfußpunkt bestimmt oder mit der Hesseschen Normalenform (HNF).

16.1 Abstand Punkt – Ebene

Berechnen Sie den Abstand des Punktes von der Ebene:

a) $P(2\,|\,4\,|\,-1),\ E\colon 2x_1 - x_2 + 2x_3 = 1$

b) $S(9\,|\,4\,|\,-3),\ E\colon x_1 + 2x_2 + 2x_3 = -3$

c) $R(6\,|\,9\,|\,4),\ E\colon \begin{pmatrix} 2 \\ 2 \\ 1 \end{pmatrix} \circ \left(\vec{X} - \begin{pmatrix} 7 \\ 5 \\ 2 \end{pmatrix}\right) = 0$

16.2 Abstand Punkt – Gerade

Berechnen Sie den Abstand des Punktes von der Geraden:

a) $g\colon \vec{X} = \begin{pmatrix} 4 \\ 5 \\ 6 \end{pmatrix} + \lambda \cdot \begin{pmatrix} -2 \\ 1 \\ 1 \end{pmatrix},\ T(6\,|\,-6\,|\,9)$

b)) $g\colon \vec{X} = \begin{pmatrix} -2 \\ -4 \\ 2 \end{pmatrix} + \lambda \cdot \begin{pmatrix} 3 \\ 0 \\ -2 \end{pmatrix},\ P(-1\,|\,2\,|\,-3)$

16.3 Abstand paralleler Geraden

Zeigen Sie, dass die beiden Geraden parallel sind, und berechnen Sie den Abstand der beiden Geraden:

a) $g: \vec{X} = \begin{pmatrix} 2 \\ 1 \\ 2 \end{pmatrix} + \lambda \cdot \begin{pmatrix} 1 \\ 0 \\ 1 \end{pmatrix}$ $\quad h: \vec{X} = \begin{pmatrix} 2 \\ 3 \\ 4 \end{pmatrix} + \mu \cdot \begin{pmatrix} 3 \\ 0 \\ 3 \end{pmatrix}$

b) $g: \vec{X} = \begin{pmatrix} 5 \\ -1 \\ 3 \end{pmatrix} + \lambda \cdot \begin{pmatrix} 1 \\ 3 \\ 4 \end{pmatrix}$ $\quad h: \vec{X} = \begin{pmatrix} 7 \\ -7 \\ 7 \end{pmatrix} + \mu \cdot \begin{pmatrix} -2 \\ -6 \\ -8 \end{pmatrix}$

16.4 * Verschiedene Aufgaben

a) Bestimmen Sie denjenigen Punkt A auf $g: \vec{X} = \begin{pmatrix} 2 \\ 1 \\ 3 \end{pmatrix} + \lambda \cdot \begin{pmatrix} 2 \\ 1 \\ 2 \end{pmatrix}$,

welcher von $P(5 \mid 1 \mid 0)$ und $Q(6 \mid 3 \mid 7)$ die gleiche Entfernung hat.

b) Bestimmen Sie denjenigen Punkt M auf $g: \vec{X} = \begin{pmatrix} -1 \\ 4 \\ 1 \end{pmatrix} + \lambda \cdot \begin{pmatrix} 2 \\ -2 \\ 1 \end{pmatrix}$,

der von $A(2 \mid -2 \mid 1)$ und $C(-1 \mid 4 \mid -1)$ gleich weit entfernt ist.

c) Bestimmen Sie diejenigen Punkte auf $g: \vec{X} = \begin{pmatrix} 1 \\ 0 \\ 2 \end{pmatrix} + \lambda \cdot \begin{pmatrix} 2 \\ 1 \\ 2 \end{pmatrix}$,

welche von $A(3 \mid 1 \mid 4)$ die Entfernung 3 LE haben.

d) Die Punkte $A(1 \mid 1 \mid 1)$, $B(3 \mid 3 \mid 1)$ und $C(0 \mid 4 \mid 5)$ sowie $S(6 \mid -2 \mid 8)$ bilden eine Pyramide mit der Grundfläche ABC. Berechnen Sie die Höhe der Pyramide.

e) Von welcher Ebene $E_b: \; 2x_1 + x_2 - 2x_3 = b$ hat der Punkt $P(-1 \mid 2 \mid -3)$ den Abstand 2 LE?

f) Welche Punkte der Geraden $g: \vec{X} = \begin{pmatrix} 2 \\ -5 \\ -3 \end{pmatrix} + \lambda \cdot \begin{pmatrix} 2 \\ 4 \\ 5 \end{pmatrix}$ haben von der

Ebene $E: \; 2x_1 + x_2 + 2x_3 - 11 = 0$ den Abstand 3 LE?

g) Zeigen Sie, dass die Ebene $E_1: \; 2x_1 - 3x_2 + x_3 = 4$ parallel ist zu
$E_2: \; -2x_1 + 3x_2 - x_3 = -7$ und berechnen Sie den Abstand von E_1 zu E_2.

17 Winkelberechnungen

Tipps ab Seite 102, Lösungen ab Seite 190

Die verschiedenen Aufgaben der Winkelberechnungen lassen sich auf die Berechnung des Winkels α zwischen zwei Vektoren $\vec{a}$ und $\vec{b}$ zurückführen, den man mit Hilfe der Formel $\cos\alpha = \frac{\vec{a}\circ\vec{b}}{|\vec{a}|\cdot|\vec{b}|}$ bestimmen kann.

Will man den spitzen Winkel zwischen zwei Geraden oder zwei Ebenen berechnen, verwendet man die Formel $\cos\alpha = \frac{|\vec{a}\circ\vec{b}|}{|\vec{a}|\cdot|\vec{b}|}$, wobei $\vec{a}$ und $\vec{b}$ die beiden Richtungsvektoren der Geraden bzw. die beiden Normalenvektoren sind.

Will man den spitzen Winkel zwischen einer Geraden und einer Ebene berechnen, verwendet man die Formel $\sin\alpha = \frac{|\vec{a}\circ\vec{b}|}{|\vec{a}|\cdot|\vec{b}|}$, wobei $\vec{a}$ der Richtungsvektor der Geraden und $\vec{b}$ der Normalenvektor der Ebene ist.

17.1 Winkel zwischen Vektoren bzw. Geraden

Tipp: Machen Sie eine Skizze. Überlegen Sie, welche Vektoren der Geraden den Winkel einschließen.

a) Berechnen Sie die Innenwinkel des Dreiecks ABC: A (6 | −1 | 1), B (4 | 3 | −3), C (0 | 5 | 1).

b) Berechnen Sie den Winkel zwischen den beiden Geraden:

I) $g:\ \vec{X} = \begin{pmatrix} 2 \\ 1 \\ -1 \end{pmatrix} + \lambda \cdot \begin{pmatrix} -1 \\ 3 \\ 5 \end{pmatrix}$ $\qquad h:\ \vec{X} = \begin{pmatrix} 2 \\ 1 \\ -1 \end{pmatrix} + \mu \cdot \begin{pmatrix} 7 \\ -1 \\ 2 \end{pmatrix}$

II) $g:\ \vec{X} = \begin{pmatrix} 4 \\ 0 \\ 1 \end{pmatrix} + \lambda \cdot \begin{pmatrix} 2 \\ -6 \\ 10 \end{pmatrix}$ $\qquad h:\ \vec{X} = \begin{pmatrix} 4 \\ 0 \\ 1 \end{pmatrix} + \mu \cdot \begin{pmatrix} 2 \\ 3 \\ 5 \end{pmatrix}$

17.2 Winkel zwischen Ebenen

Berechnen Sie den Winkel zwischen den Ebenen:

a) $E_1:\ x_1 - x_2 + 2x_3 = 7$
$E_2:\ 6x_1 + x_2 - x_3 + 7 = 0$

b) $E_1:\ 4x_2 = 5$
$E_2:\ 6x_1 + 5x_3 = 0$

17.3 Winkel zwischen Gerade und Ebene

Berechnen Sie jeweils den Winkel zwischen der Gerade und der Ebene:

a) $g: \vec{X} = \begin{pmatrix} 3 \\ 7 \\ -4 \end{pmatrix} + \lambda \cdot \begin{pmatrix} 1 \\ 2 \\ -1 \end{pmatrix}$ E: $3x_1 + 5x_2 - 2x_3 - 7 = 0$

b) $g: x_2$-Achse E: $6x_1 + 10x_2 - 4x_3 = 14$

c) $g: \vec{X} = \begin{pmatrix} 4 \\ 6 \\ 2 \end{pmatrix} + \lambda \cdot \begin{pmatrix} 1 \\ 2 \\ 3 \end{pmatrix}$ E: x_1-x_2-Ebene

18 Spiegelungen

Tipps ab Seite 102, Lösungen ab Seite 192

Die Aufgaben der Spiegelungen lassen sich oft auf die Spiegelung eines Punktes an einem Punkt zurückführen. Hierzu stellt man eine geeignete Vektorkette mit Hilfe des Ursprungs auf.
Um einen Punkt an einer Ebene zu spiegeln, schneidet man die Lotgerade durch diesen Punkt mit der Ebene.
Um einen Punkt an einer Geraden zu spiegeln, stellt man eine orthogonale Hilfsebene durch diesen Punkt auf und schneidet sie mit der Geraden.

18.1 Punkt an Punkt

Spiegeln Sie den Punkt $P(3\mid4\mid5)$ jeweils an den angegebenen Punkten:

a) $Q(2\mid1\mid2)$ b) $R(0\mid3\mid-2)$ c) $S(-3\mid1\mid4)$

18.2 Punkt an Ebene

Spiegeln Sie den Punkt an der Ebene:

a) $A(1\mid4\mid7)$
$E:\ x_1-x_2-2x_3+11=0$

b) $S(-1\mid-4\mid-9)$
$E:\ 2x_1-2x_2+x_3=6$

c) $P(2\mid3\mid4)$
$E:\ 4x_1+x_2-x_3=3$

Tipp: Legen Sie eine Skizze an. Oft lässt sich ein neues Problem auf ein schon bekanntes zurückführen, wie die Spiegelung eines Punktes an einer Ebene auf die Spiegelung eines Punktes an einem Punkt.

18.3 Punkt an Gerade

Spiegeln Sie den Punkt an der Geraden:

a) $P(2\mid3\mid4),\ g:\ \vec{X}=\begin{pmatrix}2\\1\\2\end{pmatrix}+\lambda\cdot\begin{pmatrix}1\\0\\1\end{pmatrix}$ b) $B(5\mid-2\mid1),\ g:\ \vec{X}=\begin{pmatrix}-1\\6\\5\end{pmatrix}+\lambda\cdot\begin{pmatrix}4\\-1\\-1\end{pmatrix}$

18.4 Allgemeine Spiegelungen

a) Geben Sie die wesentlichen Arbeitsschritte zur Spiegelung einer Geraden an einer Ebene an, falls gilt:
I) $g \parallel E$ II) g schneidet E.

b) Geben Sie die wesentlichen Arbeitsschritte zur Spiegelung einer Ebene an einer Ebene an (mit Fallunterscheidung).

19 Kugeln

Tipps ab Seite 103, Lösungen ab Seite 194

Eine Kugel K mit Mittelpunkt $M\,(m_1 \mid m_2 \mid m_3)$ und Radius r hat die Koordinatengleichung

$$K\colon\ (x_1-m_1)^2+(x_2-m_2)^2+(x_3-m_3)^2=r^2$$

19.1 Kugelgleichung

a) Bestimmen Sie jeweils eine Koordinatengleichung der Kugel K mit Mittelpunkt M und Radius r:

I) $M(2 \mid 1 \mid 5),\ r=3$ II) $M(-3 \mid 2 \mid -4),\ r=\sqrt{7}$ III) $M(0 \mid 0 \mid 1),\ r=4$

b) Geben Sie jeweils den Mittelpunkt und den Radius folgender Kugeln an:

I) $K_1\colon\ (x_1-2)^2+(x_2-3)^2+(x_3+2)^2=8$

II) $K_2\colon\ (x_1-4)^2+(x_2-3)^2+(x_3+1)^2-22=0$ III) $K_3\colon\ x_1^2+x_2^2+x_3^2=25$

c) Prüfen Sie, ob die Punkte $P\,(4 \mid 1 \mid 3)$ bzw. $Q\,(3 \mid 0 \mid 10)$ innerhalb, außerhalb oder auf der Kugel K mit Mittelpunkt $M\,(1 \mid 1 \mid 7)$ und Radius $r=5$ liegen.

19.2 Gegenseitige Lage von Kugel und Gerade

Eine Gerade kann eine Kugel in zwei Punkten schneiden (Sekante), in einem Punkt berühren (Tangente) oder an ihr vorbeigehen (Passante).

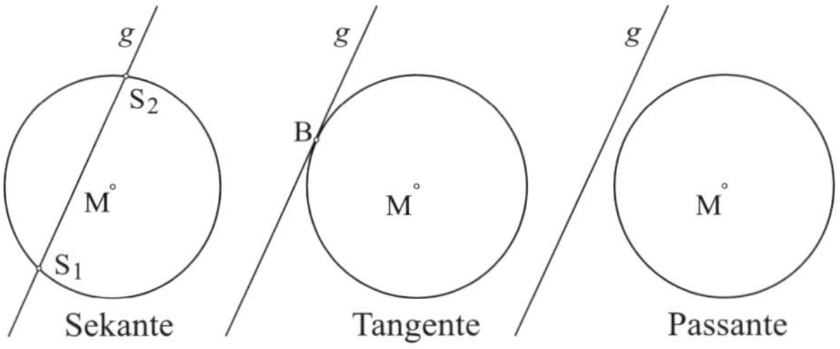

a) Berechnen Sie (falls möglich) die gemeisamen Punkte von Kugel und Gerade.

I) $K_1\colon\ M_1\,(0 \mid 0 \mid 0),\ r_1=3 \quad g\colon \vec{X}=\begin{pmatrix}1\\2\\2\end{pmatrix}+\lambda\cdot\begin{pmatrix}-1\\1\\4\end{pmatrix}$

II) $K_2\colon\ (x_1-2)^2+(x_2-3)^2+(x_3-4)^2=4 \quad g_{AB}\colon A(4 \mid 2 \mid 2),\ B(4 \mid 4 \mid 6)$

III) $K_3\colon\ M_3\,(1 \mid 0 \mid 3),\ r_3=1 \quad h\colon \vec{X}=\begin{pmatrix}1\\0\\5\end{pmatrix}+\lambda\cdot\begin{pmatrix}1\\1\\1\end{pmatrix}$

b) Bestimmen Sie die gegenseitige Lage der Kugel K mit Mittelpunkt $M(0 \mid 0 \mid 2)$ und Radius $r = 6$ und der Geraden $g\colon \vec{X} = \begin{pmatrix} 18 \\ -16 \\ 22 \end{pmatrix} + \lambda \cdot \begin{pmatrix} 2 \\ 1 \\ 0 \end{pmatrix}$.

19.3 Gegenseitige Lage von Kugel und Ebene

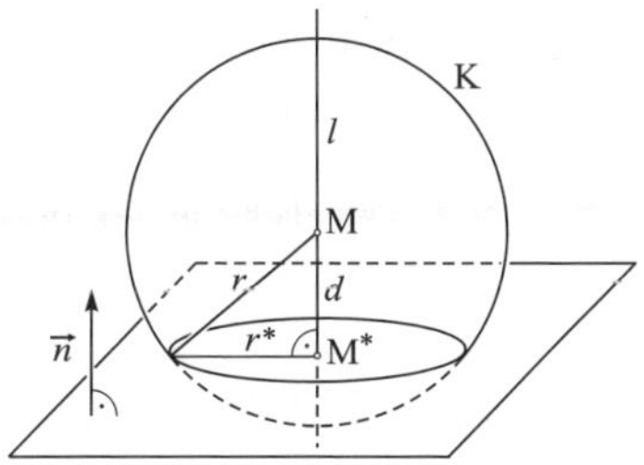

Um den Mittelpunkt M^* des Schnittkreises von Ebene und Kugel zu erhalten, stellt man eine Lotgerade l auf, die durch $M(-1 \mid 3 \mid 5)$ geht und den Normalenvektor $\vec{n} = \begin{pmatrix} 2 \\ 3 \\ 1 \end{pmatrix}$ der Ebene E als Richtungsvektor hat und schneidet diese mit E:

a) Berechnen Sie den Mittelpunkt M^* und den Radius r^* des Schnittkreises von Kugel und Ebene.

I) E: $2x_1 + 2x_2 + x_3 = 6$ K: $(x_1 - 5)^2 + (x_2 - 2)^2 + (x_3 - 1)^2 = 49$

II) E: $2x_1 + 3x_2 + x_3 - 26 = 0$ K: $M(-1 \mid 3 \mid 5)$, $r = 5$

b) Bestimmen Sie die gegenseitige Lage von Kugel und Ebene.

I) E: $5x_1 + 6x_2 - 3x_3 = 11$ K: $(x_1 - 3)^2 + x_2^2 + (x_3 + 1)^2 = 9$

II) E: $2x_1 + 2x_2 + x_3 = 3$ K: $M(0 \mid 0 \mid 0)$, $r = 1$

c) Wie lautet die Koordinatengleichung der Tangentialebene E_T an die Kugel K mit Mittelpunkt $M(2 \mid 4 \mid 1)$, welche die Kugel im Punkt $B(7 \mid -3 \mid 2)$ berührt?

19.4 Gegenseitige Lage zweier Kugeln

Zwei Kugeln haben entweder keinen gemeinsamen Punkt, einen Berührpunkt (innen oder außen) oder schneiden sich in einem Schnittkreis, der in einer Ebene liegt.

a) Gegeben sind die Kugeln $K_1\colon M_1(3 \mid 1 \mid 4)$, $r_1 = 3$ und $K_2\colon M_2(5 \mid -2 \mid 8)$, $r_2 = 2$.
Prüfen Sie, ob K_1 und K_2 gemeinsame Punkte haben.

b) Zeigen Sie, dass sich die beiden Kugeln $K_1\colon (x_1 + 1)^2 + x_2^2 + (x_3 - 2)^2 = 36$ und $K_2\colon M_2(1 \mid 2 \mid 3)$, $r_2 = 3$ berühren und berechnen Sie die Koordinaten des Berührpunkts.

c) Gegeben sind die Kugeln $K_1\colon (x_1 - 3)^2 + (x_2 + 6)^2 + (x_3 - 7)^2 = 100$ und $K_2\colon M_2(-1 \mid 2 \mid -1)$, $r_2 = \sqrt{52}$.
Zeigen Sie, dass sich K_1 und K_2 schneiden und bestimmen Sie eine Gleichung der Ebene E, in welcher der Schnittkreis liegt.

Stochastik

20 Berechnung von Wahrscheinlichkeiten

Tipps ab Seite 105, Lösungen ab Seite 199

In diesem Kapitel geht es darum, mithilfe bereits bekannter Wahrscheinlichkeiten von Ereignissen die Wahrscheinlichkeiten weiterer, oft «komplizierterer» Ereignisse zu bestimmen. Dabei werden folgende Operatoren verwendet:

$A \cup B$ bedeutet: entweder A oder B oder A und B tritt ein

$A \cap B$ bedeutet: A und B treten ein

Ein wichtiges Hilfsmittel sind *Vierfeldertafeln*. Mit Hilfe einer Vierfeldertafel kann man beispielsweise in folgendem Beispiel arbeiten:
In einer Eisdiele wurde über längere Zeit das Kaufverhalten der Kunden beobachtet. Bei Kunden, die genau zwei Kugeln Eis bestellten, konnte folgende Regelmäßigkeit festgestellt werden: Die Wahrscheinlichkeit, dass die 1. der genannten Sorten Vanille ist, liegt bei $p = 0,4$. Für die Wahrscheinlichkeit, dass die 2. genannte Sorte Schokolade ist, gilt $p = 0,3$.

A bezeichnet dann das Ereigniss «Die 1. bestellte Sorte ist Vanille», $\overline{A}$ entsprechend «Die 1. bestellte Sorte ist nicht Vanille». Dabei werden zuerst die Werte in den Randspalten bzw. Zeilen eingetragen; die Werte in der Mitte ergeben sich durch Multiplikation.

	A	$\overline{A}$	
B	0,12	0,18	0,3
$\overline{B}$	0,28	0,42	0,7
	0,4	0,6	

Baumdiagramme sind insbesondere bei mehrstufigen Zufallsexperimenten hilfreich. Eine Verzweigung entspricht dabei den möglichen Versuchausgängen der jeweiligen Stufe; längs der «Äste» werden die zugehörigen Wahrscheinlichkeiten notiert. Ein Beispiel für ein Baumdiagramm, das sich auf das obere Beispiel bezieht, ist:

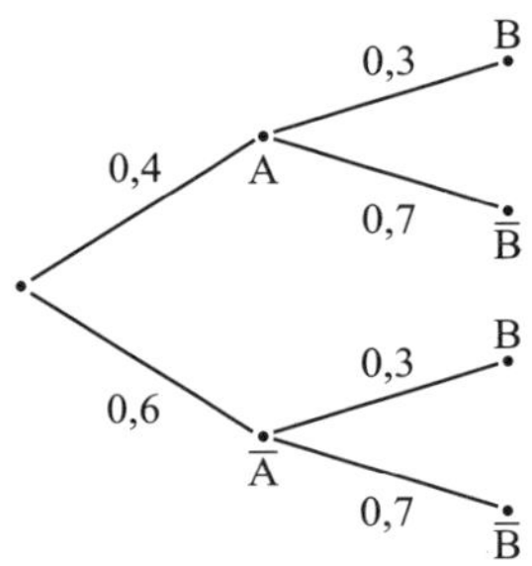

Wichtige Rechenregeln für Baumdiagramme sind die 1. *Pfadregel* und die 2. *Pfadregel*:
Die 1. Pfadregel (auch: Produktregel der Stochastik) besagt, dass man die Wahrscheinlichkeit längs eines Pfades berechnet, indem man die Wahrscheinlichkeiten der zugehörigen Äste miteinander multipliziert.
Mit der 2. Pfadregel (auch: Summenregel der Stochastik) kann man die Wahrscheinlichkeit eines Ereignisses berechnen, indem man die Wahrscheinlichkeiten aller zugehörigen Pfade addiert.

Ein Beispiel zum abgebildeten Baumdiagramm ist: $P(A \cap B) = 0,4 \cdot 0,3 = 0,12$

20.1 Additionssatz, Vierfeldertafel

a) Ergänzen Sie die folgenden Vierfeldertafeln:

I)

	A	$\overline{A}$	
B	0,3		
$\overline{B}$		0,1	
	0,8		

II)

	A	$\overline{A}$	
B			
$\overline{B}$	$\frac{1}{4}$		$\frac{3}{8}$
		$\frac{5}{8}$	

b) In einer Schule begeistern sich 70 % der Schüler für Fußball, 60 % für Schwimmen, 10 % mögen keine der beiden Sportarten.

I) Stellen Sie eine Vierfeldertafel auf und bestimmen Sie daraus den Anteil der Schüler, die sich für beide Sportarten begeistern.

II) Prüfen Sie den Additionssatz an diesem Beispiel nach.

20.2 Baumdiagramme und Pfadregeln

a) In einer Urne befinden sich 2 grüne, 3 rote und 5 blaue Kugeln. Es werden nacheinander ohne Zurücklegen 2 Kugeln gezogen.

I) Stellen sie ein Baumdiagramm auf.

II) Bestimmen Sie die Wahrscheinlichkeiten der folgenden Ereignisse:
A: Es werden die beiden grünen Kugeln gezogen.
B: Es wird zuerst eine rote und dann eine blaue Kugel gezogen.
C: Es werden eine rote und eine grüne Kugel gezogen.
D: Es werden 2 gleichfarbige Kugeln gezogen.
E: Es wird keine blaue Kugel gezogen.

b) Ein Würfel trägt auf einer Seite die Zahl 1, auf vier anderen Seiten die Zahl 2 und auf einer Seite die Zahl 3. Er wird zweimal nacheinander geworfen und das Ergebnis als zweistellige Zahl notiert.

I) Stellen Sie ein Baumdiagramm auf.

II) Bestimmen Sie die Wahrscheinlichkeiten der folgenden Ereignisse:

A: Das Ergebnis ist 12.
B: Das Ergebnis ist eine gerade Zahl.
C: Das Ergebnis ist kleiner als 20.
D: Die Quersumme des Ergebnisses ist 4.
E: Das Ergebnis ist eine Primzahl.

c) Ein Fertigungsteil durchläuft mehrmals dieselbe Kontrolle, da mit einer Wahrscheinlichkeit von 20 % ein Fehler übersehen wird.

I) Bestimmen Sie mit Hilfe eines Baumdiagramms die Wahrscheinlichkeit, dass ein vorhandener Fehler zweimal übersehen und beim 3. Mal erkannt wird.

II) Wie groß ist die Wahrscheinlichkeit, dass ein vorhandener Fehler spätestens beim 3. Mal erkannt wird?

d) Berechnen Sie die Gewinnwahrscheinlichkeit bei folgendem Spiel: Ein Würfel wird so oft geworfen, bis die Summe der gewürfelten Augenzahlen 3 oder mehr beträgt.
Man gewinnt, wenn die Summe genau 3 beträgt.

20.3 Unabhängigkeit von zwei Ereignissen

Zwei Ereignisse A und B heißen *(stochastisch) unabhängig* genau dann, wenn der *spezielle Multiplikationssatz* gilt:

$$P(A \cap B) = P(A) \cdot P(B)$$

Die *bedingte Wahrscheinlichkeit* $P_B(A)$ ist die Wahrscheinlichkeit dafür, dass das Ereignis A eintritt, unter der Bedingung, dass B bereits eingetreten ist. Dafür gilt:

$$P_B(A) = \frac{P(A \cap B)}{P(B)}$$

Beispiel:
Geworfen werden ein roter und ein schwarzer Würfel, die jeweils mit den Zahlen 1 bis 6 beschriftet sind. Berechnet werden soll die Wahrscheinlichkeit dafür, dass der schwarze Würfel «6» ergibt (Ereignis A), wenn die Gesamtaugenzahl «11» beträgt (Ereignis B). Da der rote Würfel dann ja 5 anzeigen «muss» und die beiden Würfe unabhängig voneinander sind. Man erhält:

$$P(A \cap B) = P(\{5;6\}) = \frac{1}{6} \cdot \frac{1}{6} = \frac{1}{36}$$

Weiter ist:

$$P(B) = P(\{5;6\};\{6;5\}) = \frac{2}{36} = \frac{1}{18}$$

(da es nur diese beiden Möglichkeiten gibt, insgesamt auf «11» zu kommen). Somit folgt:

$$P_B(A) = \frac{P(A \cap B)}{P(B)} = \frac{\frac{1}{36}}{\frac{1}{18}} = \frac{18}{36} = \frac{1}{2}$$

Die gesuchte bedingte Wahrscheinlichkeit beträgt hier also gerade 0,5.
Im allgemeinen – wenn der spezielle Multiplikationssatz nicht gilt – berechnet man die Wahrscheinlichkeit, dass die Ereignisse A und B beide eintreten, mit Hilfe der bedingten Wahrscheinlichkeit:

$$P(A \cap B) = P(B) \cdot P_B(A)$$

Beispiel:
Die Wahrscheinlichkeit, an einer gewissen Infektion zu erkranken, ist für Männer und Frauen unterschiedlich (die Merkmale «Geschlecht» und «Infektion positiv/negativ» sind also *nicht* unabhängig). Die Wahrscheinlichkeit, eine infizierte Person anzutreffen, liegt bei 2 %. Trifft man auf

eine infizierte Person, so beträgt die Wahrscheinlichkeit, dass es sich dabei um einen Mann handelt, etwa 53 %. Bezeichne A die Merkmalsausprägung «Mann», und bezeichne «B» die Merkmalsausprägung «Infektion positiv». Es ist damit $P(B) = 0,02$ und $P_B(A) = 0,53$.
Die Wahrscheinlichkeit, eine infizierte männliche Person zu treffen, beträgt demnach etwas mehr als 1 %:

$$P(A \cap B) = P(B) \cdot P_B(A) = 0,02 \cdot 0,53 = 0,0106 = 1,06\,\%$$

Aufgaben

a) Vervollständigen Sie die folgenden Vierfeldertafeln unter der Bedingung, dass A und B unabhängige Ereignisse sind.

I)

	A	$\overline{A}$	
B			0,4
$\overline{B}$			
	0,8		

II)

	A	$\overline{A}$	
B	$\frac{3}{5}$		
$\overline{B}$			
		$\frac{1}{10}$	

III)

	A	$\overline{A}$	
B	$\frac{1}{20}$		
$\overline{B}$			
	$\frac{1}{5}$		

b) Ein Fragebogen enthält die Zeilen

männlich ☐ weiblich ☐
Raucher ☐ Nichtraucher ☐

Von 200 befragten Personen waren 90 männlich (m), 80 waren Raucher (R). Es gab 36 männliche Raucher. Ist auf Grund der Umfrage zu schließen, dass Geschlecht und Rauchverhalten der befragten Personen unabhängig voneinander sind?

20.4 Bedingte Wahrscheinlichkeit

a) In einem Stadtteil sind 30 % der Einwohner über 70 Jahre alt, davon sind 40 % Männer. Unter den jüngeren Einwohnern (bis 70 Jahre) beträgt der Anteil der Männer 50 %. Wieviel Prozent der Männer sind höchstens 70 Jahre alt?

b) In einer Stadt sind 20 % der Bevölkerung an Aids erkrankt. Von einem Aids-Test weiß man, dass er nicht ganz sicher ist. Es können zwei Fehler auftreten:

1. Bei 96 % der Erkrankten fällt der Test positiv aus, beim Rest wird die Krankheit nicht erkannt.
2. Bei 94 % der Gesunden fällt der Test negativ aus, beim Rest wird fälschlicherweise ein Aidsverdacht ausgesprochen.

I) Wie groß ist die Wahrscheinlichkeit, dass eine Person, bei der der Test positiv ausfällt, wirklich an Aids erkrankt ist?
Wie groß ist die Wahrscheinlichkeit, dass eine Person, bei der der Test negativ ausfällt, wirklich gesund ist?

II) Beantworten Sie die Fragen aus Aufgabe I), wenn der Anteil der Aidskranken in der Bevölkerung auf 50 % steigt.
Beschreiben Sie die Veränderung.

21 Kombinatorische Zählprobleme

Tipps ab Seite 106, Lösungen ab Seite 204

Bei mehrstufigen Zählproblemen werden die Baumdiagramme oft sehr unübersichtlich, so dass es einfacher ist, kombinatorische Methoden anzuwenden. Man unterscheidet *geordnete Stichproben* (sogenannte Variationen) von *ungeordneten Stichproben* (sogenannte Kombinationen); beide Stichprobenarten können *mit oder ohne Zurücklegen* durchgeführt werden.
Es ist hilfreich, die im Folgenden genannten Formeln zur Berechnung der «günstigen Fälle» auswendig zu können, da man dann mithilfe der Idee «Anzahl der günstigen Fälle geteilt durch Anzahl aller möglichen Fälle» oft schnell die gesuchte Wahrscheinlichkeit angeben kann (unter der Voraussetzung, dass Laplace-Bedingungen vorliegen).

Geordnete Stichproben mit Zurücklegen

Bei geordneten Stichproben (der Größe k) mit Zurücklegen gilt für die Anzahl der möglichen Ausfälle (bei einem Grundraum der Größe n): n^k
Beispiel:
Bei 5-maligem Ziehen mit Zurücklegen aus einer Urne mit 20 verschiedenen Kugeln gibt es insgesamt $20^5 = 3\,200\,000$ verschiedene Variationen.

Geordnete Stichproben ohne Zurücklegen

Bei geordneten Stichproben (der Größe k) ohne Zurücklegen gilt für die Anzahl der möglichen Ausfälle (bei einem Grundraum der Größe n):

$$n \cdot (n-1) \cdot (n-2) \cdot \ldots \cdot (n-k+1) = \frac{n \cdot (n-1) \cdot \ldots \cdot 1}{(n-k) \cdot (n-k-1) \cdot \ldots \cdot 1} = \frac{n!}{(n-k)!}$$

Dabei steht n! (sprich: *n-Fakultät*) für $n \cdot (n-1) \cdot (n-2) \cdot \ldots \cdot 1$, bzw. $1 \cdot 2 \cdot 3 \cdot \ldots \cdot (n-1) \cdot n$
Beispiel:
bei 5-maligem Ziehen ohne Zurücklegen aus einer Urne mit 20 verschiedenen Kugeln gibt es insgesamt $20 \cdot 19 \cdot \ldots \cdot 16 = 1\,860\,480$ verschiedene Variationen.

Ungeordnete Stichproben ohne Zurücklegen

Bei ungeordneten Stichproben (der Größe k) ohne Zurücklegen gilt für die Anzahl der möglichen Ausfälle (bei einem Grundraum der Größe n):

$$\binom{n}{k} = \frac{n!}{(n-k)! \cdot k!} = \frac{n \cdot (n-1) \cdot \ldots \cdot (n-k+1)}{k!}$$

Dabei ist $\binom{n}{k}$ ein sogenannter *Binomialkoeffizient*.

Beispiel
verschiedene Spielarten von Lotto, beispielsweise «3 aus 20»: Beim Ziehen von 3 Kugeln ohne Zurücklegen aus insgesamt 20 durchnummerierten Kugel gibt es

$$\binom{20}{3} = \frac{20 \cdot 19 \cdot 18}{3 \cdot 2 \cdot 1} = 1140$$

verschiedene Kombinationen.

21.1 Geordnete Stichproben mit Zurücklegen

a) Die PIN einer EC-Karte besteht aus 4 Ziffern. Wie groß ist die Wahrscheinlichkeit für folgende Ereignisse?
A: Alle Ziffern sind ungerade.
B: Es kommen nur die Ziffern 0 und 1 vor.
C: Die Zahl ist eine «Spiegelzahl», d.h. die erste und die letzte sowie die zweite und die dritte Ziffer sind gleich.

b) Aus schwarzen und weißen Mühlesteinen werden Türme gebaut, indem immer 8 Steine übereinander gestapelt werden. Wie groß ist die Wahrscheinlichkeit für folgende Ereignisse, wenn die Farbe jedesmal zufällig gewählt wird?
A: Alle Steine haben dieselbe Farbe.
B: Nur ein Stein ist weiß.
C: Der erste und der letzte Stein haben dieselbe Farbe.

c) Aus den Buchstaben HANNA werden nacheinander mit Zurücklegen 3 Buchstaben gezogen und notiert.
Wie groß ist die Wahrscheinlichkeit folgender Ereignisse?
A: Es entsteht das Wort NAH.
B: Es entsteht das Wort AHA.
C: Man zieht dreimal H.
D: Man zieht kein H.

21.2 Geordnete Stichproben ohne Zurücklegen

a) In einer Urne sind 6 rote und 4 weiße Kugeln. Es werden nacheinander 5 Kugeln ohne Zurücklegen gezogen.
Wie groß ist die Wahrscheinlichkeit der folgenden Ereignisse?
A: Man zieht nur rote Kugeln.
B: Man zieht zuerst alle weißen, dann eine rote Kugel.
C: Die erste Kugel ist weiß.
D: Man zieht abwechselnd weiße und rote Kugeln.

b) Für eine Varietee-Veranstaltung stehen 5 Nummern zur Verfügung, darunter eine Jonglier-Nummer. Die Reihenfolge des Programms wird ausgelost.
Wie groß ist die Wahrscheinlichkeit folgender Ereignisse?
A: Die Jongliernummer steht an der 3. Stelle im Programm.
B: Die Jongliernummer steht nicht am Schluss.

c) Die Buchstaben des Wortes ANANAS werden geschüttelt und neu angeordnet.
Wie groß ist die Wahrscheinlichkeit der folgenden Ereignisse?
A: Es entsteht wieder das Wort ANANAS.
B: Die Buchstabenkombination beginnt mit AAA.
C: Es entsteht ein Wort mit dreifachem A direkt hintereinander.

21.3 Ungeordnete Stichproben ohne Zurücklegen

a) In einer Urne befinden sich 25 nummerierte Kugeln (Zahlen 1 bis 25). Es werden gleichzeitig 4 Kugeln aus der Urne gezogen.
Wie groß ist die Wahrscheinlichkeit für folgende Ereignisse?
A: Alle Zahlen sind durch 5 teilbar.
B: Alle Zahlen sind gerade.
C: Die Summe der vier Zahlen ist kleiner als 12.
D: Das Produkt der vier Zahlen ist 12.

b) In einer Urne sind 7 weiße, 5 schwarze und 3 rote Kugeln. Es werden 3 Kugeln gleichzeitig gezogen.
Wie groß ist die Wahrscheinlichkeit der folgenden Ereignisse?
A: Alle Kugeln sind weiß.
B: Alle Kugeln haben dieselbe Farbe.
C: Eine Kugel ist weiß, zwei sind schwarz.
D: Es ist keine rote Kugel dabei.
E: Von jeder Farbe ist eine Kugel dabei.
F: Es ist mindestens eine weiße Kugel dabei.

c) In einer Packung sind 10 Glühbirnen, davon sind zwei defekt.
Wie groß ist die Wahrscheinlichkeit für folgende Ereignisse, wenn drei Glühbirnen «blind» herausgegriffen werden?
A: Alle 3 Glühbirnen sind in Ordnung.
B: Genau eine Glühbirne ist defekt.
C: Genau 2 Glühbirnen sind defekt.

21.4 Vermischte Aufgaben

In der Stochastik gibt es für viele Aufgaben mehrere verschiedene Lösungswege. Die folgenden Aufgaben lassen sich u.a. mit Hilfe der in den vorangegangenen Abschnitten geübten Gedankengänge lösen.

a) 4 Freunde gehen ins Kino, sie haben in einer Reihe 4 nummerierte Plätze nebeneinander und verteilen die Karten zufällig.
Wie groß ist die Wahrscheinlichkeit der folgenden Ereignisse?
A: Holger sitzt zwischen 2 Freunden.
B: Holger und Christoph sitzen außen.
C: Holger und Christoph sitzen nebeneinander.

b) Für eine Prüfung werden 10 mögliche Themen vereinbart, 3 davon werden in der Prüfung abgefragt. Ein Prüfling lernt nur 6 der 10 Themen.
Wie groß ist die Wahrscheinlichkeit, dass keines (eines, zwei, alle drei) der Prüfungsthemen von ihm vorbereitet wurden?

c) Bei einem Multiple-Choice-Test gibt es 10 Fragen mit je drei möglichen Antworten, von denen jeweils genau eine richtig ist. Jemand kreuzt nach dem Zufallsprinzip bei jeder Frage eine Antwort an.
Wie groß ist die Wahrscheinlichkeit der folgenden Ereignisse?
A: Alle Antworten sind falsch.
B: Die ersten 5 sind richtig, die letzten 5 sind falsch angekreuzt.
C: Genau die Hälfte der Antworten sind richtig.
D: 4 Antworten sind richtig, 6 sind falsch.

22 Wahrscheinlichkeitsverteilung von Zufallsgrößen

Tipps ab Seite 107, Lösungen ab Seite 208

In diesem Kapitel geht es um *Zufallsvariablen*. Bei Zufallsvariablen handelt es sich nicht wirklich um Variablen, sondern um Funktionen. Eine Zufallsvariable ordnet den konkreten Beobachtungen eines Zufallsexperiments Werte zu.

Beispiel:

Bei der Ziehung von 4 Kugeln aus einer Urne mit 15 grünen und 5 gelben Kugeln kann man X definieren als Zufallsvariable für die Anzahl der gezogenen gelben Kugeln. Für den Versuchsausgang $\omega = \{\text{grün; gelb; gelb; gelb}\}$ gilt dann $X(\omega) = 3$, weil gelb drei Mal gezogen wurde. Eine weitere Zufallsvariable Y kann beispielsweise definiert werden für die Anzahl der gezogenen grünen Kugeln. Es ist dann $Y(\omega) = 1$.

Der *Erwartungswert* einer Zufallsvariablen wird häufig für die Gewinnerwartung eines Spiels oder für die Beurteilung der «Fairness» eines Spiels herangezogen. Anschaulich ergibt sich der Erwartungswert einer Zufallsvariable X bei genügend häufiger Wiederholung eines Zufallsexperiments als Mittelwert der Realisierungen von X.

Kann eine Zufallsvariable X bei jeder Durchführung des Zufallsexperiments k verschiedene Werte $x_1; x_2; \ldots x_k$ annehmen und sind die zugehörigen Wahrscheinlichkeiten gerade $p_1; p_2; \ldots p_k$ (mit $\sum_{j=1}^{k} p_j = 1$), so ergibt sich als Erwartungswert von X:

$$E[X] = \sum_{j=1}^{k} x_j \cdot p_j$$

Beispiel:

Bei einem Spiel mit einem fairen Würfel erhält der Spieler die von ihm erwürfelte Augenzahl in Euro ausgezahlt. Der zu erwartende Gewinn beträgt mit X als Zufallsvariable für die Höhe des Gewinns:

$$E[X] = \sum_{j=1}^{6} j \cdot \frac{1}{6} = \frac{1}{6} + \frac{2}{6} + \ldots + \frac{6}{6} = \frac{7}{2}$$

Ein Spieler hat also mit einem durchschnittlichen Gewinn von 3,50 Euro zu rechnen. Soll das Spiel fair sein, so müsste der Einsatz des Spielers ebenfalls 3,50 Euro betragen. Zahlt er einen höheren Einsatz, so begünstigt das Spiel die Bank; zahlt er einen geringeren Einsatz, so wird der Spieler begünstigt.

Die *Varianz* und *Standardabweichung* einer Zufallsvariablen sind Maße für die Streuung der Zufallsvariablen, das heißt, Maße für die mittlere quadratische Abweichung der Zufallsvariablen von ihrem Erwartungswert. Ist μ der Erwartungswert der Zufallsvariable X, so gilt für die zugehörige Varianz:

$$\text{Var}(X) = V(X) = E\left[(X-\mu)^2\right]$$

Die Quadratwurzel der Varianz wird als Standardabweichung bezeichnet. Es ist:

$$\sigma(X) = \sqrt{V(X)} \text{ bzw. } \sigma^2(X) = V(X) = E\left[(X-\mu)^2\right]$$

Beispiel:
Bei einem Glücksspiel zieht ein Spieler pro Runde eine von insgesamt 30 Kugeln aus einer Urne. 18 dieser Kugeln sind mit dem Wert 1 , die übrigen 12 sind mit dem Wert -2 beschriftet. Im ersten Fall bekommt der Spieler einen Euro von der Bank; im zweiten Fall muss er zwei Euro an die Bank zahlen. Die Zufallsgröße X für den «Gewinn» des Spielers in einer gewissen Runde kann die Werte -1 und 2 annehmen. Es ist $P(X=1)=\frac{18}{30}=\frac{3}{5}$ und $P(X=-2)=\frac{12}{30}=\frac{2}{5}$.
Der Erwartungswert von X ist:

$$E[X]=1\cdot\frac{3}{5}-2\cdot\frac{2}{5}=-\frac{1}{5}$$

Das Spiel ist also nicht fair; die Bank wird bevorzugt, da der Spieler durchschnittlich 0,20 Euro pro Spiel verliert.
Für die zugehörige Varianz ergibt sich:

$$\begin{aligned}V(X)&=E\left[\left(X-\left(-\frac{1}{5}\right)\right)^2\right]=E\left[\left(X+\frac{1}{5}\right)^2\right]\\&=\left(-1+\frac{1}{5}\right)^2\cdot\frac{3}{5}+\left(2+\frac{1}{5}\right)^2\cdot\frac{2}{5}\\&=\frac{16}{25}\cdot\frac{3}{5}+\frac{121}{25}\cdot\frac{2}{5}=\frac{290}{125}=\frac{58}{5}\end{aligned}$$

Die Varianz von X beträgt demnach $V(X)=11{,}6$. Als Standardabweichung von X erhält man damit direkt:

$$\sigma(X)=\sqrt{V(X)}=\sqrt{11{,}6}\approx 3{,}406$$

22.1 Erwartungswert

a) Aus einer Urne mit 2 weißen und 8 roten Kugeln werden nacheinander ohne Zurücklegen so lange einzelne Kugeln entnommen, bis die erste rote Kugel auftritt.
Wie oft muss man durchschnittlich ziehen?

b) Es wird folgendes Spiel vereinbart: Zwei Würfel werden gleichzeitig geworfen und ihre Augensumme betrachtet. Beträgt sie 2, werden 4 Euro ausgezahlt, beträgt sie 3 oder 4, wird 1 Euro ausgezahlt, in allen anderen Fällen erfolgt keine Auszahlung. Wie viel Geld wird durchschnittlich ausgezahlt?

c) In einer Schachtel sind sechs 50-Cent-Münzen, drei 1-Euro-Münzen und eine 2-Euro-Münze.

I) Es wird blindlings eine Münze entnommen. Mit wieviel Geld kann man durchschnittlich rechnen?

II) Es werden blindlings zwei Münzen entnommen. Wieviel Geld erhält man jetzt im Durchschnitt?

22.2 Varianz und Standardabweichung

a) In einer Urne sind 10 Kugeln: 1 weiße, 1 rote und 8 schwarze. Es wird eine Kugel gezogen. Bei «weiß» erhält man 4 Euro, bei «rot» 8 Euro und bei «schwarz» nichts.
Bestimmen Sie den Erwartungswert, die Varianz und die Standardabweichung für den Gewinn.

b) In einer anderen Urne sind ebenfalls 10 Kugeln: 4 weiße, 4 rote und 2 schwarze. Es wird eine Kugel gezogen. Diesmal erhält man bei «weiß» 1 Euro, bei «rot» 2 Euro und bei «schwarz» wieder nichts.
Bestimmen Sie ebenfalls den Erwartungswert, die Varianz und die Standardabweichung für den Gewinn.

c) Vergleichen Sie die beiden Spiele in Bezug auf Erwartungswert und Standardabweichung und geben Sie eine anschauliche Erklärung. Welches Spiel würden Sie aus welchen Gründen bevorzugen?

23 Binomialverteilung

Tipps ab Seite 108, Lösungen ab Seite 211

Eine *Wahrscheinlichkeitsverteilung* gibt an, mit welchen Wahrscheinlichkeiten eine Zufallsvariable die möglichen Werte annimmt. In diesem Kapitel geht es um eine sehr häufige Wahrscheinlichkeitsverteilung, die sogenannte *Binomialverteilung*. Immer dann, wenn das einer Zufallsvariable zugrunde liegende Zufallsexperiment eine *Bernoullikette* ist, liegt eine Binomialverteilung vor.

Ein *Bernoulliexperiment* ist ein Zufallsexperiment, das genau zwei mögliche Ausgänge hat (bspw. Münzwurf mit Ausgängen «Kopf» und «Zahl», Wurf eines Würfels mit Ausgängen «Zahl gerade» und «Zahl ungerade» oder «1» und «Zahl größer als 1»).

Bernoulliketten sind Versuchsreihen, bei denen jeder Versuch ein Bernoulliexperiment ist, also genau zwei mögliche Ausgänge hat (bspw. mehrmaliger Münzwurf). Bernoulliketten sind charakterisiert durch ihre *Länge* n («Anzahl der Versuche/Beobachtungen») und durch die sogenannte *Trefferwahrscheinlichkeit* p. Ist X Zufallsvariable für die «Anzahl der Treffer» in insgesamt n Bernoulliversuchen und ist «$X_i = 1$» gleichbedeutend mit «Treffer im i-ten Versuch» und «$X_i = 0$» gleichbedeutend mit «kein Treffer im i-ten Versuch», $1 \leqslant i \leqslant n$, so gilt für die Wahrscheinlichkeit, genau k, $0 \leqslant k \leqslant n$, Treffer zu erzielen:

$$P(X=k) = P\left(\sum_{i=1}^{n} X_i = k\right) = \binom{n}{k} \cdot p^k \cdot (1-p)^{n-k}$$

Beispiel:

Die Wahrscheinlichkeit, dass eine bestimmte Person in einem gewissen Jahr an einem Wochenende Geburtstag hat, liegt bei $\frac{2}{7}$. Es halten sich 12 Personen in einem Raum auf. Die Wahrscheinlichkeit dafür, dass genau die Hälfte der Personen im kommenden Jahr an einem Wochenende Geburtstag haben, bestimmt man folgendermaßen:

Man stellt sich die «Befragung» der 12 Personen als Bernoullikette der Länge $n = 12$ vor, denn jede Einzelbefragung nach dem Wochentag erlaubt die beiden Ausgänge «Wochenende» (Treffer, $X_i = 1$, $1 \leqslant i \leqslant 12$) und «nicht Wochenende» (kein Treffer, $X_i = 0$, $1 \leqslant i \leqslant 12$). X ist dabei Zufallsvariable für die Anzahl derjenigen unter den Anwesenden, welche im kommenden Jahr an einem Samstag oder Sonntag Geburtstag haben. Gesucht ist also $P(X=6)$. Es ist:

$$P(X=6) = P\left(\sum_{i=1}^{12} X_i = 6\right) = \binom{12}{6} \cdot \left(\frac{2}{7}\right)^6 \cdot \left(\frac{5}{7}\right)^6 \approx 0{,}503$$

Mit einer Wahrscheinlichkeit von etwas mehr als 50 % tritt also das Ereignis ein, dass genau 6 der 12 Anwesenden im nächsten Jahr an einem Wochenende Geburtstag haben werden.

Oft ist von Interesse, mit welcher Wahrscheinlichkeit eine Zufallsvariable einen Wert kleiner oder größer als ein vorgegebenes k erzielt. Dafür müssen die einzelnen Wahrscheinlichkeiten addiert werden:

$$P(X \leqslant k) = \sum_{j=1}^{k} \binom{n}{j} \cdot p^j \cdot (1-p)^{n-j}$$

bzw.

$$P(X > k) = 1 - P(X \leqslant k) = 1 - \sum_{j=1}^{k} \binom{n}{j} \cdot p^j \cdot (1-p)^{n-j}$$

Beispiel:

Betrachtet man im obigen Beispiel den Fall, dass höchstens 2 der 12 Anwesenden im kommenden Jahr an einem Samstag oder Sonntag Geburtstag haben, so erhält man als zugehörige Wahrscheinlichkeit:

$$\begin{aligned} P(X \leqslant 2) &= \sum_{j=0}^{2} \binom{12}{j} \cdot \left(\frac{2}{7}\right)^j \cdot \left(\frac{5}{7}\right)^{12-j} \\ &= \underbrace{\binom{12}{0} \cdot \left(\frac{2}{7}\right)^0 \cdot \left(\frac{5}{7}\right)^{12}}_{\text{0 Personen}} + \underbrace{\binom{12}{1} \cdot \left(\frac{2}{7}\right)^1 \cdot \left(\frac{5}{7}\right)^{11}}_{\text{1 Person}} + \underbrace{\binom{12}{2} \cdot \left(\frac{2}{7}\right)^2 \cdot \left(\frac{5}{7}\right)^{10}}_{\text{2 Personen}} \\ &\approx 0,018 + 0,085 + 0,186 = 0,289 \end{aligned}$$

Um die Werte der Binomialverteilung zu bestimmen, schaut man den entsprechenden Wert in der Tabelle zur Normalverteilung bzw. zur zugehörigen Summenfunktion auf Seite 251 nach.
Für den *Erwartungswert einer binomialverteilten Zufallsvariable* gilt:

$$E[X] = n \cdot p$$

Für die zu einer *binomialverteilten Zufallsvariable* gehörigen *Varianz* gilt:

$$V(X) = n \cdot p \cdot (1-p)$$

23.1 Binomialverteilung mit Gebrauch der Formel

Tipp: $\lg(a^n) = n \cdot \lg(a)$ $\quad P(X > k) = 1 - P(X \leqslant k)$

a) Eine Münze wird fünfmal geworfen. Wie groß ist die Wahrscheinlichkeit folgender Ereignisse?

   A: Es tritt zweimal Zahl auf.

   B: Es tritt nur Wappen auf.

   C: Es tritt höchstens einmal Zahl auf.

   D: Es tritt mindestens einmal Zahl auf.

b) Von einer großen Ladung Apfelsinen sind 20 % verdorben. Es werden 5 Stück entnommen. Wie groß ist die Wahrscheinlichkeit für folgende Ereignisse?

   A: Eine Apfelsine ist verdorben.

   B: Alle Apfelsinen sind in Ordnung.

   C: Mindestens 2 Apfelsinen sind verdorben.

c) Die Wahrscheinlichkeit für die Geburt eines Mädchens beträgt $0,49$, für die Geburt eines Jungen $0,51$. Wie groß ist die Wahrscheinlichkeit, dass in einer Familie mit 4 Kindern

A: genau 2 Mädchen sind? B: höchstens 3 Mädchen sind?

d) Wie oft muss man eine Münze werfen, um mit einer Wahrscheinlichkeit von 99 % (oder mehr) mindestens einmal «Wappen» zu erhalten?

e) Wie oft muss man würfeln, um mit einer Wahrscheinlichkeit von 90 % (oder mehr) mindestens eine «Sechs» zu bekommen?

23.2 Binomialverteilung mit Gebrauch der Tabelle

Tipp: $P(X < k) = P(X \leqslant k-1)$
$P(X > k) = 1 - P(X \leqslant k)$
$P(X = k) = P(X \leqslant k) - P(X \leqslant k-1)$

Für die Aufgaben in diesem Kapitel wird die Tabelle auf Seite 251 benötigt. Sie gibt für verschiedene Werte von n, p und k die Wahrscheinlichkeiten für $P(X \leqslant k)$ an.

a) Bestimmen Sie für $n = 20$ und $p = \frac{1}{3}$ die folgenden Wahrscheinlichkeiten:
$P(X \leqslant 5)$ $P(4 \leqslant X \leqslant 10)$ $P(X \geqslant 3)$
$P(X > 6)$ $P(X < 10)$

b) Bestimmen Sie für $n = 100$ und $p = 0,4$ die folgenden Wahrscheinlichkeiten:
$P(X \leqslant 40)$ $P(X = 40)$ $P(X < 30)$
$P(X \geqslant 50)$ $P(X > 45)$ $P(35 \leqslant X \leqslant 45)$

c) Ein Würfel wird 50-mal geworfen. Wie groß ist die Wahrscheinlichkeit für folgende Ereignisse?
A: Man wirft höchstens 10 «Sechsen».
B: Man wirft mindestens 10 «Sechsen».
C: Man wirft genau 10 «Sechsen».
D: Die Anzahl der «Sechsen» liegt zwischen 5 und 11 einschließlich.
E: Man wirft mehr als 3 und weniger als 14 «Sechsen».

d) Bestimmen Sie für $n = 50$ und $p = 0,7$ folgende Wahrscheinlichkeiten:
$P(X \leqslant 40)$ $P(X < 30)$
$P(X = 35)$ $P(32 \leqslant X \leqslant 38)$
$P(X > 36)$

e) Jemand kauft 20 Blumenzwiebeln einer Sorte, bei der erfahrungsgemäß 90 % der Zwiebeln keimen. Wie groß ist die Wahrscheinlichkeit, dass von den 20 Zwiebeln
A: mindestens 16 keimen? B: mindestens 18 keimen? C: alle keimen?

23.3 Erwartungswert und Standardabweichung

a) Ein Händler behauptet, dass höchstens 4 % der von ihm gelieferten Glühbirnen defekt sind. Wie viele defekte Glühbirnen kann man bei einer Entnahme von 150 Glühbirnen durchschnittlich erwarten?
Bestimmen Sie die zugehörige Standardabweichung.

b) Die Zufallsgröße X sei binomialverteilt. Bestimmen Sie jeweils den Erwartungswert und die Standardabweichung von X.

I) $n = 80,\ p = 0,3$
II) $n = 50,\ p = 0,4$
III) $n = 20,\ p = 0,6$

c) Von einer großen Ladung Tomaten sind 20 % verdorben. Wie viele verdorbene Tomaten kann man bei einer Entnahme von 30 kg erwarten? Bestimmen Sie die zugehörige Standardabweichung.

24 Hypothesentests

Tipps ab Seite 109, Lösungen ab Seite 214

Beim Testen geht es darum, anhand vorliegender Daten eine *begründete* Entscheidung für oder gegen die Gültigkeit einer (Null-)Hypothese zu treffen. Die *Nullhypothese* bezieht sich normalerweise auf den «status quo»; wird sie abgelehnt, so wird die sogenannte «*Alternative*» angenommen. Da die Daten hierbei immer in Form von Realisationen von Zufallsvariablen vorliegen, lässt sich niemals mit absoluter Wahrscheinlichkeit sagen, dass die Entscheidung richtig ist. Um die Wahrscheinlichkeit einer Fehlentscheidung zu kontrollieren und möglichst gering zu halten, orientiert man sich am sogenannten *Signifikanzniveau* α. Standardmäßig wählt man $\alpha = 5\,\%$; es kann manchmal aber auch $\alpha = 2\,\%$ oder sogar $\alpha = 1\,\%$ gewählt werden.
Diejenigen Daten, welche zur Annahme der Nullhypothese führen, werden als Annahmebereich A bezeichnet; das Komplement dazu, der Ablehnungsbereich, mit $\overline{\text{A}}$.
Ein *Fehler 1. Art* liegt vor, wenn die Nullyhypothese fälschlicherweise abgelehnt wird: die Nullhypothese wird verworfen, obwohl sie wahr ist. Von einem *Fehler 2. Art* spricht man, wenn die Nullhypothese fälschlicherweise angenommen wird: die Nullhypothese wird angenommen, obwohl sie falsch ist.
Die Wahrscheinlichkeit für einen Fehler 1. Art wird als *Signifikanzniveau* oder *Irrtumswahrscheinlichkeit* bezeichnet und soll normalerweise höchstens $5\,\%$ betragen. Damit kann in vielen Aufgaben der Annahmebereich A bestimmt werden.
Man unterscheidet beim Hypothesentest folgende Typen: Bei einem *rechtsseitigen Hypothesentest* besteht der Ablehnungsbereich aus Werten, die größer sind als die zum Annahmebereich gehörigen. Beim *linksseitigen Hypothesentest* ist das Gegenteil der Fall: Die Werte des Ablehnungsbereichs liegen hier auf dem Zahlenstrahl «links» von den Werten des Annahmbereichs, sind also kleiner.

24.1 Grundbegriffe, Fehler 1. und 2. Art

a) Ein Würfel soll getestet werden. Man nimmt an, dass die Wahrscheinlichkeit für eine «Sechs» wie üblich $\frac{1}{6}$ beträgt. Um die Annahme zu testen, wird er 60-mal geworfen. Kommt dabei mindestens 8-mal und höchstens 12-mal eine «Sechs» vor, geht man davon aus, dass der Würfel in Ordnung ist.
Wie lautet bei diesem Test die Nullhypothese?
Schreiben Sie den Annahmebereich A und den Ablehnungsbereich $\overline{\text{A}}$ als Menge auf.
Obwohl der Würfel in Ordnung ist (er wurde vorher genau untersucht), fällt bei obigem Test nur 7-mal eine Sechs. Welche Art von Fehler begeht man in diesem Fall?
Erläutern Sie den Begriff Irrtumswahrscheinlichkeit am vorliegenden Test.

b) Ein Händler garantiert, dass höchstens $5\,\%$ der gelieferten Äpfel nicht einwandfrei sind. Ein Käufer will die Aussage überprüfen, indem er eine Stichprobe von 50 Äpfeln entnimmt.

Wie lautet die Nullhypothese (Aussage des Händlers) in diesem Fall formal?
Geben Sie einen möglichen Annahme- und Ablehnungsbereich an.
Handelt es sich um einen rechts-, links- oder zweiseitigen Test?
Wie verändert sich die Wahrscheinlichkeit für einen Fehler 1. Art bzw. 2. Art, wenn Sie den Annahmebereich vergrößern?

24.2 Einseitiger Test

Bei einseitigen Tests besteht der Ablehnungsbereich nur aus besonders großen Werten (rechtsseitiger Test) oder besonders kleinen Werten (linksseitiger Test).

a) I) Für H_0: $p \leqslant 0,4$ und $n = 100$ wird $\overline{A} = \{50, ..., 100\}$ festgelegt. Wie groß ist α?
Wie groß wird α,wenn man zu $\overline{A}$ noch die Zahl 49 hinzunimmt?

II) Für H_0: $p \geqslant 0,8$ und $n = 100$ wird als Annahmebereich A = $\{75, ..., 100\}$ gewählt.
Bestimmen Sie α.

b) I) Bestimmen Sie für H_0: $p \leqslant 0,1$ und $n = 100$ den Ablehnungsbereich für
$\alpha = 5\%$, $\alpha = 2\,\%$ und $\alpha = 1\,\%$.

II) Bestimmen Sie für H_0: $p \geqslant 0,3$ und $n = 50$ den Ablehnungsbereich für
$\alpha = 5\,\%$, $\alpha = 2\,\%$ und $\alpha = 1\,\%$.

c) Ein Chiphersteller garantiert, dass der Anteil an Ausschuss höchstens 4 % beträgt. Ein Käufer findet unter 100 Chips 9 defekte Chips. Kann man hieraus mit einer Irrtumswahrscheinlichkeit von 5 % schließen, dass der Anteil an Ausschuss größer als 4 % ist?

d) Eine Partei hat bei der letzten Wahl 30 % der abgegebenen Stimmen erhalten. Um zu überprüfen, ob sie bei der nächsten Wahl mit mindestens 30 % der Stimmen rechnen kann, werden 100 Personen befragt. Es geben nur 25 Personen an, die Partei wählen zu wollen. Kann man mit einer Irrtumswahrscheinlichkeit von 5 % darauf schließen, dass der Stimmenanteil unter 30 % gesunken ist?

e) Ein Großhändler garantiert einem Kunden, dass höchstens 4 % der gelieferten Glühbirnen defekt sind. Der Kunde nimmt eine Stichprobe von 50 Birnen. Er schickt die Lieferung zurück, wenn mehr als 4 Birnen defekt sind.
Wie groß ist die Wahrscheinlichkeit, dass er die Lieferung irrtümlich ablehnt?
Wie muss man den Ablehnungsbereich wählen, wenn die Irrtumswahrscheinlichkeit 2 % betragen soll?

Tipps

Analysis

1 Von der Gleichung zur Kurve

1.1 Ganzrationale Funktionen

Den Schnittpunkt mit der y-Achse erhalten Sie durch Einsetzen von $x = 0$ in $f(x)$, die Schnittpunkte mit der x-Achse erhalten Sie durch Lösen der Gleichung $f(x) = 0$.
Zuerst wird gespiegelt und gestreckt, anschließend verschoben (Reihenfolge beachten!).
Ist $f(x) = a(x-b)^2 + c$ bzw. $g(x) = a(x-b)^3 + c$, so gibt es folgende Verwandlungen:
a: Streckfaktor in y-Richtung; $a < 0$: zusätzlich Spiegelung an der x-Achse.
$b > 0$ bzw. $b < 0$: Verschiebung nach rechts bzw. links.
$c > 0$ bzw. $c < 0$: Verschiebung nach oben bzw. unten.

1.2 Gebrochenrationale Funktionen

Die Asymptoten der Graphen der Funktionen erhalten Sie, indem Sie den Nenner gleich Null setzen und $f(x)$ für $x \to \pm\infty$ betrachten.
Die Graphen sind Variationen der Graphen der Grundfunktionen $f(x) = \frac{1}{x}$ bzw. $g(x) = \frac{1}{x^2}$.
Falls vor dem Bruch ein Minuszeichen steht, müssen Sie zuerst an der x-Achse spiegeln und anschließend in x- bzw. y-Richtung verschieben.
Ist $f(x) = \frac{a}{x-b} + c$ bzw. $g(x) = \frac{a}{(x-b)^2} + c$, so gibt es folgende Verwandlungen:
a: Streckfaktor in y-Richtung; $a < 0$: zusätzlich Spiegelung an der x-Achse.
$b > 0$ bzw. $b < 0$: Verschiebung nach rechts bzw. links.
$c > 0$ bzw. $c < 0$: Verschiebung nach oben bzw. unten.
Asymptoten: $x = b$ senkrechte Asymptote (Pol) und $y = c$ waagrechte Asymptote.

1.3 Exponential- und Logarithmusfunktionen

Exponentialfunktionen

Zur Bestimmung der Asymptoten betrachten Sie $f(x)$ für $x \to \pm\infty$.
Die Graphen sind Variationen der Grundfunktionen $f(x) = e^x$ bzw. $g(x) = e^{-x}$.
Ist $f(x) = a \cdot e^{x-b} + c$ bzw. $g(x) = a \cdot e^{-(x-b)} + c$, so gibt es folgende Verwandlungen:
a: Streckfaktor in y-Richtung; $a < 0$: zusätzlich Spiegelung an der x-Achse.
$b > 0$ bzw. $b < 0$: Verschiebung nach rechts bzw. links.
$c > 0$ bzw. $c < 0$: Verschiebung nach oben bzw. unten.

Logarithmusfunktionen

Zur Bestimmung des Definitionsbereichs müssen Sie beachten, dass das Argument der Logarithmusfunktion (der Ausdruck in der Klammer) stets positiv sein muss.
Ist $f(x) = a \cdot \ln(x - b) + c$, so gibt es folgende Verwandlungen:
a: Streckfaktor in y-Richtung; $a < 0$: zusätzlich Spiegelung an der x-Achse.
$b > 0$ bzw. $b < 0$: Verschiebung nach rechts bzw. links.
$c > 0$ bzw. $c < 0$: Verschiebung nach oben bzw. unten.

1.4 Trigonometrische Funktionen

Die Graphen sind Variationen der Grundfunktionen $f(x) = \sin x$ bzw. $g(x) = \cos x$.
Ist $f(x) = a \cdot \sin(b \cdot (x - c)) + d$ bzw. $g(x) = a \cdot \cos(b \cdot (x - c)) + d$, so gibt es folgende Verwandlungen:
a: Streckfaktor in y-Richtung; $a < 0$: zusätzlich Spiegelung an der x-Achse.
b: Streckfaktor in x-Richtung.
$c > 0$ bzw. $c < 0$: Verschiebung nach rechts bzw. links.
$d > 0$ bzw. $d < 0$: Verschiebung nach oben bzw. unten.
Periode: $p = \frac{2\pi}{b}$.

2 Aufstellen von Funktionen mit Randbedingungen

2.1 Ganzrationale Funktionen

Für alle ganzrationalen Funktionen gilt:

- Parabel 2. Grades: $f(x) = ax^2 + bx + c$
- Zur y-Achse symmetrische Parabel 2. Grades: $f(x) = ax^2 + b$
- Parabel 3. Grades: $f(x) = ax^3 + bx^2 + cx + d$
- Zum Ursprung punktsymmetrische Parabel 3. Grades: $f(x) = ax^3 + bx$

Zum Aufstellen der Funktionen:

1. Bilden Sie die 1. und 2. Ableitung des jeweiligen Ansatzes (dies ist nicht nötig, falls es keine Angaben über die Steigung oder über die Extrempunkte gibt).
2. Verwenden Sie die Bedingungen der Kurvendiskussion:
   - Schnittpunkt mit der x-Achse: $f(x) = 0$
   - Schnittpunkt mit der y-Achse: $x = 0$
   - Extrempunkt: $f'(x) = 0$
   - Wendepunkt: $f''(x) = 0$

3. Sie brauchen so viele Gleichungen wie Unbekannte! Stellen Sie die Gleichungen auf und lösen Sie sie nach den Parametern (a, b, c, ...) auf.

2.2 Gebrochenrationale Funktionen

- Stellen Sie möglichst einfache Bruchterme auf.
- Eine gebrochenrationale Funktion, deren Graph eine waagerechte/ schiefe Asymptote besitzt, hat folgende Form:
  «$f(x)$ = Asymptotengleichung + Bruchterm»
- Polstelle: Der Nenner des Bruchterms muss an dieser Stelle gleich Null sein.
- Hat der Bruchterm die Form $\frac{1}{(x-p)^n}$, so gilt:

  n ist ungerade $\Rightarrow$ Pol mit Vorzeichenwechsel
  n ist gerade $\Rightarrow$ Pol ohne Vorzeichenwechsel
- Wird der Graph einer Funktion f um c LE nach rechts/links und um d LE nach oben/unten verschoben, so ändert sich die Funktionsgleichung folgendermaßen: $g(x) = f(x \mp c) \pm d$.

2.3 Exponential- und Logarithmusfunktionen

a)-c) Stellen Sie zwei Gleichungen mit zwei Unbekannten auf, dazu müssen Sie eventuell noch ableiten.

d) Da der Graph von f um 1 LE nach rechts und um 2 LE nach unten verschoben wird, betrachten Sie $g(x) = f(x-1) - 2$.

e) Als Ansatz für eine mögliche ln-Funktion können Sie $f(x) = a \cdot \ln(x-b)$ wählen. Beachten Sie, dass $\ln 1 = 0$ ist und bestimmen Sie damit den Parameter b. Setzen Sie die Koordinaten von P in $f(x)$ ein und bestimmen Sie den Parameter a.

f) Da der Graph von f um 1 LE nach links und um 3 LE nach oben verschoben wird, betrachten Sie $g(x) = f(x+1) + 3$.

2.4 Trigonometrische Funktionen

Eine verallgemeinerte Sinusfunktion hat die Gleichung $f(x) = a \cdot \sin(b \cdot (x-c)) + d$.
Die Eigenschaften des Graphen und die Koeffizienten a, b, c, d hängen dabei folgendermaßen zusammen:

- Streckfaktor in y-Richtung: a
- Streckfaktor in x-Richtung: b
- Verschiebung nach links bzw. rechts: $c < 0$ bzw. $c > 0$
- Verschiebung nach unten bzw. oben: $d < 0$ bzw. $d > 0$
- Periode: $p = \frac{2\pi}{b}$ bzw. $b = \frac{2\pi}{p}$

3 Von der Kurve zur Gleichung

3.1 Ganzrationale Funktionen

Allgemeine Tipps für ganzrationale Funktionen:

Es handelt sich bei allen Graphen um verschobene Funktionen 2. bis 3. Grades. Es gibt verschiedene Lösungswege:

1. Ansatz als allgemeine Funktion (ähnlich wie das Aufstellen von Funktionen mit Randbedingungen), z.B. $f(x) = ax^2 + bx + c$. Aus der Zeichnung werden drei Punkte bestimmt und drei Gleichungen aufgestellt, die man anschließend nach a, b und c auflöst. Dieser Weg ist etwas langwierig, führt aber immer zum Ziel.

2. Ansatz mit Hilfe der Linearfaktoren. Dieser Ansatz funktioniert nur dann, wenn die Funktion eindeutig ablesbare Nullstellen besitzt (z.B. bei den Aufgaben d). Der Hintergrund ist, dass sich eine Polynomfunktion (ein Funktionsterm der Gestalt $f(x) = a_n x^n + a_{n-1} x^{n-1} + \ldots + a_2 x^2 + a_1 x + a_0$) auch als Produkt von Linearfaktoren schreiben lässt, z.B. $f(x) = x^2 - x - 2 = (x-2) \cdot (x+1)$. Die Nullstellen dieser Funktion sind $x_1 = 2$ und $x_2 = -1$.
   Da der Graph noch gestreckt oder gestaucht sein kann, muss im Ansatz noch ein zusätzlicher Faktor a vorhanden sein (z.B. $f(x) = a \cdot (x-2) \cdot (x+1)$, der mit Hilfe eines abgelesenen Punktes bestimmt werden kann.

3. Ansatz als verschobene Normalparabel: Wenn man eine Normalparabel $f(x) = x^2$ nach oben oder unten verschieben will, so addiert man eine Konstante c. Will man sie nach rechts oder links verschieben, so setzt man für eine Verschiebung nach rechts um eine Längeneinheit den Ausdruck $(x-1)$ statt x ein. Bei einer Verschiebung um 2 LE nach links entsprechend $(x+2)$ statt x.

3.2 Gebrochenrationale Funktionen

Die einfachsten gebrochenrationalen Funktionen sind:

$f(x) = \frac{1}{x}$ (Pol mit VZW) bzw. $f(x) = \frac{1}{x^2}$ (Pol ohne VZW)

a) - c) Nach rechts/ links bzw. oben/ unten verschobene Grundfunktionen.

d) Nach Bestimmung der Polstellen, eines Punktes und der waagerechten/schiefen Asymptote eignet sich folgender Ansatz:

$f(x) = a \cdot x + b + \frac{c}{(x-p_1)^m \cdot (x-p_2)^n}$, wobei

$a \cdot x + b$: Gleichung der waagerechten/ schiefen Asymptote

p_1, p_2: Polstellen

m, n: ungerade, falls Pol mit Vorzeichenwechsel

gerade, falls Pol ohne Vorzeichenwechsel

c: wird mit Hilfe der Punktprobe bestimmt.

3.3 Trigonometrische Funktionen

Allgemeine Tipps: Siehe Kapitel 2.4

Es handelt sich um Sinus- bzw. Kosinusfunktionen der Form $f(x) = a \cdot \sin(b \cdot (x-c)) + d$ bzw. $f(x) = a \cdot \cos(b \cdot (x-c)) + d$. Überlegen Sie, welche der in Kapitel 1 aufgezählten Veränderungen des Schaubilds in Frage kommen. Prüfen Sie zuerst, ob das Schaubild nach oben verschoben ist (bestimmen Sie die waagerechte «Mittelachse»). Prüfen Sie dann, ob das Schaubild nach links oder rechts verschoben ist (eine unverschobene Sinusfunktion hat einen Wendepunkt bei $x = 0$) und bestimmen Sie anschließend die Periode p. Zum Schluß bestimmen Sie den Abstand des Hoch-bzw. Tiefpunkts zur «Mittelachse» und damit die Amplitude a.

4 Differenzieren

4.1 Ganzrationale Funktionen

a) - c) Verwenden Sie die Potenzregel $(a \cdot x^n)' = a \cdot n \cdot x^{n-1}$; beachten Sie, dass teilweise Parameter vorhanden sind.

d) - e) Wenden Sie die Kettenregel an (äußere Ableitung mal innere Ableitung).

4.2 Gebrochenrationale Funktionen

a) - e) Alle Funktionen lassen sich mit der Quotientenregel und der Kettenregel ableiten.

4.3 Exponential- und Logarithmusfunktionen

a) - d) Wenden Sie zuerst die Produktregel an, dann die Kettenregel.

e) - i) Wenden Sie die Kettenregel an.

j) - k) Wenden Sie zuerst die Produktregel an und dann die Kettenregel.

4.4 Gebrochene Exponential- und Logarithmusfunktionen

a) - g) Wenden Sie zum Ableiten der Funktion die Quotientenregel an, für den Zähler bzw. Nenner die Kettenregel.

4.5 Wurzelfunktionen

Für alle Wurzelfunktionen gilt: Zuerst die Wurzel als Potenz mit rationalem Exponenten («hoch $\frac{1}{2}$») schreiben und dann ableiten (oder wenden Sie die Regel $(\sqrt{x})' = \frac{1}{2\sqrt{x}}$ an).

a) - c) Umschreiben als Potenz, anschließend ableiten mit der Kettenregel.

d) Verwenden Sie die Produktregel.

4.6 Trigonometrische Funktionen

a) - d) Wenden Sie zuerst die Produktregel an, dann die Kettenregel.

e) - f) Wenden Sie Kettenregel an.

5 Gleichungslehre

5.1 Quadratische, biquadratische und nichtlineare Gleichungen

a) - b) pq- bzw. abc-Formel verwenden (Zahlen unter der Wurzel als Bruch schreiben).

c) Setzen Sie jeden einzelnen Faktor gleich Null und überlegen Sie, ob Lösungen existieren.

d) Klammern Sie x^3 aus.

e) - f) Biquadratische Gleichungen: Substitution $x^2 = v$, die Gleichung lösen und rücksubstituieren (Zahlen unter der Wurzel als Bruch schreiben).

g) - i) Diese Gleichung wird mit Hilfe der Polynomdivision gelöst. D.h. die Gleichung wird durch «x minus bekannte Lösung» geteilt. Die Lösungen der dann vorliegenden quadratischen Gleichung können mit der pq- oder abc-Formel bestimmt werden.

5.2 Exponential- und Logarithmus-Gleichungen

a) - c) Setzen Sie jeden einzelnen Faktor gleich Null und überlegen Sie, ob Lösungen existieren.

d) Substitution $e^x = v$ bzw. $e^{2x} = v$, dann Lösen der quadratischen Gleichung mit der pq- oder abc-Formel, Rücksubstitution und x berechnen (Zahlen unter der Wurzel als Bruch schreiben).

e) - g) Vereinfachen Sie die Gleichungen so, dass Sie beide Seiten «e-hoch» nehmen können.

5.3 Wurzelgleichungen

Wurzelgleichungen werden gelöst, indem man die Gleichung so umformt, dass die Wurzel alleine auf der einen Seite der Gleichung steht. Dann wird quadriert und die entstehende (meist quadratische) Gleichung gelöst. Wichtig: Zum Schluss muss immer eine Probe in der Ausgangsgleichung gemacht werden, um zu kontrollieren, ob die Lösung in der Definitionsmenge enthalten ist.

a) - d) Isolieren Sie die Wurzel, quadrieren Sie die Gleichung und lösen Sie die entstehende Gleichung mit Hilfe der pq- oder abc-Formel. Machen Sie zum Schluss eine Probe in der Ausgangsgleichung.

5.4 Trigonometrische Gleichungen

Skizzieren Sie den Verlauf von $\sin x$ bzw. $\cos x$. Achten Sie auf das Lösungsintervall.

a) - d) Substituieren Sie den Term in der Klammer durch z, lösen Sie die Gleichung und resubstituieren Sie wieder.

e) - f) Substituieren Sie $\sin x = z$ bzw. $\cos x = z$. Lösen Sie die quadratische Gleichung und resubstituieren Sie.

5.5 Lineare Gleichungssysteme

a) - d) Anwenden des Gaußschen Eliminierungsverfahrens: Zuerst werden zwei Gleichungen so zusammengezählt, dass eine Unbekannte wegfällt (eventuell muss man dazu vorher eine Gleichung mit einem Faktor wie z.B. -1 oder -2 multiplizieren).
Im nächsten Schritt löst man die beiden Gleichungen, die nur noch zwei Unbekannte enthalten, nach einer Unbekannten auf.
Zum Schluss wird schrittweise eingesetzt und die Unbekannten werden bestimmt.

6 Graphen von f, f' und F

6.1 Von f zu f'

f_1 Bestimmen Sie die Steigung für einige wichtige Punkte, es bietet sich auf jeden Fall der Extrempunkt an. Überlegen Sie, wie die Steigung nahe des Koordinatenursprungs ist.

f_2 Bestimmen Sie die Steigung für einige wichtige Punkte; es bieten sich der Hoch- und der Wendepunkt an.

f_3 Bestimmen Sie die Steigung für einige Stellen, z.B. für $x = 0$ und für $x = 1$. Überlegen Sie, welche spezielle Kurve einen derartigen Verlauf zeigt.

f_4 Bestimmen Sie die Steigung für einige Stellen, z.B. $x = -1$ und $x = 0$. Bestimmen Sie den Wendepunkt und dessen Steigung.

6.2 Von f' zu f

Allgemeine Tipps:

Es sind Aussagen über eine Stammfunktion f der gezeichneten Kurve von f' zu bewerten. Dabei gilt für alle Stammfunktionen f:

- $f'(x) = 0$ und VZW von $+$ nach $-$ $\Rightarrow$ Der Graph von f hat einen Hochpunkt.
- $f'(x) = 0$ und VZW von $-$ nach $+$ $\Rightarrow$ Der Graph von f hat einen Tiefpunkt.
- $f'(x)$ hat einen Extrempunkt $\Rightarrow$ Der Graph von f hat einen Wendepunkt.

Aufgabe I

a) Überlegen Sie, was es für die Ableitung einer Funktion bedeutet, wenn der Graph der Funktion einen Extrempunkt besitzt.

b) Was bedeutet es für eine Kurve, wenn sie in einem Punkt eine waagerechte Tangente besitzt? Welche Steigung hat die Kurve in einem derartigen Punkt?

c) Was bedeutet es für die Ableitungskurve, wenn der Graph der Funktion f einen Wendepunkt besitzt? Finden Sie solche Punkte in der Kurve von f'?

d) Kann man die Aussage treffen, dass alle Funktionswerte für $x > -1$ größer als Null sind? Überlegen Sie, ob es genau eine Funktion gibt.

Aufgabe II

a) Überlegen Sie, was es für die Ableitung einer Funktion bedeutet, wenn der Graph der Funktion einen Extrempunkt besitzt.

b) Welchen Wert nimmt die Ableitung einer Funktion an einem Extremwert an? Was muss zusätzlich noch gelten, damit es sich um einen Hochpunkt handelt (wie sehen die Vorzeichenwechsel der Steigung aus)?

c) Überlegen Sie, welchen Grad das Polynom der gezeichneten Ableitungskurve besitzt.

d) Überlegen Sie, was man tun muss, um Informationen über die Steigung einer Kurve in einem Punkt zu bekommen. Welche Funktion gibt «Auskunft» über die Steigungswerte der Kurve in jedem Punkt?

Aufgabe III

a) Skizzieren Sie den Graphen einer Funktion zur gegebenen Ableitungsfunktion; benutzen Sie dazu die Extremwerte und die Nullstelle der angegebenen Ableitungsfunktion. Hat der Graph von f bei $x = 0$ einen Hoch- oder Tiefpunkt (Vorzeichenwechsel beachten)?

b) Überlegen Sie, wie genau Sie die Funktion bestimmen können.

c) Prüfen Sie, welche Bedingungen die Kurve der angegebenen Ableitungsfunktion erfüllen muss, damit die Funktion f an der Stelle $x = 0$ einen Tiefpunkt hat. Beachten Sie den Vorzeichenwechsel.

d) Überlegen Sie, was es für den Graphen der Ableitung bedeutet, wenn eine Kurve einen oder mehrere Extrempunkte besitzt.

6.3 Von f zu F

Allgemeine Tipps:

- Skizzieren Sie zuerst die Ableitung bzw. eine Stammfunktion.
- Das Schaubild von F hat einen Hochpunkt an der Stelle x_1, wenn $f(x_1) = 0$ und an dieser Nullstelle bei f ein Vorzeichenwechsel (VZW) von $+$ nach $-$ stattfindet.
- Das Schaubild von F hat einen Tiefpunkt an der Stelle x_2, wenn $f(x_2) = 0$ und bei f an dieser Stelle ein VZW von $-$ nach $+$ stattfindet.
- Das Schaubild von F hat einen Wendepunkt an der Stelle x_3, wenn f einen Extrempunkt an dieser Stelle hat.

Die Stammfunktion F

Aufgabe I

a) Überlegen Sie, welche Art von Funktion vorliegt. Wie sieht das Schaubild der Ableitungsfunktion einer Geraden aus?

b) Zeichnen Sie eine Stammfunktion ein. Überlegen Sie, ob diese in Bezug auf die Verschiebung entlang der y-Achse festgelegt ist.

c) Streng monoton zunehmend für f bedeutet, dass f' immer > 0 ist (warum?). In der Aufgabe ist allerdings gefragt, ob f' monoton zunehmend ist. Also muss man f'' untersuchen.

d) y-achsensymmetrisch bedeutet $f(-x) = f(x)$.

Aufgabe II

a) Welche Gestalt besitzt das Schaubild der Ableitungsfunktion einer Parabel 2. Grades? Überlegen Sie, welche Aussagen Sie sicher über dieses Schaubild treffen können.

b) Zeichnen Sie eine Stammfunktion ein. Überlegen Sie, ob diese in Bezug auf die Verschiebung entlang der y-Achse festgelegt ist.

c) Überlegen Sie, was es für die Funktion f bedeutet, wenn die Stammfunktion Extremstellen besitzt (f ist die 1. Ableitung von F).

Die Integralfunktion

Allgemeine Tipps zur Integralfunktion:

Wie man an den Aufgaben I und II sehen kann, lässt sich die Stammfunktion einer Funktion f in y-Richtung verschieben. Dies geschieht durch die Konstante c im unbestimmten Integral, das sogenannte absolute Glied.

Bei der Integralfunktion wird die Variable x als obere Grenze behandelt und die Funktion erst nach t integriert. Durch das Einsetzen der Grenzen entsteht zum Schluss eine Funktion $J_0(x)$.

- Falls es möglich ist, stellen Sie zuerst einen Funktionsterm für f auf (Parabeln, nach rechts und unten verschoben). Bilden Sie dann die Integralfunktion und skizzieren Sie die Integralfunktion zum Schluss in das Koordinatensystem.
- Falls es nicht möglich ist, einen Funktionsterm aufzustellen, benutzt man die Tatsache, dass der Funktionswert der Integralfunktion dem orientierten Flächeninhalt entspricht. Die Funktion $J_0(x)$ geht durch $(0 \mid 0)$. Man bestimmt zuerst die charakteristischen Stellen (Extrem- und Wendestellen). Für diese bestimmt man den Funktionswert von $J_0(x)$ durch das Aufsummieren der orientierten Flächeninhalte. (Orientierter Flächeninhalt bedeutet, dass Flächen unterhalb der x-Achse ein negatives Vorzeichen erhalten.)

Aufgabe I

a) Überlegen Sie, wie das Schaubild der Ableitungsfunktion aussehen muss.

b) Skizzieren Sie die Integralfunktion. Prüfen Sie die Intervallgrenzen.

c) Überlegen Sie, was eine Extremstelle der Integralfunktion für die Funktion f bedeuten würde.

Aufgabe II

a) Bilden Sie die Integralfunktion und skizzieren Sie sie in das Koordinatensystem. Dabei können Sie die Steigung der Integralfunktion am gegebenen Schaubild ablesen (z.B. hat für $x = 4$ die Integralfunktion die Steigung -2).

b) Überlegen Sie, was eine Extremstelle der Integralfunktion für die Funktion f bedeuten würde.

c) Überlegen Sie, welche Art von Funktion die Integralfunktion ist und wie viele Extremstellen ganzrationale Funktionen 3.Grades besitzen können.

d) Monoton fallend für eine Funktion f bedeutet: $f'(x) \leqslant 0$. Beachten Sie, dass in der Aufgabe Aussagen über f' gemacht werden. Daher müssen Sie f'' untersuchen.

6.4 Zuordnen von Graphen

a) Überlegen Sie ohne abzuleiten, welche Eigenschaften das Schaubild von $f(x) = x^2e^x$ hat.

b) Überlegen Sie, was für das Schaubild von f' gilt, wenn das Schaubild von f Extremstellen hat.Was gilt für das Schaubild von F, wenn das Schaubild von f einen Extrempunkt hat, der die x-Achse berührt bzw. wenn alle Funktionswerte von f größer oder gleich Null sind? Welche besondere Eigenschaft hat das Schaubild der gebrochenen Funktion g mit $g(x) = \frac{1}{x^2e^x}$?

6.5 Interpretation von Graphen

Aufgabe I

a) Besondere Punkte im Graph sind die Punkte, an denen sich die Steigung stark ändert.

b) Überlegen Sie, ob die y-Werte des Graphen die verkauften Artikel *pro Tag* oder *insgesamt* angeben.

c) Lesen Sie die Verkaufszahlen des 40. und des 60. Tages an der Zeichnung ab und berechnen Sie den Durchschnitt.

d) Die Verkaufsrate entspricht der Steigung der Kurve am 50. Tag. Legen Sie eine Gerade durch die Kurve, die die Steigung des 50. Tages besitzt, und bestimmen Sie die Steigung dieser Geraden.

e) Schätzen Sie ab, wie sich die Kurve weiterentwickeln wird. Wie ist die Steigung der Kurve?

Aufgabe II

a) Besondere Punkte im Graph sind die Punkte, an denen sich die Steigung stark ändert.

b) Überlegen Sie, welche Aussagen die Kurve trifft. Was bedeutet die unter a) angesprochene Steigungsänderung?

c) Überlegen Sie, was man tun muss, um die Funktionswerte der einzelnen Tage zu addieren. Was kann man tun, wenn man die Funktion nicht genau kennt? Wie könnte eine Näherungsfunktion aussehen?

d) Die Besucherzahlen scheinen sich auf einen gewissen Wert «einzupendeln». Wie groß ist dieser Wert?

7 Kurvendiskussion

7.1 Elemente der Kurvendiskussion

a) Die Bedingungen für ein Minimum sind: $f'(x) = 0$ und Vorzeichenwechsel von f' von $-$ nach $+$ bzw. $f''(x) > 0$. Prüfen Sie, ob diese auf den Punkt zutreffen. Benutzen Sie zum Ableiten die Produktregel.

b) Was für ein Punkt ist $\mathrm{P}\,(x_0 \mid 0)$? Machen Sie eine Skizze, um sich die Situation zu veranschaulichen.

c) Überlegen Sie, welche Terme für $x \to +\infty$ gegen Null gehen und welche übrigbleiben.

d) Die Bedingungen für ein Minimum sind $f'(x) = 0$ und Vorzeichenwechsel von f' von $-$ nach $+$. Prüfen Sie, ob diese auf den Punkt zutreffen.

e) Überlegen Sie, was passiert, wenn in einer gebrochenrationalen Funktion der Zähler bzw. der Nenner gleich Null ist.

f) Punkte mit waagerechter Tangente haben die Steigung Null, also wird die 1. Ableitung Null gesetzt.

g) Wendepunkte bestimmen Sie mit Hilfe von $f''(x)$ und $f'''(x)$.

h) Überlegen Sie, an welcher Stelle x die 1. Ableitung Null ist und ob die 1. Ableitung das Vorzeichen von $-$ nach $+$ wechselt.

i) Berechnen Sie die Steigung in P mit Hilfe der 1. Ableitung. Überlegen Sie, welche Art von Punkten eine waagerechte Tangente hat.

j) Für den Nachweis eines Wendepunkts verwenden Sie die 2. und 3. Ableitung.

7.2 Funktionenscharen/ Funktionen mit Parameter

a) - b) I) Setzen Sie für t Werte wie ± 1; ± 2 bzw. 0 ein und skizzieren Sie die Kurven.
II) Setzen Sie die entsprechenden Punkte in die Funktionsgleichung ein und stellen Sie nach t um.

c) Bestimmen Sie zuerst die Schnittstelle x_s. Für die Ableitungen im Schnittpunkt muss gelten: $f'(x_s) \cdot g'(x_s) = -1$. Setzen Sie die Ableitungen ein, setzen Sie dann den Ausdruck für x_s ein und lösen Sie nach t auf.

d) Berechnen Sie die Nullstelle des Graphen der Funktion f_t in Abhängigkeit von t und lesen Sie die Nullstellen der abgebildeten Graphen ab. Setzen Sie diese Terme gleich. Alternativ können Sie auch die Schnittpunkte der Graphen mit der y-Achse ablesen und den Schnittpunkt des Graphen von f_t mit der y-Achse in Abhängigkeit von t berechnen.

e) Bestimmen Sie mit Hilfe der Produkt- und Kettenregel die 1. und 2. Ableitung von f_t. Setzen Sie die 1. Ableitung gleich Null und berechnen Sie die Extremstelle von $f_t(x)$. Prüfen Sie mit Hilfe der 2. Ableitung, ob es sich tatsächlich um eine Extremstelle handelt. Schließlich setzen Sie $x = 2$ mit der berechneten Extremstelle gleich und lösen die Gleichung nach t auf.

f) Berechnen Sie mit Hilfe der 1. Ableitung von $f_k(x)$ und $g(x)$ jeweils die Steigung der Graphen von g und von f_k im Ursprung und setzen diese gleich; lösen Sie die Gleichung nach k auf und beachten Sie den Wertebereich von k.

g) Bestimmen Sie mögliche Extremstellen in Abhängigkeit von a und setzen Sie $x = 3$ ein; beachten Sie den Wertebereich von a.

7.3 Krümmungsverhalten von Kurven

Bestimmen Sie mit Hilfe von Ketten-, Produkt- und Quotientenregel die 1. und 2. Ableitung.
Eine Kurve ist linksgekrümmt, wenn gilt: $f''(x) > 0$, sie ist rechtsgekrümmt, wenn $f''(x) < 0$.
Lösen Sie jeweils die entstandene Ungleichung.
Manchmal ist es hilfreich, die linke Seite der Ungleichung als weitere Kurve aufzufassen und sich zu überlegen, wann diese oberhalb bzw. unterhalb der x-Achse verläuft.

7.4 Monotonie

Bestimmen Sie jeweils mit Hilfe der Quotientenregel die 1. Ableitung von f und überlegen Sie, für welche Werte von x der Zähler bzw. der Nenner größer oder kleiner als Null ist.
Ist $f'(x) > 0$, so ist f streng monoton zunehmend, ist $f'(x) < 0$, so ist f streng monoton abnehmend.

7.5 Tangenten und Normalen

Geradengleichungen kann man mit der Punkt-Steigungsform $y - y_1 = m \cdot (x - x_1)$ aufstellen.

a) Bestimmen Sie die Tangentensteigung mit Hilfe der 1. Ableitung. Benutzen Sie dann die Steigung und den Punkt, um die Geradengleichung aufzustellen. Für die Normalensteigung m_n gilt: $m_n = -\frac{1}{m_t}$ mit m_t = Steigung der Tangente.

b) Bestimmen Sie zuerst den Wendepunkt und dann die Steigung der Tangente bzw. der Normalen und stellen Sie die Geradengleichungen auf.

c) I) Da die Tangentensteigung schon bekannt ist, muss in dieser Aufgabe der Punkt P bestimmt werden, in dem der Graph von f die Steigung $m = -2$ besitzt. Also wird die erste Ableitung gleich -2 gesetzt und x_{P} bestimmt. Mit den Koordinaten des Punktes und der Steigung wird anschließend die Tangentengleichung aufgestellt.

II) Man verfährt ähnlich wie bei I), nur muss die Steigung der Tangente erst aus der Steigung der angegebenen Geraden ermittelt werden. Für die Steigung zweier aufeinander senkrecht stehender Geraden m_1 und m_2 gilt: $m_2 = -\frac{1}{m_1}$.

III) Man verfährt ähnlich wie bei I), die Steigung paralleler Geraden ist gleich: $m_t = m_g = 4$.

7.6 Berührpunkte zweier Kurven

Damit sich zwei Graphen in einem Punkt B $(x_{\mathrm{B}} \mid y_{\mathrm{B}})$ berühren, müssen zwei Bedingungen erfüllt sein:

1. B ist ein gemeinsamer Punkt beider Kurven: $f(x_{\mathrm{B}}) = g(x_{\mathrm{B}})$.
2. Im Punkt B haben die Graphen eine gemeinsame Tangente, also die gleiche Tangentensteigung $f'(x_{\mathrm{B}}) = g'(x_{\mathrm{B}})$.

7.7 Symmetrie

a) Die Bedingung für y-Achsensymmetrie ist $f(-x) = f(x)$.

b) Die Bedingung für Ursprungssymmetrie ist $f(-x) = -f(x)$.

c) Die Bedingung für y-Achsensymmetrie ist $f(-x) = f(x)$.

d) Die Bedingung für Punktsymmetrie zum Ursprung ist $f(-x) = -f(x)$.

7.8 Umkehrfunktion

Bestimmen Sie jeweils die 1. Ableitung von f und prüfen Sie damit, ob f streng monoton wächst $(f'(x) > 0)$ oder fällt $(f'(x) < 0)$.

Lösen Sie die Gleichung $y = f(x)$ nach x auf; vertauschen Sie anschließend die Variablen x und y und geben Sie die Umkehrfunktion $\overline{f}$ an. Die Definitionsmenge von $\overline{f}$ ist die Wertemenge (alle möglichen y-Werte) von f.

8 Allgemeines Verständnis von Funktionen

8.1 Definitionsbereich

- Bei gebrochenrationalen Funktionen darf der Nenner nicht Null sein, da man nicht durch Null teilen darf. Man bestimmt also die Nullstellen des Nenners und erhält somit die Werte, die nicht für x eingesetzt werden dürfen.
- Bei Logarithmusfunktionen muss das Argument (der Term, auf den der ln angewendet wird) immer größer als Null sein. Es ist also auch hier eine Ungleichung zu lösen.
- Bei Wurzelfunktionen muss der Radikand (der Term unter dem Wurzelzeichen) größer oder gleich Null sein, da man aus negativen Zahlen keine Wurzel ziehen kann. Es ist also eine Ungleichung zu lösen.

8.2 Definitionsbereich und Grenzwerte

Zur Bestimmung des Definitionsbereichs überlegen Sie, welche Werte für x nicht in die Funktion eingesetzt werden dürfen. Das Verhalten der Funktion an den Grenzen des Definitionsbereichs wird untersucht, indem man Grenzwerte (lim) bildet. Bei Funktionen mit Definitionslücken müssen Sie sich dieser Definitionslücke von beiden Seiten nähern.

8.3 Stetigkeit und Differenzierbarkeit

a) Überlegen Sie, wie man eine «nicht-stetige» Funktion zeichnen würde.

b) I) Berechnen Sie die Zinsen für einen Kredit für die ersten 3000 €, für die ein Zinssatz von 5 % gilt, und für einen Kredit für die restlichen 2000 €, für die ein Zinssatz von 2,5 % gilt.

II) Bestimmen Sie eine Funktionsgleichung für die Funktion f, die abschnittsweise definiert ist.
Bestimmen Sie die zugehörige Integralfunktion F; beachten Sie, dass Sie die Integrationskonstante c mit Hilfe des Funktionswerts von F an der Sprungstelle bestimmen können.

III) Beachten Sie, dass durch die Integralfunktion F der Flächeninhalt zwischen dem Graphen und der x-Achse berechnet wird; überlegen Sie, welchen Werten diese Fläche entspricht.

c) Untersuchen Sie die beiden Funktionen in ihrem «kritischen» Punkt.

d) Differenzieren heißt ableiten. Der Wert der Ableitung gibt die Steigung in einem Punkt an. Überlegen Sie, wie das Schaubild einer Funktion aussehen müsste, die in einem Punkt *nicht* differenzierbar ist.

e) I) Beachten Sie, dass der Graph der Betragsfunktion B 1 LE nach links verschoben wurde, daher gilt: $f(x) = \mathrm{B}(x+1)$.

II) Um den Graphen der Integralfunktion F zu zeichnen, gibt es verschiedene Möglichkeiten:

- Bestimmen Sie für verschiedene Werte von x die zugehörigen Funktionswerte von F durch Flächenberechnung der Dreiecke zwischen dem Graphen von f und der x-Achse. Überlegen Sie, ob die Funktionswerte für $x < -1$ bzw. $x > -1$ positiv oder negativ sein müssen.
- Bestimmen Sie ausgehend von $f(x)$ die zugehörige Integralfunktion F und erstellen Sie eine Wertetabelle.

8.4 Das Newton-Verfahren

a) Machen Sie eine Skizze einer Funktion mit einer Tangenten im Punkt $(x_0 \mid f(x_0))$ (wobei x_0 keine Nullstelle ist). Wo schneidet die Tangente die x-Achse? Für welchen x-Wert sollte man die nächste Tangente bestimmen?

b) Verwenden Sie die Newtonsche Iterationsformel $x_{n+1} = x_n - \frac{f(x_n)}{f'(x_n)}$ zur näherungsweisen Berechnung von Nullstellen.

9 Integralrechnung

9.1 Stammfunktionen

9.1.1 Ganzrationale Funktionen

a) - d) Benutzen Sie die Integrationsregel für Potenzfunktionen: Besitzt f die Form $f(x) = a \cdot x^n$, dann ist $\mathrm{F}(x) = a \cdot \frac{1}{n+1} x^{n+1} + c$ falls $n \neq -1$ eine Stammfunktion.

e) -f) Für verkettete (verschachtelte) Funktionen mit innerem *linearem* Ausdruck gilt die Integrationsregel für lineare Substitution: $\int f(ax+b)\mathrm{d}x = \frac{1}{a} \cdot \mathrm{F}(ax+b) + c$
«Äußere Stammfunktion geteilt durch innere Ableitung»

9.1.2 Exponentialfunktionen

a) - e) Für verkettete (verschachtelte) Funktionen mit innerem *linearem* Ausdruck gilt die Integrationsregel für lineare Substitution:
«Äußere Stammfunktion geteilt durch innere Ableitung»
Bei e-Funktionen mit $f(x) = a \cdot e^{k \cdot x + b}$ ist $e^{(\dots)}$ die äußere Funktion und $k \cdot x + b$ die innere Funktion. Der Parameter a verändert sich nicht beim Integrieren.

f) - i) Verwenden Sie die Regel: $\int f'(x) \cdot e^{f(x)} dx = e^{f(x)} + c$
Eventuell müssen Sie die gegebene Funktion umformen, so dass Sie die Stammfunktion bilden können.

9.1.3 Gebrochenrationale Funktionen

a) - b) Verwenden Sie die Integrationsregel für lineare Substitution:
«Äußere Stammfunktion geteilt durch innere Ableitung»

c) - e) Schreiben Sie den Bruch als Potenz mit negativem Exponenten und verwenden Sie die Integrationsregel für Potenzfunktionen.

f) - h) Für verkettete (verschachtelte) Funktionen mit innerem *linearem* Ausdruck gilt die Integrationsregel für lineare Substitution:
«Äußere Stammfunktion geteilt durch innere Ableitung»
Bei gebrochenrationalen Funktionen mit $f(x) = a \cdot \frac{1}{bx+c}$, bei denen der Ausdruck im Nenner den Exponent 1 hat, ist $\frac{1}{(...)}$ die äußere Funktion und $bx+c$ die innere Funktion. Eine Stammfunktion der äußeren Funktion ist $\ln|(...)|$. Der Parameter a verändert sich nicht beim Integrieren.

i) - k) Da im Zähler die Ableitung des Nenners steht, verwenden Sie die Regel:
$\int \frac{f'(x)}{f(x)} \mathrm{d}x = \ln|f(x)| + c$

9.1.4 Logarithmusfunktionen

a) - c) Eine Stammfunktion von $f(x) = \ln x$ ist $\mathrm{F}(x) = -x + x \cdot \ln|x| + c$.
Für verkettete (verschachtelte) Funktionen mit innerem *linearem* Ausdruck gilt die Integrationsregel für lineare Substitution:
«Äußere Stammfunktion geteilt durch innere Ableitung»
Bei Logarithmusfunktionen mit $f(x) = a\ln(kx+b)$ ist $\ln(...)$ die äußere Funktion und $kx+b$ die innere Funktion. Der Parameter a verändert sich nicht beim Integrieren.

9.1.5 Wurzelfunktionen

a) - c) Für verkettete (verschachtelte) Funktionen mit innerem *linearem* Ausdruck gilt die Integrationsregel für lineare Substitution:
«Äußere Stammfunktion geteilt durch innere Ableitung»
Bei Wurzelfunktionen mit $f(x) = a\sqrt{kx+b}$ ist $\sqrt{...}$ die äußere Funktion und $kx+b$ die innere Funktion. Der Parameter a verändert sich nicht beim Integrieren.

9.1.6 Trigonometrische Funktionen

a) - f) Beachten Sie, dass $\sin x$ eine Stammfunktion von $\cos x$ und $-\cos x$ eine Stammfunktion von $\sin x$ ist.
Auch bei diesen Aufgaben gilt die Regel für verkettete Funktionen mit innerem *linearem* Ausdruck:
«Äußere Stammfunktion geteilt durch innere Ableitung»
Ist $f(x) = a \cdot \sin(bx+c)$, so ist $\sin(...)$ die äußere Funktion und $bx+c$ die innere Funktion. Der Parameter a verändert sich nicht beim Integrieren.

9.2 Flächeninhalt zwischen zwei Kurven

Bestimmen Sie jeweils die Integrationsgrenzen durch Gleichsetzen der Funktionsterme. Prüfen Sie, welche Kurve die obere Kurve ist. Verwenden Sie die Formel $\mathrm{A} = \int_{x_1}^{x_2} (f(x) - g(x))\,\mathrm{d}x$ sowie den Hauptsatz der Differential- und Integralrechnung.

9.3 Angewandte Integrale

a) Die Gesamtkosten erhalten Sie durch Integration. Die durchschnittlichen Kosten erhalten Sie, indem Sie die Gesamtkosten durch die Anzahl der Werkstücke teilen.

b) I) Der Regen hört auf, wenn die Niederschlagsrate gleich Null ist; bestimmen Sie die Nullstelle der Funktion.

II) Die gesamte Wassermenge können Sie bestimmen, indem Sie die Niederschlagsrate vom Beginn des Regens bis zum Ende integrieren.

III) Die mittlere Regenmenge erhalten Sie, indem Sie die Gesamtmenge durch die Anzahl der Tage teilen.

c) Die gegebene Funktion f beschreibt die Änderungsrate. Um zu berechnen, wieviel Wasser das Becken nach 9 Stunden enthält, müssen Sie zuerst eine Stammfunktion F von f bestimmen. Die Integrationskonstante c bestimmen Sie mit Hilfe des Anfangswerts. Anschließend müssen Sie $t = 9$ in die Integralfunktion einsetzen.

10 Extremwertaufgaben

Allgemein können Sie beim Lösen von Extremwertaufgaben nach folgendem Schema vorgehen:

1. Skizzieren Sie die Problemstellung.
2. Schreiben Sie die Größe auf, die minimiert oder maximiert werden soll. Das kann z.B. $\mathrm{A} = r \cdot h$ für eine Fläche in Abhängigkeit von r und h sein. In diesem Ausdruck dürfen verschiedene Variablen vorkommen.
3. Formulieren Sie die Nebenbedingungen. Im Beispiel von oben könnte dies z.B. $r + h = 100$ sein, wenn in der Aufgabe formuliert ist, dass r und h zusammen 100 ergeben müssen.
4. Lösen Sie die Nebenbedingung nach einer Variablen auf, z.B. $r = 100 - h$, und setzen Sie diese in den Ausdruck bei 2. ein. Dadurch ergibt sich, von welcher Variablen die sogenannte «Zielfunktion» abhängig ist. Löst man die Nebenbedingung nach r auf und setzt sie in die Gleichung unter 2. ein, ergibt sich im Beispiel: $\mathrm{A}(h) = (100 - h) \cdot h$.
5. Nun können die Extremstellen der Zielfunktion der Fläche in Abhängigkeit von h durch Ableiten und Nullsetzen der Ableitung untersucht werden. Handelt es sich um ein lokales Minimum, muss man noch die Randwerte überpüfen, d.h. man setzt den kleinst- und größtmöglichen x-Wert der Definitionsmenge in die Zielfunktion ein und vergleicht mit den Werten der Extremstelle. (Dies ist allerdings nicht nötig, wenn die 2. Ableitung keine Variablen mehr enthält, also inbesondere bei allen quadratsichen Funktionen.)

Zu den Aufgaben:

a) Die gesuchte Größe ist die Fläche. Die Nebenbedingung ist die Länge des Zauns. Von der Gesamtlänge der 4 Seiten des Spielplatzes müssen noch 2 m abgezogen werden. Anschließend wird die Zielfunktion aufgestellt und das Maximum bestimmt.

b) Die gesuchte Größe ist die Fläche. Für die Seiten des Rechtecks ist es hilfreich, wenn man die senkrechte Seite als y wählt und die waagerechte Seite als $2x$. Dann ist der Radius $r = x$. Die Nebenbedingung ist der festgelegte Umfang (Kreisfläche: $A_K = \pi \cdot r^2$, Kreisumfang: $U_K = 2 \cdot \pi \cdot r$). Lösen Sie die Nebenbedingung nach einer Variablen auf.

c) Die gesuchte Größe ist die Fläche. Zum Aufstellen der Nebenbedingung hilft die Überlegung, dass die beiden Halbkreise zusammen einen ganzen Kreis ergeben (Kreisfläche: $A_K = \pi \cdot r^2$, Kreisumfang: $U_K = 2 \cdot \pi \cdot r$). Stellen Sie die Zielfunktion für die Fläche auf. Bei I) bezieht sich die Zielfunktion nur auf das Rechteck, bei II) auf den gesamten Sportplatz!

d) I) Die gesuchte Größe ist der Umfang des Rechtecks. Die Grundseite des Rechtecks wird als $2x$ gewählt. Nebenbedingung: Für die Höhe h gilt $h = f(x)$. Stellen Sie die Zielfunktion für den Umfang auf, setzen Sie die Nebenbedingung ein und bestimmen Sie das Maximum mit Hilfe der 1. und 2. Ableitung.

II) Die gesuchte Größe ist die Fläche des Rechtecks. Die Grundseite des Rechtecks wird als $2x$ gewählt. Nebenbedingung: Für die Höhe h gilt $h = f(x)$. Stellen Sie die Zielfunktion für die Fläche auf und setzen Sie die Nebenbedingung ein.

e) Die gesuchte Größe ist die Fläche des Rechtecks. Die Grundseite des Rechtecks wird als $2x$ gewählt. Nebenbedingung: Zwei Ecken des Rechtecks müssen immer auf dem Kreis liegen. Damit gilt für die Grundseite $g = 2x$ und die Höhe h mit dem Satz des Pythagoras die Beziehung $x^2 + h^2 = 1$, mit $x = \frac{g}{2}$. Lösen Sie nach h auf und setzen Sie in die Zielfunktion der Fläche ein.

f) Die gesuchte Größe ist der Flächeninhalt des Dreiecks OPQ. Nach dem Ableiten stellt man die Gleichung der Normalen auf. Für die Normalensteigung gilt $m_n = -\frac{1}{m_t}$ (wobei m_t die Tangentensteigung ist). Diese wird mit der Kurve G geschnitten, um den Schnittpunkt Q zu bestimmen. Anschließend wird eine Flächenfunktion aufgestellt, wobei die Strecke $\overline{OQ}$ die Grundseite des Dreiecks bildet und $|\ f(u)\ |$ die Höhe. Die Flächenfunktion wird abgeleitet und der Extremwert bestimmt.

g) Skizzieren Sie die Graphen der beiden Funktionen.
Bestimmen Sie die Koordinaten der Punkte P und Q und überlegen Sie sich, wie Sie die Länge von PQ in Abhängigkeit von u bestimmen können. Stellen Sie hierzu eine Funktionsgleichung (Zielfunktion) auf. Zur Berechnung des Maximums verwenden Sie die 1. und 2. Ableitung (Produkt- und Kettenregel).
Die maximale Länge erhalten Sie, indem Sie das berechnete u in die Zielfunktion einsetzen.

Analytische Geometrie

11 Rechnen mit Vektoren

11.1 Addition und Subtraktion von Vektoren

Für das Rechnen mit Vektoren gelten folgende Gesetze:

Addition: $\begin{pmatrix} a_1 \\ a_2 \\ a_3 \end{pmatrix} + \begin{pmatrix} b_1 \\ b_2 \\ b_3 \end{pmatrix} = \begin{pmatrix} a_1+b_1 \\ a_2+b_2 \\ a_3+b_3 \end{pmatrix}$, Subtraktion: $\begin{pmatrix} a_1 \\ a_2 \\ a_3 \end{pmatrix} - \begin{pmatrix} b_1 \\ b_2 \\ b_3 \end{pmatrix} = \begin{pmatrix} a_1-b_1 \\ a_2-b_2 \\ a_3-b_3 \end{pmatrix}$

Skalare Multiplikation: $s \cdot \begin{pmatrix} a_1 \\ a_2 \\ a_3 \end{pmatrix} = \begin{pmatrix} s\cdot a_1 \\ s\cdot a_2 \\ s\cdot a_3 \end{pmatrix}$ (Zahl · Vektor = Vektor) für $s \in \mathbb{R}$.

Skalarprodukt: $\begin{pmatrix} a_1 \\ a_2 \\ a_3 \end{pmatrix} \circ \begin{pmatrix} b_1 \\ b_2 \\ b_3 \end{pmatrix} = a_1 \cdot b_1 + a_2 \cdot b_2 + a_3 \cdot b_3$ (Vektor ∘ Vektor = Zahl),

Betrag bzw. Länge: $\left| \begin{pmatrix} a_1 \\ a_2 \\ a_3 \end{pmatrix} \right| = \sqrt{a_1^2 + a_2^2 + a_3^2}$.

11.2 Orthogonalität von Vektoren

Zwei Vektoren stehen genau dann senkrecht aufeinander, wenn das Skalarprodukt gleich Null ist. Ist das Skalarprodukt ungleich Null, dann sind die beiden Vektoren nicht orthogonal.

11.3 Auffinden von orthogonalen Vektoren

Es sind Vektoren zu suchen, deren Skalarprodukt mit $\vec{n}$ Null ergibt.

11.4 Verschiedene Aufgaben

a) Stellen Sie jeweils drei Verbindungsvektoren zwischen je zwei Punkten auf und berechnen Sie deren Länge.

b) Die Orthogonalität lässt sich mit dem Skalarprodukt überprüfen, dies muss in diesem Fall gleich Null sein.

c) Tragen Sie in Ihre Skizze jeweils die gegebenen und gesuchten Punkte sowie den Ursprung O ein. Bestimmen Sie mit Hilfe einer Vektorkette den Ortsvektor des gesuchten Punktes. Geben Sie die Koordinaten des gesuchten Punktes an.

d) Den Schwerpunkt S eines Dreiecks ABC erhalten Sie mit der Formel $\vec{S} = \frac{1}{3} \cdot \left(\vec{A} + \vec{B} + \vec{C}\right)$.

e) Tragen Sie in Ihre Skizze die gegebenen und gesuchten Punkte sowie den Ursprung O ein. Achten Sie dabei auf die Reihenfolge der Punkte (*gegen* den Uhrzeigersinn). Bestimmen Sie jeweils mit Hilfe einer Vektorkette den Ortsvektor des gesuchten Punktes. Geben Sie die Koordinaten des gesuchten Punktes an.

f) Da je vier Kanten parallel sind, gilt:
$\overrightarrow{BF} = \overrightarrow{CG} = \overrightarrow{DH} = \overrightarrow{AE}$, $\overrightarrow{BC} = \overrightarrow{AD} = \overrightarrow{FG} = \overrightarrow{EH}$ und $\overrightarrow{AB} = \overrightarrow{EF} = \overrightarrow{DC} = \overrightarrow{HG}$.
Bestimmen Sie mit Hilfe einer Vektorkette den Ortsvektor des gesuchten Punktes. Geben Sie die Koordinaten des gesuchten Punktes an.

11.5 Vektorprodukt

a) Siehe den allgemeinen Tipp zum Vektorprodukt auf Seite 47

b) Stellen Sie die Verbindungsvektoren $\overrightarrow{AB}$ und $\overrightarrow{AD}$ auf und verwenden Sie für den Flächeninhalts A des Parallelogramms die Formel:
$A = \left|\overrightarrow{AB} \times \overrightarrow{AD}\right|$.

c) Stellen Sie die Verbindungsvektoren $\overrightarrow{AB}$ und $\overrightarrow{AC}$ auf und verwenden Sie für den Flächeninhalt A des Dreiecks die Formel:
$A = \frac{1}{2} \cdot \left|\overrightarrow{AB} \times \overrightarrow{AC}\right|$.

d) Stellen Sie die Verbindungsvektoren $\overrightarrow{AB}$, $\overrightarrow{AD}$ und $\overrightarrow{AE}$ auf und verwenden Sie für das Volumen V des Spats die Formel:
$V = \left|\overrightarrow{AB} \circ \left(\overrightarrow{AD} \times \overrightarrow{AE}\right)\right|$.

11.6 Lineare Abhängigkeit

a) Wenn zwei Vektoren $\vec{a}$ und $\vec{b}$ linear abhängig sind, dann ist der eine Vektor ein Vielfaches des anderen, d.h. sie müssen eine Zahl k finden, so dass gilt: $k \cdot \vec{a} = \vec{b}$; $k \in \mathbb{R}$.

b) Wenn drei Vektoren $\vec{a}$, $\vec{b}$ und $\vec{c}$ linear abhängig sind können Sie einen der drei Vektoren als «Linearkombination» der beiden andern ausdrücken, z.B. $\vec{c} = \lambda \cdot \vec{a} + \mu \cdot \vec{b}$. Stellen Sie also das zugehörige Gleichungssystem auf und bestimmen Sie λ und μ.

12 Geraden

12.1 Aufstellen von Geradengleichungen

Verwenden Sie den Ortsvektor des einen Punktes als Stützvektor. Bilden Sie den Richtungsvektor, indem Sie den Verbindungsvektor zwischen den beiden Punkten aufstellen.

12.2 Punktprobe

Setzen Sie den Ortsvektor des Punktes in die Geradengleichung ein und prüfen Sie, ob sich für alle drei Komponenten der gleiche Parameter ergibt.

12.3 Gegenseitige Lage von Geraden

Für die gegenseitige Lage von zwei Geraden gibt es vier Möglichkeiten: Die Geraden können sich schneiden, parallel, identisch oder windschief sein.

Zur Bestimmung der gegenseitigen Lage prüft man zuerst die Richtungsvektoren auf lineare Abhängigkeit bzw. Unabhängigkeit:

1. Sind die Richtungsvektoren ein Vielfaches voneinander (linear abhängig), können die Geraden parallel oder identisch sein.
   Sie sind identisch, wenn ein Punkt der einen Geraden auf der anderen Geraden liegt (positive Punktprobe), sonst sind sie parallel (negative Punktprobe).

2. Sind die Richtungsvektoren kein Vielfaches voneinander (linear unabhängig), können die Geraden sich schneiden oder windschief sein.
   Durch Gleichsetzen erhält man den Schnittpunkt oder einen Widerspruch, welcher angibt, dass die Geraden windschief sind.

12.4 Parallele Geraden mit Parameter

Damit die Geraden parallel sind, müssen die Richtungsvektoren $\vec{r}$ und $\vec{v}$ linear abhängig sein. Der Parameter t muss also so bestimmt werden, dass $\vec{r}_t = k \cdot \vec{v}$ mit $k,\ t \in \mathbb{R}$ gilt. Dazu prüft man, ob der eine Vektor ein Vielfaches des anderen ist.

12.5 Allgemeines Verständnis von Geraden

Legen Sie eine Skizze an, um zu veranschaulichen, welche Beziehung für die Stütz- und Richtungsvektoren gelten muss. Überlegen Sie, welche Beziehung die Richtungsvektoren haben.

13 Ebenen

13.1 Parameterform der Ebenengleichung

a) Nehmen Sie einen der Punkte als «Stützpunkt». Die Verbindungsvektoren zwischen den Punkten ergeben die Spannvektoren.

b) Der Stützvektor der Geraden dient als Stützvektor der Ebene, der Richtungsvektor bildet den ersten Spannvektor. Den zweiten Spannvektor erhalten Sie, indem Sie den Verbindungsvektor zwischen dem Stützpunkt und dem angegebenen Punkt bilden.

13.2 Koordinatengleichung einer Ebene

Um eine Ebenengleichung aufzustellen, braucht man in der Regel entweder einen Punkt, der in der Ebene liegt, und zwei Spannvektoren oder einen Punkt A, der in der Ebene liegt, und einen Normalenvektor $\vec{n}$, welche man dann in die Punkt-Normalenform $\vec{n} \circ \left(\vec{X} - \vec{A}\right) = 0$ einsetzt.

Ein Normalenvektor $\vec{n}$ berrechnen Sie am einfachsten mit Hilfe des Vektorprodukts aus den beiden Spannvektoren, siehe Seite 47.

Zur Koordinatengleichung kommt man durch Ausmultiplizieren der Punkt-Normalenform.

a) Wählen Sie einen der 3 Punkte als «Stützpunkt» und bestimmen Sie die Spannvektoren als Verbindungsvektoren zwischen dem ersten Punkt und den beiden anderen Punkten. Anschließend bestimmt man einen Normalenvektor wie oben beschrieben und rechnet über die Punkt-Normalenform die Koordinatenform aus.

b) Als Stützvektor bietet sich der Stützvektor der Geraden an. Als 1. Spannvektor benutzt man den Richtungsvektor der Geraden, als 2. Spannvektor nimmt man den Verbindungsvektor zwischen dem Punkt außerhalb der Geraden und dem «Stützpunkt» der Geraden.

c) Bestimmen Sie zuerst den Stützvektor der Ebene. Bestimmen Sie dazu den Schnittpunkt der beiden Geraden. Der Ortsvektor des Schnittpunktes dient als Stützvektor, die beiden Richtungsvektoren der Geraden werden als Spannvektoren der Ebene genommen. (wichtig: Wenn man λ und μ mit Hilfe von zwei Gleichungen bestimmt hat, muss man λ und μ in der 3. Gleichung überprüfen).

d) Wenn das Gleichungssystem zu einem Widerspruch wie z.B. $3 = 0$ führt, besitzt es keine Lösung. Die Geraden schneiden sich dann nicht. Untersuchen Sie die beiden Richtungsvektoren. Sind diese linear abhängig, dann sind die Geraden parallel.

e) Um die Ebenengleichung aufzustellen, brauchen Sie einen Punkt der Ebene und einen Normalenvektor. Die Spiegelebene befindet sich genau in der Mitte zwischen A und A^*. Anhand einer Skizze kann man sich gut klarmachen, wie der Normalenvektor aussehen muss.

f) Wenn die Ebene E die Gerade g enthält, dann sind der Normalenvektor von E und der Richtungsvektor von g orthogonal. Damit ist das Skalarprodukt dieser beiden gleich Null. Gleiches gilt für den Normalenvektor von E und den Normalenvektor der bekannten Ebene F. Wenn man die beiden Skalarprodukte ausrechnet, erhält man zwei Gleichungen mit den 3 Unbekannten n_1, n_2 und n_3. Eine Unbekannte wird gesetzt, die anderen ausgerechnet. Auf diese Weise erhält man $\vec{n}$. Zum Schluss setzt man noch $\vec{n}$ und den «Stützpunkt» der Geraden in die Punkt-Normalenform ein und rechnet diese aus.

g) Drei der gegebenen Punkte benutzt man, um eine Ebene aufzustellen. Mit dem letzten macht man eine Punktprobe.

13.3 Ebenen im Koordinatensystem

Zuerst bestimmen Sie die Schnittpunkte der Ebene mit den Koordinatenachsen. Überlegen Sie, welchen Wert die x_2- und die x_3-Koordinate für einen Schnittpunkt der Ebene mit der x_1-Achse besitzen; setzen Sie diese in die Ebenengleichung ein und formen Sie nach x_1 um. Die übrigen Schnittpunkte erhalten Sie ebenso.

13.4 Bestimmen von Geraden und Ebenen in einem Quader

a) Der Punkt O des Quaders liegt im Ursprung des Koordinatensystems. Bestimmen Sie die übrigen Punkte, indem Sie die Ortsvektoren addieren.

b) Die Gleichung kann wie im vorherigen Kapitel rechnerisch bestimmt werden, oder durch Überlegung und Ablesen an der Zeichnung.

c) Um eine Geradengleichung aufzustellen, braucht man einen Stützvektor und einen Richtungsvektor.

d) Wählen Sie drei der angegebenen Punkte und stellen Sie die Ebenengleichung wic im vorangegangenen Kapitel auf.

14 Gegenseitige Lage von Geraden und Ebenen

14.1 Gegenseitige Lage

Eine Gerade und eine Ebene können auf drei verschiedene Arten zueinander liegen: g schneidet E, g ist parallel zu E oder g liegt in E.

Liegt die Ebene in Koordinatenform vor, wird die Gerade als «allgemeiner Punkt» geschrieben und in die Ebenengleichung eingesetzt. Anschließend wird der Parameter der Geraden bestimmt und in den allgemeinen Punkt eingesetzt, um den Schnittpunkt zu bestimmen. Liegt die Ebene in der Parameterform vor, werden Ebenengleichung und Geradengleichung gleichgesetzt und das Gleichungssystem mit 3 Unbekannten gelöst.

Beim Lösen des Gleichungssystems bzw. der Gleichung können drei Fälle auftreten:

1. Es gibt eine eindeutige Lösung: Die Gerade schneidet die Ebene.
2. Es tritt ein Widerspruch auf (wie z.B. $3 = 0$): Die Gerade ist parallel zur Ebene.
3. Das Gleichungssystem bzw. die Gleichung hat unendlich viele Lösungen (beim Lösen ergibt sich z.B. $3 = 3$ oder $0 = 0$): Die Gerade liegt in der Ebene.

14.2 Gerade und Ebene parallel

Überlegen Sie, wie der Richtungsvektor der Geraden g und der Normalenvektor der Ebene E zueinander stehen müssen, damit die g parallel zu E liegt. Nehmen Sie das Skalarprodukt zu Hilfe. Prüfen Sie anschließend mit einer Punktprobe, ob g und E echt parallel sind oder ob g in E liegt.

14.3 Allgemeines Verständnis von Geraden und Ebenen

Veranschaulichen Sie sich die Beziehungen am besten mit Hilfe einer Skizze.

14.4 Vermischte Aufgaben

a) Wenn g parallel zu E ist, gilt: $\vec{n} \circ \overrightarrow{r_g} = 0$. Für den Richtungsvektor $\overrightarrow{r_g}$ der Geraden gibt es unendlich viele Möglichkeiten.

b) Da g senkrecht auf E steht, gilt: $\overrightarrow{r_g} = k \cdot \vec{n}$; $k \in \mathbb{R}$, d.h. der Richtungsvektor $\overrightarrow{r_g}$ ist linear abhängig zum Normalenvektor zu wählen.

c) Bestimmen Sie einen Punkt und einen Normalenvektor der Ebene mit Länge 1 LE. Mit diesen legen Sie einen weiteren Punkt außerhalb der Ebene mit Abstand 3 LE fest. Der Richtungsvektor $\overrightarrow{r_g}$ der Geraden muss so gewählt werden, dass $\vec{n} \circ \overrightarrow{r_g} = 0$. Hierfür gibt es unendlich viele Möglichkeiten.

15 Gegenseitige Lage zweier Ebenen

Auch hier gibt es verschiedene Lösungswege, abhängig davon, welche Art von Ebenengleichung vorliegt. Da der Weg über die Koordinatengleichung oft am einfachsten zu rechnen ist, werden viele Aufgaben auf diese Weise gelöst. Gerade beim Schnitt von zwei Ebenen kann es sich lohnen, eine Gleichung in die Koordinatenform umzuformen.

Die beiden Ebenengleichungen in Koordinatenform bilden ein lineares Gleichungssystem mit zwei Gleichungen und drei Variablen.

Beim Lösen des Gleichungssystems bzw. der Gleichung können drei Fälle auftreten:

1. Es gibt eine Lösung, wenn man eine Variable als λ einsetzt und nach den anderen Variablen auflöst: Die Ebenen schneiden sich in einer Schnittgeraden.
2. Es tritt ein Widerspruch auf (wie z.B. $3 = 0$): Die beiden Ebenen sind parallel.
3. Die eine Gleichung ist ein Vielfaches der anderen Gleichung: Die beiden Ebenen sind identisch.

15.1 Schnitt von zwei Ebenen

a) - c) Lösen Sie jeweils das zugehörige lineare Gleichungssystem.

15.2 Parallele Ebenen

Beim Bestimmen von t muss man überlegen, wie die beiden Normalenvektoren zueinander stehen müssen, damit die Ebenen parallel sind.

15.3 Verschiedene Aufgaben zur Lage zweier Ebenen

Überlegen Sie anhand einer Skizze, wie die beiden Normalenvektoren zueinander stehen müssen, wenn die Ebenen senkrecht aufeinander stehen. Nehmen Sie das Skalarprodukt zu Hilfe.

16 Abstandsberechnungen

16.1 Abstand Punkt – Ebene

Bei einer Abstandsberechnung zwischen einem Punkt und einer Ebene rechnet man immer die Länge eines Lots von einem Punkt auf die Ebene aus. Man benutzt in der Regel die Hessesche Normalenform der Ebenengleichung (HNF), in die der Punkt eingesetzt wird. Für den Punkt $\mathrm{P}(p_1 \mid p_2 \mid p_3)$ und die Ebene
$\mathrm{E}:\ n_1x_1 + n_2x_2 + n_3x_3 + n_0 = 0$ mit dem Normalenvektor $\vec{n}$ gilt

$$e = \frac{|n_1p_1 + n_2p_2 + n_3p_3 + n_0|}{\sqrt{n_1^2 + n_2^2 + n_3^2}},$$

wobei e der Abstand des Punktes P zur Ebene E ist.

16.2 Abstand Punkt – Gerade

Den Abstand eines Punktes P von einer Geraden g bestimmt man in drei Schritten:

1. Zuerst stellt man eine Hilfsebene $\mathrm{E_H}$ auf. Diese Hilfsebene enthält den Punkt P und ist orthogonal zu g, d.h. der Richtungsvektor von g dient als Normalenvektor der Ebene.
2. Die Hilfsebene wird mit g geschnitten, dies ergibt den Schnittpunkt L.
3. Der Verbindungsvektor $\overrightarrow{\mathrm{LP}}$ wird aufgestellt, sein Betrag (= seine Länge) ist der gesuchte Abstand.

16.3 Abstand paralleler Geraden

Zuerst muss bewiesen werden, dass die beiden Geraden echt parallel sind. Dies geschieht mit Hilfe der Richtungsvektoren und einer Punktprobe. Anschließend berechnet man den Abstand eines Punktes der Geraden h zur Geraden g wie in den vorangehenden Aufgaben.

16.4 Verschiedene Aufgaben

a) Schreiben Sie die Gerade als «allgemeinen Punkt» A. Wenn dieser von P und Q gleich weit entfernt sein soll, muss gelten: $|\overrightarrow{\mathrm{PA}}| = |\overrightarrow{\mathrm{QA}}|$. Man setzt ein, löst nach λ auf und setzt in die Geradengleichung ein.

b) Gehen Sie vor, wie bei Aufgabenteil a).

c) Auch bei dieser Aufgabe wird die Gerade als «allgemeiner Punkt» geschrieben. Es gilt: $|\overrightarrow{\mathrm{AP}}| = 3$. Setzen Sie ein und lösen Sie nach λ auf.

d) Stellen Sie zuerst die Gleichung der Ebene durch ABC auf und berechnen Sie den Abstand des Punktes S mit Hilfe der Abstandsformel.

e) Setzen Sie in die Abstandsformel den Punkt, die Ebene und den Abstand ein. Anschließend wird nach b aufgelöst. Dabei muss eine Fallunterscheidung gemacht werden, wenn man die Betragsgleichung lösen will. Es ergeben sich zwei Werte für b.

f) Schreiben Sie die Gerade als «allgemeinen Punkt». Anschließend wird dieser, der Abstand und die Ebene in die Abstandsformel eingesetzt und nach dem Parameter λ der Geraden aufgelöst. Dabei muss eine Fallunterscheidung gemacht werden. Die Lösungen λ_1 und λ_2 werden zum Schluss in die Geradengleichung eingesetzt.

g) Zuerst ist zu zeigen, dass die beiden Ebenen parallel sind. Anschließend bestimmt man einen Punkt in einer der Ebenen und setzt diesen und die andere Ebene in die Abstandsformel ein und berechnet den Abstand.

17 Winkelberechnungen

17.1 Winkel zwischen Vektoren bzw. Geraden

a) Überlegen Sie, zwischen welchen Vektoren man den Winkel berechnet (Orts- oder Verbindungsvektoren). Wenn zwei Kosinuswerte gleich sind, was gilt dann für die entsprechenden Winkel? Machen Sie sich eine Skizze.

b) Verwenden Sie zur Winkelberechnung die Richtungsvektoren der beiden Geraden.

17.2 Winkel zwischen Ebenen

Überlegen Sie, mit Hilfe welcher Vektoren man den Winkel zwischen den beiden Ebenen bestimmen könnte.

17.3 Winkel zwischen Gerade und Ebene

Welche Vektoren der Geraden und der Ebene kommen für die Winkelbestimmung in betracht? Machen Sie eine Skizze. Verwenden Sie den Sinus des Winkels.

18 Spiegelungen

18.1 Punkt an Punkt

Machen Sie eine Skizze. Überlegen Sie, welche Vektoren man aneinanderhängen muss, um von P zum Spiegelpunkt P^* zu gelangen, wenn z.B. Q in der Mitte liegen soll.

18.2 Punkt an Ebene

Machen Sie eine Skizze. Der Punkt A wird an dem Punkt der Ebene, der A am nächsten ist, gespiegelt. Um diesen Punkt zu bestimmen, braucht man eine Hilfsgerade durch A, die senkrecht auf der Ebene steht.

18.3 Punkt an Gerade

Machen Sie auch hier eine Skizze. Der Punkt P wird an dem Punkt der Gerade gespiegelt, der den kleinsten Abstand zu P besitzt. Um diesen zu bestimmen, braucht man eine Hilfsebene. Diese geht durch P und steht senkrecht zur Geraden.

18.4 Allgemeine Spiegelungen

a) Machen Sie eine Skizze. Um die neue Gerade aufzustellen, braucht man einen Stützvektor und einen Richtungsvektor.

   I) Überlegen Sie, wie der Richtungsvektor aussieht, wenn die neue Gerade parallel zur alten Geraden sein soll. Wie erhält man den neuen «Stützpunkt»?

   II) Die Gerade schneidet die Ebene E. Den Schnittpunkt von g mit E haben Gerade und Spiegelgerade gemeinsam. Nun braucht man noch einen 2. Punkt, um den Richtungsvektor aufzustellen. Dazu muss man einen Punkt der Geraden an der Ebene spiegeln. Welcher Punkt bietet sich dazu an?

b) Machen Sie eine Skizze. Es gibt zwei verschiedene Fälle: Entweder beide Ebenen sind parallel, dann muss man nur einen Punkt von E_1 an E_2 spiegeln. Sind die Ebenen nicht parallel, so wird zuerst die Schnittgerade bestimmt. Überlegen Sie, wann die Normalenvektoren die gleichen bleiben und wann nicht.

19 Kugeln

19.1 Kugelgleichung

Ein Punkt $X\,(x_1 \mid x_2 \mid x_3)$ liegt auf einer Kugel K mit Mittelpunkt $M\,(m_1 \mid m_2 \mid m_3)$ und Radius r, wenn gilt: K: $(x_1 - m_1)^2 + (x_2 - m_2)^2 + (x_3 - m_3)^2 = r^2$.

a) Setzen Sie den gegebenen Mittelpunkt sowie den Radius in die Koordinatengleichung ein und beachten Sie beim Auflösen die binomischen Formeln .

b) Formen Sie die gegebenen Kugelgleichungen so um, dass Sie aus der Koordinatengleichung den Mittelpunkt sowie den Radius ablesen können. Beachten Sie dabei die Vorzeichen.

c) Berechnen Sie jeweils den Abstand der gegebenen Punkte zum Mittelpunkt und vergleichen Sie diese Abstände mit dem Radius.

19.2 Gegenseitige Lage von Kugel und Gerade

a) Schreiben Sie die Gerade als «allgemeinen Punkt», setzen Sie diesen in die Koordinatengleichung der Kugel ein, beachten Sie binomische Formeln und lösen Sie die quadratische Gleichung. Gibt es zwei Lösungen, so berechnen Sie die zugehörigen Koordinaten der

Schnittpunkte durch Einsetzen in den «allgemeinen Punkt»; die Gerade ist eine Sekante. Gibt es eine Lösung, so berechnen Sie die Koordinaten des Berührpunkts durch Einsetzen in den «allgemeinen Punkt»; die Gerade ist eine Tangente. Hat die quadratische Gleichung keine reelle Lösung, gibt es keine gemeinsamen Punkte; die Gerade ist eine Passante.

b) Um die gegenseitige Lage von Kugel und Gerade zu bestimmen, versuchen Sie die gemeinsamen Punkte von K und g entsprechend Aufgabe a) zu berechnen.

19.3 Gegenseitige Lage von Kugel und Ebene

a) Machen Sie eine Skizze.
Um den Mittelpunkt M^* des Schnittkreises zu berechnen, stellen Sie eine Lotgerade mit dem Mittelpunkt der Kugel und dem Normalenvektor der Ebene auf und schneiden diese mit der Ebene.
Den Radius r^* erhalten Sie mit Hilfe des Satzes des Pythagoras im rechtwinkligen Dreieck. Hierzu benötigen Sie den Radius der Kugel und den Abstand von M zu E.

b) Um die gegenseitige Lage von Kugel und Ebene zu bestimmen, berechnen Sie den Abstand e des Mittelpunkts M der Kugel zur Ebene E (mit HNF). Es können drei Fälle auftreten:
1. $e < r \Rightarrow$ E schneidet K in einem Schnittkreis
2. $e = r \Rightarrow$ E berührt K in einem Punkt
3. $e > r \Rightarrow$ E und K haben keine gemeinsamen Punkte.

c) Skizzieren Sie die Problemstellung.
Um die Koordinatengleichung der Tangentialebene E_T aufzustellen, benötigen Sie den gegebenen Punkt B und einen Normalenvektor für die Punkt-Normalenform. Beachten Sie, dass die Tangentialebene orthogonal zum Vektor $\overrightarrow{MB}$ liegt.

19.4 Gegenseitige Lage zweier Kugeln

a) Um zu prüfen, ob K_1 und K_2 gemeinsame Punkte haben, vergleichen Sie den Abstand der beiden Mittelpunkte mit den Radien r_1 und r_2.

b) Um zu zeigen, dass sich K_1 und K_2 berühren, vergleichen Sie den Abstand der beiden Mittelpunkte mit den Radien r_1 und r_2. Skizzieren Sie die Problemstellung.
Um die Koordinaten des Berührpunkts B zu bestimmen, stellen Sie eine geeignete Vektorkette auf.

c) Um die Gleichung der Ebene des Schnittkreises zu bestimmen, benötigen Sie die jeweiligen Koordinatengleichungen der Kugeln. Beachten Sie die binomischen Formeln. Anschließend subtrahieren Sie die Gleichungen der beiden Kugeln voneinander.

Stochastik

20 Berechnung von Wahrscheinlichkeiten

20.1 Addidtionssatz, Vierfeldertafel

a) Ergänzen Sie zunächst die Zeile oder Spalte, in der schon zwei Zahlen stehen. Beachten Sie, dass sich «rechts unten» 1 ergeben muss.

b) Überlegen Sie, welche der angegebenen Zahlen bei der Vierfeldertafel innen und welche außen stehen.

20.2 Baumdiagramme und Pfadregeln

a) Beachten Sie beim Baumdiagramm, wieviele Kugeln nach dem ersten Ziehen noch in der Urne sind. Benutzen Sie für II) die Pfadregeln; überlegen Sie zuerst, welche Pfade zu dem jeweiligen Ereignis gehören.

b) Nach der Erstellung des Baumdiagrammes schreiben Sie die Ereignisse zunächst als Mengen auf und benutzen Sie dann die Pfadregeln.

c) I) Die Pfade in diesem Baumdiagramm sind unterschiedlich lang, da die Kontrolle abgebrochen wird, wenn ein Fehler erkannt ist.

   II) Sie können die Wahrscheinlichkeit aller möglichen Pfade addieren oder mit dem Gegenereignis arbeiten.

d) Fassen Sie auf jeder Stufe die Augenzahlen, die zu einer Summer größer als 3 führen, zusammen, um den Baum nicht zu kompliziert zu gestalten.

20.3 Unabhängigkeit von zwei Ereignissen

a) Wenn A und B unabhängig sind, so sind auch A und $\overline{B}$, $\overline{A}$ und B bzw. $\overline{A}$ und $\overline{B}$ voneinander unabhängig und es gilt jeweils der spezielle Multiplikationssatz.

b) $P(R)$, $P(m)$ und $P(m \cap R)$ entsprechen den jeweiligen relativen Häufigkeiten. Prüfen Sie nach, ob dafür der spezielle Multiplikationssatz gilt.

20.4 Bedingte Wahrscheinlichkeit

Bei Fragen nach der bedingten Wahrscheinlichkeit sind Vierfeldertafeln und Baumdiagramme hilfreich, wenn Sie folgendes beachten:

	A	$\overline{A}$	
B	$P(A\cap B)$	$P(\overline{A}\cap B)$	$P(B)$
$\overline{B}$	$P(A\cap\overline{B})$	$P(\overline{A}\cap\overline{B})$	$P(\overline{B})$
	$P(A)$	$P(\overline{A})$	1

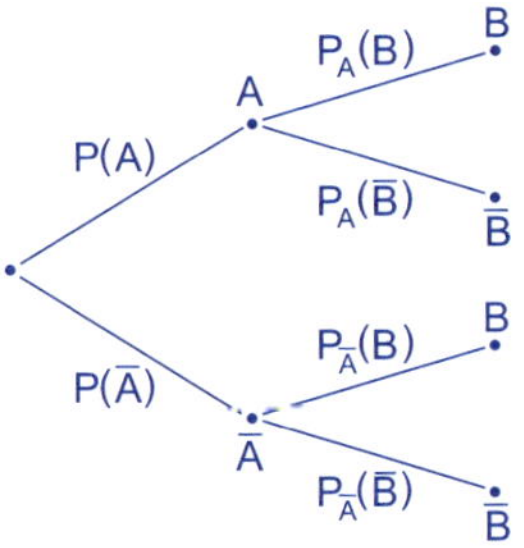

$P(A\cap B) = P(A)\cdot P_A(B) = P(B)\cdot P_B(A)$.
Damit kann man auch bei anspruchsvollen Aufgabenstellungen die Orientierung behalten.

a) Notieren Sie zunächst formal, welche Wahrscheinlichkeiten den verschiedenen %-Angaben entsprechen.
Stellen Sie eine Vierfeldertafel auf (a: über 70 Jahre, j: bis 70 Jahre, m: männlich, w: weiblich).
Bedenken Sie dabei: $P(a\cap m) = P(a)\cdot P_a(m)$ und $P(j\cap m) = P(j)\cdot P_j(m)$.
Mit Hilfe der Vierfeldertafel und der Formel lässt sich dann $P_m(j)$, der Anteil der jüngeren unter den Männern, berechnen.

b) Verwenden Sie: k: krank, g $(=\overline{k})$: gesund, «+»: positiv getestet, «−»: negativ getestet.
Aus der Aufgabenstellung lassen sich $P(k)$, $P_k(+)$ und $P_g(-)$ ablesen.
Bestimmen Sie $P(g)$, $P(k\cap +)$, $P(g\cap -)$ und benutzen Sie eine Vierfeldertafel, um $P_+(k)$ und $P_-(g)$ zu bestimmen.

21 Kombinatorische Zählprobleme

21.1 Geordnete Stichproben mit Zurücklegen

a)-b) Bestimmen Sie zuerst mit Hilfe der Formel die Anzahl aller möglichen Ausfälle, dann für jedes einzelne Ereignis die Anzahl der günstigen Ausfälle und berechnen Sie die entsprechende Laplace-Wahrscheinlichkeit.

c) Es sind 5 Buchstaben, aus denen gezogen wird, von denen je 2 doppelt vorkommen, was zu verschiedenen Wahrscheinlichkeiten z.B. für H und A führt.

21.2 Geordnete Stichproben ohne Zurücklegen

Benutzen Sie wieder die Formel für Laplace-Wahrscheinlichkeiten. Zur Berechnung der Anzahl der günstigen Möglichkeiten gehen Sie Schritt für Schritt die einzelnen Stufen durch und multiplizieren Sie die gefundenen Anzahlen.

a) zu D: Beachten Sie die Fälle «zuerst rot» und «zuerst weiß» getrennt.

c) zu C: Überlegen Sie, wo die 3 «A» stehen können und verwenden Sie die Wahrscheinlichkeit von Ereignis B.

21.3 Ungeordnete Stichproben ohne Zurücklegen

Es gilt: Bestimmen Sie zuerst die Anzahl aller möglichen Ausfälle und anschließend für das jeweilige Ereignis die Anzahl der günstigen Ausfälle.

a) zu A: Bestimmen Sie die durch 5 teilbaren Zahlen und die Anzahl der Möglichkeiten, davon 4 auszuwählen.
zu B: Bestimmen Sie die geraden Zahlen und die Anzahl der Möglichkeiten, davon 4 auszuwählen.
zu C und D: Probieren Sie einfach aus, welche Ergebnisse günstig sind.

b) zu A: Bestimmen Sie die Anzahl der Möglichkeiten, von 7 weißen Kugeln 3 auszuwählen.
zu B: Teilen Sie das Ereignis für die verschiedenen Farben auf und addieren Sie die Wahrscheinlichkeiten.
zu C: Man kann sich die Urne aufgeteilt denken in 3 Teile mit jeweils nur weißen, schwarzen und roten Kugeln, aus denen die entsprechende Anzahl von Kugeln genommen wird. Die Anzahl der günstigen Möglichkeiten erhält man dann als Produkt.
zu D: Fassen Sie schwarze und weiße Kugeln zusammen.
zu E: siehe Ereignis C.
zu F: Benutzen Sie das Gegenereignis.

c) Sie können die Glühbirnen wie Kugeln in einer Urne behandeln. Siehe auch b) zu C.

21.4 Vermischte Aufgaben

a) Man kann die Verteilung der 4 Freunde auf die 4 Plätze als geordnete Stichprobe ohne Wiederholung auffassen.

b) Es handelt sich um eine ungeordnete Stichprobe ohne Zurücklegen.

c) Zu A und B: Es handelt sich um eine geordnete Stichprobe mit Zurücklegen.
Zu C und D: Überlegen Sie, auf wie viele Arten Sie die 5 bzw. die 4 richtigen Antworten auf die 10 Fragen verteilen können.

22 Wahrscheinlichkeitsverteilung von Zufallsgrößen

22.1 Erwartungswert

a)-c) Bestimmen Sie zunächst z.B. mit Hilfe eines Baumdiagrammes die Wahrscheinlichkeiten für die möglichen Ergebnisse. Legen Sie eine Tabelle für die Anzahl der Züge und ihre jeweilige Wahrscheinlichkeit an und bestimmen Sie dann den Erwartungswert.

22.2 Varianz und Standardabweichung

Legen Sie eine Tabelle wie in 23.1 für E(X) an und ergänzen Sie diese durch die Spalten $(x_i - E(X))^2$ und $(x_i - E(X))^2 \cdot P(x_i)$, um die Berechnung der Varianz übersichtlich zu gestalten.

23 Binomialverteilung

23.1 Binomialverteilung mit Gebrauch der Formel

a)-c) Notieren Sie zunächst, welcher Ausfall des Bernoulli-Experiments als Treffer gelten soll und bestimmen Sie die Trefferwahrscheinlichkeit p sowie die Kettenlänge n.
Überlegen Sie, welche Trefferanzahlen zum fraglichen Ereignis gehören und berechnen Sie deren Wahrscheinlichkeiten mit der Formel $P(X = k) = \binom{n}{k} \cdot p^k \cdot (1-p)^{n-k}$. Prüfen sie, ob gegebenenfalls die Wahrscheinlichkeit des Gegenereignisses einfacher zu berechnen ist.

d)-e) Für das Gegenereignis lässt sich eine Formel angeben. Damit lässt sich die Kettenlänge n durch Probieren (mit dem Taschenrechner) oder durch das Auflösen der zugehörigen Exponentialgleichung bzw. Exponentialungleichung bestimmen.

23.2 Binomialverteilung mit Gebrauch der Tabelle

a)-b) Überlegen Sie, wie Sie $P(X \geqslant k)$ und $P(k_1 \leqslant X \leqslant k_2)$ mit Hilfe von Ausdrücken der Form $P(X \leqslant k)$ berechnen können, die Sie dann aus der Tabelle ablesen.

c) Legen Sie fest, was als «Treffer» zählt und bestimmen Sie zuerst jeweils n und p. Schreiben Sie dann die Wahrscheinlichkeit für das jeweilige Ereignis so auf, dass Sie es mit Hilfe der Tabelle bestimmen können (vgl. Aufgabe a) und b)).

d) Beachten Sie, dass bei $p > 0,5$ in der Tabelle «von unten» abgelesen und die Differenz zu 1 gebildet werden muss, um $P(X \leqslant k)$ zu erhalten.
Beispiel: Bei $n = 100$ und $p = 0,8$ ist $P(X \leqslant 80) = 1 - 0,4602 = 0,5398$.

e) Das Ablesen in der Tabelle fällt leichter, wenn man «Treffer» so wählt, dass p nicht größer als 0,5 ist.

23.3 Erwartungswert und Standardabweichung

Um den Erwartungswert μ und die Standardabweichung σ einer binomialverteilten Zufallsgröße X mit den Parametern n und p zu berechnen, verwenden Sie folgende Formeln:
Erwartungswert: $E(X) = \mu = n \cdot p$. Zugehörige Standardabweichung: $\sigma = \sqrt{n \cdot p \cdot (1-p)}$

24 Hypothesentests

24.1 Grundbegriffe, Fehler 1. und 2. Art

a)-b) Die Nullhypothese hat stets die Form H_0: $p = ...$ oder H_0: $p \leqslant ...$ oder H_0: $p \geqslant ...$.
Ein Fehler 1. Art bedeutet: Eine Hypothese wird (fälschlicherweise) abgelehnt, obwohl sie zutrifft.
Ein Fehler 2. Art bedeutet: Eine Hypothese wird (fälschlicherweise) angenommen, obwohl sie nicht zutrifft.

24.2 Einseitiger Test

a) Bei einseitigen Tests geht man bei der Benutzung der Tabelle vom «schlimmsten» Fall aus, benutzt also den größten bzw. kleinsten Wert für p, der noch der Hypothese entspricht.
Die Irrtumswahrscheinlichkeit α entspricht der Wahrscheinlichkeit $P(\overline{A})$ für diesen Wert p. Sie kann mit Hilfe der Tabelle bestimmt werden.

b) Prüfen Sie zuerst, ob ein links- oder rechtsseitiger Test vorliegt.
Aus der Tabelle können Sie k ablesen, so dass α den entsprechenden Wert oder einen leicht darunter liegenden Wert annimmt.

c) Stellen Sie zunächst die Nullhypothese auf und bestimmen sie dann A und $\overline{A}$ für die vorgegebene Irrtumswahrscheinlichkeit. Zum Schluss prüfen Sie, in welchen Bereich die konkret durchgeführte Stichprobe fällt.

d) Siehe Aufgabe c).

e) Notieren Sie zuerst formal alles, was im Text vorgegeben ist und gehen Sie dann wie bei Aufgabe a) und b) vor.

Lösungen

1 Von der Gleichung zur Kurve

1.1 Ganzrationale Funktionen

a) $f(x) = \frac{1}{2}x + 1$. Schnittpunkt mit der y-Achse: $f(0) = \frac{1}{2} \cdot 0 + 1 = 1 \Rightarrow \mathrm{S}(0 \mid 1)$
Schnittpunkt mit der x-Achse: $f(x) = 0$ bzw. $\frac{1}{2}x + 1 = 0$ führt zu $x = -2 \Rightarrow \mathrm{N}(-2 \mid 0)$
Es handelt sich um eine Gerade mit y-Achsenabschnitt $b = 1$ und Steigung $m = \frac{1}{2}$.

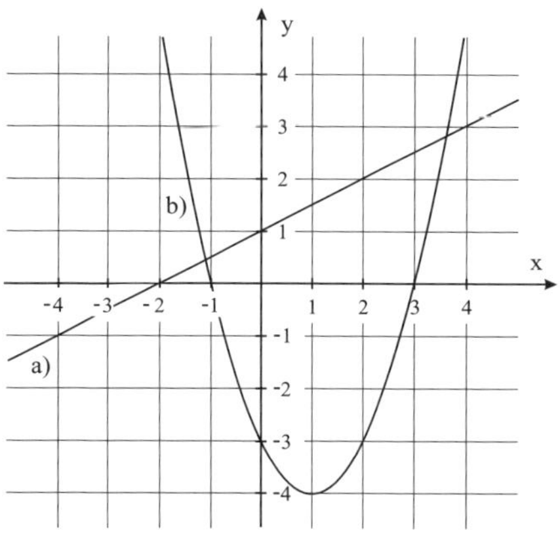

a) $f(x) = \frac{1}{2}x + 1$,
b) $f(x) = (x-1)^2 - 4$

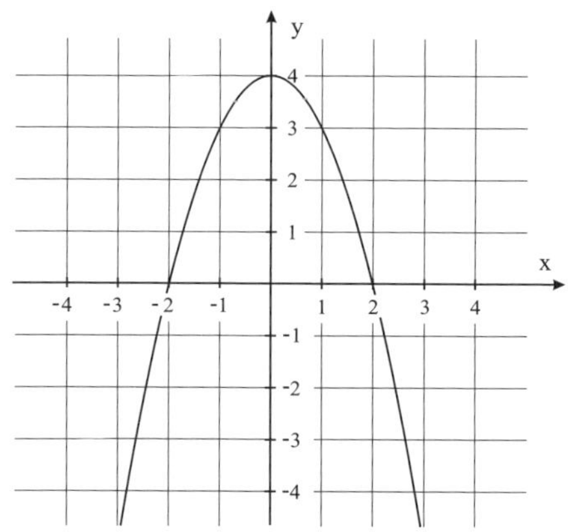

c) $f(x) = -x^2 + 4$

b) $f(x) = (x-1)^2 - 4$
Schnittpunkt mit der y-Achse: $f(0) = (0-1)^2 - 4 = -3 \Rightarrow \mathrm{S}(0 \mid -3)$
Schnittpunkt mit der x-Achse: $f(x) = 0$ bzw. $(x-1)^2 - 4 = 0$ führt zu $x_1 = 3$, $x_2 = -1 \Rightarrow \mathrm{N}_1(3 \mid 0), \mathrm{N}_2(-1 \mid 0)$. Es handelt sich um eine Normalparabel, die um eine LE nach rechts und 4 LE nach unten verschoben wurde, d.h. eine nach oben geöffnete Normalparabel mit Scheitel bei $(1 \mid -4)$.

c) $f(x) = -x^2 + 4$. Schnittpunkt mit der y-Achse: $f(0) = -0^2 + 4 = 4 \Rightarrow \mathrm{S}(0 \mid 4)$
Schnittpunkt mit der x-Achse: $f(x) = 0$ bzw. $-x^2 + 4 = 0$ führt zu $x_1 = 2, x_2 = -2$
$\Rightarrow \mathrm{N}_1(2 \mid 0), \mathrm{N}_2(-2 \mid 0)$.
Es handelt sich um eine Normalparabel, die an der x-Achse gespiegelt und dann um vier LE nach oben verschoben wurde, d.h. eine nach unten geöffnete Normalparabel mit Scheitel $(0 \mid 4)$.

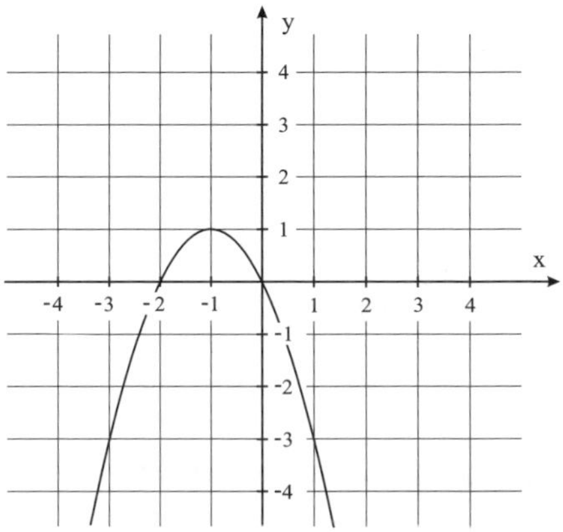

d) $f(x) = -(x+1)^2 + 1$

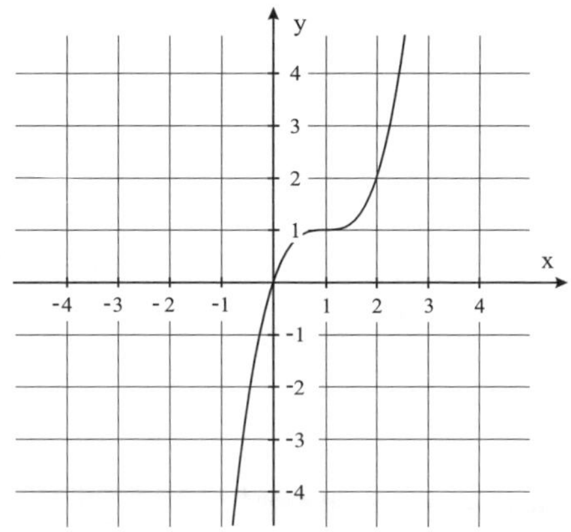

e) $f(x) = (x-1)^3 + 1$

d) $f(x) = -(x+1)^2 + 1$
Schnittpunkt mit der y-Achse: $f(0) = -(0+1)^2 + 1 = 0 \Rightarrow \mathrm{S}(0 \mid 0)$
Schnittpunkt mit der x-Achse: $f(x) = 0$ bzw. $f(x) = -(x+1)^2 + 1 = 0$ führt zu $x_1 = 0$, $x_2 = -2 \Rightarrow \mathrm{N}_1(0 \mid 0), \mathrm{N}_2(-2 \mid 0)$.
Es handelt sich um eine Normalparabel, die an der x-Achse gespiegelt und anschließend um eine LE nach links und eine LE nach oben verschoben wurde, d.h. eine nach unten geöffnete Normalparabel mit Scheitel $(-1 \mid 1)$.

e) $f(x) = (x-1)^3 + 1$
Schnittpunkt mit der y-Achse: $f(0) = (0-1)^3 + 1 = 0 \Rightarrow \mathrm{S}(0 \mid 0)$
Schnittpunkt mit der x-Achse: $f(x) = 0$ bzw. $f(x) = (x-1)^3 + 1 = 0$ führt zu $x = 0 \Rightarrow \mathrm{N}(0 \mid 0)$.
Es handelt sich um eine kubische Parabel, die um eine LE nach rechts und eine LE nach oben verschoben wurde.

1.2 Gebrochenrationale Funktionen

a) $f(x) = \frac{1}{x+1} + 2$
Asymptoten: $x + 1 = 0$ führt zu $x = -1$, senkrechte Asymptote (Pol); $x \to \pm\infty$ führt zu $y = 2$ (waagerechte Asymptote), da der Bruchterm gegen Null geht.
Der Graph von $g(x) = \frac{1}{x}$ wurde um eine LE nach links und zwei LE nach oben verschoben.

b) $f(x) = -\frac{1}{x-1}$
Asymptoten: $x - 1 = 0$ führt zu $x = 1$, senkrechte Asymptote (Pol); $x \to \pm\infty$ führt zu $y = 0$ (waagerechte Asymptote), da der Bruchterm gegen Null geht.
Der Graph der Funktion $g(x) = \frac{1}{x}$ wurde an der x-Achse gespiegelt und anschließend um eine LE nach rechts verschoben.

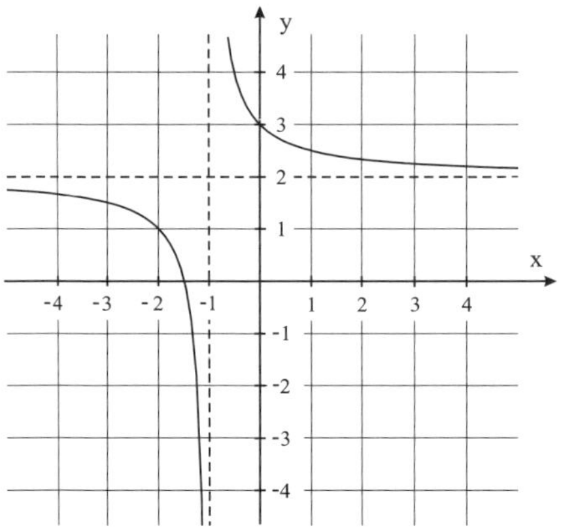

a) $f(x) = \frac{1}{x+1} + 2$

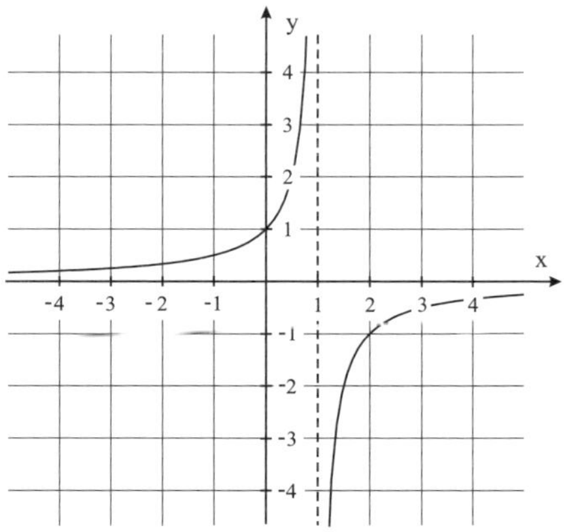

b) $f(x) = -\frac{1}{x-1}$

c) $f(x) = \frac{1}{(x+1)^2} - 1$
Asymptoten: $x + 1 = 0$ führt zu $x = -1$, senkrechte Asymptote (Pol); $x \to \pm\infty$ führt zu $y = -1$ (waagerechte Asymptote), da der Bruchterm gegen Null geht.
Der Graph der Funktion $g(x) = \frac{1}{x^2}$ wurde um eine LE nach links und eine LE nach unten verschoben.

d) $f(x) = -\frac{1}{(x-1)^2} + 2$
Asymptoten: $x - 1 = 0$ führt zu $x = 1$, senkrechte Asymptote (Pol); $x \to \pm\infty$ führt zu $y = 2$ (waagerechte Asymptote), da der Bruchterm gegen Null geht.
Der Graph der Funktion $g(x) = \frac{1}{x^2}$ wurde an der x-Achse gespiegelt und anschließend um eine LE nach rechts und zwei LE nach oben verschoben.

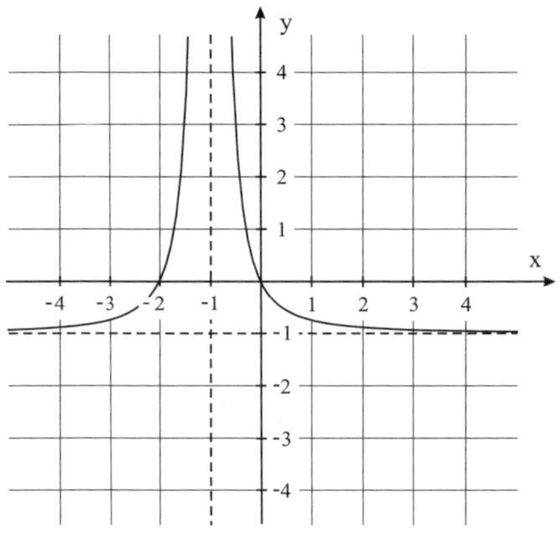

c) $f(x) = \frac{1}{(x+1)^2} - 1$

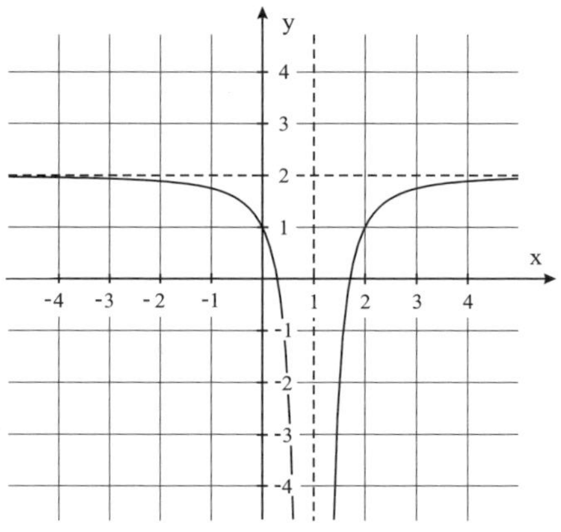

d) $f(x) = -\frac{1}{(x-1)^2} + 2$

1.3 Exponential- und Logarithmusfunktionen

a) $f(x) = e^{x-1} + 1$. Asymptote: $x \to -\infty$ führt zu $y = 1$ (waagerechte Asymptote).
Der Graph der Funktion $g(x) = e^x$ wurde um eine LE nach rechts und eine LE nach oben verschoben.

b) $f(x) = -e^{x-1} + 1$. Asymptote: $x \to -\infty$ führt zu $y = 1$ (waagerechte Asymptote).
Der Graph der Funktion $g(x) = e^x$ wurde an der x-Achse gespiegelt und anschließend um eine LE nach rechts und eine LE nach oben verschoben.

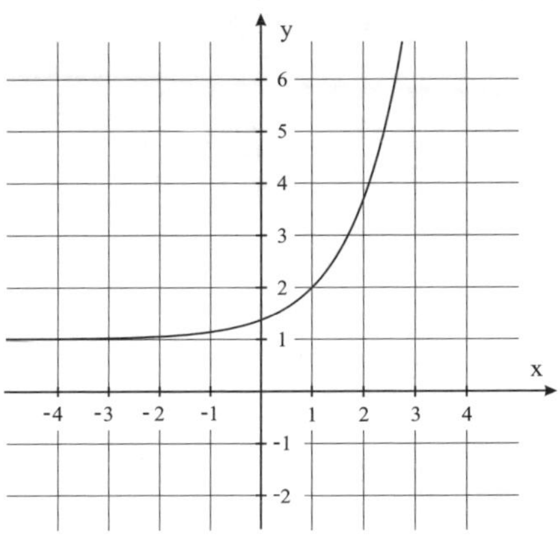

a) $f(x) = e^{x-1} + 1$

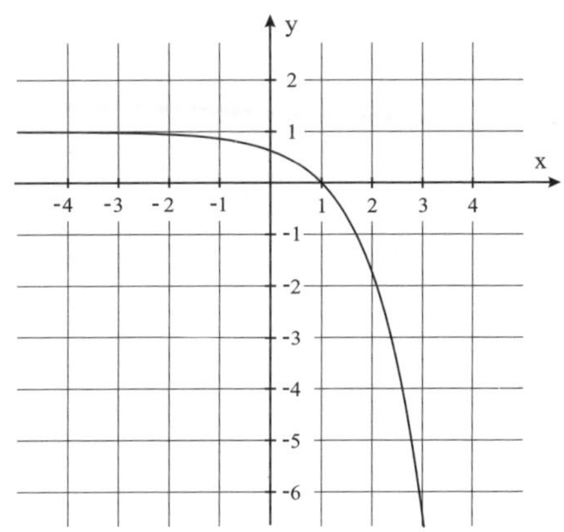

b) $f(x) = -e^{x-1} + 1$

c) $f(x) = \ln x + 2$. Definitionsbereich: $x > 0$, senkrechte Asymptote: $x = 0$.
Der Graph der Funktion $g(x) = \ln x$ wurde um zwei LE nach oben verschoben.

d) $f(x) = \ln(x+2)$. Definitionsbereich: $x + 2 > 0$ führt zu $x > -2$, senkrechte Asymptote: $x = -2$.
Der Graph der Funktion $g(x) = \ln x$ wurde um zwei LE nach links verschoben.

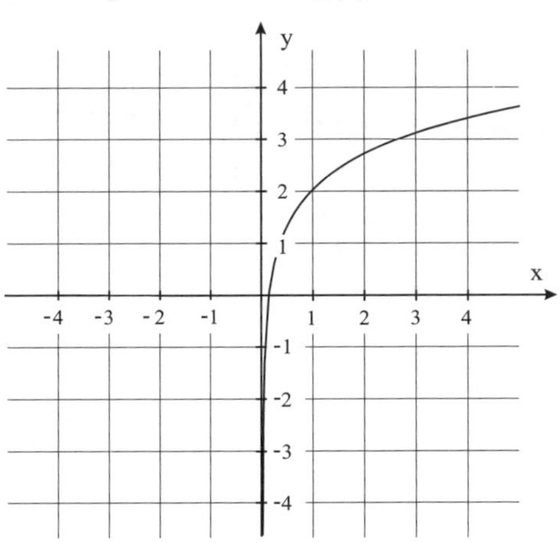

c) $f(x) = \ln x + 2$

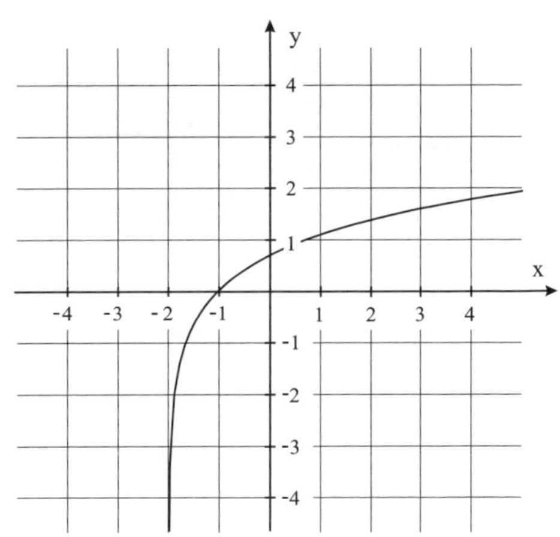

d) $f(x) = \ln(x+2)$

1.4 Trigonometrische Funktionen

a) $f(x) = 2\sin x$, Periode: $p = \frac{2\pi}{1} = 2\pi$.
Der Graph der Funktion $g(x) = \sin x$ wurde mit Faktor 2 in y-Richtung gestreckt.

b) $f(x) = \frac{1}{2}\cos x$, Periode: $p = \frac{2\pi}{1} = 2\pi$.
Der Graph von $g(x) = \cos x$ wurde mit Faktor $\frac{1}{2}$ in y-Richtung gestaucht (bzw. gestreckt).

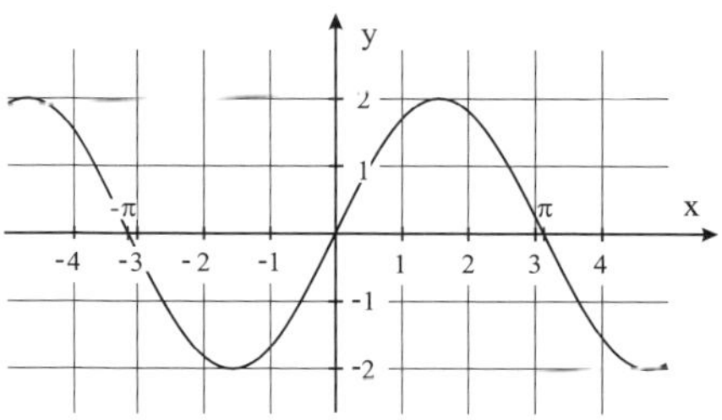

a) $f(x) = 2\sin x$

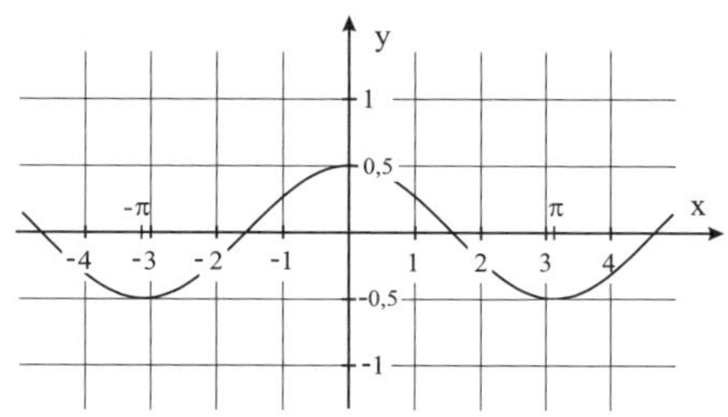

b) $f(x) = \frac{1}{2}\cos x$

c) $f(x) = \sin(2x)$, Periode: $p = \frac{2\pi}{2} = \pi$.
Der Graph der Funktion $g(x) = \sin x$ wurde mit Faktor 2 in x-Richtung gestaucht.

d) $f(x) = -\sin(2x) + 1$, Periode: $p = \frac{2\pi}{2} = \pi$.
Der Graph der Funktion $g(x) = \sin x$ wurde an der x-Achse gespiegelt, mit Faktor 2 in x-Richtung gestaucht und um eine LE nach oben verschoben.

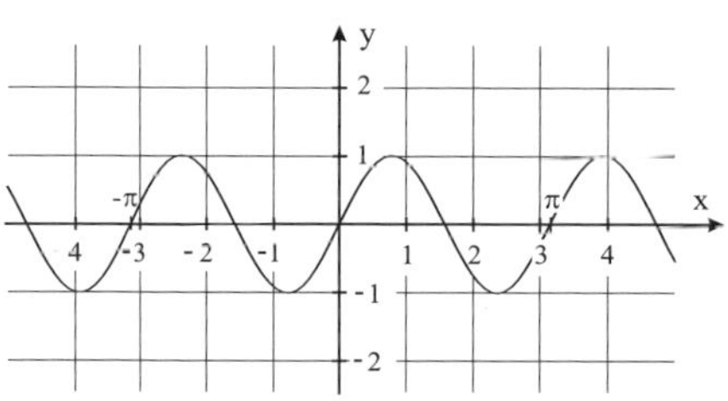

c) $f(x) = \sin(2x)$

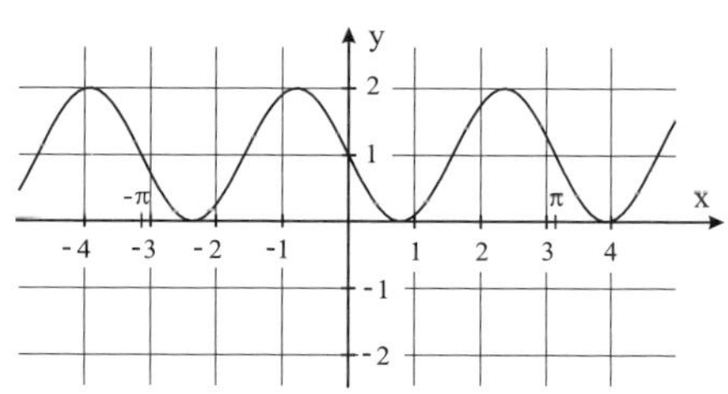

d) $f(x) = -\sin(2x) + 1$

e) $f(x) = \sin(x+1)$, Periode: $p = \frac{2\pi}{1} = 2\pi$.
Der Graph der Funktion $g(x) = \sin x$ wurde um eine LE nach links verschoben.

f) $f(x) = \frac{1}{2}\sin(2x) + \frac{3}{2}$, Periode: $p = \frac{2\pi}{2} = \pi$.
Der Graph der Funktion $g(x) = \sin x$ wurde in x-Richtung mit Faktor 2 und in y-Richtung mit Faktor $\frac{1}{2}$ gestaucht, anschließend wurde es um $\frac{3}{2}$ LE nach oben verschoben.

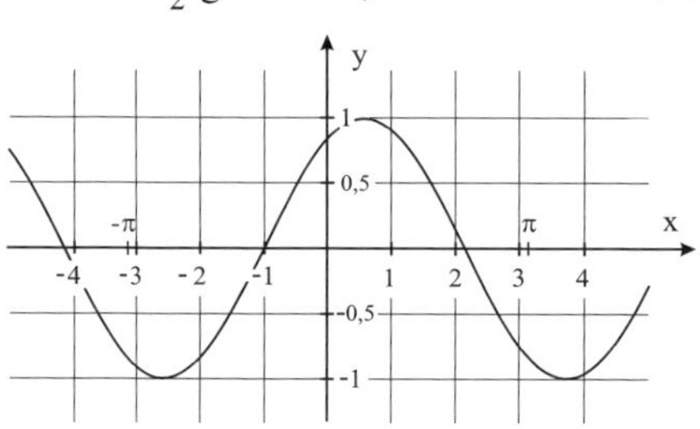

e) $f(x) = \sin(x+1)$

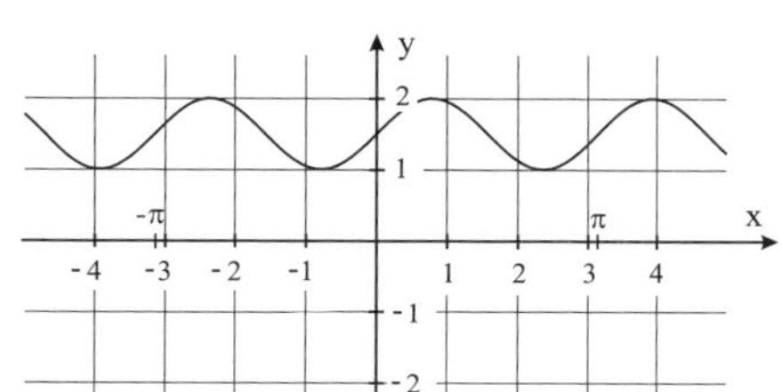

f) $f(x) = \frac{1}{2}\sin(2x) + \frac{3}{2}$

2 Aufstellen von Funktionen mit Randbedingungen

2.1 Ganzrationale Funktionen

a) Ansatz: $f(x) = ax^2 + bx + c$. Die drei Bedingungen ergeben:

$$\begin{array}{lclclclcl} f(0)=4 & \Rightarrow & a\cdot 0^2 & + & b\cdot 0 & + & c & = & 4 \\ f(1)=0 & \Rightarrow & a\cdot 1^2 & + & b\cdot 1 & + & c & = & 0 \\ f(2)=18 & \Rightarrow & a\cdot 2^2 & + & b\cdot 2 & + & c & = & 18 \end{array}$$

Daraus ergibt sich das folgende Gleichungssystem:

$$\begin{array}{lrcrcrcr} \text{I} & & & & & c & = & 4 \\ \text{II} & a & + & b & + & c & = & 0 \\ \text{III} & 4a & + & 2b & + & c & = & 18 \end{array}$$

Einsetzen von c und Auflösen von II und III führt auf $a = 11$ und $b = -15$. Damit ergibt sich für die Funktionsgleichung: $f(x) = 11x^2 - 15x + 4$.

b) Ansatz: $f(x) = ax^2 + bx + c$ und $f'(x) = 2ax + b$. Die drei Bedingungen ergeben:

$$\begin{array}{lclclclcl} f(0)=2 & \Rightarrow & a\cdot 0^2 & + & b\cdot 0 & + & c & = & 2 \\ f(1)=3 & \Rightarrow & a\cdot 1^2 & + & b\cdot 1 & + & c & = & 3 \\ f'(1)=0 & \Rightarrow & 2a\cdot 1 & + & b & & & = & 0 \end{array}$$

Daraus ergibt sich das folgende Gleichungssystem:

$$\begin{array}{lrcrcrcr} \text{I} & & & & & c & = & 2 \\ \text{II} & a & + & b & + & c & = & 3 \\ \text{III} & 2a & + & b & & & = & 0 \end{array}$$

Einsetzen von c und Auflösen von II und III führt auf $a = -1$ und $b = 2$. Damit ergibt sich für die Funktionsgleichung: $f(x) = -x^2 + 2x + 2$. Da es sich um eine nach unten geöffnete Parabel handelt, muss $\mathrm{M}\,(1 \mid 3)$ ein Hochpunkt sein.

c) Ansatz: $f(x) = ax^3 + bx^2 + cx + d$, $f'(x) = 3ax^2 + 2bx + c$, $f''(x) = 6ax + 2b$. Die vier Bedingungen ergeben:

$$\begin{array}{lclclclclcl} f(0)=0 & \Rightarrow & a\cdot 0^3 & + & b\cdot 0^2 & + & c\cdot 0 & + & d & = & 0 \\ f''(0)=0 & \Rightarrow & 6a\cdot 0 & + & 2b & & & & & = & 0 \\ f(2)=2 & \Rightarrow & a\cdot 2^3 & + & b\cdot 2^2 & + & c\cdot 2 & + & d & = & 2 \\ f'(2)=0 & \Rightarrow & 3a\cdot 2^2 & + & 2b\cdot 2 & + & c & & & = & 0 \end{array}$$

Daraus ergibt sich das folgende Gleichungssystem:

$$\begin{array}{rcrcrcrcr} & & & & & & d & = & 0 \\ & & 2b & & & & & = & 0 \\ 8a & + & 4b & + & 2c & + & d & = & 2 \\ 12a & + & 4b & + & c & & & = & 0 \end{array}$$

Es ergeben sich $d = 0$, $b = 0$. Einsetzen in die beiden unteren Gleichungen und Auflösen nach a und c ergibt: $a = -\frac{1}{8}$ und $c = \frac{3}{2} = 1,5$. Damit ergibt sich für die Funktionsgleichung: $f(x) = -\frac{1}{8}x^3 + 1,5x$.

d) Ansatz: $f(x) = ax^3 + bx^2 + cx + d$, $f'(x) = 3ax^2 + 2bx + c$, $f''(x) = 6ax + 2b$. Die vier Bedingungen ergeben:

$$\begin{array}{lcrcrcrcrcr}
f(0)=1 & \Rightarrow & a\cdot 0^3 & + & b\cdot 0^2 & + & c\cdot 0 & + & d & = & 1 \\
f'(0)=-1 & \Rightarrow & 3a\cdot 0^2 & + & 2b\cdot 0 & + & c & & & = & -1 \\
f(-1)=4 & \Rightarrow & a\cdot(-1)^3 & + & b\cdot(-1)^2 & + & c\cdot(-1) & + & d & = & 4 \\
f''(-1)=0 & \Rightarrow & 6a\cdot(-1) & + & 2b & + & & & & = & 0
\end{array}$$

Daraus ergibt sich das folgende Gleichungssystem:

$$\begin{array}{rcrcrcrcr}
 & & & & & & d & = & 1 \\
 & & & & c & & & = & -1 \\
-a & + & b & - & c & + & d & = & 4 \\
-6a & + & 2b & & & & & = & 0
\end{array}$$

Es ergeben sich $a = 1$, $b = 3$, $c = -1$, $d = 1$. Damit ergibt sich für die Funktionsgleichung: $f(x) = x^3 + 3x^2 - x + 1$.

2.2 Gebrochenrationale Funktionen

Die Funktionsgleichung einer gebrochenrationalen Funktion mit waagerechter/ schiefer Asymptote hat folgende mögliche Form:

$f(x) = g(x) + \frac{h(x)}{(x-p_1)^m \cdot (x-p_2)^n}$, wobei der Grad von h kleiner als $m + n$ sein muss. Bei einfachen Funktionen ist $h(x) = c$.

$g(x)$: Gleichung der waagerechten/ schiefen Asymptote

p_1, p_2: Polstellen

m, n: gerade Zahlen bei Pol ohne VZW; ungerade Zahlen bei Pol mit VZW

c: wird mit Hilfe eines gegebenen Punktes bestimmt, indem man diesen in den Ansatz einsetzt.

a) Ansatz: $f(x) = 4 + \frac{c}{(x-1)^1}$. Mit $f(2) = 6$ ergibt sich $4 + \frac{c}{(2-1)^1} = 6 \Rightarrow c = 2$, mögliche Lösung: $f(x) = 4 + \frac{2}{(x-1)}$.

b) Ansatz: $f(x) = x + 1 + \frac{c}{(x-2)^2}$. Mit $f(3) = 2$ ergibt sich $3 + 1 + \frac{c}{(3-2)^2} = 2 \Rightarrow c = -2$, mögliche Lösung: $f(x) = x + 1 - \frac{2}{(x-2)^2}$.

c) Ansatz: $f(x) = 2x - 3 + \frac{c}{(x-1)^1 \cdot (x+1)^1}$. Mit $f(2) = 3$ ergibt sich $2 \cdot 2 - 3 + \frac{c}{(2-1)^1 \cdot (2+1)^1} = 3 \Rightarrow c = 6$, mögliche Lösung: $f(x) = 2x - 3 + \frac{6}{(x-1)(x+1)}$.

d) Da bei $x = 2$ ein Pol ist, muss der Nenner für $x = 2$ Null sein, dies gilt also z.B. für den Term $(x-2)$.
Da bei $x = 1$ eine Nullstelle ist, muss der Zähler für $x = 1$ Null sein, dies gilt also z.B. für den Term $(x-1)$.
Damit ergibt sich als mögliche Funktionsgleichung: $f(x) = \frac{x-1}{x-2}$

e) Da der Graph der Funktion f mit $f(x) = \frac{2x+1}{x+2}$ um 3 LE nach rechts und um 2 LE nach unten verschoben wird, gilt für die Funktion g des verschobenen Graphs:

$$g(x) = f(x-3) - 2 = \frac{2\cdot(x-3)+1}{x-3+2} - 2 = \frac{2x-5}{x-1} - \frac{2\cdot(x-1)}{x-1} = \frac{2x-5-(2x-2)}{x-1} = -\frac{3}{x-1}$$

f) Da der Graph der Funktion f mit $f(x) = \frac{x^2}{x+1}$ um 1 LE nach rechts und um 2 LE nach oben verschoben wird, gilt für die Funktion g des verschobenen Graphs:

$$g(x) = f(x-1) + 2 = \frac{(x-1)^2}{x-1+1} + 2 = \frac{x^2-2x+1}{x} + \frac{2x}{x} = \frac{x^2+1}{x}$$

2.3 Exponential- und Logarithmusfunktionen

a) Die Funktion f mit $f(x) = a \cdot e^{kx}$ hat die 1. Ableitung $f'(x) = k \cdot a \cdot e^{kx}$.
Zuerst wird a bestimmt: $f(0) = 2 \Rightarrow a \cdot e^{k\cdot 0} = 2 \Rightarrow a = 2$. Anschließend setzt man dies in die zweite Gleichung ein und bestimmt k: $f(4) = 2e^{12} \Rightarrow 2 \cdot e^{k\cdot 4} = 2 \cdot e^{12}$. Teilen durch 2 ergibt:$e^{k\cdot 4} = e^{12}$. Logarithmieren mit ln führt zu $k \cdot 4 = 12 \Rightarrow k = 3$. Damit ist $f(x) = 2 \cdot e^{3x}$.

b) Die Funktion f mit $f(x) = a \cdot e^{kx}$ hat die 1. Ableitung $f'(x) = k \cdot a \cdot e^{kx}$.
Zuerst wird a bestimmt: $f(0) = 3 \Rightarrow a \cdot e^{k\cdot 0} = 3 \Rightarrow a = 3$. Anschließend setzt man dies in die zweite Gleichung ein und bestimmt k: $f(2) = 3e^{8} \Rightarrow 3 \cdot e^{k\cdot 2} = 3 \cdot e^{8}$. Teilen durch 3 ergibt $e^{k\cdot 2} = e^{8}$. Logarithmieren mit ln führt zu $k \cdot 2 = 8 \Rightarrow k = 4$. Damit ist $f(x) = 3 \cdot e^{4x}$.

c) Die Funktion f mit $f(x) = a \cdot e^{kx}$ hat die 1. Ableitung $f'(x) = k \cdot a \cdot e^{kx}$.
Zuerst wird wie in den vorangegangenen Aufgaben a bestimmt: $f(0) = 3 \Rightarrow a \cdot e^{k\cdot 0} = 3 \Rightarrow a = 3$. Dies setzt man in die zweite Aussage der Ableitung ein, um k zu bestimmen: $f'(0) = 6 \Rightarrow k \cdot 3 \cdot e^{k\cdot 0} = 6 \Rightarrow k \cdot 3 = 6 \Rightarrow k = 2$. Damit ist $f(x) = 3 \cdot e^{2x}$.

d) Da der Graph der Funktion f mit $f(x) = 2 \cdot e^{x+1}$ um 1 LE nach rechts und um 2 LE nach unten verschoben wird, gilt für die Funktion g des verschobenen Graphs:

$$g(x) = f(x-1) - 2 = 2 \cdot e^{x-1+1} - 2 = 2 \cdot e^{x} - 2$$

e) Als Ansatz für eine mögliche ln-Funktion kann man $f(x) = a \cdot \ln(x-b)$ wählen.
Da der Graph die Nullstelle $x = 3$ hat, muss wegen $\ln 1 = 0$ gelten: $3 - b = 1 \Rightarrow b = 2 \Rightarrow f(x) = a \cdot \ln(x-2)$
Da der Graph durch den Punkt $P(e+2 \mid 4)$ geht, muss gelten: $f(e+2) = 4$ bzw. $a \cdot \ln(e+2-2) = 4 \Rightarrow a = 4$
Damit erhält man als mögliche Funktionsgleichung: $f(x) = 4 \cdot \ln(x-2)$

f) Da der Graph der Funktion f mit $f(x) = \ln(2x-3)$ um 1 LE nach links und um 3 LE nach oben verschoben wird, gilt für die Funktion g des verschobenen Graphs:

$$g(x) = f(x+1)+3 = \ln(2\cdot(x+1)-3)+3 = \ln(2x-1)+3$$

2.4 Trigonometrische Funktionen

Eine grundlegende Sinusfunktion hat die Gleichung $f(x) = a\cdot\sin(b\cdot(x-c))+d$.

a) Verschiebung um 3 LE nach oben: $d = +3$
Periode $p = \pi \Rightarrow b = \frac{2\pi}{p} = \frac{2\pi}{\pi} = 2$
Keine Verschiebung nach links/ rechts: $c = 0$
Keine Streckung in y-Richtung: $a = 1$
Setzt man die Koeffizienten ein, erhält man als Lösung $f(x) = \sin(2x)+3$.

b) Streckfaktor 2,5 in y-Richtung: $a = 2{,}5$
Periode $p = \frac{\pi}{2} \Rightarrow b = \frac{2\pi}{p} = \frac{2\pi}{\frac{\pi}{2}} = 4$
Verschiebung um 3 LE nach rechts: $c = +3$
Verschiebung um 1,5 LE nach unten: $d = -1{,}5$
Setzt man die Koeffizienten ein, erhält man als Lösung $f(x) = 2{,}5\cdot\sin(4(x-3))-1{,}5$.

c) Verschiebung um 2 LE nach links: $c = -2$
Verschiebung um 4 LE nach oben: $d = +4$
Streckfaktor 0,8 in y-Richtung: $a = 0{,}8$
Abstand zwischen zwei Hochpunkten = Periodenlänge $\Rightarrow p = 3\pi \Rightarrow b = \frac{2\pi}{p} = \frac{2\pi}{3\pi} = \frac{2}{3}$
Setzt man die Koeffizienten ein, erhält man als Lösung $f(x) = 0{,}8\sin\left(\frac{2}{3}\cdot(x+2)\right)+4$.

d) Verschiebung um 1 LE nach rechts: $c = +1$
Verschiebung um 2 LE nach unten: $d = -2$
Streckfaktor 1,7 in y-Richtung: $a = 1{,}7$
Abstand zwischen zwei Wendepunkten = halbe Periodenlänge $= \frac{\pi}{2} \Rightarrow p = 2\cdot\frac{\pi}{2} = \pi$
$\Rightarrow b = \frac{2\pi}{p} = \frac{2\pi}{\pi} = 2$
Setzt man die Koeffizienten ein, erhält man als Lösung $f(x) = 1{,}7\sin(2\cdot(x-1))-2$.

3 Von der Kurve zur Gleichung

3.1 Ganzrationale Funktionen

Zu jeder Aufgabe gibt es verschiedene Lösungswege, diese sind bei den Tipps zu dieser Aufgabe ausführlich beschrieben.

a) 1. Ansatz als allgemeine symmetrische Parabel 2. Grades: $f(x) = ax^2 + b$. Aus der Zeichnung liest man ab: $f(0) = 1$ und $f(1) = 2$. Einsetzen in die allgemeine Funktion ergibt folgende Gleichungen:

$$\begin{array}{rcrcl} & & b & = & 1 \\ a & + & b & = & 2 \end{array}$$

Auflösen der beiden Gleichungen führt zu $a = 1$ und $b = 1 \Rightarrow f(x) = x^2 + 1$.

2. Linearfaktoransatz ist nicht möglich, da keine Nullstellen existieren.

3. Ansatz als verschobene Normalparabel: Es handelt sich um eine Normalparabel, die um 1 LE nach oben verschoben wurde. Daher wird $f(x) = x^2$ zu $f(x) = x^2 + 1$.

b) 1. Ansatz als allgemeine Funktion 2. Grades $f(x) = ax^2 + bx + c$. Aus der Zeichnung liest man ab: $f(-1) = -2$, $f(0) = -1$, $f(1) = 2$. Einsetzen in die allgemeine Funktion ergibt folgende Gleichungen:

$$\begin{array}{rcrcrcr} a & - & b & + & c & = & -2 \\ & & & & c & = & -1 \\ a & + & b & + & c & = & 2 \end{array}$$

Einsetzen von c und Auflösen der oberen und unteren Gleichung führt zu $a = 1$ und $b = 2$, damit ist $f(x) = x^2 + 2x - 1$.

2. Ansatz mit Linearfaktoren ist nicht möglich, da sich die Nullstellen nicht genau bestimmen lassen.

3. Ansatz als verschobene Normalparabel: Es handelt sich um eine Normalparabel, die um 1 LE nach links und um 2 LE nach unten verschoben ist:
$f(x) = x^2$ wird zu $f(x) = (x+1)^2 - 2$. Kontrolle für $x = 0$: $f(0) = -1$, d.h. Übereinstimmung. Ausmultiplizieren führt zu $f(x) = x^2 + 2x - 1$.

c) 1. Ansatz als allgemeine Funktion 2. Grades $f(x) = ax^2 + bx + c$. Aus der Zeichnung liest man ab: $f(0) = -3$, $f(1) = 0$, $f(2) = 1$. Einsetzen in die allgemeine Funktion ergibt folgende Gleichungen:

$$\begin{array}{rcrcrcr} a & + & b & + & c & = & 0 \\ 4a & + & 2b & + & c & = & 1 \\ & & & & c & = & -3 \end{array}$$

Einsetzen von c und Auflösen der beiden oberen Gleichungen führt zu $a = -1$ und $b = 4$, damit ist $f(x) = -x^2 + 4x - 3$.

2. Ansatz mit Linearfaktoren: Der Graph hat Nullstellen für $x = 1$ und $x = 3$, außerdem ist es eine nach unten geöffnete Parabel, daher muss ein Faktor -1 vor die Gleichung gesetzt werden $\Rightarrow -1 \cdot (x-1) \cdot (x-3) = 0 \Rightarrow -x^2 + 4x - 3 = 0$. Kontrolle für $x = 2$: $f(2) = 1$, damit ist $f(x) = -x^2 + 4x - 3$.
3. Ansatz als verschobene Normalparabel: Es handelt sich um eine nach unten geöffnete Normalparabel, die um 2 LE nach rechts und um 1 LE nach oben verschoben ist: $f(x) = -x^2$ wird zu $f(x) = -(x-2)^2 + 1$. Auch hier Kontrolle für $x = 2$: $f(2) = 1$, es herrscht Übereinstimmung. Ausmultiplizieren führt zu $f(x) = -x^2 + 4x - 3$.

d) 1. Der Ansatz als allgemeine Funktion 3. Grades $f(x) = ax^3 + bx^2 + cx + d$ ist zwar möglich, aber etwas langwierig: Aus der Zeichnung liest man ab: $f(-1) = 0$, $f(0) = 3$, $f(1) = 0$ und $f(3) = 0$. Einsetzen in die allgemeine Funktion ergibt folgende Gleichungen:

$$\begin{array}{rcrcrcrcl} -a & + & b & - & c & + & d & = & 0 \\ & & & & & & d & = & 3 \\ a & + & b & + & c & + & d & = & 0 \\ 27a & + & 9b & + & 3c & + & d & = & 0 \end{array}$$

Einsetzen von d und Auflösen der oberen Gleichungen führt zu $a = 1$, $b = -3$ und $c = -1$, damit ist $f(x) = x^3 - 3x^2 - x + 3$.

2. Ansatz mit Linearfaktoren: Der Graph hat Nullstellen für $x = -1$, $x = 1$ und $x = 3$ und geht durch den Punkt $P(2 \mid -3)$.
Also ist $f(x) = a \cdot (x+1) \cdot (x-1) \cdot (x-3)$ und es gilt:
$f(2) = -3 \Rightarrow -3 = a \cdot (2+1) \cdot (2-1) \cdot (2-3) \Rightarrow a = 1$.
Damit ist die Lösung $f(x) = x^3 - 3x^2 - x + 3$.

3.2 Gebrochenrationale Funktionen

Zur Überprüfung der Funktionsterme sollte man zum Schluss (mindestens) einen der angegebenen Punkte in die Funktion einsetzen (Punktprobe)

a) Der Graph der Grundfunktion $y = \frac{1}{x}$ ist um 2 LE nach rechts verschoben, also steht im Nenner $x - 2$. Die Punktprobe mit $P(3 \mid 1)$ bestätigt die Funktionsgleichung $f(x) = \frac{1}{x-2}$.

b) Der Graph der Grundfunktion $y = \frac{1}{x^2}$ ist um 1 LE nach rechts und um 1 LE nach oben verschoben. Die Punktprobe mit $P(0 \mid 2)$ bestätigt die Funktionsgleichung $f(x) = \frac{1}{(x-1)^2} + 1$.

c) Der Graph der Grundfunktion $y = \frac{1}{x}$ ist um 1 LE nach links und um 1 LE nach unten verschoben. Die Punktprobe mit $P(0 \mid 0)$ bestätigt die Funktionsgleichung $f(x) = \frac{1}{x+1} - 1$.

d) Polstelle: $x = 1$ ohne VZW, schiefe Asymptote: $y = \frac{1}{2}x - 1$, abgelesener Punkt $P(2 \mid 3)$.
Ansatz: $f(x) = \frac{1}{2}x - 1 + \frac{c}{(x-1)^2}$. Setzt man den Punkt $P(2 \mid 3)$ ein, so erhält man c:
$3 = \frac{1}{2} \cdot 2 - 1 + \dfrac{c}{(2-1)^2} \Rightarrow c = 3$, also $f(x) = \frac{1}{2}x - 1 + \dfrac{3}{(x-1)^2} = \dfrac{x^3 - 4x^2 + 5x + 4}{2x^2 - 4x + 2}$.

3.3 Trigonometrische Funktionen

a) Als möglichen Ansatz kann man eine Sinusfunktion der Form $f(x) = a \cdot \sin(b \cdot (x-c)) + d$ verwenden. Die «Mittelachse» des Schaubildes liegt genau auf der x-Achse, also ist das Schaubild der Grundfunktion $g(x) = \sin x$ nicht in y-Richtung verschoben, somit ist $d = 0$. Da das Schaubild durch den Ursprung geht, ist die Grundfunktion $g(x) = \sin x$ nicht in x-Richtung verschoben, somit ist $c = 0$. Da die Periode $p = 2\pi$ ist, gilt: $b = \frac{2\pi}{p} = \frac{2\pi}{2\pi} = 1$. Der Abstand des Hoch- bzw. Tiefpunkts zur «Mittelachse» (Amplitude) beträgt 2 LE, also ist der Streckfaktor in y-Richtung $a = 2$. Eine mögliche Funktionsgleichung ist $f(x) = 2 \cdot \sin x$.

b) Das Maximum des Schaubilds im Punkt $H(1 \mid 1{,}5)$ liegt, kann man eine Kosinusfunktion der Form $f(x) = a \cdot \cos(b \cdot (x-c)) + d$ verwenden. Die «Mittelachse» des Schaubildes liegt genau auf der x-Achse, also ist das Schaubild der Grundfunktion $g(x) = \cos x$ nicht in y-Richtung verschoben, somit ist $d = 0$. Wegen $H(1 \mid 1{,}5)$ ist das Schaubild der Grundfunktion $g(x) = \cos x$ um 1 LE in x-Richtung verschoben, somit ist $c = 1$. Da die Periode $p = 2\pi$ ist, gilt: $b = \frac{2\pi}{p} = \frac{2\pi}{2\pi} = 1$. Der Abstand des Hoch- bzw. Tiefpunkts zur «Mittelachse» (Amplitude) beträgt 1,5 LE, also ist der Streckfaktor in y-Richtung $a = 1{,}5$. Eine mögliche Funktionsgleichung ist damit $f(x) = 1{,}5 \cdot \cos(x-1)$.

c) Als möglichen Ansatz kann man eine Sinusfunktion der Form $f(x) = a \cdot \sin(b \cdot (x-c)) + d$ verwenden. Die «Mittelachse» des Schaubildes liegt genau auf der Geraden $y = 1$, also ist das Schaubild der Grundfunktion $g(x) = \sin x$ um 1 LE in y-Richtung verschoben, somit ist $d = 1$. Da das Schaubild durch den Punkt $(0 \mid 1)$ geht, ist die Grundfunktion $g(x) = \sin x$ nicht in x-Richtung verschoben, somit ist $c = 0$. Da die Periode $p = 2\pi$ beträgt, gilt: $b = \frac{2\pi}{p} = \frac{2\pi}{2\pi} = 1$. Der Abstand des Hoch- bzw. Tiefpunkts zur «Mittelachse» (Amplitude) beträgt 2 LE, also ist der Streckfaktor in y-Richtung $a = 2$. Eine mögliche Funktionsgleichung ist damit $f(x) = 2 \cdot \sin x + 1$.

d) Als möglichen Ansatz kann man eine Sinusfunktion der Form $f(x) = a \cdot \sin(b \cdot (x-c)) + d$ verwenden. Die «Mittelachse» des Schaubildes liegt genau auf der x-Achse, also ist das Schaubild der Grundfunktion $g(x) = \sin x$ nicht in y-Richtung verschoben, somit ist $d = 0$. Da das Schaubild durch den Ursprung geht, ist die Grundfunktion $g(x) = \sin x$ nicht in x-Richtung verschoben, somit ist $c = 0$. Die Periodenlänge lässt sich an den Schnittpunkten mit der x-Achse ablesen, sie beträgt ca. $p = 7{,}4$, also gilt: $b = \frac{2\pi}{7{,}4}$. Der Abstand des Hoch- bzw. Tiefpunkts zur «Mittelachse» (Amplitude) beträgt etwa $4{,}1$ LE, also ist der Streckfaktor in y-Richtung $a = 4{,}1$. Eine mögliche Funktionsgleichung ist damit
$f(x) = 4{,}1 \cdot \sin\left(\frac{2\pi}{7{,}4}x\right)$.
Bemerkung: Diese Aussagen sind über diese Funktion nur möglich, weil vorher bekannt war, dass es sich um eine trigonometrische Funktion handelt. Wäre dies nicht bekannt, hätte es sich auch um eine Funktion der Gestalt $f(x) = ax^4 - bx^2$ handeln können.

4 Differenzieren

Klammern und das Multiplikationszeichen werden bei den Lösungen verwendet, um die Ausdrücke übersichtlich zu machen (z.B. um bei der Quotientenregel zu zeigen, wo sich u' und v befinden).

4.1 Ganzrationale Funktionen

a) $f'(x) = 5 \cdot 4x^4 - 3 \cdot 2x^2 = 20x^4 - 6x^2$

b) $f'(x) = 2a \cdot 3x^2 - 6a^2 \cdot 2x = 6ax^2 - 12a^2x$

c) $f'(x) = t^2 \cdot 4x^3 - 3t^3 \cdot 2x + 0 = 4t^2x^3 - 6t^3x$

d) $f'(x) = 3 \cdot (4x+1)^2 \cdot 4 = 12 \cdot (4x+1)^2$

e) $f'(x) = 4 \cdot \left(2x^2 + a\right)^3 \cdot 2 \cdot 2x = 16x \cdot \left(2x^2 + a\right)^3$

4.2 Gebrochenrationale Funktionen

a) $f'(x) = \frac{0-4\cdot 2\cdot(2x+1)\cdot 2}{(2x+1)^4} = \frac{-16}{(2x+1)^3}$

b) $f'(x) = \frac{1\cdot(3x+2)^2 - x\cdot 2\cdot(3x+2)\cdot 3}{(3x+2)^4} = \frac{(3x+2)\cdot\left((3x+2)-6x\right)}{(3x+2)^4} = \frac{-3x+2}{(3x+2)^3}$

c) $f'(x) = \frac{2x\cdot(2x+1)^2 - x^2\cdot 2\cdot(2x+1)\cdot 2}{(2x+1)^4} = \frac{(2x+1)\cdot\left(2x\cdot(2x+1)-4x^2\right)}{(2x+1)^4} = \frac{2x}{(2x+1)^3}$

d) $f'(x) = \frac{a\cdot\left(x^2+a\right) - ax\cdot 2x}{\left(x^2+a\right)^2} = \frac{-ax^2+a^2}{\left(x^2+a\right)^2}$

e) $f'(x) = \frac{(6x+2)\cdot\left(x^2-1\right) - \left(3x^2+2x-1\right)\cdot 2x}{\left(x^2-1\right)^2} = \frac{-2x^2-4x-2}{\left(x^2-1\right)^2} = \frac{-2\cdot\left(x^2+2x+1\right)}{\left(x^2-1\right)^2}$

$= \frac{-2\cdot(x+1)^2}{\left((x+1)\cdot(x-1)\right)^2} = \frac{-2\cdot(x+1)^2}{(x+1)^2\cdot(x-1)^2} = \frac{-2}{(x-1)^2}$

4.3 Exponential- und Logarithmusfunktionen

a) $f'(x) = 6x \cdot e^{-4x} + 3x^2 \cdot e^{-4x} \cdot (-4) = e^{-4x}\left(6x - 12x^2\right) = 6xe^{-4x}(1-2x)$

b) $f'(x) = \frac{3}{2}x^2 \cdot e^{2x} + \frac{1}{2}x^3 \cdot e^{2x} \cdot 2 = e^{2x}\left(\frac{3}{2}x^2 + x^3\right) = x^2e^{2x}\left(\frac{3}{2} + x\right)$

c) $f'(x) = 2e^{-x} + (2x+5) \cdot e^{-x} \cdot (-1) = e^{-x}(2 - (2x+5)) = e^{-x}(-2x-3)$

d) $f'(x) = 1 \cdot e^{-kx} + (x+k) \cdot e^{-kx} \cdot (-k) = e^{-kx}\left(1 - kx - k^2\right)$

e) $f'(x) = 2 \cdot (4x + e^{-x}) \cdot (4 + e^{-x} \cdot (-1)) = 2 \cdot (4x + e^{-x}) \cdot (4 - e^{-x})$

f) $f'(x) = 2 \cdot \left(2k + e^{-2x}\right) \cdot e^{-2x} \cdot (-2) = -4e^{-2x} \cdot \left(2k + e^{-2x}\right)$

g) $f'(x) = \frac{1}{2+3x^2} \cdot 6x = \frac{6x}{2+3x^2}$

h) $f'(x) = \frac{4x+1}{2x^2+x}$

i) $f'(x) = \frac{8x-2}{4x^2-2x+1}$

j) $f'(x) = 2\ln(4+x) + \frac{2x}{4+x}$

k) $f'(x) = 2x\ln\left(x^2+1\right) + x^2 \cdot \frac{2x}{x^2+1} = 2x\ln\left(x^2+1\right) + \frac{2x^3}{x^2+1}$

4.4 Gebrochene Exponential- und Logarithmusfunktionen

a) $f'(x) = \frac{0-3\cdot e^x}{(1+e^x)^2} = \frac{-3e^x}{(1+e^x)^2}$

b) $f'(x) = \frac{0-4\left(-e^{-x}\right)\cdot(-1)}{(1-e^{-x})^2} = \frac{-4e^{-x}}{(1-e^{-x})^2}$

c) $f'(x) = \frac{1\cdot\left(2+e^{3x}\right)-x\cdot e^{3x}\cdot 3}{\left(2+e^{3x}\right)^2} = \frac{e^{3x}\cdot(1-3x)+2}{\left(2+e^{3x}\right)^2}$

d) $f'(x) = \frac{2x\cdot\left(1+e^{-x}\right)-x^2\cdot e^{-x}\cdot(-1)}{(1+e^{-x})^2} = \frac{e^{-x}\cdot\left(2x+x^2\right)+2x}{(1+e^{-x})^2}$

e) $f'(x) = \frac{0-2\cdot\frac{1}{x}}{(\ln x)^2} = -\frac{2}{x\cdot(\ln x)^2}$

f) $f'(x) = \frac{2\cdot\ln(ax)-2x\cdot\frac{1}{ax}\cdot a}{(\ln(ax))^2} = \frac{2\ln(ax)-2}{(\ln(ax))^2}$

g) $f'(x) = \frac{\frac{1}{2x}\cdot 2\cdot x^2-\ln(2x)\cdot 2x}{\left(x^2\right)^2} = \frac{x-2x\cdot\ln(2x)}{x^4} = \frac{1-2\ln(2x)}{x^3}$

4.5 Wurzelfunktionen

a) $f'(x) = \frac{1}{2} \cdot \left(x^2+4\right)^{-\frac{1}{2}} \cdot 2x = \frac{x}{\sqrt{x^2+4}} = \frac{x}{x^2+4}\sqrt{x^2+4}$

b) $f'(x) = \frac{1}{2} \cdot \left(\frac{1}{2}x^2 - 2x\right)^{-\frac{1}{2}} \cdot (x-2) = \frac{x-2}{2\sqrt{\frac{1}{2}x^2-2x}} = \frac{x-2}{x^2-4x}\sqrt{\frac{1}{2}x^2-2x}$

c) $f'(x) = \frac{1}{2} \cdot \left(x^3 - x^2\right)^{-\frac{1}{2}} \cdot \left(3x^2 - 2x\right) = \frac{3x^2-2x}{2\sqrt{x^3-x^2}} = \frac{x\cdot(3x-2)}{2x\sqrt{x-1}} = \frac{3x-2}{2\sqrt{x-1}} = \frac{3x-2}{2x-2}\sqrt{x-1}$

d) $f'(x) = 1\sqrt{x} + x \cdot \frac{1}{2\sqrt{x}} = \sqrt{x} + \frac{1}{2}\sqrt{x} = \frac{3}{2}\sqrt{x}$

4.6 Trigonometrische Funktionen

a) $f'(x) = 2 \cdot \cos\left(\frac{1}{2}x^2 + 4\right) + 2x \cdot \left(-\sin\left(\frac{1}{2}x^2 + 4\right)\right) \cdot x = 2 \cdot \cos\left(\frac{1}{2}x^2 + 4\right) - 2x^2 \cdot \sin\left(\frac{1}{2}x^2 + 4\right)$

b) $f'(x) = 2x \cdot \sin(4x+3) + x^2 \cdot \cos(4x+3) \cdot 4 = 2x \cdot \sin(4x+3) + 4x^2 \cdot \cos(4x+3)$

c) $f'(x) = 2x \cdot \sin\left(\frac{1}{3}x^2 + 2\right) + \left(x^2 - 4\right) \cdot \cos\left(\frac{1}{3}x^2 + 2\right) \cdot \frac{2}{3}x$
$= 2x \cdot \sin\left(\frac{1}{3}x^2 + 2\right) + \left(\frac{2}{3}x^3 - \frac{8}{3}x\right) \cdot \cos\left(\frac{1}{3}x^2 + 2\right)$

d) $f'(x) = 2x \cdot \cos\left(\frac{1}{2}x - 1\right) + x^2 \cdot \left(-\sin\left(\frac{1}{2}x - 1\right) \cdot \frac{1}{2}\right) = 2x \cdot \cos\left(\frac{1}{2}x - 1\right) - \frac{1}{2}x^2 \cdot \sin\left(\frac{1}{2}x - 1\right)$

e) $f'(x) = 2 \cdot (x + \cos x) \cdot (1 - \sin x)$

f) $f'(x) = 2 \cdot (\sin x + \cos x) \cdot (\cos x - \sin x) = 2 \cdot \left(\cos^2 x - \sin^2 x\right)$

5 Gleichungslehre

5.1 Quadratische, biquadratische und nichtlineare Gleichungen

Die quadratische Gleichung $x^2+px+q=0$ lässt sich mit der pq-Formel $x_{1,2}=-\frac{p}{2}\pm\sqrt{\frac{p^2}{4}-q}$, die quadratische Gleichung $ax^2+bx+c=0$ lässt sich mit der abc-Formel $x_{1,2}=\frac{-b\pm\sqrt{b^2-4ac}}{2a}$ lösen.

a) Die Gleichung lässt sich mit der pq- bzw. der abc-Formel lösen, z.B. durch

$$x_{1,2}=-\frac{3}{2}\pm\sqrt{\frac{3^2}{4}-(-4)}=-\frac{3}{2}\pm\sqrt{\frac{9}{4}+\frac{16}{4}}=-\frac{3}{2}\pm\sqrt{\frac{25}{4}}=-\frac{3}{2}\pm\frac{5}{2}$$

Damit sind $x_1=1$ und $x_2=-4$.
Die Gleichung hat damit die Lösungsmenge $\mathrm{L}=\{1;-4\}$.

b) Die Gleichung lässt sich mit der pq- bzw. der abc-Formel lösen: $x_1=\frac{3}{5}$, $x_2=-1$.
Die Gleichung hat damit die Lösungsmenge $\mathrm{L}=\{\frac{3}{5};-1\}$.

c) $x^2\cdot(ax-4a)=0$ führt zu $x^2=0$ mit der Lösung: $x_1=0$ und zu $ax-4a=0$ bzw. $x-4=0$ mit der Lösung: $x_2=4$. $\mathrm{L}=\{0;4\}$.

d) x ausklammern führt zu $x\cdot(x^2-4)=0$. Dies führt zu $x=0$ mit der Lösung $x_1=0$ und zu $x^2-4=0$ mit den Lösungen $x_2=2$ und $x_3=-2$. Die Gleichung hat damit die Lösungsmenge $\mathrm{L}=\{-2;0;2\}$.

e) Substitution $x^2=v$: Die Gleichung wird zu $v^2-4v+3=0$. Lösen mit Hilfe der pq- oder abc-Formel ergibt $v_1=1$ und $v_2=3$. Rücksubstitution: $x^2=1$ und $x^2=3$. Die Lösungen sind damit $x_{1,2}=\pm1$ und $x_{3,4}=\pm\sqrt{3}$. Die Gleichung hat damit die Lösungsmenge
$\mathrm{L}=\{-\sqrt{3};-1;1;\sqrt{3}\}$.

f) Die Substitution $x^2=v$ führt zu $v^2-13v+36=0$. Lösen mit Hilfe der pq- oder abc-Formel ergibt $v_1=9$ und $v_2=4$. Rücksubstitution: $x^2=9$ und $x^2=4$. Für die Lösungen ergibt sich damit: $x_{1,2}=\pm3$ und $x_{3,4}=\pm2$. Die Gleichung hat damit die Lösungsmenge $\mathrm{L}=\{-3;-2;2;3\}$.

g) Die erste Nullstelle ist angegeben: $x_1=1$. Daher wird die Ausgangsgleichung durch $(x-1)$ geteilt:

$$\begin{array}{l}
(x^3-2x^2-5x+6):(x-1)=x^2-x-6\\
\underline{-(x^3-\;\;x^2)}\\
\qquad\;\, -x^2-5x\\
\quad\;\; \underline{-(-x^2+\;\;x)}\\
\qquad\qquad\;\; -6x+6\\
\qquad\quad\;\; \underline{-(-6x+6)}\\
\qquad\qquad\qquad\;\; 0
\end{array}$$

Lösen der quadratischen Gleichung $x^2 - x - 6 = 0$ mit Hilfe der pq- oder abc-Formel ergibt: $x_2 = 3$ und $x_3 = -2$. Die Linearfaktorzerlegung der Ausgangsgleichung ist damit: $(x-1)\cdot(x-3)\cdot(x+2) = 0$. Die Lösungsmenge ist $\mathrm{L} = \{-2;1;3\}$.

h) Die erste Nullstelle ist angegeben: $x_1 = -1$. Daher wird die Ausgangsgleichung durch $(x-(-1))$, also durch $(x+1)$ geteilt:

$$
\begin{array}{l}
(x^3 + 3x^2 - 6x - 8) : (x+1) = x^2 + 2x - 8 \\
\underline{-(x^3 + x^2)} \\
\quad 2x^2 - 6x \\
\quad \underline{-(2x^2 + 2x)} \\
\qquad -8x - 8 \\
\qquad \underline{-(-8x - 8)} \\
\qquad\qquad 0
\end{array}
$$

Lösen der quadratischen Gleichung $x^2 + 2x - 8 = 0$ mit Hilfe der pq- oder abc-Formel ergibt: $x_2 = 2$ und $x_3 = -4$. Die Linearfaktorzerlegung der Ausgangsgleichung ist damit: $(x+1)\cdot(x-2)\cdot(x+4) = 0$. Die Lösungsmenge ist damit: $\mathrm{L} = \{-4;-1;2\}$.

i) Die erste Nullstelle ist angegeben: $x_1 = -1$. Die Ausgangsgleichung wird daher durch $(x+1)$ geteilt:

$$
\begin{array}{l}
(x^3 + 0{,}5x^2 - 3{,}5x - 3) : (x+1) = x^2 - 0{,}5x - 3 \\
\underline{-(x^3 + x^2)} \\
\quad -0{,}5x^2 - 3{,}5x \\
\quad \underline{-(-0{,}5x^2 - 0{,}5x)} \\
\qquad -3x - 3 \\
\qquad \underline{-(-3x - 3)} \\
\qquad\qquad 0
\end{array}
$$

Lösen der Gleichung $x^2 - 0{,}5x - 3 = 0$ mit Hilfe der pq- oder abc-Formel ergibt: $x_2 = -1{,}5$ und $x_3 = 2$. Die Linearfaktorzerlegung der Ausgangsgleichung ist damit: $(x+1)\cdot(x+1{,}5)\cdot(x-2) = 0$. Die Lösungsmenge ist $\mathrm{L} = \{-1{,}5;-1;2\}$.

5.2 Exponential- und Logarithmus-Gleichungen

a) $(2x-5)\cdot e^{-x} = 0$ führt zu $2x - 5 = 0$ mit der Lösung: $x = \frac{5}{2}$. Der Term $e^{-x} = 0$ besitzt keine Lösung, also ist $\mathrm{L} = \{\frac{5}{2}\}$.

b) $x \cdot e^x = 0$ führt zu $x = 0$. Der Term $e^x = 0$ besitzt keine Lösung, also ist $\mathrm{L} = \{0\}$.

c) $(x-t)\cdot e^{-x} = 0$ führt zu $x - t = 0$ mit der Lösung: $x = t$. Der Term $e^{-x} = 0$ besitzt keine Lösung, also ist $\mathrm{L} = \{t\}$.

d) Substitution $e^{2x} = v$: Da $e^{4x} = \left(e^{2x}\right)^2$ gilt $e^{4x} = v^2$. Die Gleichung $e^{4x} - 5e^{2x} + 6 = 0$ wird damit zu $v^2 - 5v + 6 = 0$. Lösen mit Hilfe der pq- oder abc-Formel ergibt $v_1 = 2$ und $v_2 = 3$. Rücksubstitution führt auf $e^{2x_1} = 2$ und $e^{2x_2} = 3$. Die Lösungen sind damit $x_1 = \frac{1}{2}\ln 2$ und $x_2 = \frac{1}{2}\ln 3$. Die Gleichung hat damit die Lösungsmenge $\mathrm{L} = \{\frac{1}{2}\ln 2; \frac{1}{2}\ln 3\}$.

e) $2 \cdot (1 - \ln x) = 1$ führt zu $2 - 2\ln x = 1$ bzw. $\ln x = \frac{1}{2}$. Nimmt man beide Seiten «e-hoch», so erhält man: $e^{\ln x} = e^{\frac{1}{2}} \Rightarrow x = e^{\frac{1}{2}}$, also ist L$= \left\{ e^{\frac{1}{2}} \right\}$.

f) Die Gleichung $\ln(3 - x) = 0$ kann man lösen, indem man beide Seiten «e-hoch» nimmt; man erhält: $e^{\ln(3-x)} = e^0 \Rightarrow 3 - x = 1 \Rightarrow x = 2$, also ist L$= \{2\}$.

g) Die Gleichung $\ln(2x - 3) = 0$ kann man lösen, indem man beide Seiten «e-hoch» nimmt; man erhält: $e^{\ln(2x-3)} = e^0 \Rightarrow 2x - 3 = 1 \Rightarrow x = 2$, also ist L$= \{2\}$.

5.3 Wurzelgleichungen

a) Umformen der Gleichung führt zu $\sqrt{x} = 12 - x$, quadrieren auf $x = (12 - x)^2$ bzw. $x = 144 - 24x + x^2$. Daraus ergibt sich die quadratische Gleichung $x^2 - 25x + 144 = 0$, die mit Hilfe der pq- oder abc-Formel gelöst wird. Es ergibt sich $x_1 = 16$ und $x_2 = 9$. Einsetzen von x_1 in die Ausgangsgleichung ergibt $\sqrt{16} + 16 \neq 12$ und für x_2: $\sqrt{9} + 9 = 12$. Damit ist die Lösungsmenge $\mathrm{L} = \{9\}$.

b) Die Gleichung wird quadriert: $x + 5 = x^2 + 10x + 25$. Umformen führt auf die quadratische Gleichung $x^2 + 9x + 20 = 0$ mit den Lösungen $x_1 = -4$ und $x_2 = -5$. Einsetzen in die Ausgangsgleichung ergibt für beide Lösungen wahre Aussagen, damit ist die Lösungsmenge $\mathrm{L} = \{-4; -5\}$.

c) Zuerst wird der Nenner beseitigt: $x + 5 = \sqrt{x + 5}$. Nun wird die Gleichung quadriert: $x + 5 = x^2 + 10x + 25$. Umformen führt auf die quadratische Gleichung $x^2 + 9x + 20 = 0$ mit den Lösungen $x_1 = -4$ und $x_2 = -5$. Einsetzen in die Ausgangsgleichung ergibt für x_2 (im Unterschied zur vorangehenden Aufgabe) keine Lösung. Die Lösungsmenge ist damit $\mathrm{L} = \{-4\}$.

d) Die Gleichung wird umgeformt und quadriert: $x + 7 = (x + 5)^2$. Es ergibt sich die quadratische Gleichung $x^2 + 9x + 18 = 0$ mit den Lösungen $x_1 = -6$ und $x_2 = -3$. Einsetzen in die Ausgangsgleichung ergibt für x_1 einen Widerspruch, damit ergibt sich für die Lösungsmenge $\mathrm{L} = \{-3\}$.

5.4 Trigonometrische Gleichungen

a) Die Substitution $3x = z$ führt zu $\sin z = 1$ mit den Lösungen $z = \frac{\pi}{2} + k \cdot 2\pi$; $k \in \mathbb{Z}$, also sind $z_1 = \frac{\pi}{2}$, $z_2 = \frac{5}{2}\pi$, $z_3 = \frac{9}{2}\pi, \ldots$ mögliche Lösungen.
Die Resubstitution $z_1 = \frac{\pi}{2} = 3x_1$ ergibt $x_1 = \frac{\pi}{6}$, $z_2 = \frac{5}{2}\pi = 3x_2$ ergibt $x_2 = \frac{5}{6}\pi$, $z_3 = \frac{9}{2}\pi = 3x_3$ ergibt $x_3 = \frac{3}{2}\pi$, $z_4 = \frac{13}{2}\pi$ ergibt keine weitere Lösung.
Als Lösungsmenge erhält man $\mathrm{L} = \left\{ \frac{1}{6}\pi; \frac{5}{6}\pi; \frac{3}{2}\pi \right\}$.

b) Die Substitution $2x = z$ führt zu $\cos z = -1$ mit den Lösungen $z = \pi + k \cdot 2\pi$; $k \in \mathbb{Z}$, also sind $z_1 = \pi$, $z_2 = 3\pi$, $z_3 = 5\pi, \ldots$ mögliche Lösungen.
Die Resubstitution $z_1 = \pi = 2x_1$ ergibt $x_1 = \frac{\pi}{2}$, $z_2 = 3\pi = 2x_2$ ergibt $x_2 = \frac{3}{2}\pi$, $z_3 = 5\pi$ ergibt keine weitere Lösung.
Als Lösungsmenge erhält man $\mathrm{L} = \left\{ \frac{1}{2}\pi; \frac{3}{2}\pi \right\}$.

c) Die Substitution $x - \pi = z$ führt zu $\sin z = 0$ mit den Lösungen $z = k \cdot \pi$; $k \in \mathbb{Z}$, also sind $z_1 = 0, z_2 = \pi, z_3 = -\pi, z_4 = 2\pi, z_5 = -2\pi$
Die Resubstitution $z_1 = 0 = x_1 - \pi$ ergibt $x_1 = \pi$, $z_2 = \pi = x_2 - \pi$ ergibt $x_2 = 2\pi$, $z_3 = -\pi = x_3 - \pi$ ergibt $x_3 = 0$, $z_{4,5} = \pm 2\pi$ ergeben keine weiteren Lösungen.
Als Lösungsmenge erhält man $\mathrm{L} = \{0; \pi; 2\pi\}$.

d) Die Substitution $2x + \pi = z$ führt zu $\cos z = -1$ mit den Lösungen $z = \pi + k \cdot 2\pi$; $k \in \mathbb{Z}$, also $z_1 = \pi, z_2 = 3\pi, z_3 = 5\pi, \ldots$ mögliche Lösungen.
Die Resubstitution von $z_1 = \pi = 2x_1 + \pi$ ergibt $x_1 = 0$, $z_2 = 3\pi = 2x_2 + \pi$ ergibt $x_2 = \pi$, $z_3 = 5\pi = 2x_3 + \pi$ ergibt $x_3 = 2\pi$, $z_4 = 7\pi$ ergibt keine weitere Lösung.
Als Lösungsmenge erhält man $\mathrm{L} = \{0; \pi; 2\pi\}$.

e) Die Substitution $\sin x = z$ führt zu $z^2 + 5z + 4 = 0$ mit den Lösungen $z_1 = -1$ und $z_2 = -4$.
Die Resubstitution $z_1 = -1 = \sin x$ ergibt $x_1 = -\frac{\pi}{2}$ und $x_2 = \frac{3}{2}\pi$, $z_2 = \sin x = -4$ ergibt keine weitere Lösung.
Als Lösungsmenge erhält man $\mathrm{L} = \{-\frac{\pi}{2}, \frac{3}{2}\pi\}$.

f) Die Substitution $\cos x = z$ führt zu $z^2 + 2z - 3 = 0$ mit den Lösungen $z_1 = 1$ und $z_2 = -3$.
Die Resubstitution $z_1 = 1 = \cos x$ ergibt $x_1 = 0$ und $x_2 = 2\pi$, $z_2 = -3 = \cos x$ ergibt keine weitere Lösung.
Als Lösungsmenge erhält man $\mathrm{L} = \{0, 2\pi\}$.

5.5 Lineare Gleichungssysteme

a) Gegeben ist das Gleichungssystem:

$$\begin{array}{lrcrcrcr} \text{I} & x_1 & + & 2x_2 & - & x_3 & = & 8 \\ \text{II} & -x_1 & + & x_2 & + & 2x_3 & = & 0 \\ \text{III} & -x_1 & - & 5x_2 & - & 4x_3 & = & -12 \end{array}$$

Addieren von I zu II und I zu III führt zu:

$$\begin{array}{lrcrcrcr} \text{I} & x_1 & + & 2x_2 & - & x_3 & = & 8 \\ \text{IIa} & & & 3x_2 & + & x_3 & = & 8 \\ \text{IIIa} & & - & 3x_2 & - & 5x_3 & = & -4 \end{array}$$

Addieren von IIa und IIIa führt zu:

$$\begin{array}{lrcrcrcr} \text{I} & x_1 & + & 2x_2 & - & x_3 & = & 8 \\ \text{IIa} & & & 3x_2 & + & x_3 & = & 8 \\ \text{IIIb} & & & & - & 4x_3 & = & 4 \end{array}$$

Aus IIIb folgt: $x_3 = -1$. Einsetzen in IIa ergibt: $3x_2 + (-1) = 8 \Rightarrow x_2 = 3$.
Einsetzen in I ergibt: $x_1 + 2 \cdot 3 - (-1) = 8 \Rightarrow x_1 = 1$.
Die Lösungsmenge ist damit: $\mathrm{L} = \{(1; 3; -1)\}$.

b) Gegeben ist das Gleichungssystem:

$$\begin{array}{lrcrcrcr} \text{I} & x_1 & + & 2x_2 & - & 2x_3 & = & 7 \\ \text{II} & x_1 & - & x_2 & - & 4x_3 & = & -9 \\ \text{III} & x_1 & + & 4x_2 & + & 3x_3 & = & 25 \end{array}$$

Multiplikation von I mit (-1) und addieren zu II und III führt zu:

$$\begin{array}{lrcrcrcr} \text{I} & x_1 & + & 2x_2 & - & 2x_3 & = & 7 \\ \text{IIa} & & - & 3x_2 & - & 2x_3 & = & -16 \\ \text{IIIa} & & & 2x_2 & + & 5x_3 & = & 18 \end{array}$$

Multiplikation von IIa mit 2 und IIIa mit 3 und addieren führt zu:

$$\begin{array}{lrcrcrcr} \text{I} & x_1 & + & 2x_2 & - & 2x_3 & = & 7 \\ \text{IIb} & & - & 6x_2 & - & 4x_3 & = & -32 \\ \text{IIIb} & & & & & 11x_3 & = & 22 \end{array}$$

Aus IIIb folgt: $x_3 = 2$. Einsetzen in IIb ergibt: $-6x_2 - 4 \cdot 2 = -32 \Rightarrow x_2 = 4$.
Einsetzen in I ergibt: $x_1 + 2 \cdot 4 - 2 \cdot 2 = 7 \Rightarrow x_1 = 3$. Die Lösungsmenge ist damit: $\mathrm{L} = \{(3;4;2)\}$.

c) Gegeben ist das Gleichungssystem:

$$\begin{array}{lrcrcrcr} \text{I} & x_1 & + & 2x_2 & + & x_3 & = & 4 \\ \text{II} & -x_1 & - & 4x_2 & + & x_3 & = & 7 \\ \text{III} & 2x_1 & + & 8x_2 & - & 2x_3 & = & 18 \end{array}$$

addieren von I zu II, sowie Multiplikation von I mit (-2) und addieren zu III führt zu:

$$\begin{array}{lrcrcrcr} \text{I} & x_1 & + & 2x_2 & + & x_3 & = & 4 \\ \text{IIa} & & - & 2x_2 & + & 2x_3 & = & 11 \\ \text{IIIa} & & & 4x_2 & - & 4x_3 & = & 10 \end{array}$$

Multiplikation von IIa mit 2 und addieren zu IIIa führt zu:

$$\begin{array}{lrcrcrcr} \text{I} & x_1 & + & 2x_2 & + & x_3 & = & 4 \\ \text{IIb} & & - & 4x_2 & + & 4x_3 & = & 22 \\ \text{IIIb} & & & & & 0 & = & 32 \end{array}$$

Gleichung IIIb ist widersprüchlich. Damit ist das Gleichungssystem nicht lösbar und die Lösungsmenge ist leer: $\mathrm{L} = \{\,\}$.

d) Gegeben ist das Gleichungssystem

$$\begin{array}{rcrcrcr} x_1 & + & 2x_2 & - & x_3 & = & 4 \\ -x_1 & + & 2x_2 & - & 3x_3 & = & 6 \\ 2x_1 & + & 4x_2 & - & 2x_3 & = & 8 \end{array}$$

Der Vergleich der verschiedenen Gleichungen ergibt, dass die erste und die dritte Gleichung Vielfache voneinander sind, da die dritte Gleichung das Doppelte der ersten Gleichung ist. Es bleiben daher folgende Gleichungen übrig:

$$\begin{array}{lrcrcrcr} \text{I} & x_1 & + & 2x_2 & - & x_3 & = & 4 \\ \text{II} & -x_1 & + & 2x_2 & - & 3x_3 & = & 6 \end{array}$$

addieren von I zu II führt zu:

$$\begin{array}{lrcrcrcr} \text{I} & x_1 & + & 2x_2 & - & x_3 & = & 4 \\ \text{IIa} & & & 4x_2 & - & 4x_3 & = & 10 \end{array}$$

Man wählt nun z.B. $x_3 = t$ und setzt dies in Gleichung IIa ein:

$$\begin{array}{lrcrcrcr} \text{I} & x_1 & + & 2x_2 & - & x_3 & = & 4 \\ \text{IIb} & & & 4x_2 & - & 4t & = & 10 \end{array}$$

auflösen von IIb nach x_2 führt zu: $x_2 = t + 2,5$.
Nun wird in I eingesetzt und nach x_1 aufgelöst: $x_1 + 2\,(t + 2,5) - t = 4 \Rightarrow x_1 = -t - 1$.
Damit ist die Lösungsmenge: $\text{L} = \{(-t-1\,;\,t+2,5\,;\,t) \mid t \in \mathbb{R}\}$.

6 Graphen von f, f' und F

6.1 Von f zu f'

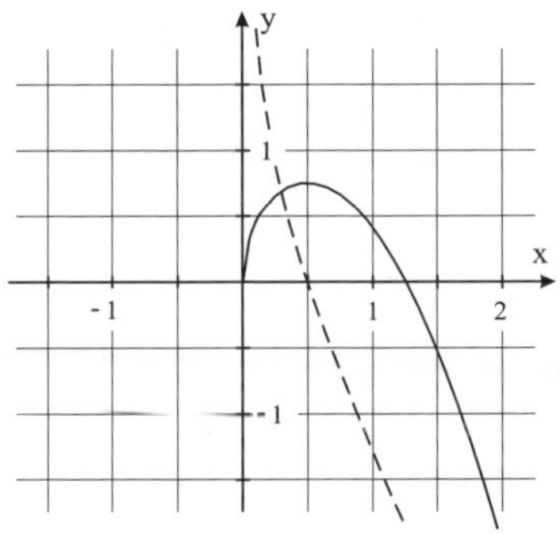

f_1

Extremwert: $x = 0,5$ $\Rightarrow f'(0,5) \approx 0$

Punkt 1: $x = 0,75$ $\Rightarrow f'(0,75) \approx -\frac{1}{2}$

Punkt 2: $x = 1,5$ $\Rightarrow f'(1,5) \approx -2$

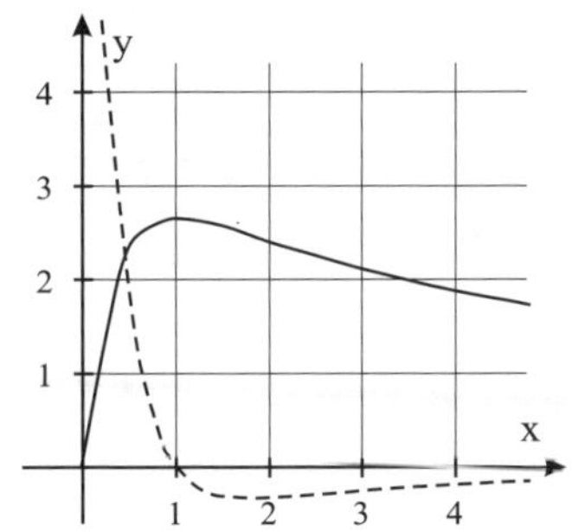

f_2

Punkt 1: $x = 0,5$ $\Rightarrow f'(0,5) \approx 2$

Extremwert: $x \approx 1$ $\Rightarrow f'(1) = 0$

Wendepunkt: $x \approx 2,2$ $\Rightarrow f'(2,2) \approx -\frac{1}{3}$

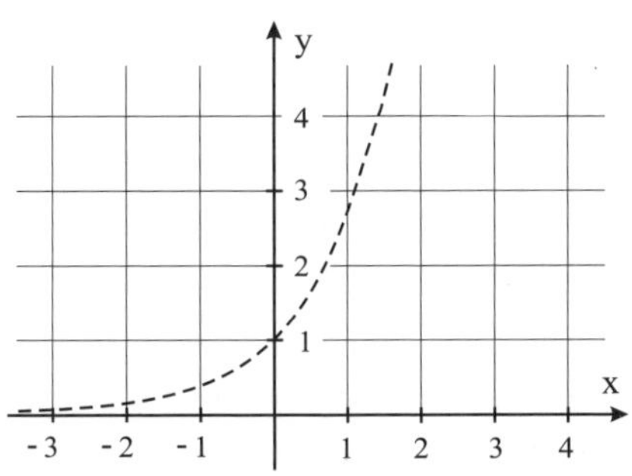

f_3

Punkt 1: $x = -1$ $\Rightarrow f'(-1) \approx \frac{1}{3}$

Punkt 2: $x = 0$ $\Rightarrow f'(0) \approx 1$

Punkt 3: $x = 1$ $\Rightarrow f'(1) \approx 3$

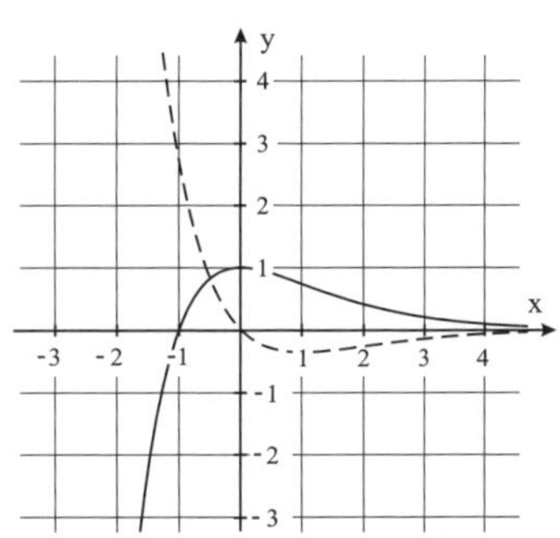

f_4

Punkt 1: $x = -1$ $\Rightarrow f'(-1) \approx 2$

Extremwert: $x = 0$ $\Rightarrow f'(0) = 0$

Wendepunkt: $x \approx 1$ $\Rightarrow f'(1) \approx -\frac{1}{3}$

Bemerkung: Bei f_3 handelt es sich um die Funktion $f(x) = e^x$, daher sind Kurve und Ableitungskurve identisch.

Bewertung der Aussagen:					
	f' hat bei x = 1 ein relatives Maximum	~~f_1~~	~~f_2~~	~~f_3~~	~~f_4~~
	f' ist für $x > 0$ monoton fallend	f_1	~~f_2~~	~~f_3~~	~~f_4~~
	f' ist für $x > 0$ monoton steigend	~~f_1~~	~~f_2~~	f_3	~~f_4~~
	f' ist für x > 1 negativ	f_1	f_2	~~f_3~~	f_4

6.2 Von f' zu f

Aufgabe I

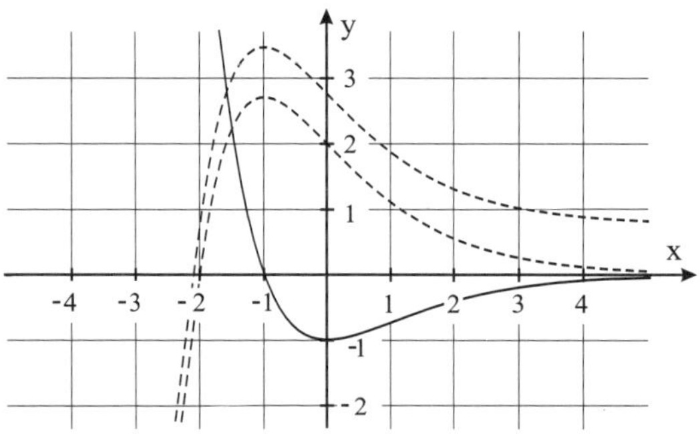

- Ableitung $f'(x)$: ——
- Mögliche Funktionen $f(x)$: - - -
- Die Funktion ist in Bezug auf Verschiebungen in y-Richtung nicht festgelegt.

a) Antwort: nein, die Ableitungskurve hat an dieser Stelle einen Extrempunkt, daher hat der Graph der Funktion für $x = 0$ einen Wendepunkt.

b) Antwort: ja, dic Ableitungskurve hat an dieser Stelle eine Nullstelle und einen Vorzeichenwechsel. Dies bedeutet, dass der Graph der Funktion einen Extrempunkt für $x = -1$ besitzt. Da die Tangenten in Extrempunkten immer waagerecht sind (Steigung $= 0$), ist die Aussage richtig.

c) Antwort: nein, die Kurve der Ableitung hat an der Stelle $x = 0$ einen Tiefpunkt. Das bedeutet, dass der Graph der Funktion f an dieser Stelle einen Wendepunkt besitzt.

d) Antwort: unentscheidbar, die Stammfunktion ist in Bezug auf eine Verschiebung in y-Richtung unbestimmt, da das absolute Glied nicht gegeben ist.

Aufgabe II

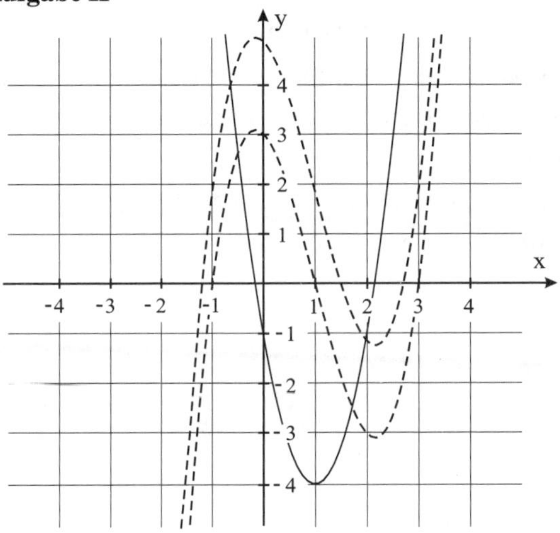

- Ableitung $f'(x)$: ——
- Mögliche Funktionen $f(x)$: - - -
- Die Funktion ist in Bezug auf Verschiebungen in y-Richtung nicht festgelegt.

a) Antwort: nein, der Graph der angegebenen Ableitungsfunktion f' hat an dieser Stelle einen Tiefpunkt. Das bedeutet, dass der Graph der Funktion f für $x = 1$ einen Wendepunkt besitzt.

b) Antwort: ja, der Graph der Ableitungsfunktion hat für $x \approx -0,2$ eine Nullstelle. Zusätzlich wechselt das Vorzeichen von f' von $+$ nach $-$ (die Steigung war erst positiv und ist nun negativ): Es liegt ein Hochpunkt vor.

c) Antwort: ja, da es sich bei der Ableitungsfunktion um eine Parabel handelt, muss die Funktion f eine ganzrationale Funktion genau 3. Grades sein.

d) Antwort: ja, die Gerade $y = 2x$ hat die Steigung 2. Die Funktionswerte der angegebenen Ableitungsfunktion f' geben in jedem Punkt die Steigung der Funktion f an. Die Ableitungsfunktion hat für $x \approx 2,4$ den Wert $f'(2,4) = 2$. Daher ist die Tangente parallel zur Geraden $y = 2x$.

Aufgabe III

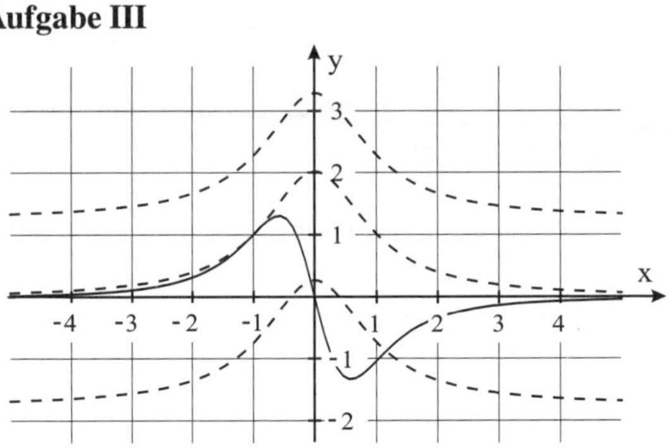

- Ableitung $f'(x)$: ——
- Mögliche Funktionen $f(x)$: - - -
- Die Funktion ist in Bezug auf Verschiebungen in y-Richtung nicht festgelegt.

a) Antwort: ja, bei $x = 0$ wechselt f' das Vorzeichen von $+$ nach $- \Rightarrow$ Der Graph von f hat bei $x = 0$ einen Hochpunkt. Der gezeichnete Graph der Ableitungsfunktion ist ursprungssymmetrisch, damit unterscheiden sich die Steigungswerte rechts und links der y-Achse nur durch ihr Vorzeichen und der Graph von f ist y-achsensymmetrisch.

b) Antwort: unentscheidbar, die Funktion lässt sich nur bis auf eine Konstante genau bestimmen, daher kann der Graph nach oben oder unten verschoben sein.

c) Antwort: nein, die angegebene Ableitungsfunktion f' hat für $x = 0$ zwar eine Nullstelle, es handelt sich aber um einen Hochpunkt des Graphen von f, da an der Nullstelle ein Vorzeichenwechsel von $+$ nach $-$ stattfindet.

d) Antwort: nein, die gezeichnete Ableitungsfunktion f' hat nur eine Nullstelle mit Vorzeichenwechsel. Daher besitzt der Graph von f genau einen Extrempunkt.

6.3 Von f zu F

Die Stammfunktion F

Aufgabe I

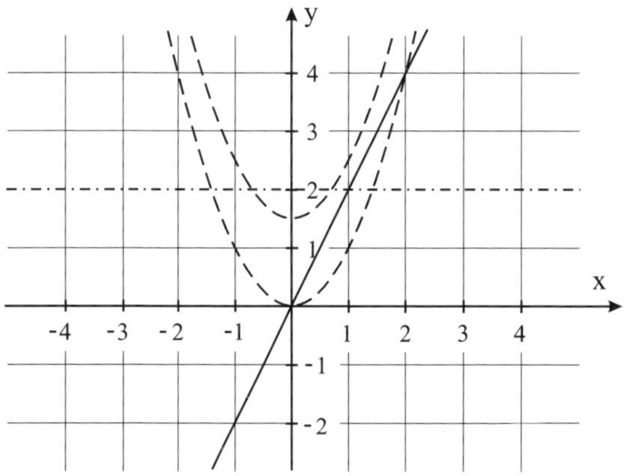

- Funktion $f(x)$: ——
- Mögliche Stammfunktionen $\mathrm{F}(x)$: - - -
- Ableitung $f'(x)$: -·-·
- Die eingezeichneten Stammfunktionen sind nur einige von vielen möglichen Stammfunktionen, da diese in Bezug auf eine Verschiebung in y-Richtung nicht festgelegt sind.

a) Antwort: ja, die Ableitung einer Geraden ist immer eine waagerechte Gerade, da die Steigung einer Geraden konstant ist. Daher ist das Schaubild der Ableitungsfunktion parallel zur Geraden $y = 1$.

b) Antwort: unentscheidbar, die Lage einer allgemeinen Stammfunktion ist in Bezug auf Verschiebung in y-Richtung (nach «oben» und «unten») nicht bestimmt.

c) Antwort: nein, streng monoton wachsend bedeutet für das Schaubild, dass die y-Werte für zunehmende x-Werte auch immer größer werden. Mathematisch heißt das: $f'(x) > 0$, die Steigung ist an jedem Punkt des Schaubildes positiv. Dies gilt zwar für f, nicht aber für f'.

d) Antwort: ja, das Schaubild der Ableitungsfunktion ist eine waagerechte Gerade. Diese erfüllt die Bedingung $f'(-x) = f'(x) = 2$.

Aufgabe II

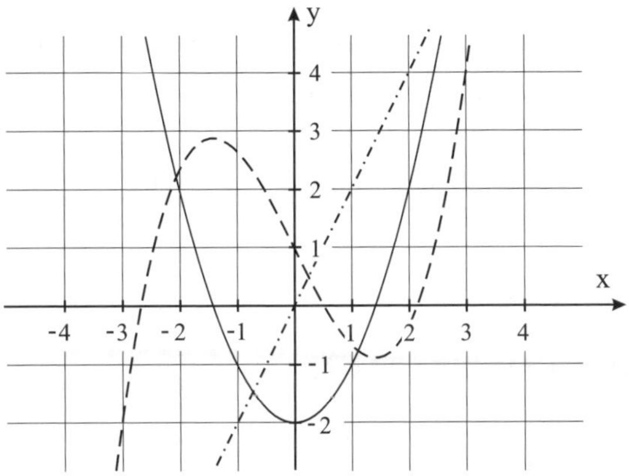

- Funktion $f(x)$: ——
- Mögliche Stammfunktionen $\mathrm{F}(x)$: - - -
- Ableitung $f'(x)$: -·-·
- Die eingezeichnete Stammfunktion ist nur eine von vielen möglichen Stammfunktionen, da diese in Bezug auf eine Verschiebung in y-Richtung nicht festgelegt sind.

a) Antwort: ja, die Ableitungskurve einer Parabel ist eine Gerade mit einer Steigung ungleich Null. Diese besitzt genau eine Nullstelle am Extrempunkt der Parabel. Da die Parabel diesen für $x = 0$ hat, liegt die Nullstelle auch im fraglichen Intervall.

b) Antwort: unentscheidbar, die Lage einer allgemeinen Stammfunktion ist in Bezug auf Verschiebung in y-Richtung (nach «oben» und «unten») nicht bestimmt.

c) Antwort: ja, die Extremstellen einer Funktion sind Nullstellen der 1. Ableitung. Da die Funktion f die Ableitung von F ist, besitzt F genau 2 Extremstellen im Intervall. Da die Nullstellen von f an den Stellen $x \approx \pm 1{,}4$ liegen, befinden sich die Extrempunkte an den Punkten $(1{,}4 \mid (\mathrm{F}(1{,}4))$ bzw. $(-1{,}4 \mid (\mathrm{F}(-1{,}4))$.

Die Integralfunktion

Lässt sich der Funktionsterm der Kurve bestimmen, so ist es meist ohne Schwierigkeiten möglich, die Intergralfunktion $\mathrm{J}_0(x)$ zu bestimmen und das entsprechende Schaubild zu zeichnen, da die Integralfunktion $\mathrm{J}_0(x)$ eine Nullstelle für $x = 0$ besitzt, also durch $(0 \mid 0)$ geht.

Lässt sich der Funktionsterm nicht bestimmen, so verfährt man wie im Folgenden dargestellt. Dabei wird der orientierte Flächeninhalt benutzt, das heißt, Flächen unterhalb der x-Achse bekommen ein negatives Vorzeichen, Flächen oberhalb der x-Achse bekommen ein positives Vorzeichen. Auch wenn sich bei allen Aufgaben der Funktionsterm bestimmen lässt, werden beide Lösungsmöglichkeiten vorgestellt.

Aufgabe I
Es handelt sich um eine drei LE nach rechts und drei LE nach unten verschobene Normalparabel. Daher kann man einen Funktionsterm aufstellen: $f(x) = (x-3)^2 - 3 = x^2 - 6x + 6$. Die Integralfunktion ist damit:

$$\mathrm{J}_0(x) = \int_0^x t^2 - 6t + 6\,dt = \left[\tfrac{1}{3}t^3 - 3t^2 + 6t\right]_0^x = \tfrac{1}{3}x^3 - 3x^2 + 6x.$$

Anhand dieses Funktionsterms lässt sich nun das Schaubild der Integralfunktion in das Koordinatensystem skizzieren. Für die Skizze setzt man am besten die x-Werte der Extrempunkte bzw. der Wendepunkte ein. (Das sind die Nullstellen bzw. die Extremstellen der angegebenen Ableitung.)

Alternativ kann man wie beschrieben anhand des Schaubildes vorgehen:

1. Das Schaubild der Integralfunktion $J_0(x)$ geht durch den Koordinatenursprung. Hier setzt man mit der Skizze an.

2. Als erstes werden die Stellen bestimmt, an denen die Funktion f Extrem- und Wendepunkte hat:
   $x \approx 1,3$: Nullstelle von f mit VZW von + nach − $\Rightarrow$ Maximum von J_0
   $x = 3$: Minimum von $f \Rightarrow$ Wendestelle von J_0
   $x \approx 4,7$: Nullstelle von f mit VZW von − nach + $\Rightarrow$ Minimum von J_0

3. Nun wird die genaue Lage der entsprechenden Hoch-, Tief- und Wendepunkte bestimmt: Um diese zu bestimmen, benutzt man die Tatsache, dass der Wert der Integralfunktion an jeder Stelle dem (orientierten) Flächeninhalt zwischen Kurve K_f und x-Achse entspricht. Also unterteilt man die Fläche zwischen der Kurve und der x-Achse in entsprechende Flächenstücke (siehe Zeichnung). Zwischen $x = 0$ und $x = 1,3$ (Nullstelle von f) beträgt dieser Flächeninhalt ca. 3,5 FE (durch Abzählen an der Zeichnung bestimmt). Also liegt der Hochpunkt bei ca. $(1,3 \mid 3,5)$.

4. Als nächstes wird der Wendepunkt bestimmt:
   Seine x-Koordinate hat den Wert $x = 3$. Die Fläche II zwischen $x \approx 1,3$ und $x = 3$ beträgt ca. $-3,5$ FE. Damit ist
   $$J_0(3) = 3,5 + (-3,5) = 0$$
   Entsprechend ist W $(3 \mid 0)$.

5. Da die Kurve achsensymmetrisch zu $x = 3$ ist, ist Fläche III genauso groß wie Fläche II. Für den Wert von $J_0(x)$ an der zweiten Extremstelle $x \approx 4,7$ gilt damit
   $$J_0(4,7) = 3,5 + (-3,5) + (-3,5) = -3,5\,\text{FE}$$
   Der Tiefpunkt hat damit die Koordinaten $(4,7 \mid -3,5)$.

6. Abschließend kann man noch die nächste Nullstelle von $J_0(x)$ bestimmen: Diese muss an der Stelle liegen, an der die Fläche IV genau $+3,5$ FE beträgt. Durch Abzählen (oder eine Symmetriebetrachtung) ergibt sich die Nullstelle für $x = 6$, da
   $$J_0(6) = 3,5 + (-3,5) + (-3,5) + 3,5 = 0$$
   . Nun kann das Schaubild eingezeichnet werden.

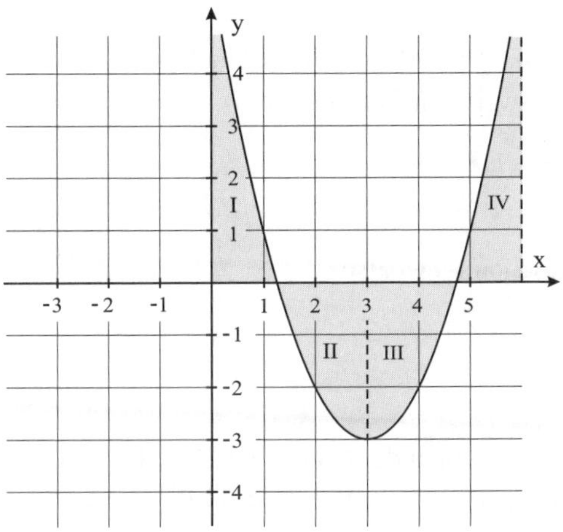

Funktion $f(x)$: ——
Ableitung $f'(x)$: $-\cdot-\cdot$

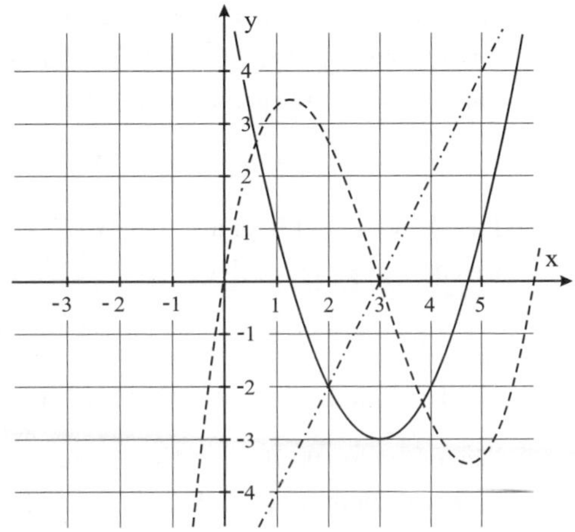

Integralfunktion $\mathrm{J}_0(x)$: - - -
Die eingezeichnete Integralfunktion ist eindeutig festgelegt.

Zu den Aussagen:

a) Antwort: ja, das Schaubild der Ableitungsfunktion ist eine Gerade. Diese schneidet die x-Achse für $x = 3$.

b) Antwort: ja, die Integralfunktion besitzt zwar 3 Nullstellen, doch befindet sich die 3. Nullstelle außerhalb des Intervalls I.

c) Antwort: ja, die Extremstellen von $\mathrm{J}_0(x)$ sind die Nullstellen der Funktion f. Diese befinden sich beide innerhalb des Intervalls I.

Aufgabe II
Es handelt sich um eine zwei LE nach rechts und zwei LE nach oben verschobene Normalparabel, die nach unten geöffnet ist. Ein Funktionsterm ist: $f(x) = -(x-2)^2 + 2 = -x^2 + 4x - 2$. Die Integralfunktion ist damit:

$$\mathrm{J}_0(x) = \int_0^x -t^2 + 4t - 2\,dt = \left[-\frac{1}{3}t^3 + 2t^2 - 2t\right]_0^x = -\frac{1}{3}x^3 + 2x^2 - 2x$$

Anhand dieses Funktionsterms lässt sich nun das Schaubild der Integralfunktion in das Koordinatensystem skizzieren. Für die Skizze setzt man am besten die x-Werte der Extrempunkte bzw. der Wendepunkte ein. (Das sind die Nullstellen bzw. die Extremstellen der angegebenen Ableitung.)

Ohne Bestimmung des Funktionsterms geht man vor wie folgt:

1. Ansetzen beim Koordinatenursprung

2. Extrem- und Wendepunkte:
$x \approx 0{,}6$: Nullstelle von $f(x)$ mit VZW von $-$ nach $+ \Rightarrow$ Minimum von $\mathrm{J}_0(x)$
$x = 2$: Maximum von $f(x) \Rightarrow$ Wendestelle von $\mathrm{J}_0(x)$
$x \approx 3{,}4$: Nullstelle von $f(x)$ mit VZW von $+$ nach $- \Rightarrow$ Maximum von $\mathrm{J}_0(x)$

3. Bestimmen der genauen Lage der Kurve:
   Die Fläche I beträgt ca. $-0,5$ FE, damit ist $\mathrm{J}_0(0,6) = -0,5$ daraus folgt: $\mathrm{T}(0,6 \mid -0,5)$.
   Die Fläche II beträgt ca. $1,8$ FE. Der Funktionswert von J_0 ist damit

$$\mathrm{J}_0(2) = -0,5 + 1,8 = 1,3$$

   Der Wendepunkt liegt also bei $\mathrm{W}(2 \mid 1,3)$.
   Fläche III beträgt auch ca. $1,8$ FE. Für den Hochpunkt ist also

$$\mathrm{J}_0(3,4) = -0,5 + 1,8 + 1,8 = 3,1$$

   Der Hochpunkt liegt daher bei $\mathrm{H}(3,4 \mid 3,1)$.

4. Einen Randpunkt für $x = 4$ kann man noch bestimmen, indem man die Fläche IV bestimmt und dazu zählt: Fläche IV beträgt aus Symmetriegründen auch ca. $-0,5$ FE. Damit ist

$$\mathrm{J}_0(4) = -0,5 + 1,8 + 1,8 - 0,5 = 2,6$$

   Das Schaubild von $\mathrm{J}_0(x)$ geht also durch den Punkt $(4 \mid 2,6)$.

Zu den Aussagen:

a) Antwort: ja, die Nullstellen befinden sich bei $x = 0$, $x \approx 1,3$ und $x \approx 4,7$ und damit noch im Intervall I.

b) Antwort: ja, die Extremstellen der Integralfunktion befinden sich an den Stellen, an denen die Funktion f Nullstellen hat. Diese befinden sich mit $x \approx 0,6$ und $x \approx 3,4$ im Intervall I.

c) Antwort: nein, das Schaubild der Funktion f ist eine Parabel. Daraus ergibt sich, dass die Integralfunktion eine ganzrationale Funktion 3. Grades sein muss. Eine ganzrationale Funktion 3. Grades kann aber maximal zwei Extremstellen besitzen.

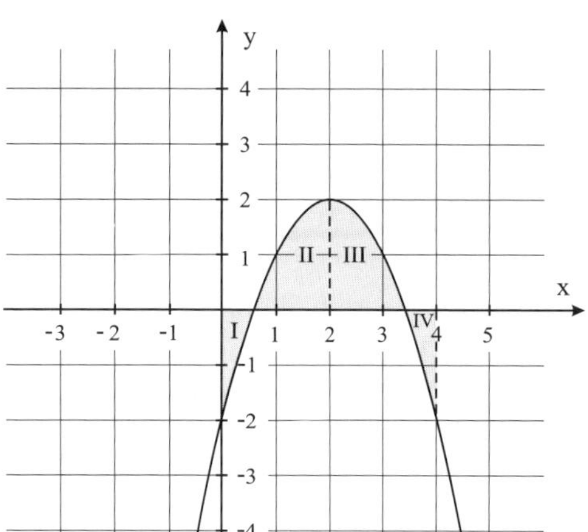

Funktion $f(x)$: ——
Ableitung $f'(x)$: – · – ·

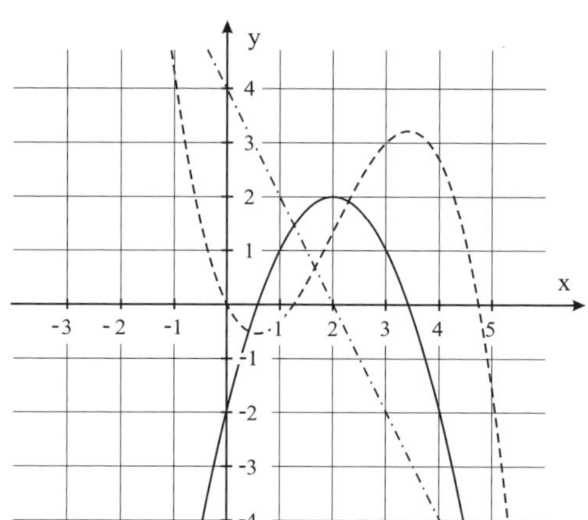

Integralfunktion $\mathrm{J}_0(x)$: – – –
Die eingezeichnete Integralfunktion ist eindeutig festgelegt.

d) Antwort: ja, das Schaubild der Funktion f ist eine nach unten geöffnete Parabel. Das Schaubild der Ableitungsfunktion $f'(x)$ ist damit eine Gerade mit negativer Steigung. Damit erfüllt die Ableitungsfunktion die Bedingung für monoton fallend: $(f'(x))' \leqslant 0$ für alle $x \in \mathrm{I}$, wobei sich dies in diesem Fall auf die zweite Ableitung der ursprünglichen Funktion bezieht, da ja die Steigung des Schaubildes der Ableitungsfunktion von Interesse ist.

6.4 Zuordnen von Graphen

a) Da das Schaubild von f mit $f(x) = x^2e^x$ genau eine Nullstelle bei $x = 0$ hat, kann nur Bild 1 das Schaubild der Funktion f sein.

b) Bild 2 ist das Schaubild der Stammfunktion F, da das Schaubild von f bei $x = 0$ einen Extrempunkt, der die x-Achse berührt, hat, so dass das Schaubild von F bei $x = 0$ einen Sattelpunkt mit Steigung Null hat. Alternativ: Das Schaubild von f verläuft nie unterhalb der x-Achse, also ist F monoton steigend.
Bild 3 ist das Schaubild der Funktion g mit $g(x) = \frac{1}{f(x)} = \frac{1}{x^2e^x}$, da das Schaubild von f bei $x = 0$ eine Nullstelle und damit das Schaubild von g dort eine Polstelle hat.
Bild 4 ist das Schaubild der Funktion f', da das Schaubild von f bei $x_1 = 0$ und $x_2 = -2$ Extremstellen hat, so dass das Schaubild von f' bei $x_1 = 0$ und $x_2 = -2$ Nullstellen mit Vorzeichenwechsel hat.

6.5 Interpretation von Graphen

Aufgabe I

a) Besondere Punkte im Graph sind alle Punkte, an denen sich die Steigung der Kurve stark ändert. Dies ist zuerst am Anfang ($t = 0$), dann nach ca. 10 Tagen der Fall, wenn die Kurve waagerecht wird. Der nächste besondere Punkt ist nach ca. 40 Tagen: die Kurve steigt wieder an. Der letzte wichtige Punkt kommt bei ca. 60 Tagen: Die Anzahl der verkauften Artikel steigt fast nicht mehr an.

b) Keine! Die y-Achse gibt die Absolutanzahl der verkauften Artikel an (und nicht die verkauften Artikel pro Tag). Da die Kurve in der Zeit der 3. Woche waagerecht verläuft, sind keine Artikel verkauft worden.

c) Nach 40 Tagen hat die Firma ca. 150 Artikel verkauft, nach 60 Tagen ca. 680. Um die durchschnittliche Verkaufszahl zu ermitteln, berechnet man den Durchschnitt:
$\frac{680-150}{60-40} = \frac{530}{20} = 26,5$. Soweit sich die Zahlen an der Kurve genau ablesen lassen, hat die Firma in der Zeit vom 40. bis zum 60. Tag durchschnittlich 27 Artikel pro Tag verkauft.

d) Man legt eine Hilfsgerade durch die Kurve, die der Steigung des 50. Tages entspricht. Die Steigung dieser Gerade ermittelt man durch «Abzählen»: $m \approx \frac{780}{20} = 39$. Also ist die Verkaufsrate am 50. Tag ca. 39 Artikel pro Tag.

e) Die Zukunftsprognose ist eher schlecht, da die Kurve sich der 800-Artikel-Marke nur sehr langsam annähert. In der Zeit zwischen dem 65. und dem 130. Tag wurden fast keine Artikel mehr verkauft.

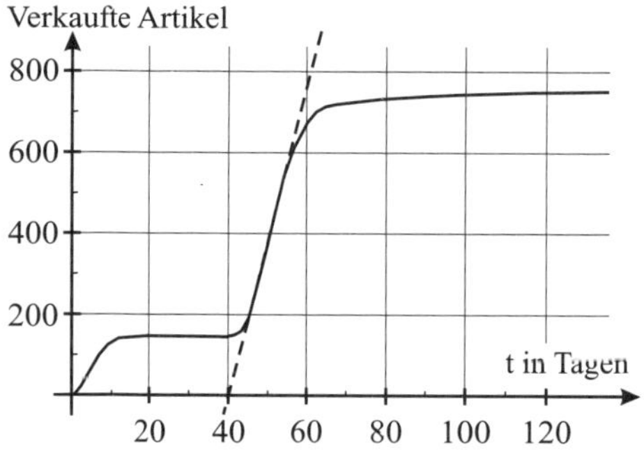

Aufgabe I

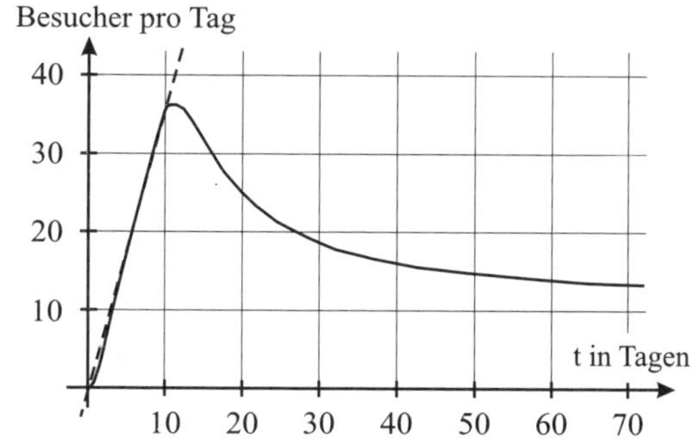

Aufgabe II

Aufgabe II

a) Besondere Punkte im Graph der Funktion sind die Punkte, an denen sich die Steigung der Kurve stark ändert. In dieser Aufgabe betrifft dies vor allem den Bereich zwischen 10 und 12 Tagen, da hier die Anzahl der Besucher pro Tag nicht mehr zunimmt, sondern kurz stagniert, um dann abzunehmen.

   Auch die Punkte zwischen 12 und 60 Tagen könnten als «besondere» Punkte bezeichnet werden: Die Steigung verändert sich auch hier, die Abnahme der Besucherzahlen ist nicht mehr so stark wie am Anfang, sondern langsamer.

b) Der Bereich um $t = 11$ sind die Tage, an denen die Ausstellung am besten besucht war.

c) Um genau herauszufinden, wie viele Besucher die Ausstellung in den ersten 10 Tagen besucht haben, müsste man die Kurve integrieren. Ohne eine Kenntnis des Funktionsterms ist dies aber nicht ohne weiteres möglich. Da die Kurve am Anfang aber fast gerade verläuft, kann man sie durch eine Gerade mit der Steigung $m = \frac{35}{10} \approx 3,5$ annähern. Die Gesamtbesucherzahl entspricht der Fläche unter dieser Geraden. Diese Fläche kann man mit der Dreiecksflächenformel ausrechnen: $\mathrm{A} = \frac{1}{2} \cdot 10 \cdot 35 = 175$ FE. Das bedeutet, dass in den ersten 10 Tagen ca. 175 Besucher die Ausstellung gesehen haben (alternativ könnte man auch die Gleichung der Gerade aufstellen: $y = 3,5x$ und diese in den Grenzen $t = 0$ und $t = 10$ integrieren).

d) Nach 80 Tagen kann man ca. 12 Besucher pro Tag erwarten. Die tägliche Besucherzahl nähert sich dem Wert 10 asymptotisch an.

7 Kurvendiskussion

7.1 Elemente der Kurvendiskussion

a) $f(x) = x^2 \cdot e^x$, Ableiten (Produktregel) und Ausklammern ergibt $f'(x) = (x^2 + 2x) \cdot e^x$. Erneutes Ableiten (Produktregel) und Ausklammern ergibt $f''(x) = \left(x^2 + 4x + 2\right) \cdot e^x$. Einsetzen von $x = 0$: $f'(0) = (0^2 + 2 \cdot 0)e^0 = 0 \Rightarrow$ die Funktion hat einen Extremwert für $x = 0$. Überprüfen in $f''(x) : f''(0) = (0^2 + 4 \cdot 0 + 2)e^0 = 2$, es ist $2 > 0 \Rightarrow$ Es handelt sich um ein Minimum.

b) Nein, die Kurve berührt die x-Achse nur, da es sich bei dem Punkt $\mathrm{P}(x_0 \mid 0)$ um einen Hochpunkt handelt.

c) $\lim\limits_{x \to \infty} \left(x^2 \cdot e^{-x} + 1\right) = \lim\limits_{x \to \infty} x^2 \cdot e^{-x} + \lim\limits_{x \to \infty} 1$.
Es ist $\lim\limits_{x \to \infty} x^2 \cdot e^{-x} = 0$ und $\lim\limits_{x \to \infty} 1 = 1$.
Damit ist $y = 1$ die Asymptote der Funktion für $x \to \infty$.

d) Es ist $f(x) = \frac{1}{4}x^4 - x^3 + 4x - 2$, $f'(x) = x^3 - 3x^2 + 4$, $f''(x) = 3x^2 - 6x$, $f'''(x) = 6x - 6$
Einsetzen von $x = 2$: $f'(2) = 0$, $f''(2) = 0$, $f'''(2) = 6 \neq 0$. Der Punkt $(2 \mid 2)$ ist daher ein Sattelpunkt und kein Tiefpunkt.

e) Eine Polstelle bei einer gebrochenrationalen Funktion ist eine Nullstelle des Nenners, die (nach Kürzung aller Linearfaktoren) nicht gleichzeitig Nullstelle des Zählers ist. Der Nenner besitzt eine Nullstelle für $x = 1$. An dieser Stelle ist der Zähler ungleich Null. Also handelt es sich um eine Polstelle.

f) Es ist $f'(x) = 2xe^{-x} + x^2 \cdot e^{-x} \cdot (-1) = \left(2x - x^2\right) e^{-x}$.
Bei Punkten mit waagerechter Tangente ist $f'(x) = 0$, also $\left(2x - x^2\right) e^{-x} = 0 \Rightarrow x_1 = 0$ und $x_2 = 2$. Um die y-Werte zu erhalten, setzt man die x-Werte in $f(x)$ ein: $y_1 = 0^2 e^{-0} = 0$ und $y_2 = 2^2 e^{-2} = 4e^{-2} \Rightarrow \mathrm{P}_1\,(0 \mid 0)$ und $\mathrm{P}_2\left(2 \mid 4e^{-2}\right)$.

g) Es ist $f'(x) = 1e^{-x} + x \cdot e^{-x} \cdot (-1) = (1 - x)e^{-x}$,
$f''(x) = -1e^{-x} + (1 - x)e^{-x} \cdot (-1) = (x - 2)e^{-x}$,
$f'''(x) = 1e^{-x} + (x - 2)e^{-x} \cdot (-1) = (3 - x)e^{-x}$.
Setzt man $f''(x) = 0$, so erhält man $(x - 2)e^{-x} = 0 \Rightarrow x = 2$.
Setzt man $x = 2$ in $f'''(x)$ ein, so ergibt sich $f'''(2) = (3 - 2)e^{-2} \neq 0$, also existiert genau ein Wendepunkt $\mathrm{W}\left(2 \mid 2e^{-2}\right)$.

h) Es ist $f'(x) = g'(x)e^{-x} + g(x)e^{-x} \cdot (-1) = (g'(x) - g(x))\,e^{-x}$.
Bei Punkten mit waagerechter Tangente ist $f'(x) = 0$, also $(g'(x) - g(x))e^{-x} = 0$ bzw. $g'(x) - g(x) = 0$. Dies ist eine quadratische Gleichung, da $g'(x)$ 1. Grades und $g(x)$ 2. Grades ist. (Somit ist $g'(x) - g(x)$ 2. Grades.) Eine quadratische Gleichung hat maximal zwei Lösungen, also hat der Graph von f maximal zwei Punkte mit waagerechter Tangente.

i) Es ist $f(x) = 2 \cdot \sin\left(x - \frac{\pi}{2}\right)$. P liegt auf dem Graphen von f, da $f(\pi) = 2 \cdot \sin\left(\pi - \frac{\pi}{2}\right) = 2 \cdot \sin\left(\frac{\pi}{2}\right) = 2$.
Es ist $f'(x) = 2 \cdot \cos\left(x - \frac{\pi}{2}\right)$. Die Steigung im Punkt $\mathrm{P}\,(\pi \mid 2)$ erhält man durch Einsetzen

von $x = \pi$ in $f'(x)$:
$f'(\pi) = 2 \cdot \cos\left(\pi - \frac{\pi}{2}\right) = 2 \cdot \cos\left(\frac{\pi}{2}\right) = 0$, also liegt im Punkt P eine waagrechte Tangente vor.

j) Es ist $f(x) = \frac{1}{2} \cdot \sin(2x - \pi)$,
$f'(x) = \frac{1}{2} \cdot \cos(2x - \pi) \cdot 2 = \cos(2x - \pi)$,
$f''(x) = -\sin(2x - \pi) \cdot 2 = -2 \cdot \sin(2x - \pi)$,
$f'''(x) = -2 \cdot \cos(2x - \pi) \cdot 2 = -4 \cdot \cos(2x - \pi)$.
Da $f''(\pi) = -2 \cdot \sin(2\pi - \pi) = -2 \cdot \sin(\pi) = -2 \cdot 0 = 0$ und $f'''(\pi) = -4 \cdot \cos(2\pi - \pi) = -4 \cdot \cos(\pi) = 4 \neq 0$, hat der Graph von f bei $x = \pi$ einen Wendepunkt.

7.2 Funktionenscharen/ Funktionen mit Parameter

a) I) Es handelt sich bei den Graphen von f_t um Geraden, die alle durch den Punkt $(2 \mid 0)$ gehen. Man kann dies an der Funktion sehen, wenn man t ausklammert:
$f_t(x) = tx - 2t = t(x-2)$. Es handelt sich um eine gegenüber der Geraden $y = t \cdot x$ um 2 LE nach rechts verschobene Gerade (siehe Zeichnung).

II) Der Punkt $P_1(3 \mid 2)$ wird in die Gleichung eingesetzt und liefert $2 = t \cdot 3 - 2 \cdot t$. Umstellen nach t ergibt $t = 2$. Die Funktion ist damit $f_2(x) = 2x - 4$.
Der Punkt $P_2(1 \mid \frac{1}{2})$ wird in die Gleichung eingesetzt und liefert $\frac{1}{2} = t \cdot 1 - 2 \cdot t$. Umstellen nach t ergibt $t = -\frac{1}{2}$. Die Funktion ist damit $f_{-\frac{1}{2}}(x) = -\frac{1}{2}x + 1$.

b) I) Es handelt sich bei den Graphen von f_t um Parabeln, die symmetrisch zur y-Achse sind. Je nach Wert von t sind die Parabeln «gestreckt» oder «gestaucht». Für positive Werte von t sind die Parabeln nach oben geöffnet, für negative Werte sind sie nach unten geöffnet (siehe Zeichnung).

II) Der Punkt $P_1(2 \mid 2)$ wird in die Gleichung eingesetzt und liefert $2 = t \cdot 2^2$. Umstellen nach t ergibt $t = \frac{1}{2}$. Die Funktion damit $f_{\frac{1}{2}}(x) = \frac{1}{2}x^2$.
Der Punkt $P_2(-1 \mid -2)$ wird in die Gleichung eingesetzt und liefert $-2 = t \cdot (-1)^2$. Umstellen nach t ergibt $t = -2$. Die Funktion ist damit $f_{-2}(x) = -2x^2$.

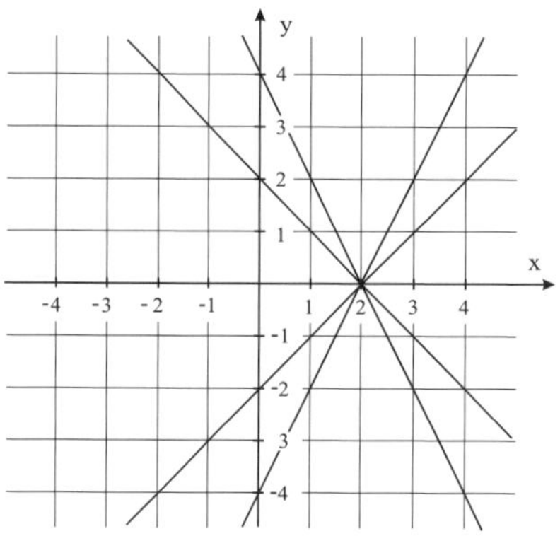

Kurvenschar c)

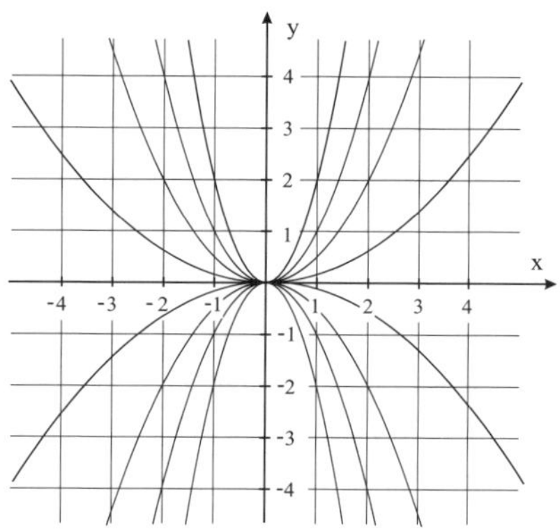

Kurvenschar d)

c) Die Ableitungen der Funktionen sind:
$f(x) = -x^2 + 2 \Rightarrow f'(x) = -2x \quad g_t(x) = tx^2 - 1 \Rightarrow g_t{}'(x) = 2tx$
Damit die Graphen der Funktionen im Schnittpunkt aufeinander senkrecht stehen, müssen folgende Gleichungen gelten:

$$\begin{array}{lrcl} \text{I} & f(x) & = & g_t(x) \\ \text{II} & f'(x) \cdot g_t{}'(x) & = & -1 \end{array}$$

Dabei ist Gleichung I die Gleichung für den Schnittpunkt und Gleichung II die Orthogonalitätsbedingung. Setzt man die Funktionen bzw. die Ableitungen ein, führt dies zu:

$$\begin{array}{lrclcrclcrcl} \text{Ia} & -x^2+2 & = & tx^2-1 & \Rightarrow & 3 & = & x^2\cdot(t+1) & \Rightarrow & x^2 & = & \frac{3}{t+1} \\ \text{IIa} & -2x\cdot 2tx & = & -1 & \Rightarrow & & & & & -4tx^2 & = & -1 \end{array}$$

Nun setzt man Gleichung Ia in Gleichung IIa ein: $-4t \cdot \frac{3}{t+1} = -1$. Auflösen nach t ergibt $t = \frac{1}{11}$. Die beiden Kurven stehen also für $t = \frac{1}{11}$ im Schnittpunkt senkrecht aufeinander.

d) Es ist $f_t(x) = (2x+t) \cdot e^{-x}$; $x \in \mathbb{R}$; $t \geqslant 0$. Um den abgebildeten Graphen der Funktionenschar f_t den jeweiligen Parameter t zuzuordnen, kann man die Nullstellen der Graphen betrachten. Die Nullstelle von f_t erhält man rechnerisch, indem man die Funktionsgleichung gleich Null setzt:
$f_t(x) = 0$ führt zu $(2x+t) \cdot e^{-x} = 0$ bzw. $2x + t = 0 \Rightarrow x = -\frac{t}{2}$ ist einzige Nullstelle.
Der Graph G hat als einzige Nullstelle $x = -2$, somit gilt: $-\frac{t}{2} = -2 \Rightarrow t = 4$.
Der Graph G* hat als einzige Nullstelle $x = -1$, somit gilt: $-\frac{t}{2} = -1 \Rightarrow t = 2$.
Der Graph G** hat als einzige Nullstelle $x = 0$, somit gilt: $-\frac{t}{2} = 0 \Rightarrow t = 0$.
Damit gehört zu G der Parameter $t = 4$, zu G* der Parameter $t = 2$ und zu G** der Parameter $t = 0$.

Alternativ kann man auch den Schnittpunkt mit der y-Achse untersuchen. Für $x = 0$ ergibt sich: $f_t(0) = (2 \cdot 0 + t) \cdot e^{-0} = t \cdot 1 = t$. Anhand der Graphen kommt man zu den gleichen Lösungen wie oben angegeben.

e) Man erhält die Extremstellen von $f_t(x) = x \cdot e^{tx}$; $x \in \mathbb{R}$; $t < 0$, indem man die 1. Ableitung (Produkt- und Kettenregel) gleich Null setzt:
$f_t{}'(x) = 1 \cdot e^{tx} + x \cdot e^{tx} \cdot t = (1+tx) \cdot e^{tx} = 0$ führt zu $1 + tx = 0$ bzw. $x = -\frac{1}{t}$.
Setzt man $x = -\frac{1}{t}$ in die 2. Ableitung $f_t{}''(x) = t \cdot e^{tx} + (1+tx) \cdot e^{tx} \cdot t = \left(2t + t^2x\right) \cdot e^{tx}$ ein, so erhält man:
$f_t{}'\left(-\frac{1}{t}\right) = \left(2t + t^2 \cdot \left(-\frac{1}{t}\right)\right) \cdot e^{t\cdot\left(-\frac{1}{t}\right)} = t \cdot e^{-1} \neq 0 \Rightarrow x = -\frac{1}{t}$ ist die einzige Extremstelle von $f_t(x)$.
Da $x = 2$ Extremstelle sein soll, muss gelten: $2 = -\frac{1}{t} \Rightarrow t = -\frac{1}{2}$.
Für $t = -\frac{1}{2}$ hat der Graph von f_t bei $x = 2$ eine Extremstelle.

f) Die Steigung m_k im Ursprung des Graphen von f_k mit $f_k(x) = k \cdot \sin(kx)$; $x \in \mathbb{R}$; $k > 0$ erhält man, indem man $x = 0$ in die 1. Ableitung von f_k (Kettenregel) einsetzt:
$f_k{}'(x) = k \cdot \cos(kx) \cdot k = k^2 \cdot \cos(kx)$, d.h. $m_k = f_k{}'(0) = k^2 \cdot \cos(k \cdot 0) = k^2$.

Die Steigung m im Ursprung des Graphen von g mit $g(x) = 2x^3 + 4x$ erhält man, indem man $x = 0$ in die 1. Ableitung von g einsetzt:
$g'(x) = 6x^2 + 4$, d.h. $m = g'(0) = 6 \cdot 0^2 + 4 = 4$.
Da die beiden Steigungen gleich sein sollen, muss gelten: $m_k = m$ bzw. $k^2 = 4$ mit den Lösungen $k_1 = -2$ und $k_2 = 2$.
Wegen $k > 0$ haben die beiden Graphen im Ursprung nur für $k = 2$ die gleiche Steigung.

g) Man erhält Extremstellen von $f_a(x) = \sin(ax)$; $x \in \mathbb{R}$; $0 < a < \frac{\pi}{2}$, indem man die 1. Ableitung von $f_a(x)$, die man mit Hilfe der Kettenregel bestimmt, gleich Null setzt:
$f_a{}'(x) = \cos(ax) \cdot a = 0$ führt wegen $a > 0$ zu $\cos(ax) = 0 \Rightarrow ax = \frac{\pi}{2} + k \cdot \pi$; $k \in \mathbb{Z}$.
Da $x = 3$ Extremstelle sein soll, muss gelten: $a \cdot 3 = \frac{\pi}{2} + k \cdot \pi$ bzw. $a = \frac{\pi}{6} + k \cdot \frac{\pi}{3}$.
Wegen $0 < a < \frac{\pi}{2}$ ist $a = \frac{\pi}{6}$ die einzige Lösung.
Für $a = \frac{\pi}{6}$ hat der Graph von f_a bei $x = 3$ eine Extremstelle.
Alternativ hätte man sich auch direkt, d.h. aufgrund des Verlaufs der Sinuskurve, überlegen können, dass der Graph von $f_a(x) = \sin(ax)$ für $ax = \frac{\pi}{2} + k \cdot \pi$; $k \in \mathbb{Z}$ Extremstellen hat, so dass man zum gleichen Ergebnis kommt.

7.3 Krümmungsverhalten von Kurven

a) Es ist $f(x) = \frac{1}{3}x^3 - x$. Zur Bestimmung des Krümmungsverhaltens benötigt man die 2. Ableitung: Es ist $f'(x) = x^2 - 1$ und $f''(x) = 2x$.
Der Graph von f ist linksgekrümmt, wenn $f''(x) > 0$ gilt: $2x > 0 \Rightarrow x > 0$. Also ist f für $x > 0$ linksgekrümmt.
Der Graph von f ist rechtsgekrümmt, wenn $f''(x) < 0$ gilt: $2x < 0 \Rightarrow x < 0$. Also ist f für $x < 0$ rechtsgekrümmt.

b) Es ist $f(x) = (x-1)^5$. Zur Bestimmung des Krümmungsverhaltens benötigt man die 2. Ableitung (Kettenregel): Es ist $f'(x) = 5 \cdot (x-1)^4$ und $f''(x) = 20 \cdot (x-1)^3$.
Der Graph von f ist linksgekrümmt, wenn $f''(x) > 0$ gilt: $20 \cdot (x-1)^3 > 0 \Rightarrow x > 1$. Also ist f für $x > 1$ linksgekrümmt.
Der Graph von f ist rechtsgekrümmt, wenn $f''(x) < 0$ gilt: $20 \cdot (x-1)^3 < 0 \Rightarrow x < 1$. Also ist f für $x < 1$ rechtsgekrümmt.

c) Es ist $f(x) = (2x-3) \cdot e^{-x}$. Zur Bestimmung des Krümmungsverhaltens benötigt man die 2. Ableitung (Produkt- und Kettenregel): Es ist $f'(x) = 2 \cdot e^{-x} + (2x-3) \cdot e^{-x} \cdot (-1) = (-2x+5) \cdot e^{-x}$ und $f''(x) = -2 \cdot e^{-x} + (-2x+5) \cdot e^{-x} \cdot (-1) = (2x-7) \cdot e^{-x}$.
Der Graph von f ist linksgekrümmt, wenn $f''(x) > 0$ gilt: $(2x-7) \cdot e^{-x} > 0 \Rightarrow x > \frac{7}{2}$. Also ist f für $x > \frac{7}{2}$ linksgekrümmt.
Der Graph von f ist rechtsgekrümmt, wenn $f''(x) < 0$ gilt: $(2x-7) \cdot e^{-x} < 0 \Rightarrow x < \frac{7}{2}$. Also ist f für $x < \frac{7}{2}$ rechtsgekrümmt.

7.4 Monotonie

a) Es ist $f(x) = \frac{x^2}{x+1}$. Mit Hilfe der Quotientenregel erhält man die 1. Ableitung von f:
$f'(x) = \frac{2x\cdot(x+1)-x^2\cdot 1}{(x+1)^2} = \frac{x^2+2x}{(x+1)^2} = \frac{x\cdot(x+2)}{(x+1)^2}$
Der Ausdruck im Nenner ist immer positiv, daher ist der Ausdruck im Zähler dafür verantwortlich, ob der Bruch positiv oder negativ ist.
Man kann folgende Fälle unterscheiden:
Für $x < -2$ sind Zähler und Nenner von f' positiv, also $f'(x) > 0$.
Für $-2 < x < 0\,(x \neq 1)$ ist der Zähler von f' negativ, der Nenner ist positiv, also $f'(x) < 0$.
Für $x > 0$ sind Zähler und Nenner von f' positiv, also $f'(x) > 0$.
Somit ist f für $x < -2$ oder $x > 0$ streng monoton zunehmend, für $-2 < x < 0\,(x \neq 1)$ ist f streng monoton abnehmend.

b) Es ist $f(x) = \frac{3x}{e^x}$. Mit Hilfe der Quotientenregel erhält man die 1. Ableitung von f:
$f'(x) = \frac{3\cdot e^x - 3x\cdot e^x}{(e^x)^2} = \frac{3e^x\cdot(1-x)}{(e^x)^2}$
Der Ausdruck im Nenner ist immer positiv, daher ist der Ausdruck im Zähler dafür verantwortlich, ob der Bruch positiv oder negativ ist.
Man kann folgende Fälle unterscheiden:
Für $x < 1$ sind Zähler und Nenner von f' positiv, also $f'(x) > 0$.
Für $x > 1$ ist der Zähler von f' negativ, der Nenner ist positiv, also $f'(x) < 0$.
Somit ist f für $x < 1$ streng monoton zunehmend, für $x > 1$ ist f streng monoton abnehmend.

c) Es ist $f(x) = \frac{2x}{\ln x}$. Mit Hilfe der Quotientenregel erhält man die 1. Ableitung von f:
$f'(x) = \frac{2\cdot\ln x - 2x\cdot\frac{1}{x}}{(\ln x)^2} = \frac{2\ln x - 2}{(\ln x)^2} = \frac{2\cdot(\ln x - 1)}{(\ln x)^2}$
Der Ausdruck im Nenner ist immer positiv, daher ist der Ausdruck im Zähler dafür verantwortlich, ob der Bruch positiv oder negativ ist. Der Term in der Klammer im Zähler wechselt das Vorzeichen für $x = e$, da $\ln e = 1$.
Man kann folgende Fälle unterscheiden:
Für $x < e$ ist der Zähler von f' negativ, der Nenner ist positiv, also $f'(x) < 0$.
Für $x > e$ sind Zähler und Nenner von f' positiv, also $f'(x) > 0$.
Somit ist f für $x > e$ streng monoton zunehmend, für $x < e$ ist f streng monoton abnehmend.

7.5 Tangenten und Normalen

a) Aus $f(x) = x^2 - 4x + 2$ folgt $f'(x) = 2x - 4$. Für die Steigung m_t der Tangente im Punkt x_0 gilt $m_t = f'(x_0)$. Damit ist die Tangente in $P(1 \mid -1)$: $m_t = f'(1) = 2\cdot 1 - 4 = -2$. Setzt man $P(1 \mid -1)$ und $m_t = -2$ in die Punkt-Steigungsform $y - y_1 = m\cdot(x - x_1)$ einer Geraden ein, so erhält man $y - (-1) = -2\cdot(x-1)$ und damit die Tangentengleichung $t:\ y = -2x + 1$. Für die Normalensteigung m_n gilt $m_n = -\frac{1}{m_t} = -\frac{1}{-2} = \frac{1}{2}$. Setzt man P und m_n in die Punkt-Steigungsform ein, so erhält man $y - (-1) = \frac{1}{2}\cdot(x-1)$ und damit die Normalengleichung $n:\ y = \frac{1}{2}x - \frac{3}{2}$.

b) Aus $f(x)=x^3+x+1$ folgt $f'(x)=3x^2+1$, $f''(x)=6x$ und $f'''(x)=6$. Um den Wendepunkt zu bestimmen, wird die 2. Ableitung gleich Null gesetzt: $f''(x)=6x=0 \Rightarrow x_W=0$. Probe in f''' ergibt $f'''(0)=6\neq 0$, es handelt sich also um einen Wendepunkt. Der y-Wert wird bestimmt, indem man $x_W=0$ in $f(x)$ einsetzt, was zu $W(0\mid 1)$ führt.
Die Tangentensteigung in W ist $m_t=f'(0)=1$. Setzt man $W(0\mid 1)$ und $m_t=1$ in die Punkt-Steigungsform ein, so erhält man $y-1=1\cdot(x-0)$ und damit die Tangentengleichung $t:\ y=x+1$. Für die Normalensteigung m_n gilt $m_n=-\frac{1}{m_t}=-\frac{1}{1}=-1$. Setzt man $W(0\mid 1)$ und $m_n=-1$ in die Punkt-Steigungsform ein, so erhält man $y-1=-1\cdot(x-0)$ und damit die Normalengleichung $n:\ y=-x+1$.

c) I) Da die Steigung der Tangente schon angegeben ist, muss zuerst der Punkt P bestimmt werden, in dem die Tangente die Kurve berührt. In diesem Punkt soll die Steigung der Kurve nach Aufgabenstellung gleich -2 sein. Daher setzt man die 1. Ableitung gleich -2. Es ist $f(x)=x^2+4x-3$ und $f'(x)=2x+4$. Gleichsetzen der 1. Ableitung: $f'(x)=2x+4=-2 \Rightarrow x_P=-3$. Durch Einsetzen in $f(x)$ wird die y-Koordinate des Punktes bestimmt. Damit ist der gesuchte Punkt $P(-3\mid -6)$. Setzt man $P(-3\mid -6)$ und $m_t=-2$ in die Punkt-Steigungsform ein, so erhält man $y-(-6)=-2\cdot(x-(-3))$ und damit die Tangentengleichung $t:\ y=-2x-12$.

II) Da die Tangente orthogonal zu der angegebenen Geraden g ist, gilt für ihre Steigung $m_t=-\frac{1}{m_g}$, die Steigung der Tangente ist damit $m_t=-\frac{1}{-\frac{1}{3}}=3$. Nun muss der Punkt P bestimmt werden, in dem die Tangente die Kurve berührt: Da in diesem Punkt die Steigung der Kurve gleich 3 sein muss, setzt man die 1. Ableitung gleich 3 und löst nach x auf: $f'(x)=2x+4=3 \Rightarrow x_P=-\frac{1}{2}$. Durch Einsetzen in $f(x)$ wird die y-Koordinate des Punktes bestimmt. Damit ist der gesuchte Punkt $P\left(-\frac{1}{2}\mid -\frac{19}{4}\right)$. Setzt man $P\left(-\frac{1}{2}\mid -\frac{19}{4}\right)$ und $m_t=3$ in die Punkt-Steigungsform ein, so erhält man
$y-\left(-\frac{19}{4}\right)=3\cdot\left(x-\left(-\frac{1}{2}\right)\right)$ und damit die Tangentengleichung $t:\ y=3x-\frac{13}{4}$.

III) Da die Tangente parallel zur angegebenen Geraden ist und die Tangentensteigung damit gleich groß ist wie die Geradensteigung, muss zuerst der Punkt P bestimmt werden, in dem die Tangente die Kurve berührt: In diesem Punkt ist die Steigung gleich 4. Daher setzt man die 1. Ableitung gleich 4: $f'(x)=2x+4=4 \Rightarrow x_P=0$. Durch Einsetzen in $f(x)$ wird der y-Wert des Punktes bestimmt. Damit ist der gesuchte Punkt $P(0\mid -3)$. Setzt man $P(0\mid -3)$ und $m_t=4$ in die Punkt-Steigungsform ein, so erhält man $y-(-3)=4\cdot(x-0)$ und damit die Tangentengleichung $t:\ y=4x-3$.

7.6 Berührpunkte zweier Kurven

Wenn sich zwei Graphen G_f und G_g in einem Punkt $B(x_B\mid y_B)$ berühren, gelten folgende zwei Bedingungen:

1. Da B gemeinsamer Punkt ist, gilt $f(x_B)=g(x_B)$.
2. Da in B eine gemeinsame Tangente vorhanden ist, gilt $f'(x_B)=g'(x_B)$.

a) Es genügt zu zeigen, dass im Punkt B $(0 \mid 3)$ die beiden Bedingungen $f(x) = g(x)$ und $f'(x) = g'(x)$ erfüllt sind:
Es ist $f(0) = \frac{1}{5} \cdot 0^3 - 2 \cdot 0^2 + 5 \cdot 0 + 3 = 3$ und $g(0) = -0^2 + 5 \cdot 0 + 3 = 3$, also $f(0) = g(0)$, d.h. B $(0 \mid 3)$ ist gemeinsamer Punkt.
Ferner gilt $f'(x) = \frac{3}{5}x^2 - 4x + 5$ und $g'(x) = -2x + 5$.
Es ist $f'(0) = \frac{3}{5} \cdot 0^2 - 4 \cdot 0 + 5 = 5$ und $g'(0) = -2 \cdot 0 + 5 = 5$,
also $f'(0) = g'(0)$, d.h. in B $(0 \mid 3)$ existiert eine gemeinsame Tangente. Somit berühren sich die beiden Kurven in B $(0 \mid 3)$.

b) Um mögliche Berührpunkte zu berechnen, kann man entweder die Funktionsgleichungen oder die Tangentensteigungen gleichsetzen. Anschließend muss die jeweils andere Bedingung überprüft werden.
Es ist $f'(x) = x^2 - 4x + 3$ und $g'(x) = -2x + 3$.
Gleichsetzen der Tangentensteigungen führt auf $x^2 - 4x + 3 = -2x + 3$ bzw. $x^2 - 2x = 0$ mit den Lösungen $x_1 = 2$ und $x_2 = 0$.
Setzt man $x_1 = 2$ in $f(x)$ bzw. $g(x)$ ein, so ergibt sich $f(2) = \frac{1}{3} \cdot 2^3 - 2 \cdot 2^2 + 3 \cdot 2 + 4 = 4\frac{2}{3}$ und $g(2) = -2^2 + 3 \cdot 2 + 4 = 6$, d.h. $f(2) \neq g(2)$, also liegt kein gemeinsamer Punkt vor.
Setzt man $x_2 = 0$ in $f(x)$ bzw. $g(x)$ ein, so ergibt sich $f(0) = \frac{1}{3} \cdot 0^3 - 2 \cdot 0^2 + 3 \cdot 0 + 4 = 4$ und $g(0) = -0^2 + 3 \cdot 0 + 4 = 4$, also ist auch $f(0) = g(0)$, d.h. B $(0 \mid 4)$ ist ein Berührpunkt.

7.7 Symmetrie

a) Da die Funktion f mit $f(x) = \frac{1}{x^2} + 3$ nur gerade Exponenten enthält, erfüllt sie das Kriterium für y-Achsensymmetrie: $f(-x) = \frac{1}{(-x)^2} + 3 = \frac{1}{x^2} + 3 = f(x)$.

b) Da die Funktion f mit $f(x) = 3x^5 - 7{,}2x^3 + x$ nur ungerade Exponenten enthält, erfüllt sie das Kriterium für Punktsymmetrie zum Ursprung: $f(-x) = 3 \cdot (-x)^5 - 7{,}2 \cdot (-x)^3 + (-x)$ $= -3x^5 + 7{,}2x^3 - x = -\left(3x^5 - 7{,}2x^3 + x\right) = -f(x)$.

c) Für die Funktion f mit $f(x) = 4 \cdot e^{-\frac{x^2}{2}}$ gilt: $f(-x) = 4 \cdot e^{-\frac{(-x)^2}{2}} = 4 \cdot e^{-\frac{x^2}{2}} = f(x)$.
Somit ist das Kriterium für y-Achsensymmetrie erfüllt.

d) Für die Funktion f mit $f(x) = x \cdot \ln\left(x^2\right)$ gilt:
$f(-x) = (-x) \cdot \ln\left((-x)^2\right) = -x \cdot \ln\left(x^2\right) = -f(x)$.
Somit ist das Kriterium für Punktsymmetrie zum Ursprung erfüllt.

7.8 Umkehrfunktion

a) Die 1. Ableitung von f erhält man mit der Kettenregel: $f'(x) = 2 \cdot (x+1) \cdot 1 = 2x + 2 > 0$ für $x > -1$
Damit ist f streng monoton wachsend und es existiert eine Umkehrfunktion $\bar{f}$.
Löst man $y = f(x) = (x+1)^2;\ x > -1$ nach x auf, erhält man: $\sqrt{y} = x + 1$ bzw. $\sqrt{y} - 1 = x$.
Vertauscht man die Variablen x und y, so ist $\sqrt{x} - 1 = y$. Die Wertemenge von f sind

alle reellen Zahlen, die größer oder gleich Null sind. Somit ist $\overline{f}(x) = \sqrt{x} - 1; x \geqslant 0$ die Umkehrfunktion von $f(x) = (x+1)^2; x \geqslant -1$.

b) Die 1. Ableitung von f erhält man mit der Quotientenregel:
$f'(x) = \frac{0 \cdot (x-1) - 3 \cdot 1}{(x-1)^2} = -\frac{3}{(x-1)^2} < 0$ für $x \neq 1$
Damit ist f streng monoton fallend und es existiert eine Umkehrfunktion $\bar{f}$.
Löst man $y = f(x) = \frac{3}{x-1}; x \in \mathbb{R} \setminus \{1\}$ nach x auf, so erhält man: $x - 1 = \frac{3}{y} \Rightarrow x = \frac{3}{y} + 1$. Vertauscht man die Variablen x und y, so ist $\frac{3}{x} + 1 = y$. Die Wertemenge von f ist $\mathbb{R} \setminus \{0\}$ (alle reellen Zahlen ohne Null) . Somit ist $\overline{f}(x) = \frac{3}{x} + 1; x \in \mathbb{R} \setminus \{0\}$ die Umkehrfunktion von $f(x) = \frac{3}{x-1}; x \in \mathbb{R} \setminus \{1\}$.

c) Die 1. Ableitung von f erhält man mit Hilfe der Quotientenregel:
$f'(x) = \frac{2 \cdot (x-1) - 2x \cdot 1}{(x-1)^2} = -\frac{2}{(x-1)^2} < 0$ für $x \neq 1$
Damit ist f streng monoton fallend und es existiert eine Umkehrfunktion $\bar{f}$.
Löst man $y = f(x) = \frac{2x}{x-1}; x \in \mathbb{R} \setminus \{1\}$ nach x auf, so erhält man: $y \cdot (x-1) = 2x \Rightarrow yx - y = 2x \Rightarrow -y = 2x - yx \Rightarrow -y = x \cdot (2-y) \Rightarrow \frac{-y}{2-y} = x$. Vertauscht man die Variablen x und y, so ist $\frac{-x}{2-x} = y$. Die Wertemenge von f ist $\mathbb{R} \setminus \{2\}$ (alle reellen Zahlen ohne 2). Somit ist $\overline{f}(x) = \frac{-x}{2-x}; x \in \mathbb{R} \setminus \{2\}$ die Umkehrfunktion von $f(x) = \frac{2x}{x-1}; x \in \mathbb{R} \setminus \{1\}$.

d) Die 1. Ableitung von f erhält man mit Hilfe der Kettenregel:
$f'(x) = 4 \cdot e^{-2x} \cdot (-2) = -8 \cdot e^{-2x} < 0$
Damit ist f streng monoton fallend und es existiert eine Umkehrfunktion $\bar{f}$.
Löst man $y = f(x) = 4 \cdot e^{-2x} + 2$ nach x auf, so erhält man: $y - 2 = 4 \cdot e^{-2x} \Rightarrow \frac{y-2}{4} = e^{-2x} \Rightarrow \ln\left(\frac{y-2}{4}\right) = -2x \Rightarrow -\frac{1}{2}\ln\left(\frac{y-2}{4}\right) = x$. Vertauscht man die Variablen x und y, so ist $-\frac{1}{2}\ln\left(\frac{x-2}{4}\right) = y$. Die Wertemenge von f sind alle positiven reellen Zahlen, die größer als 2 sind. Somit ist $\overline{f}(x) = -\frac{1}{2}\ln\left(\frac{x-2}{4}\right); x > 2$ die Umkehrfunktion von
$f(x) = 4 \cdot e^{-2x} + 2$.

e) Die 1. Ableitung von f erhält man mit Hilfe der Kettenregel: $f'(x) = 4 \cdot \frac{1}{2x} \cdot 2 = \frac{4}{x} > 0$ für $x > 0$.
Damit ist f streng monoton wachsend und es existiert eine Umkehrfunktion $\bar{f}$.
Löst man $y = f(x) = 4 \cdot \ln(2x)$ nach x auf, so erhält man:
$\frac{y}{4} = \ln(2x) \Rightarrow e^{\frac{y}{4}} = 2x \Rightarrow \frac{e^{\frac{y}{4}}}{2} = x$. Vertauscht man die Variablen x und y, so ist $\frac{e^{\frac{x}{4}}}{2} = y$. Die Wertemenge von f sind alle reellen Zahlen. Somit ist $\overline{f}(x) = \frac{1}{2}e^{\frac{x}{4}}$ die Umkehrfunktion von $f(x) = 4 \cdot \ln(2x)$.

f) Die 1. Ableitung von f erhält man mit der Kettenregel: $f'(x) = -2 \cdot \frac{1}{x-2} \cdot 1 = -\frac{2}{x-2} < 0$ für $x > 2$.
Damit ist f streng monoton fallend und es existiert eine Umkehrfunktion $\bar{f}$.
Löst man $y = f(x) = -2 \cdot \ln(x-2)$ nach x auf, so erhält man: $-\frac{y}{2} = \ln(x-2) \Rightarrow e^{-\frac{y}{2}} = x - 2 \Rightarrow e^{-\frac{y}{2}} + 2 = x$. Vertauscht man die Variablen x und y, so ist $e^{-\frac{x}{2}} + 2 = y$. Die

Wertemenge von f sind alle reellen Zahlen. Somit ist $\overline{f}(x) = e^{-\frac{x}{2}} + 2$ die Umkehrfunktion von $f(x) = -2 \cdot \ln(x-2)$.

8 Allgemeines Verständnis von Funktionen

8.1 Definitionsbereich

Gebrochenrationale Funktionen
Eine Funktion ist überall dort definiert, wo der Nenner nicht Null ist. Also setzt man den Nenner gleich Null, um die Stellen zu bestimmen, die nicht zum Definitionsbereich gehören:

Logarithmusfunktionen
Da $y = \ln x$ nur für $x > 0$ definiert ist, muss das Argument (der Ausdruck, auf den der ln angewendet wird) positiv sein.

Wurzelfunktionen
Der Radikand (der Ausdruck unter der Wurzel) muss größer oder gleich Null sein:

a) Nullstelle des Nenners: $x - 4 = 0 \Rightarrow x = 4$ also $\mathrm{D} = \mathbb{R} \setminus \{4\}$

b) Nullstelle des Nenners: $x^2 + 1 = 0$ hat keine reelle Lösung, also können für x alle reellen Zahlen eingesetzt werden: $\mathrm{D} = \mathbb{R}$

c) Argument: $2x + 3 > 0 \Rightarrow 2x > -3 \Rightarrow x > -\frac{3}{2} \Rightarrow \mathrm{D} = \left\{x \in \mathbb{R} \mid x > -\frac{3}{2}\right\}$

d) Argument: $3 - 2x > 0 \Rightarrow 3 > 2x \Rightarrow \frac{3}{2} > x \Rightarrow \mathrm{D} = \left\{x \in \mathbb{R} \mid x < \frac{3}{2}\right\}$

e) Radikand: $8 - 4x \geqslant 0 \Rightarrow 8 \geqslant 4x \Rightarrow 2 \geqslant x$. Es dürfen alle reellen Zahlen, die kleiner oder gleich 2 sind, eingesetzt werden:
$\mathrm{D} = \{x \in \mathbb{R} \mid x \leqslant 2\}$

f) Radikand: $7x + 5 \geqslant 0 \Rightarrow 7x \geqslant -5 \Rightarrow x \geqslant -\frac{5}{7} \Rightarrow \mathrm{D} = \left\{x \in \mathbb{R} \mid x \geqslant -\frac{5}{7}\right\}$

8.2 Definitionsbereich und Grenzwerte

Es bezeichnet $\rightarrow a+$ die Annäherung an den Wert a von «oben» bzw. «rechts» und $\rightarrow a-$ die Annäherung von «unten» bzw. «links».

a) Es ist $f(x) = 4\ln(2-x)$. Der Term in der Klammer (das Argument) muss größer als Null sein: $2 - x > 0 \Rightarrow 2 > x$ bzw. $x < 2$. Also ist $\mathrm{D} = \{x \in \mathbb{R} \mid x < 2\}$.

Verhalten an den Grenzen des Definitionsbereichs:

$$\lim_{x\to-\infty} f(x) = \lim_{x\to-\infty} 4\ln(2-x) = \lim_{x\to-\infty} 4\ln\underbrace{(2-x)}_{\to+\infty} \Rightarrow \lim_{x\to-\infty} \underbrace{4\ln(2-x)}_{\to+\infty} = +\infty$$

$$\lim_{x\to2-} f(x) = \lim_{x\to2-} 4\ln(2-x) = \lim_{x\to2-} 4\ln\underbrace{(2-x)}_{\to0+} \Rightarrow \lim_{x\to2-} \underbrace{4\ln(2-x)}_{\to-\infty} = -\infty$$

b) Es ist $f(x) = \frac{2x^2+1}{x-1}$. Nullstelle des Nenners: $x - 1 = 0 \Rightarrow x = 1$. Also ist $D = \mathbb{R} \setminus \{1\}$.

Verhalten an den Grenzen des Definitionsbereichs:

$$\lim_{x\to 1+} f(x) = \lim_{x\to 1+} \frac{2x^2+1}{x-1} = \lim_{x\to 1+} \frac{\overbrace{2x^2+1}^{\to 3}}{\underbrace{x-1}_{\to 0+}} = +\infty$$

$$\lim_{x\to 1-} f(x) = \lim_{x\to 1-} \frac{2x^2+1}{x-1} = \lim_{x\to 1-} \frac{\overbrace{2x^2+1}^{\to 3}}{\underbrace{x-1}_{\to 0-}} = -\infty$$

$\lim_{x\to +\infty} f(x) = \lim_{x\to +\infty} \frac{2x^2+1}{x-1} = \lim_{x\to +\infty} \frac{\overbrace{2x^2+1}^{\to +\infty}}{\underbrace{x-1}_{\to +\infty}} = +\infty$, da der Zählergrad größer ist als der Nennergrad.

$\lim_{x\to -\infty} f(x) = \lim_{x\to -\infty} \frac{2x^2+1}{x-1} = \lim_{x\to -\infty} \frac{\overbrace{2x^2+1}^{\to +\infty}}{\underbrace{x-1}_{\to -\infty}} = -\infty$, da der Zählergrad größer ist als der Nennergrad.

c) Es ist $f(x) = \frac{2x}{e^{\frac{1}{2}x}}$. Der Nenner kann nicht Null sein, daher gilt $D = \mathbb{R}$.

Verhalten an den Grenzen des Definitionsbereichs:

$\lim_{x\to +\infty} f(x) = \lim_{x\to +\infty} \frac{2x}{e^{\frac{1}{2}x}} = 0$, da $\lim_{x\to +\infty} \left(\frac{x^n}{e^{kx}}\right) = 0$ weil der Nenner stärker wächst als der Zähler.

$$\lim_{x\to -\infty} f(x) = \lim_{x\to -\infty} \frac{2x}{e^{\frac{1}{2}x}} = \lim_{x\to -\infty} \underbrace{2x}_{\to -\infty} \cdot \underbrace{e^{-\frac{1}{2}x}}_{\to +\infty} = -\infty$$

d) Es ist $f(x) = \frac{x^2}{x-k}$ mit $k > 0$. Nullstelle des Nenners: $x - k = 0 \Rightarrow x = k$, damit ergibt sich: $D = \mathbb{R} \setminus \{k\}$.

Verhalten an den Grenzen des Definitionsbereichs:

$$\lim_{x\to k+} f(x) = \lim_{x\to k+} \frac{x^2}{x-k} = \lim_{x\to k+} \frac{\overbrace{x^2}^{\to k^2}}{\underbrace{x-k}_{\to 0+}} = +\infty$$

$$\lim_{x\to k-} f(x) = \lim_{x\to k-} \frac{x^2}{x-k} = \lim_{x\to k-} \frac{\overbrace{x^2}^{\to k^2}}{\underbrace{x-k}_{\to 0-}} = -\infty$$

$\lim_{x\to +\infty} f(x) = \lim_{x\to +\infty} \frac{x^2}{x-k} = \lim_{x\to +\infty} \frac{\overbrace{x^2}^{\to +\infty}}{\underbrace{x-k}_{\to +\infty}} = +\infty$, da der Zählergrad größer ist als der Nennergrad.

$$\lim_{x\to-\infty} f(x) = \lim_{x\to-\infty} \frac{x^2}{x-k} = \lim_{x\to-\infty} \frac{\overbrace{x^2}^{\to+\infty}}{\underbrace{x-k}_{\to-\infty}} = -\infty,$$ da der Zählergrad größer ist als der Nennergrad.

8.3 Stetigkeit und Differenzierbarkeit

a) Eine stetige Funktion lässt sich «ohne abzusetzen» zeichnen. Sie darf keine Lücken oder Sprünge auf ihrem Definitionsbereich enthalten.

b) I) Um die jährlichen Zinsen für einen Kredit von 5000 € zu ermitteln, berechnet man die Zinsen für einen Kredit für die ersten 3000 €, für die ein Zinssatz von 5 % gilt, und für einen Kredit für die restlichen 2000 €, für die ein Zinssatz von 2,5 % gilt:

$$3000 \cdot 0,05 + 2000 \cdot 0,025 = 200$$

Also muss der Kunde 200 € Zinsen zahlen.

II) Die Funktion f ist eine abschnittsweise definierte Funktion. Es gilt:

$$f(x) = \begin{cases} 0,05 & \text{für } x \leqslant 3000 \\ 0,025 & \text{für } x > 3000 \end{cases}$$

Damit gilt für die Integralfunktion da $\int_0^0 f(t)dt = 0$ entsprechend:

$$\mathrm{F}(x) = \begin{cases} 0,05x & \text{für } x \leqslant 3000 \\ 0,025x + c & \text{für } x > 3000 \end{cases}$$

Wegen $\mathrm{F}(3000) = 0,05 \cdot 3000 = 150$ kann man c bestimmen:

$$0,025 \cdot 3000 + c = 150 \Rightarrow c = 75$$

Damit gilt für die Integralfunktion:

$$\mathrm{F}(x) = \begin{cases} 0,05x & \text{für } x \leqslant 3000 \\ 0,025x + 75 & \text{für } x > 3000 \end{cases}$$

Nun kann man die Integralfunktion F in ein Koordinatensystem einzeichnen. Diese hat einen «Knick» bei $x = 3000$, da die Funktion f dort eine Sprungstelle besitzt.

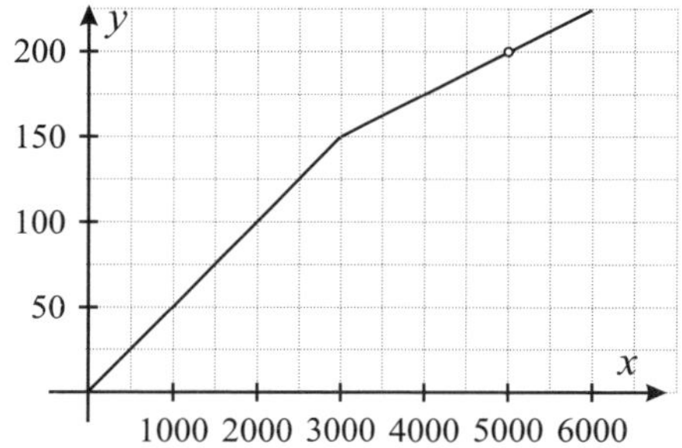

III) Mit Hilfe der Integralfunktion F wird der Flächeninhalt der Fläche zwischen dem Graphen von f und der x-Achse berechnet. Dieser entspricht der Höhe der jährlichen Zinsen für einen Kredit von x €. Die Werte der Integralfunktion F geben somit die Höhe der Zinsen an, die vom Kunden (jährlich) gezahlt werden muss. Bei $x = 3000$ beträgt der Wert der Integralfunktion F daher gerade 150, dh. es müssen 150 € Zinsen gezahlt werden. Für $x = 5000$ beträgt der Wert der Integralfunktion genau 200, wie in Aufgabenteil a) für einen Kredit von 5000 € berechnet wurde.

c) I) Die Funktion ist stetig, da für $x = 3$ gilt: $\frac{1}{3} \cdot 3 = 1$ und $7 - 2 \cdot 3 = 1$.

II) Funktion ist nicht stetig, da für $x = 1$ gilt: $\frac{1}{4} \cdot 1 = \frac{1}{4}$, aber $\frac{1}{4} \cdot 1 + 1 = \frac{5}{4}$. Das Schaubild hat einen Sprung bei $x = 1$.

d) Damit eine Funktion differenzierbar ist, muss sie stetig sein, außerdem darf das Schaubild keinen «Knick» enthalten, denn dort ließe sich keine Steigung finden (bzw. der rechtsseitige und der linksseitige Grenzwert der 1. Ableitung wären unterschiedlich).

e) I) Der Graph der Betragsfunktion B wurde um 1 LE nach links verschoben. Damit besitzt die Funktion f den Funktionsterm $f(x) = \mathrm{B}(x+1) = |x+1|$.

II) Um den Graphen der Integralfunktion F zu zeichnen, gibt es verschiedene Möglichkeiten:

- Man bestimmt für verschiedene Werte von x die zugehörigen Funktionswerte von F durch Flächenberechnung:
  Für $x = -1$ ist $\int_{-1}^{-1} f(t)\mathrm{d}t = 0 \Rightarrow \mathrm{F}(-1) = 0$
  Für $x > -1$ ist wegen $f(t) > 0$ auch $\int_{-1}^{x} f(t)\mathrm{d}t > 0$. Da durch das Integral der Flächeninhalt zwischen dem Graphen von f und der x-Achse berechnet wird, kann man für verschiedene Werte von x die Flächeninhalte der Dreiecksflächen berechnen und somit die Funktionswerte von F bestimmen.
  Für $x < -1$ ist wegen $f(t) > 0$ auch $\int_{-1}^{x} f(t)\mathrm{d}t < 0$. Da durch das Integral der Flächeninhalt zwischen dem Graphen von f und der x-Achse berechnet wird, kann man für verschiedene Werte von x die Flächeninhalte der Dreiecksflächen berechnen und diese als negative Funktionswerte von F verwenden.
- Man bestimmt ausgehend von $f(x)$ (d.h. durch teilweises Integrieren) die zugehörige Integralfunktion F:

$$\mathrm{F}(x) = \begin{cases} +\frac{1}{2}(x+1)^2 & \text{für } x > -1 \\ 0 & \text{für } x = -1 \\ -\frac{1}{2}(x+1)^2 & \text{für } x < -1 \end{cases}$$

Damit kann man den Graphen von F mit Hilfe einer Wertetabelle abschnittsweise in das Koordinatensystem einzeichnen:

x	-4	-3	-2	-1	0	1	2
F(x)	-4,5	-2	-0,5	0	0,5	2	4,5

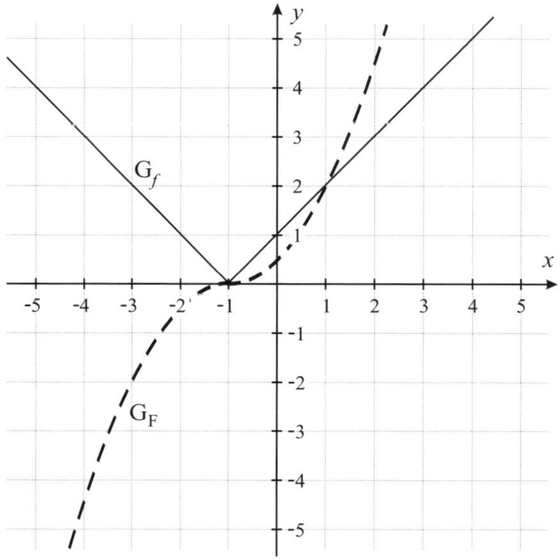

8.4 Das Newton-Verfahren

a) Das Newtonsche Näherungsverfahren ist eine Methode, mit der man numerisch Nullstellen bestimmen kann:
Man startet bei x_0 und legt mit Hilfe der Steigung $f'(x_0)$ eine Tangente t an die Kurve im Punkt P$(x_0 \mid f(x_0))$:

$$t : y - f(x_0) = f'(x_0) \cdot (x - x_0)$$

Dann schneidet man diese Tangente mit der x-Achse; diese Schnittstelle ist x_1. Für x_1 legt man wieder eine Tangente an die Kurve in $(x_1 \mid f(x_1))$. Diese Tangente schneidet die x-Achse an der Stelle x_2. Dieses Verfahren setzt man beliebig lange fort und nähert sich so der Nullstelle im Allgemeinen relativ rasch.
Beispiele für die Anwendung des Newtonschen Näherungsverfahrens sind: Nullstellenbestimmung, Bestimmung von Schnittpunkten von Kurven, Bestimmung von bestimmten Funktionswerten einer Funktion.

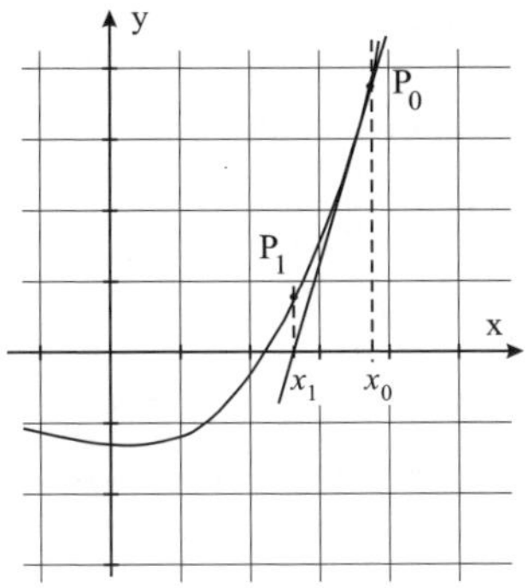

Voraussetzungen und mögliche Fehler

- $f'(x_0)$ muss existieren.
- x_1 kann außerhalb des Definitionsbereichs liegen (z.B. wenn es sich um eine Funktion handelt, die nur für $x > 0$ definiert ist, wie die Wurzelfunktion).
- Die Werte laufen gegen die falsche Nullstelle, weil man die erste Tangente jenseits eines Maximums oder eines Wendepunktes angesetzt hat.

b) I) Die Funktion $f(x) = x^3 + x - 3$ hat die 1. Ableitung $f'(x) = 3x^2 + 1$. Setzt man den Startwert $x_0 = 1$ in die Newtonsche Iterationsformel $x_{n+1} = x_n - \frac{f(x_n)}{f'(x_n)}$ ein, erhält man:

$$x_1 = x_0 - \frac{f(x_0)}{f'(x_0)} = 1 - \frac{f(1)}{f'(1)} = 1 - \frac{1^3 + 1 - 3}{3 \cdot 1^2 + 1} = 1{,}25$$

$$x_2 = x_1 - \frac{f(x_1)}{f'(x_1)} = 1{,}25 - \frac{f(1{,}25)}{f'(1{,}25)} = 1{,}25 - \frac{1{,}25^3 + 1{,}25 - 3}{3 \cdot 1{,}25^2 + 1} = \frac{17}{14} \approx 1{,}21$$

Die Nullstelle liegt bei $x \approx 1{,}21$.

II) Die Funktion $f(x) = e^{\frac{1}{2}x} - x - 1$ hat die 1. Ableitung $f'(x) = \frac{1}{2}e^{\frac{1}{2}x} - 1$. Setzt man den Startwert $x_0 = 2{,}4$ in die Newtonsche Iterationsformel $x_{n+1} = x_n - \frac{f(x_n)}{f'(x_n)}$ ein, erhält man:

$$x_1 = x_0 - \frac{f(x_0)}{f'(x_0)} = 2{,}4 - \frac{f(2{,}4)}{f'(2{,}4)} = 2{,}4 - \frac{e^{\frac{1}{2}\cdot 2{,}4} - 2{,}4 - 1}{\frac{1}{2}e^{\frac{1}{2}\cdot 2{,}4} - 1} \approx 2{,}52$$

$$x_2 = x_1 - \frac{f(x_1)}{f'(x_1)} \approx 2{,}52 - \frac{f(2{,}52)}{f'(2{,}52)} = 2{,}52 - \frac{e^{\frac{1}{2}\cdot 2{,}52} - 2{,}52 - 1}{\frac{1}{2}e^{\frac{1}{2}\cdot 2{,}52} - 1} \approx 2{,}51$$

Die Nullstelle liegt bei $x \approx 2{,}51$.

9 Integralrechnung

9.1 Stammfunktionen

9.1.1 Ganzrationale Funktionen

a) $F(x) = \frac{2}{4}x^4 - \frac{\frac{4}{3}}{3}x^3 + 2x + c = \frac{1}{2}x^4 - \frac{4}{9}x^3 + 2x + c$

b) $F(x) = \frac{a}{5}x^5 + \frac{2a}{4}x^4 - \frac{1}{2}x^2 + c = \frac{a}{5}x^5 + \frac{a}{2}x^4 - \frac{1}{2}x^2 + c$

c) $F(x) = \frac{t^2}{4}x^4 - \frac{t}{3}x^3 + c$

d) $F(x) = \frac{4}{5}x^5 - \frac{2t}{3}x^3 + \frac{t}{2}x^2 + c$

Für verkettete (verschachtelte) Funktionen mit innerem *linearem* Ausdruck gilt die Integrationsregel für lineare Substitution: «Äußere Stammfunktion geteilt durch innere Ableitung»

e) Lineare Substitution: $F(x) = -12 \cdot \frac{\frac{1}{3}(2x-3)^3}{2} + c = -2\,(2x-3)^3 + c$

f) Lineare Substitution: $F(x) = 6 \cdot \frac{\frac{1}{4}(3x-1)^4}{3} + c = \frac{1}{2}\,(3x-1)^4 + c$

9.1.2 Exponentialfunktionen

a) $F(x) = 3e^x + c$

b) Lineare Substitution: $F(x) = 4 \cdot \frac{e^{-x}}{-1} + c = -4e^{-x} + c$

c) Lineare Substitution: $F(x) = t \cdot \frac{e^{-tx}}{-t} + c = -e^{-tx} + c$

d) Lineare Substitution: $F(x) = a \cdot \frac{e^{3x+2}}{3} + c = \frac{a}{3}e^{3x+2} + c$

e) Zuerst wird die Klammer aufgelöst: $f(x) = 2x^2 - 12e^{3x}$, daraus folgt:
$F(x) = 2 \cdot \frac{1}{3} \cdot x^3 - 12 \cdot \frac{1}{3} \cdot e^{3x} + c = \frac{2}{3}x^3 - 4e^{3x} + c$

f) $F(x) = e^{x^3} + c$

g) $F(x) = e^{x^2+1} + c$

h) Zuerst wird die gegebene Funktion umgeformt: $f(x) = x \cdot e^{x^2} = \frac{1}{2} \cdot 2x \cdot e^{x^2}$.
Dann gilt: $F(x) = \frac{1}{2} \cdot e^{x^2} + c$

i) Zuerst wird die gegebene Funktion umgeformt: $f(x) = 2x \cdot e^{3x^2} = \frac{1}{3} \cdot 6x \cdot e^{3x^2}$.
Dann gilt: $F(x) = \frac{1}{3} \cdot e^{3x^2} + c$

9.1.3 Gebrochenrationale Funktionen

a) Umschreiben des Bruchs in einen Ausdruck mit negativem Exponenten: $f(x) = 4\,(2x-3)^{-2}$
Lineare Substitution: $F(x) = 4\,\frac{\frac{1}{-1}(2x-3)^{-1}}{2} + c = -2\,(2x-3)^{-1} + c = -\frac{2}{(2x-3)} + c$

b) Umschreiben des Bruchs in einen Ausdruck mit negativem Exponenten: $f(x) = 12\,(4x-2)^{-4}$
Lineare Substitution: $F(x) = 12\,\frac{\frac{1}{-3}(4x-2)^{-3}}{4} + c = -1\,(4x-2)^{-3} + c = -\frac{1}{(4x-2)^3} + c$

c) Umschreiben des Bruchs in einen Ausdruck mit negativem Exponenten ergibt: $f(x) = 3 \cdot x^{-2}$. Daraus folgt: $\mathrm{F}(x) = \frac{3}{-1} \cdot x^{-1} + c = -\frac{3}{x} + c$

d) Umschreiben des Bruchs in einen Ausdruck mit negativem Exponenten ergibt: $f(x) = -a \cdot x^{-3} + 2a \cdot x^3$. Daraus folgt:
$\mathrm{F}(x) = -\frac{a}{-2} \cdot x^{-2} + \frac{2a}{4} \cdot x^4 + c = \frac{a}{2x^2} + \frac{a}{2}x^4 + c = \frac{a}{2}\left(x^4 + \frac{1}{x^2}\right) + c$

e) Umschreiben des Bruchs in einen Ausdruck mit negativem Exponenten ergibt: $f(x) = t^2 \cdot x^{-4} - tx^2$. Daraus folgt:
$\mathrm{F}(x) = \frac{t^2}{-3}x^{-3} - \frac{t}{3}x^3 + c = -\frac{t^2}{3x^3} - \frac{t}{3}x^3 + c = -\frac{t}{3}\left(x^3 + \frac{t}{x^3}\right) + c$

f) Lineare Substitution: $\mathrm{F}(x) = 6 \cdot \frac{\ln|x-2|}{1} + c = 6 \cdot \ln|x-2| + c$

g) Lineare Substitution: $\mathrm{F}(x) = 3 \cdot \frac{\ln|2x|}{2} + c = \frac{3}{2} \cdot \ln|2x| + c$

h) Lineare Substitution: $\mathrm{F}(x) = 4 \cdot \frac{\ln|2x-1|}{2} + c = 2 \cdot \ln|2x-1| + c$

i) Da im Zähler von $f(x)$ die Ableitung des Nenners steht, gilt: $\mathrm{F}(x) = \ln\left|x^2 + 3\right| + c$

j) Da im Zähler von $f(x)$ die Ableitung des Nenners steht, gilt: $\mathrm{F}(x) = \ln\left|3x^2 + 2x\right| + c$

k) Da im Zähler von $f(x)$ die Ableitung des Nenners steht, gilt: $\mathrm{F}(x) = \ln\left|x^3 + 1\right| + c$

9.1.4 Logarithmusfunktionen

a) Lineare Substitution: $\mathrm{F}(x) = \frac{-3x+3x\cdot\ln|3x|}{3} + c = -x + x \cdot \ln|3x| + c$

b) Lineare Substitution: $\mathrm{F}(x) = \frac{-(2x+1)+(2x+1)\cdot\ln|2x+1|}{2} + c$

c) Lineare Substitution:
$\mathrm{F}(x) = 4 \cdot \frac{-(4x-2)+(4x-2)\cdot\ln|4x-2|}{4} + c = -(4x-2) + (4x-2) \cdot \ln|4x-2| + c$
$= (4x-2)(\ln|4x-2| - 1) + c$

9.1.5 Wurzelfunktionen

a) Umschreiben der Wurzel in einen Ausdruck mit gebrochenem Exponenten: $f(x) = (2x+1)^{\frac{1}{2}}$
Lineare Substitution: $\mathrm{F}(x) = \frac{\frac{1}{\frac{3}{2}}(2x+1)^{\frac{3}{2}}}{2} + c = \frac{2}{6}(2x+1)^{\frac{3}{2}} + c = \frac{1}{3}\sqrt{(2x+1)^3} + c$

b) Umschreiben der Wurzel in einen Ausdruck mit gebrochenem Exponenten:
$f(x) = 2 \cdot (4x+2)^{\frac{1}{2}}$
Lineare Substitution: $\mathrm{F}(x) = 2 \cdot \frac{\frac{1}{\frac{3}{2}}(4x+2)^{\frac{3}{2}}}{4} + c = \frac{1}{3}(4x+2)^{\frac{3}{2}} + c = \frac{1}{3}\sqrt{(4x+2)^3} + c$

c) Umschreiben der Wurzel in einen Ausdruck mit gebrochenem Exponenten: $f(x) = (kx+b)^{\frac{1}{2}}$
Lineare Substitution: $\mathrm{F}(x) = \frac{\frac{1}{\frac{3}{2}}(kx+b)^{\frac{3}{2}}}{k} + c = \frac{2}{3k}(kx+b)^{\frac{3}{2}} + c = \frac{2}{3k}\sqrt{(ax+b)^3} + c$

9.1.6 Trigonometrische Funktionen

a) Lineare Substitution: $\mathrm{F}(x) = 3 \cdot \frac{\sin(2x+1)}{2} + c = \frac{3}{2}\sin(2x+1) + c$

b) Lineare Substitution: $\mathrm{F}(x) = 4 \cdot \frac{-\cos(-3x+2)}{-3} + c = \frac{4}{3}\cos(-3x+2) + c$

c) Lineare Substitution: $\mathrm{F}(x) = \frac{2}{3} \cdot \frac{\sin(\pi x)}{\pi} + c = \frac{2}{3\pi}\sin(\pi x) + c$

d) Lineare Substitution: $\mathrm{F}(x) = t \cdot \frac{\sin(tx+t)}{t} + c = \sin(tx+t) + c$

e) Lineare Substitution: $\mathrm{F}(x) = a \cdot \frac{-\cos\left(ax-a^2\right)}{a} + c = -\cos\left(ax-a^2\right) + c$

f) Lineare Substitution: $\mathrm{F}(x) = k^2 \cdot \frac{\sin(kx)}{k} + c = k\sin(kx) + c$

9.2 Flächeninhalt zwischen zwei Kurven

a) Schnittstellen bestimmen durch Gleichsetzen und Ausrechnen: $x_1 = -2, x_2 = 2$.
Obere Kurve: $f(x)$ (nach unten geöffnete Parabel)
$$\mathrm{A} = \int_{-2}^{2} \left(4 - x^2 - \left(x^2 - 4\right)\right) dx = \int_{-2}^{2} \left(-2x^2 + 8\right) dx = \left[-\tfrac{2}{3}x^3 + 8x\right]_{-2}^{2}$$
$$= -\tfrac{16}{3} + 16 - \left(+\tfrac{16}{3} - 16\right) = 32 - \tfrac{32}{3} = \tfrac{64}{3} = 21{,}33\,\mathrm{FE}.$$

b) Schnittstellen bestimmen durch Gleichsetzen und Ausklammern: $x_1 = 0, x_2 = 1$.
Obere Kurve: $g(x)$ (z.B. durch Einsetzen für $x = \frac{1}{2}$).
$$\mathrm{A} = \int_{0}^{1} \left(x + 1 - \left(x^2 + 1\right)\right) dx = \int_{0}^{1} \left(-x^2 + x\right) dx = \left[-\tfrac{1}{3}x^3 + \tfrac{1}{2}x^2\right]_{0}^{1} = -\tfrac{1}{3} + \tfrac{1}{2} - 0 = \tfrac{1}{6}\,\mathrm{FE}$$

c) Schnittstellen bestimmen durch Gleichsetzen und Ausrechnen: $x_1 = 0, x_2 = 1$.
Obere Kurve: $f(x)$ (z.B. durch Einsetzen für $x = \frac{1}{2}$).
$$\mathrm{A} = \int_{0}^{1} \left(\sqrt{x} - x^2\right) dx = \int_{0}^{1} \left(x^{\frac{1}{2}} - x^2\right) dx = \left[\tfrac{2}{3}x^{\frac{3}{2}} - \tfrac{1}{3}x^3\right]_{0}^{1}$$
$$= \left[\tfrac{2}{3}x\sqrt{x} - \tfrac{1}{3}x^3\right]_{0}^{1} = \tfrac{2}{3} \cdot 1 \cdot \sqrt{1} - \tfrac{1}{3} \cdot 1^3 - \left(\tfrac{2}{3} \cdot 0 \cdot \sqrt{0} - \tfrac{1}{3} \cdot 0^3\right) = \tfrac{1}{3}\,\mathrm{FE}.$$

9.3 Angewandte Integrale

a) Um die Gesamtkosten für die Herstellung der ersten 50 Werkstücken zu ermitteln, wird die Funktion von 0 bis 50 integriert:
$$\int_{0}^{50} \left(\tfrac{20}{(x+2)^2} + 4\right) dx = \int_{0}^{50} \left(20 \cdot (x+2)^{-2} + 4\right) dx = \left[-1 \cdot 20(x+2)^{-1} + 4x\right]_{0}^{50}$$
$$= \left[4x - \tfrac{20}{x+2}\right]_{0}^{50} = 4 \cdot 50 - \tfrac{20}{50+2} - \left(4 \cdot 0 - \tfrac{20}{0+2}\right) = 209{,}62$$
Die Herstellung von 50 Werkstücken kostet also 209,62 €.
Die durchschnittlichen Kosten pro Werkstück erhält man, indem man die Gesamtkosten durch 50 teilt: $\frac{209{,}62}{50} = 4{,}19$ €.

b) Es ist $r(t) = 23 - 0{,}02 \cdot e^t$ mit $t \geqslant 0$.

I) Um den Zeitpunkt zu bestimmen, an dem der Regen aufhört, wird die Funktion r gleich Null gesetzt: $r(t) = 23 - 0,02 \cdot e^t = 0 \Rightarrow 23 = 0,02 \cdot e^t \Rightarrow t \approx 7,048$.
Nach 7 Tagen hört es also auf zu regnen.

II) Die Wassermenge, die im Laufe dieser Zeit auf jeden Quadratmeter niedergegangen ist, wird ermittelt, indem die Niederschlagsratenfunktion in den Grenzen von 0 bis 7 integriert wird.

$$\int_0^7 r(t)dt = \int_0^7 (23 - 0,02 \cdot e^t)\,dt = \left[23t - 0,02 \cdot e^t\right]_0^7$$
$$= 23 \cdot 7 - 0,02 \cdot e^7 - \left(0 - 0,02 \cdot e^0\right) \approx 139,09$$

Auf jeden Quadratmeter sind also rund 139, 1 Liter Wasser niedergegangen.

III) Die mittlere Regenmenge erhält man, indem man die Gesamtmenge des Regens durch die Anzahl der Tage teilt: $\frac{139,1}{7} = 19,87$.
Also sind im Mittel 19, 87 Liter Regen pro Tag auf jeden Quadratmeter niedergegangen.

c) Da $f(t) = -0,5t + 3$; $t \geqslant 0$ die Zu- und Abflussrate beschreibt, muss man eine Stammfunktion F bestimmen, die die Menge des im Becken vorhandenen Wassers beschreibt:

$\mathrm{F}(t) = -0,25t^2 + 3t + c$.

Die Konstante c wird mit Hilfe des Anfangswerts bestimmt. Am Anfang befinden sich 10 Liter Wasser im Becken, daher gilt: $\mathrm{F}(0) = -0,25 \cdot 0^2 + 3 \cdot 0 + c = 10 \Rightarrow c = 10$.
Also ist $\mathrm{F}(t) = -0,25 \cdot t^2 + 3t + 10$.
Um zu berechnen, wieviel Wasser das Becken nach 9 Stunden enthält, wird $t = 9$ in $\mathrm{F}(t)$ eingesetzt: $\mathrm{F}(9) = -0,25 \cdot 9^2 + 3 \cdot 9 + 10 = 16,75$.
Das Becken enthält nach 9 Stunden 16,75 Liter Wasser.

10 Extremwertaufgaben

a) Die gesuchten Größen sind die Breite und die Länge des Spielplatzes. Da die Fläche maximal groß sein soll, stellt man für diese die Funktion auf. Die eine Seite des Spielplatzes sei x, die andere y. Für die Fläche gilt $\mathrm{A} = x \cdot y$. Die Nebenbedingung ist die festgelegte Gesamtlänge des Zauns, von der 2 m für die Einfahrt abgezogen werden: $2x + 2y - 2 = 40$. Auflösen der Nebenbedingung nach y ergibt: $y = 21 - x$. Einsetzen des Ausdrucks für die Fläche ergibt: $\mathrm{A} = x \cdot (21 - x)$. Damit ist die Zielfunktion: $\mathrm{A}(x) = x \cdot (21 - x) = 21x - x^2$ mit $0 \leqslant x \leqslant 21$.
Ableiten führt zu $\mathrm{A}'(x) = 21 - 2x$ und $\mathrm{A}''(x) = -2$. Die 1. Ableitung wird nun gleich Null gesetzt, nach x aufgelöst und liefert $x_{\mathrm{E}} = 10,5$. Einsetzen in A'' ergibt: $\mathrm{A}''(10,5) = -2 < 0$. Da die 2. Ableitung keine Variablen mehr enthält und kleiner als Null ist, handelt es sich um ein globales Maximum. Ein Überprüfen der Fläche für die Randstellen des Intervalles ist daher nicht nötig. Zum Schluss wird y mit Hilfe der Nebenbedingung bestimmt: $y = 21 - 10,5 \Rightarrow y = 10,5$. Die beiden Rechteckseiten müssen also je 10,5 m lang sein, es handelt sich also wie in Aufgabe a) um ein Quadrat. (Dies verwundert vielleicht zunächst, unter allen möglichen Rechtecken mit fest vorgegebenem Umfang hat das Quadrat immer den größten Flächeninhalt. Wäre das Tor nicht vorhanden, dann wäre die Seitenlänge des Quadrats $\frac{40\,\mathrm{m}}{4} = 10\,\mathrm{m}$.)

b) Die gesuchte Größe sind die Breite und Höhe des Gedenksteins, für die seine vordere Fläche maximal groß wird. Die Nebenbedingung ist der festgelegte Umfang. Die vertikale Seite des Rechtecks sei y, die horizontale Seite wird als $2x$ gewählt (siehe Zeichnung). Der Radius ist damit x. Für die Fläche gilt: $\mathrm{A} = 2x \cdot y + \frac{\pi}{2} \cdot x^2$. Die Nebenbedingung ist: $\mathrm{U} = 2 \cdot x + 2 \cdot y + \pi \cdot x = 10$. Auflösen der Nebenbedingung nach y ergibt: $y = 5 - x - \frac{\pi}{2} \cdot x$. Dies wird in den Ausdruck für die Fläche eingesetzt. Die Zielfunktion ist damit eine Funktion in Abhängigkeit von x:
$\mathrm{A}(x) = 2x \cdot \left(5 - x - \frac{\pi}{2} \cdot x\right) + \frac{\pi}{2} \cdot x^2 = 10x - 2x^2 - \frac{\pi}{2}x^2$ für $0 < x < \frac{10}{2+\pi}$.

c) Die gesuchten Größen sind die Breite und die Höhe des Sportplatzes. Da die Fläche maximal groß sein soll, stellt man für diese eine Funktion auf. Die eine Seite des Rechtecks sei x, die andere y. Der Radius der Kreishälften ist damit $\frac{x}{2}$. Die beiden rechts und links angesetzten Kreishälften ergeben zusammen einen gesamten Kreis, damit gilt für die Rechtecksfläche $\mathrm{A}_{Rechteck} = x \cdot y$ und für die Kreisfläche $\mathrm{A}_{\mathrm{O}} = \pi \cdot \left(\frac{x}{2}\right)^2$. Die Nebenbedingung ist der festgelegte Umfang des Sportplatzes: $\mathrm{U} = 2 \cdot y + 2 \cdot \pi \cdot \frac{x}{2} = 2 \cdot y + \pi \cdot x = 400$. Da in dem Ausdruck für die Gesamtfläche die Variable y nur einmal vorkommt, ist es geschickt, die Nebenbedingung nach y aufzulösen: $y = 200 - \pi \cdot \frac{x}{2}$. Einsetzen von y in den Ausdruck für die Fläche ergibt die jeweilige Zielfunktion:

I) Die Fläche des Rechtecks soll maximal sein: Damit ist $\mathrm{A}(x) = x \cdot y = x \cdot \left(200 - \pi \cdot \frac{x}{2}\right)$, bzw. $\mathrm{A}(x) = 200x - \pi \cdot \frac{x^2}{2}$ mit $0 < x < \frac{400}{\pi}$.

II) Die Gesamtfläche soll maximal sein: Damit ist $\mathrm{A}(x) = x \cdot \left(200 - \pi \cdot \frac{x}{2}\right) + \pi \cdot \left(\frac{x}{2}\right)^2$, bzw. $A(x) = 200x - \pi \cdot \frac{x^2}{2} + \pi \cdot \frac{x^2}{4} = 200x - \frac{\pi}{4} \cdot x^2$ mit $0 < x < \frac{800}{\pi}$.

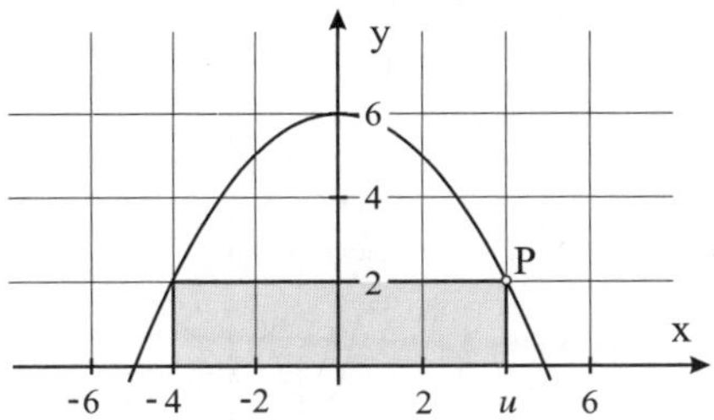

Aufgabe d) I)

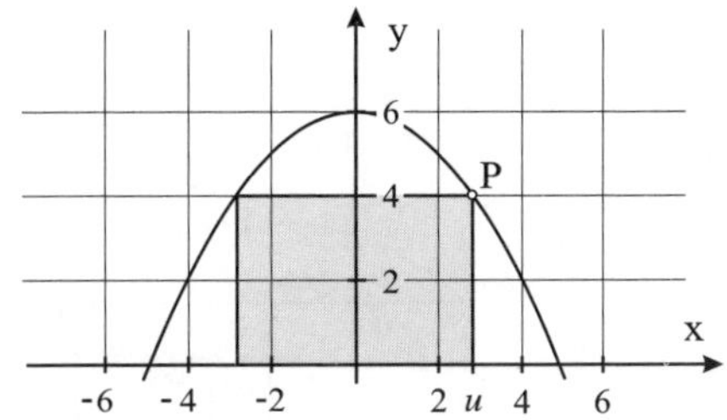

Aufgabe d) II)

d) I) Es ist $f(x) = 6 - \frac{1}{4}x^2$. Gesucht ist ein Rechteck mit maximalem Umfang, das der angegebenen Kurve einbeschrieben werden soll. Nebenbedingung: Zwei Eckpunkte des Rechtecks müssen auf der Kurve, die anderen beiden auf der x-Achse liegen. Der Punkt auf der Kurve im 1. Quadranten sei $P(u \mid v)$ mit $v = f(u)$. Damit gilt für die Höhe $h = f(u)$. Für das Rechteck ist die Grundseite $2u$, mit $0 \leqslant u \leqslant \sqrt{24}$ ($x = \pm\sqrt{24}$ sind die Nullstellen von f). Durch Einsetzen der Nebenbedingung ergibt sich als Zielfunktion für den Umfang: $U(u) = 4 \cdot u + 2 \cdot f(u) \Rightarrow U(u) = 4u + 2 \cdot \left(6 - \frac{1}{4}u^2\right) = 4u + 12 - \frac{1}{2}u^2$. Ableiten führt auf: $U'(u) = 4 - u$. Die Ableitung wird gleich Null gesetzt, um die Extremstelle zu bestimmen: $u = 4$. Einsetzen in die 2. Ableitung $U''(u) = -1$ ergibt: $U''(4) = -1 < 0$, daraus folgt, dass es sich um ein globales Maximum handelt. Die Randstellen müssen daher nicht mehr überprüft werden. Durch einsetzen in die Zielfunktion ergibt sich für den gesuchten Umfang:
$U(4) = 4 \cdot 4 + 2 \cdot f(4) = 16 + 2 \cdot 2 = 20\,\text{LE}$.

II) Gesucht ist ein Rechteck mit maximaler Fläche, das der angegebenen Kurve einbeschrieben werden soll. Nebenbedingung: Zwei Eckpunkte des Rechtecks müssen auf der Kurve, die anderen beiden auf der x-Achse liegen. Der Punkt auf der Kurve im 1. Quadranten sei $P(u \mid v)$ mit $v = f(u)$. Damit gilt für die Höhe $h = f(u)$. Für dieses Rechteck ist die Grundseite $2u$, mit $0 \leqslant u \leqslant \sqrt{24}$. (Es sind $x = \pm\sqrt{24}$ Schnittstellen der Kurve mit der x-Achse.) Durch Einsetzen der Nebenbedingung ergibt sich als Zielfunktion für die Fläche: $A(u) = 2 \cdot u \cdot f(u) \Rightarrow A(u) = 2u \cdot \left(6 - \frac{1}{4}u^2\right) = 12u - \frac{1}{2}u^3$. Ableiten führt auf: $A'(u) = 12 - \frac{3}{2}u^2$. Die Ableitung wird gleich Null gesetzt, um die Extremstelle zu bestimmen: $\frac{3}{2}u^2 = 12 \Rightarrow u_{1,2} = \pm\sqrt{8} = \pm 2{,}83$. Der Wert $-\sqrt{8}$ scheidet aus, da es sich bei u um eine Länge handelt und diese immer positiv sind. Also ist $u = \sqrt{8} \approx 2{,}83$. Setzt man $\sqrt{8}$ in die 2. Ableitung $A''(u) = -3u$ ein, ergibt sich: $A''(\sqrt{8}) = -3\sqrt{8} < 0$. Daraus folgt, dass es sich um ein lokales Maximum handelt. Es muss noch überprüft werden, ob die Randstellen eventuell größere Funktionswerte liefern. Es ist $A(0) = 0$ und $A(\sqrt{24}) = 0$, damit existieren keine Randextremwerte und für $u = 2{,}83$ liegt ein globales Maximum vor. Setzt man $u = 2{,}83$ in die Zielfunktion ein, ergibt sich für die gesuchte Fläche: $A = 12 \cdot \sqrt{8} - \frac{1}{2} \cdot \left(\sqrt{8}\right)^3 \approx 22{,}63\,\text{FE}$.

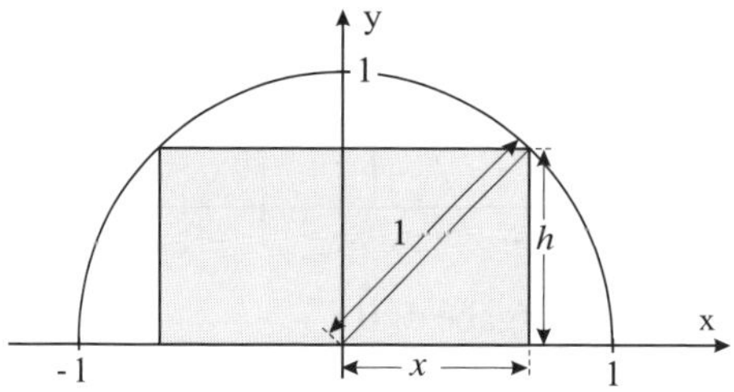

Aufgabe e)

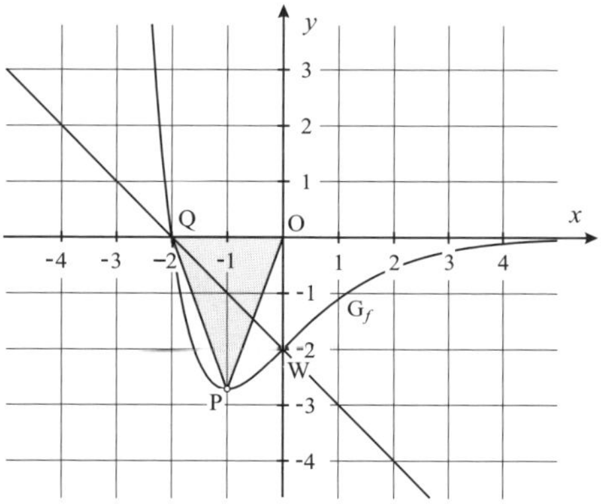

Aufgabe f)

e) Gesucht ist ein maximal großes Rechteck, das in einen Halbkreis mit Radius 1 einbeschrieben werden soll. Die Fläche ist die Größe, die maximiert werden soll. Für diese gilt: $\mathrm{A} = 2x \cdot h$ mit $0 \leqslant x \leqslant 1$. Nebenbedingung: Zwei Eckpunkte des Rechtecks müssen immer auf dem Kreis, die anderen beiden auf der x-Achse liegen. Es ergibt sich durch den Satz des Pythagoras: $x^2 + h^2 = 1$. Man stellt nach h um und setzt ein: $h = \sqrt{1-x^2}$, also ergibt sich: $\mathrm{A}(x) = 2x \cdot \sqrt{1-x^2}$.

f) Es ist $f(x) = -(x+2)e^{-x}$. Zuerst werden f' und f'' bestimmt: Mit der Produktregel folgt: $f(x) = -(x+2)e^{-x} \Rightarrow f'(x) = e^{-x}(x+1)$ und $f''(x) = -x \cdot e^{-x}$
Gesucht ist die Normale in W$(0 \mid -2)$. Es ist $m_n = -\frac{1}{f'(0)} = -\frac{1}{1} = -1$. Damit folgt für die Gleichung der Normale: $y = -x - 2$. Bestimmung des zweiten Schnittpunktes Q der Normalen mit der Kurve G: $-(x+2)e^{-x} = -x - 2 \Rightarrow (x+2) - (x+2)e^{-x} = 0$. Ausklammern von $(x+2)$ führt nun zu: $(x+2)(1 - e^{-x}) = 0$. Damit ergibt sich $x_1 = -2$ und aus dem zweiten Faktor $x_2 = 0$. Die Lösung $x_1 = -2$ führt zum gesuchten Schnittpunkt Q$(-2 \mid 0)$.
Für den Punkt P gilt: P$(u \mid -(u+2) \cdot e^{-u})$ mit $-2 < u < 0$.
Die Grundseite des Dreiecks OPQ ist $\left|\overline{\mathrm{QO}}\right| = 2$, die Höhe beträgt $-f(u)$. (Für $-2 < u < 0$ ist $f(u)$ negativ, die Höhe des Dreiecks muss aber eine positive Größe sein.)
Damit ergibt sich für den Flächeninhalt des Dreiecks OPQ:
$\mathrm{A}(u) = \frac{1}{2} \cdot g \cdot h = \frac{1}{2} \cdot 2 \cdot (-f(u)) = (u+2) \cdot e^{-u}$
$\mathrm{A}'(u) = 1 \cdot e^{-u} + (u+2) \cdot (-e^{-u}) = e^{-u}(1 - u - 2) = e^{-u} \cdot (-u-1)$
$\mathrm{A}''(u) = -e^{-u} \cdot (-u-1) + e^{-u} \cdot (-1) = e^{-u}(u+1-1) = e^{-u} \cdot u$
Für die Extremstelle ergibt sich damit: $e^{-u} \cdot (-u-1) = 0 \Rightarrow -u-1 = 0 \Rightarrow u_1 = -1$.
Einsetzen in $\mathrm{A}''(u)$: $\mathrm{A}''(-1) < 0 \Rightarrow$ es liegt ein lokales Maximum vor. Um zu prüfen, ob ein globales Maximum vorliegt, wird $\mathrm{A}(-1) = (-1+2) \cdot e^1 = e$ mit den Randwerten verglichen: $\mathrm{A}(-2) = 0$ und $\mathrm{A}(0) = 2$. Da $\mathrm{A}(-1) = e > 2$ ist, nimmt der Flächeninhalt für $u = -1$ ein globales Maximum an.

g) Es sind $f(x) = (2x+3) \cdot e^{-x}$ und $g(x) = e^{-x}$.
Der Punkt P liegt auf G_f und hat somit die Koordinaten: $P(u \mid (2u+3) \cdot e^{-u})$.

Der Punkt Q liegt auf G_g und hat somit die Koordinaten: $Q(u \mid e^{-u})$.

Die Länge l der Strecke PQ erhält man als Differenz der y-Werte von P und Q:
$l(u) = (2u+3) \cdot e^{-u} - e^{-u} = (2u+2) \cdot e^{-u}$

Zur Bestimmung des Maximums benötigt man die 1. und 2. Ableitung (Produkt- und Kettenregel):

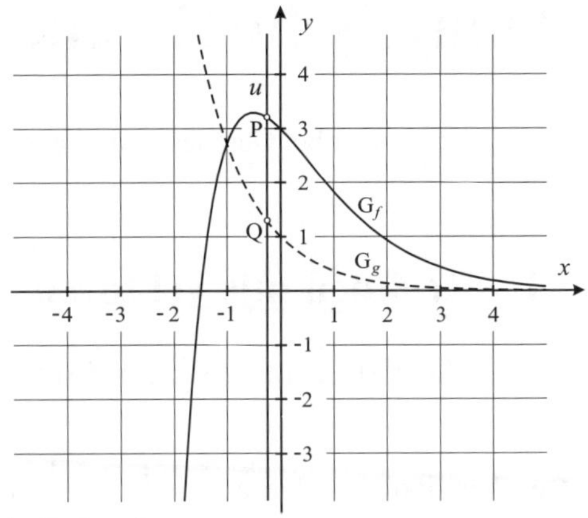

Aufgabe g)

$l'(u) = 2 \cdot e^{-u} + (2u+2) \cdot e^{-u} \cdot (-1) = -2u \cdot e^{-u}$
$l''(x) = -2 \cdot e^{-u} + (-2u \cdot e^{-u}) \cdot (-1) = (2u-2) \cdot e^{-u}$
Die 1. Ableitung wird Null gesetzt: $-2u \cdot e^{-u} = 0 \Rightarrow u_E = 0$. Setzt man $u_E = 0$ in $l''(u)$ ein, so erhält man: $l''(0) = (2 \cdot 0 - 2) \cdot e^{-0} = -2 < 0 \Rightarrow$ globales Maximum.
Für $u = 0$ ist die Länge der Strecke PQ maximal.
Setzt man $u = 0$ in $l(u)$ ein, so erhält man: $l(0) = (2 \cdot 0 + 2) \cdot e^{-0} = 2$.
Die maximale Länge der Strecke PQ beträgt 2 LE.

Analytische Geometrie

Für alle Parameter bei Geraden und Ebenen gilt $r, s, t, \lambda, \mu, \nu \ldots \in \mathbb{R}$, falls nicht anders angegeben.

11 Rechnen mit Vektoren

11.1 Addition und Subtraktion von Vektoren

Gegeben sind die Vektoren $\vec{a} = \begin{pmatrix} -1 \\ 2 \\ 4 \end{pmatrix}$ und $\vec{b} = \begin{pmatrix} 3 \\ 1 \\ 2 \end{pmatrix}$.

a) $\vec{a} + \vec{b} = \begin{pmatrix} 2 \\ 3 \\ 6 \end{pmatrix}$ b) $\vec{a} - \vec{b} = \begin{pmatrix} -4 \\ 1 \\ 2 \end{pmatrix}$ c) $2 \cdot \vec{a} = \begin{pmatrix} -2 \\ 4 \\ 8 \end{pmatrix}$

d) $-\vec{a} = \begin{pmatrix} 1 \\ -2 \\ -4 \end{pmatrix}$ e) $2\vec{a} + 3\vec{b} = \begin{pmatrix} 7 \\ 7 \\ 14 \end{pmatrix}$

f) $\vec{a} \circ \vec{b} = (-1) \cdot 3 + 2 \cdot 1 + 4 \cdot 2 = 7$

g) $|\vec{a}| = \sqrt{(-1)^2 + 2^2 + 4^2} = \sqrt{1 + 4 + 16} = \sqrt{21}$

h) $|\vec{b}| = \sqrt{3^2 + 1^2 + 2^2} = \sqrt{14}$

i) $|\vec{a} + \vec{b}| = \left| \begin{pmatrix} 2 \\ 3 \\ 6 \end{pmatrix} \right| = \sqrt{2^2 + 3^2 + 6^2} = \sqrt{49} = 7$

11.2 Orthogonalität von Vektoren

a) $\vec{a} \circ \vec{b} = \begin{pmatrix} -1 \\ 0 \\ 1 \end{pmatrix} \circ \begin{pmatrix} 2 \\ 2 \\ 0 \end{pmatrix} = (-1) \cdot 2 + 0 \cdot 2 + 1 \cdot 0 = -2 \Rightarrow \vec{a}$ steht nicht orthogonal auf $\vec{b}$.

b) $\vec{r} \circ \vec{n} = \begin{pmatrix} 5 \\ -1 \\ 3 \end{pmatrix} \circ \begin{pmatrix} 2 \\ 1 \\ -3 \end{pmatrix} = 5 \cdot 2 + (-1) \cdot 1 + 3 \cdot (-3) = 0 \Rightarrow \vec{r}$ steht orthogonal auf $\vec{n}$.

11.3 Auffinden von orthogonalen Vektoren

Es sind Vektoren zu bestimmen, deren Skalarprodukt mit $\vec{n}$ Null ergibt. Dazu kann man zwei Komponenten des Vektors frei wählen, die dritte ergibt sich dann, z.B.:

$$\vec{a}=\begin{pmatrix}4\\-2\\0\end{pmatrix}, \text{denn } \vec{a}\circ\vec{n}=\begin{pmatrix}4\\-2\\0\end{pmatrix}\circ\begin{pmatrix}1\\2\\-3\end{pmatrix}=4\cdot 1+(-2)\cdot 2+0\cdot(-3)=4-4=0$$

$$\vec{b}=\begin{pmatrix}0\\3\\2\end{pmatrix}, \text{denn } \vec{b}\circ\vec{n}=\begin{pmatrix}0\\3\\2\end{pmatrix}\circ\begin{pmatrix}1\\2\\-3\end{pmatrix}=0\cdot 1+3\cdot 2+2\cdot(-3)=6-6=0$$

$$\vec{c}=\begin{pmatrix}5\\-1\\1\end{pmatrix}, \text{denn } \vec{c}\circ\vec{n}=\begin{pmatrix}5\\-1\\1\end{pmatrix}\circ\begin{pmatrix}1\\2\\-3\end{pmatrix}=5\cdot 1+(-1)\cdot 2+1\cdot(-3)=5-2-3=0$$

11.4 Verschiedene Aufgaben

a) I) $\overrightarrow{AB}=\begin{pmatrix}-4\\-2\\-1\end{pmatrix}, \overrightarrow{AC}=\begin{pmatrix}-1\\-4\\-2\end{pmatrix}, \overrightarrow{BC}=\begin{pmatrix}3\\-2\\-1\end{pmatrix}$, es ist $\overline{AB}=\overline{AC}=\sqrt{21}$,

damit ist das Dreieck gleichschenklig.

II) $\overrightarrow{AB}=\begin{pmatrix}5\\3\\-2\end{pmatrix}, \overrightarrow{AC}=\begin{pmatrix}4\\4\\-2\end{pmatrix}, \overrightarrow{BC}=\begin{pmatrix}-1\\1\\0\end{pmatrix}$, es ist $\overline{AB}=\sqrt{38}$, $\overline{AC}=6$

und $\overline{BC}=\sqrt{2}$, damit ist das Dreieck nicht gleichschenklig.

b) $\overrightarrow{AB}=\begin{pmatrix}-4\\4\\2\end{pmatrix}, \overrightarrow{AC}=\begin{pmatrix}-6\\0\\6\end{pmatrix}, \overrightarrow{BC}=\begin{pmatrix}-2\\-4\\4\end{pmatrix}$

$$\overrightarrow{AB}\circ\overrightarrow{AC}=\begin{pmatrix}-4\\4\\2\end{pmatrix}\circ\begin{pmatrix}-6\\0\\6\end{pmatrix}=24+0+12=36$$

$$\overrightarrow{AB}\circ\overrightarrow{BC}=\begin{pmatrix}-4\\4\\2\end{pmatrix}\circ\begin{pmatrix}-2\\-4\\4\end{pmatrix}=8-16+8=0$$

$$\overrightarrow{AC} \circ \overrightarrow{BC} = \begin{pmatrix} -6 \\ 0 \\ 6 \end{pmatrix} \circ \begin{pmatrix} -2 \\ -4 \\ 4 \end{pmatrix} = 12 + 0 + 24 = 36$$

Da das Skalarprodukt von $\overrightarrow{AB}$ und $\overrightarrow{BC}$ gleich Null ist, stehen diese beiden Vektoren senkrecht aufeinander, d.h. das Dreieck ABC hat bei B einen rechten Winkel.

c) I)

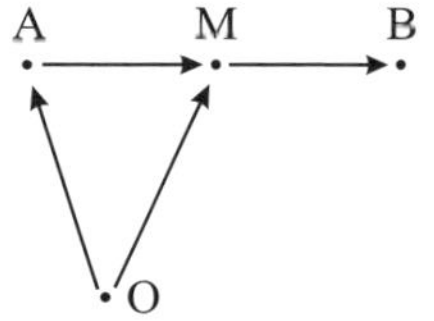

$$\vec{M} = \vec{A} + \tfrac{1}{2}\overrightarrow{AB} = \begin{pmatrix} 4 \\ 1 \\ 3 \end{pmatrix} + \tfrac{1}{2} \cdot \begin{pmatrix} -6 \\ 4 \\ -8 \end{pmatrix} = \begin{pmatrix} 1 \\ 3 \\ -1 \end{pmatrix}$$

$\Rightarrow M(1 \mid 3 \mid -1)$

II)

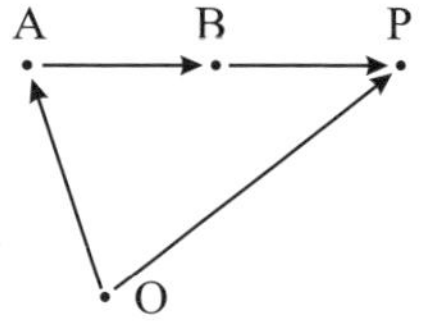

$$\vec{P} = \vec{A} + 2 \cdot \overrightarrow{AB} = \begin{pmatrix} 3 \\ -1 \\ -4 \end{pmatrix} + 2 \cdot \begin{pmatrix} 1 \\ 3 \\ 9 \end{pmatrix} = \begin{pmatrix} 5 \\ 5 \\ 14 \end{pmatrix}$$

$\Rightarrow P(5 \mid 5 \mid 14)$

d) I) Den Schwerpunkt S des Dreiecks ABC mit $A(4 \mid 1 \mid 2)$, $B(5 \mid 3 \mid 0)$ und $C(0 \mid 2 \mid 1)$ erhalten Sie mit der Formel:

$$\vec{S} = \tfrac{1}{3} \cdot \left(\vec{A} + \vec{B} + \vec{C}\right) = \tfrac{1}{3} \cdot \left(\begin{pmatrix} 4 \\ 1 \\ 2 \end{pmatrix} + \begin{pmatrix} 5 \\ 3 \\ 0 \end{pmatrix} + \begin{pmatrix} 0 \\ 2 \\ 1 \end{pmatrix} \right) = \tfrac{1}{3} \cdot \begin{pmatrix} 9 \\ 6 \\ 3 \end{pmatrix} = \begin{pmatrix} 3 \\ 2 \\ 1 \end{pmatrix}$$

$\Rightarrow S(3 \mid 2 \mid 1)$.

II) Den Schwerpunkt S des Dreiecks PQR mit $P(-3 \mid 2 \mid 4)$, $Q(5 \mid 1 \mid 2)$ und $R(-5 \mid 3 \mid 6)$ erhalten Sie mit der Formel:

$$\vec{S} = \tfrac{1}{3} \cdot \left(\vec{A} + \vec{B} + \vec{C}\right) = \tfrac{1}{3} \cdot \left(\begin{pmatrix} -3 \\ 2 \\ 4 \end{pmatrix} + \begin{pmatrix} 5 \\ 1 \\ 2 \end{pmatrix} + \begin{pmatrix} -5 \\ 3 \\ 6 \end{pmatrix} \right) = \tfrac{1}{3} \cdot \begin{pmatrix} -3 \\ 6 \\ 12 \end{pmatrix} = \begin{pmatrix} -1 \\ 2 \\ 4 \end{pmatrix}$$

$\Rightarrow S(-1 \mid 2 \mid 4)$.

e) I)

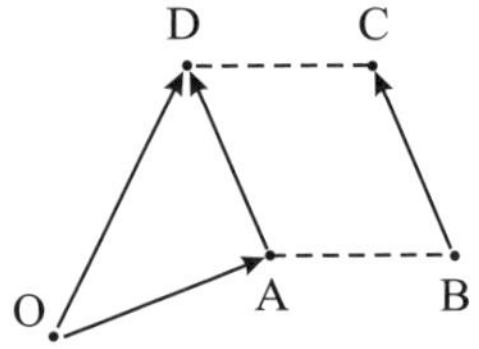

$$\vec{D} = \vec{A} + \overrightarrow{BC} = \begin{pmatrix} 4 \\ 2 \\ 3 \end{pmatrix} + \begin{pmatrix} -3 \\ -7 \\ -8 \end{pmatrix} = \begin{pmatrix} 1 \\ -5 \\ -5 \end{pmatrix}$$

$\Rightarrow D(1 \mid -5 \mid -5)$

II)

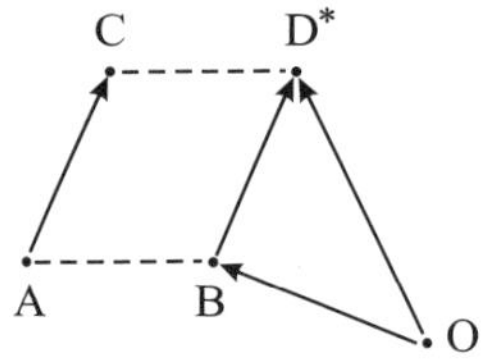

$$\vec{D^*} = \vec{B} + \overrightarrow{AC} = \begin{pmatrix} 1 \\ 8 \\ 5 \end{pmatrix} + \begin{pmatrix} -6 \\ -1 \\ -6 \end{pmatrix} = \begin{pmatrix} -5 \\ 7 \\ -1 \end{pmatrix}$$

$\Rightarrow D^*(-5 \mid 7 \mid -1)$

f) I) Es ergeben sich folgende mögliche Vektorketten:

$$\vec{D} = \vec{A} + \overrightarrow{BC} = \begin{pmatrix} 3 \\ 1 \\ 4 \end{pmatrix} + \begin{pmatrix} 7 \\ -3 \\ 6 \end{pmatrix} = \begin{pmatrix} 10 \\ -2 \\ 10 \end{pmatrix} \Rightarrow D(10 \mid -2 \mid 10)$$

$$\vec{E} = \vec{A} + \overrightarrow{BF} = \begin{pmatrix} 3 \\ 1 \\ 4 \end{pmatrix} + \begin{pmatrix} 11 \\ 1 \\ 9 \end{pmatrix} = \begin{pmatrix} 14 \\ 2 \\ 13 \end{pmatrix} \Rightarrow E(14 \mid 2 \mid 13)$$

$$\vec{G} = \vec{C} + \overrightarrow{BF} = \begin{pmatrix} 5 \\ -2 \\ 3 \end{pmatrix} + \begin{pmatrix} 11 \\ 1 \\ 9 \end{pmatrix} = \begin{pmatrix} 16 \\ -1 \\ 12 \end{pmatrix} \Rightarrow G(16 \mid -1 \mid 12)$$

$$\vec{H} = \vec{D} + \overrightarrow{BF} = \begin{pmatrix} 10 \\ -2 \\ 10 \end{pmatrix} + \begin{pmatrix} 11 \\ 1 \\ 9 \end{pmatrix} = \begin{pmatrix} 21 \\ -1 \\ 19 \end{pmatrix} \Rightarrow H(21 \mid -1 \mid 19)$$

II) Die Länge der Raumdiagonalen AG ist die Länge des Verbindungsvektors $\overrightarrow{AG}$:

$$AG = |\overrightarrow{AG}| = \left| \begin{pmatrix} 13 \\ -2 \\ 8 \end{pmatrix} \right| = \sqrt{169+4+64} = \sqrt{237}$$

11.5 Vektorprodukt

a) I) $\begin{pmatrix} 2 \\ -1 \\ 3 \end{pmatrix} \times \begin{pmatrix} 4 \\ 2 \\ -1 \end{pmatrix} = \begin{pmatrix} -5 \\ 14 \\ 8 \end{pmatrix}$ II) $\begin{pmatrix} -1 \\ 2 \\ 0 \end{pmatrix} \times \begin{pmatrix} 3 \\ 0 \\ 1 \end{pmatrix} = \begin{pmatrix} 2 \\ 1 \\ -6 \end{pmatrix}$

b) Es ist $\overrightarrow{AB} = \begin{pmatrix} 2 \\ 1 \\ 2 \end{pmatrix}$ und $\overrightarrow{AD} = \begin{pmatrix} -7 \\ -3 \\ 2 \end{pmatrix}$

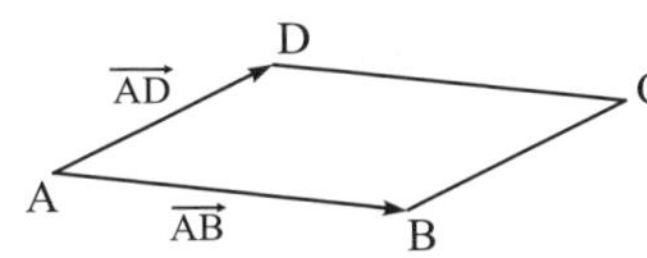

Für den Flächeninhalt des Parallelogramms benötigt man das Vektorprodukt:

$$\overrightarrow{AB} \times \overrightarrow{AD} = \begin{pmatrix} 2 \\ 1 \\ 2 \end{pmatrix} \times \begin{pmatrix} -7 \\ -3 \\ 2 \end{pmatrix} = \begin{pmatrix} 8 \\ -18 \\ 1 \end{pmatrix}.$$

Somit gilt für den Flächeninhalt:

$$A = \left| \overrightarrow{AB} \times \overrightarrow{AD} \right| = \left| \begin{pmatrix} 8 \\ -18 \\ 1 \end{pmatrix} \right| = \sqrt{8^2 + (-18)^2 + 1^2} = \sqrt{389} \approx 19,72.$$

Der Flächeninhalt des Parallelogramms beträgt 19,72 FE.

c) Es ist $\overrightarrow{AB} = \begin{pmatrix} -2 \\ 3 \\ 4 \end{pmatrix}$ und $\overrightarrow{AC} = \begin{pmatrix} -3 \\ 1 \\ 5 \end{pmatrix}$

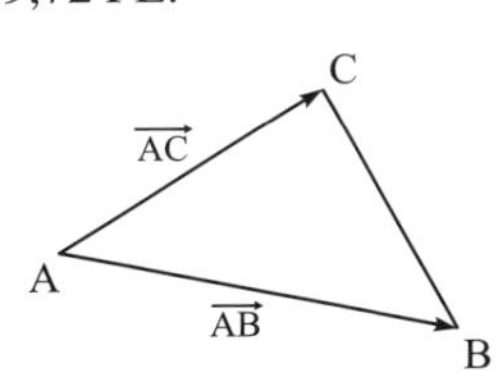

Für den Flächeninhalt des Dreiecks benötigt man das Vektorprodukt:

$$\overrightarrow{AB} \times \overrightarrow{AC} = \begin{pmatrix} -2 \\ 3 \\ 4 \end{pmatrix} \times \begin{pmatrix} -3 \\ 1 \\ 5 \end{pmatrix} = \begin{pmatrix} 11 \\ -2 \\ 7 \end{pmatrix}.$$

Somit gilt für den Flächeninhalt:

$$A = \tfrac{1}{2} \cdot \left|\overrightarrow{AB} \times \overrightarrow{AC}\right| = \tfrac{1}{2} \cdot \left|\begin{pmatrix} 11 \\ -2 \\ 7 \end{pmatrix}\right| = \tfrac{1}{2} \cdot \sqrt{(11)^2 + (-2)^2 + 7^2} = \tfrac{1}{2} \cdot \sqrt{174} \approx 6,60.$$

Der Flächeninhalt des Dreiecks beträgt 6,60 FE.

d) Es ist $\overrightarrow{AB} = \begin{pmatrix} -5 \\ 0 \\ -7 \end{pmatrix}$, $\overrightarrow{AD} = \begin{pmatrix} 7 \\ -3 \\ 6 \end{pmatrix}$

und $\overrightarrow{AE} = \begin{pmatrix} 11 \\ 1 \\ 9 \end{pmatrix}$

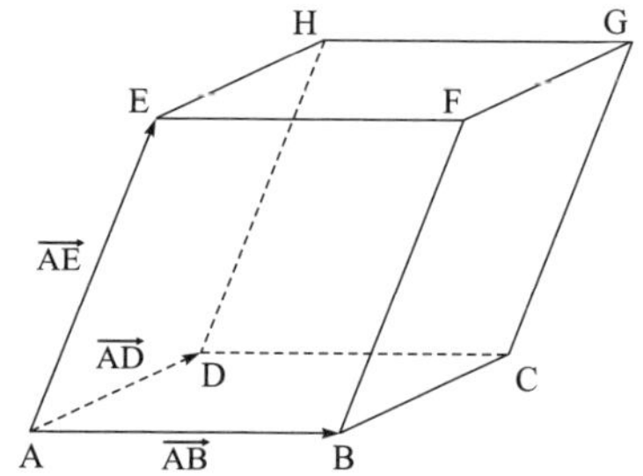

Die Berechnung des Volumens erfolgt mit Hilfe des Spatprodukts: $V = \left|\overrightarrow{AB} \circ \left(\overrightarrow{AD} \times \overrightarrow{AE}\right)\right|$.

$$\overrightarrow{AD} \times \overrightarrow{AE} = \begin{pmatrix} 7 \\ -3 \\ 6 \end{pmatrix} \times \begin{pmatrix} 11 \\ 1 \\ 9 \end{pmatrix} = \begin{pmatrix} -33 \\ 3 \\ 40 \end{pmatrix}.$$ Somit gilt für das Volumen:

$$V = \left|\overrightarrow{AB} \circ \left(\overrightarrow{AD} \times \overrightarrow{AE}\right)\right| = \left|\begin{pmatrix} -5 \\ 0 \\ -7 \end{pmatrix} \circ \begin{pmatrix} -33 \\ 3 \\ 40 \end{pmatrix}\right| = |165 + 0 - 280| = 115.$$

Das Volumen des Spats beträgt 115 VE.

11.6 Lineare Abhängigkeit

a) I) Der Ansatz $k \cdot \begin{pmatrix} 2 \\ 1 \\ -3 \end{pmatrix} = \begin{pmatrix} -4 \\ -2 \\ 6 \end{pmatrix}$ führt zu $\begin{aligned} 2k &= -4 \\ k &= -2 \\ -3k &= 6 \end{aligned}$

und damit zu $k = -2$, d.h. $\vec{a}$ und $\vec{b}$ sind linear abhängig.

II) Der Ansatz $k \cdot \begin{pmatrix} 2 \\ 0 \\ 3 \end{pmatrix} = \begin{pmatrix} -2 \\ 1 \\ -3 \end{pmatrix}$ führt zu $\begin{aligned} 2k &= -2 \\ 0 &= 1 \\ 3k &= -3 \end{aligned}$

und damit zu einem Widerspruch, d.h. $\vec{a}$ und $\vec{b}$ sind linear unabhängig.

III) Der Ansatz $k \cdot \begin{pmatrix} 4 \\ -2 \\ 3 \end{pmatrix} = \begin{pmatrix} 5 \\ 1 \\ 9 \end{pmatrix}$ führt zu $\begin{array}{rcl} 4k & = & 5 \\ -2k & = & 1 \\ 3k & = & 9 \end{array}$

und damit zu verschiedenen Werten für k, also sind $\vec{a}$ und $\vec{b}$ linear unabhängig.

b) I) Der Ansatz $\begin{pmatrix} 3 \\ 5 \\ 0 \end{pmatrix} = \lambda \cdot \begin{pmatrix} 2 \\ 1 \\ -3 \end{pmatrix} + \mu \cdot \begin{pmatrix} 4 \\ -2 \\ 1 \end{pmatrix}$ führt zu

$$\begin{array}{llcrcr} \text{I} & 3 & = & 2\lambda & + & 4\mu \\ \text{II} & 5 & = & \lambda & - & 2\mu \\ \text{III} & 0 & = & -3\lambda & + & \mu \end{array}$$

Addiert man das 2-fache von Gleichung II zu Gleichung I, ergibt sich:

$$13 = 4\lambda \Rightarrow \lambda = \frac{13}{4}$$

Setzt man $\lambda = \frac{13}{4}$ in Gleichung I ein, erhält man:

$$3 = 2 \cdot \frac{13}{4} + 4\mu \Rightarrow \mu = -\frac{7}{8}$$

Setzt man $\lambda = \frac{13}{4}$ und $\mu = -\frac{7}{8}$ in Gleichung III ein, ergibt sich:

$$0 = -3 \cdot \frac{13}{4} - \frac{7}{8} \Rightarrow 0 = -\frac{85}{8}$$

Aufgrund des Widerspruchs sind $\vec{a}$, $\vec{b}$, und $\vec{c}$ linear unabhängig.

II) Der Ansatz $\begin{pmatrix} 6 \\ 6 \\ -4 \end{pmatrix} = \lambda \cdot \begin{pmatrix} 4 \\ 0 \\ -2 \end{pmatrix} + \mu \cdot \begin{pmatrix} 1 \\ 3 \\ -1 \end{pmatrix}$ führt zu

$$\begin{array}{llcrcr} \text{I} & 6 & = & 4\lambda & + & \mu \\ \text{II} & 6 & = & & & 3\mu \\ \text{III} & -4 & = & -2\lambda & - & \mu \end{array}$$

Aus Gleichung II ergibt sich:

$$6 = 3\mu \Rightarrow \mu = 2$$

Setzt man $\mu = 2$ in Gleichung I ein, erhält man:

$$6 = 4\lambda + 2 \Rightarrow \lambda = 1$$

Setzt man $\mu = 2$ und $\lambda = 1$ in Gleichung III ein, ergibt sich:

$$-4 = -2 - 2 \Rightarrow -4 = -4$$

Aufgrund der wahren Aussage sind $\vec{a}$, $\vec{b}$, und $\vec{c}$ linear abhängig.

12 Geraden

12.1 Aufstellen von Geradengleichungen

Der Ortsvektor des einen Punktes wird als Stützvektor für die Gerade benutzt. Einen Richtungsvektor erhält man, indem man einen Verbindungsvektor zwischen den beiden Punkten aufstellt. Da es beliebig ist, welcher Punkt als «Stützpunkt» genommen wird, bzw. in welche Richtung man den Richtungsvektor aufstellt, gibt es mehrere Lösungen. Für Aufgabe a) sind alle vier Lösungen dargestellt, für die Aufgaben b) und c) ist eine mögliche Lösung aufgeführt.

a) I) $g: \vec{X} = \begin{pmatrix} 1 \\ 0 \\ 2 \end{pmatrix} + \lambda \cdot \begin{pmatrix} 2 \\ 1 \\ 1 \end{pmatrix}$ II) $g: \vec{X} = \begin{pmatrix} 3 \\ 1 \\ 3 \end{pmatrix} + \lambda \cdot \begin{pmatrix} 2 \\ 1 \\ 1 \end{pmatrix}$

III) $g: \vec{X} = \begin{pmatrix} 1 \\ 0 \\ 2 \end{pmatrix} + \lambda \cdot \begin{pmatrix} -2 \\ -1 \\ -1 \end{pmatrix}$ IV) $g: \vec{X} = \begin{pmatrix} 3 \\ 1 \\ 3 \end{pmatrix} + \lambda \cdot \begin{pmatrix} -2 \\ -1 \\ -1 \end{pmatrix}$

b) $g: \vec{X} = \begin{pmatrix} 2 \\ 1 \\ -4 \end{pmatrix} + \lambda \cdot \begin{pmatrix} 2 \\ -1 \\ 5 \end{pmatrix}$ c) $g: \vec{X} = \begin{pmatrix} 1 \\ 1 \\ 0 \end{pmatrix} + \lambda \cdot \begin{pmatrix} 1 \\ 1 \\ -1 \end{pmatrix}$

12.2 Punktprobe

Die Ortsvektoren der Punkte werden in die Geradengleichung eingesetzt. Dann ermittelt man den Parameter mit Hilfe der Gleichungen des dazugehörigen Gleichungssystems. Es muss sich für alle drei Gleichungen der gleiche Parameter ergeben.

a) Einsetzen ergibt:

$$\begin{array}{lrcrcr} \text{I} & 2 & = & 1 & + & \lambda \\ \text{II} & 7 & = & 3 & + & 4\lambda \\ \text{III} & 0 & = & -2 & + & 2\lambda \end{array}$$

Lösen von Gleichung I, II und III führt zu $\lambda = 1$. Also liegt der Punkt A auf der Geraden.

b) Einsetzen ergibt:

$$\begin{array}{lrcrcr} \text{I} & 3 & = & 1 & + & \lambda \\ \text{II} & 11 & = & 3 & + & 4\lambda \\ \text{III} & 3 & = & -2 & + & 2\lambda \end{array}$$

Lösen von Gleichung I und II führt zu $\lambda = 2$. Lösen von Gleichung III ergibt $\lambda = 2,5$. Dies ist ein Widerspruch. Der Punkt liegt also nicht auf der Geraden.

c) Lösen von Gleichung I, II und III führt zu $\lambda = -3$. Also liegt der Punkt C auf der Geraden.

12.3 Gegenseitige Lage von Geraden

Für einige Aufgaben ist die Lösung ausführlich dargestellt, ansonsten sind Zwischenergebnisse und das Endergebnis angegeben.

a) Die Richtungsvektoren der Geraden sind kein Vielfaches voneinander, da es kein k gibt, so dass gilt: $k \cdot \begin{pmatrix} 1 \\ 1 \\ 2 \end{pmatrix} = \begin{pmatrix} 2 \\ 0 \\ 1 \end{pmatrix}$, also können sich die Geraden schneiden oder windschief sein.
Gleichsetzen der Geraden führt zu:

$$\begin{array}{lrcrcr} \text{I} & 4 & + & \lambda & = & 2\mu \\ \text{II} & 2 & + & \lambda & = & 0 \\ \text{III} & 5 & + & 2\lambda & = & \mu \end{array}$$

Gleichung II ergibt: $\lambda = -2$. Eingesetzt in I ergibt sich $\mu = 1$. Setzt man $\lambda = -2$ und $\mu = 1$ in Gleichung III ein, ergibt sich: $5 + 2 \cdot (-2) = 1$. Setzt man $\mu = 1$ in g_2 ein, ergibt sich der Schnittpunkt S mit $S\,(2 \mid 0 \mid 1)$.

b) Die Richtungsvektoren der Geraden sind kein Vielfaches voneinander, da es kein k gibt, so dass gilt: $k \cdot \begin{pmatrix} 1 \\ 1 \\ 1 \end{pmatrix} = \begin{pmatrix} 3 \\ 4 \\ 5 \end{pmatrix}$, also können sich die Geraden schneiden oder windschief sein.
Gleichsetzen der Geraden führt zu:

$$\begin{array}{lrcrcrcr} \text{I} & 2 & + & \lambda & = & 3 & + & 3\mu \\ \text{II} & & & \lambda & = & 2 & + & 4\mu \\ \text{III} & & & \lambda & = & 3 & + & 5\mu \end{array}$$

Subtrahiert man Gleichung II von Gleichung I, ergibt sich : $\mu = -1$. Eingesetzt in Gleichung II ergibt sich $\lambda = -2$. Setzt man μ und λ in Gleichung III ein, ergibt sich: $-2 = 3 + 5 \cdot (-1)$. Einsetzen von $\lambda = -2$ in g_1 ergibt den Schnittpunkt S mit $S\,(0 \mid -2 \mid -2)$.

c) Die Richtungsvektoren der Geraden sind kein Vielfaches voneinander, da es kein k gibt, so dass gilt: $k \cdot \begin{pmatrix} 2 \\ 1 \\ -3 \end{pmatrix} = \begin{pmatrix} 4 \\ -5 \\ -1 \end{pmatrix}$.

Gleichsetzen der Geraden führt zu:

$$\begin{array}{lrcrcrcr} \text{I} & 1 & + & 2\lambda & = & 5 & + & 4\mu \\ \text{II} & -3 & + & \lambda & = & 1 & - & 5\mu \\ \text{III} & 5 & - & 3\lambda & = & -3 & - & \mu \end{array}$$

Gleichung I − 2· Gl. II ergibt: $\mu = \frac{2}{7}$. Eingesetzt in Gleichung II ergibt sich $\lambda = \frac{18}{7}$. Es müssen λ und μ noch in Gleichung III überprüft werden, es ergibt sich: $\frac{4}{7} = 0$. Dies ist ein Widerspruch, also sind die Geraden windschief.

d) Prüfung der Richtungsvektoren:
$k \cdot \begin{pmatrix} 2 \\ -1 \\ 3 \end{pmatrix} = \begin{pmatrix} -2 \\ 1 \\ -3 \end{pmatrix} \Rightarrow k = -1$, d.h. die Richtungsvektoren sind ein Vielfaches voneinander (linear abhängig), also können die Geraden parallel oder identisch sein.
Man prüft nun, ob $P(4 \mid 0 \mid 1)$ der Geraden g auch auf der Geraden h liegt:

$$\begin{pmatrix} 4 \\ 0 \\ 1 \end{pmatrix} = \begin{pmatrix} 6 \\ -1 \\ 4 \end{pmatrix} + \mu \cdot \begin{pmatrix} -2 \\ 1 \\ -3 \end{pmatrix}$$

Damit ergibt sich:

$$4 = 6 - 2\mu \Rightarrow \mu = 1$$
$$0 = -1 + \mu \Rightarrow \mu = 1$$
$$1 = 4 - 3\mu \Rightarrow \mu = 1$$

Die Punktprobe ist positiv, also sind die Geraden identisch.

e) Prüfung der Richtungsvektoren:
$k \cdot \begin{pmatrix} -2 \\ -1 \\ 3 \end{pmatrix} = \begin{pmatrix} 4 \\ 2 \\ -6 \end{pmatrix} \Rightarrow k = -2$, d.h. die Richtungsvektoren sind ein Vielfaches voneinander (linear abhängig), also können die Geraden parallel oder identisch sein.
Man prüft nun, ob $P(1 \mid 4 \mid -2)$ der Geraden g auch auf der Geraden h liegt:

$$\begin{pmatrix} 1 \\ 4 \\ -2 \end{pmatrix} = \begin{pmatrix} -1 \\ 3 \\ -1 \end{pmatrix} + \mu \cdot \begin{pmatrix} 4 \\ 2 \\ -6 \end{pmatrix}$$

Damit ergibt sich:

$$1 = -1 + 4\mu \Rightarrow \mu = \frac{1}{2}$$
$$4 = 3 + 2\mu \Rightarrow \mu = \frac{1}{2}$$
$$-2 = -1 - 6\mu \Rightarrow \mu = \frac{1}{6}$$

Dies ist ein Widerspruch, d.h. die Punktprobe ist negativ, also sind die Geraden parallel.

12.4 Parallele Geraden mit Parameter

Wenn die beiden Geraden parallel sein sollen, müssen die beiden Richtungsvektoren linear abhängig sein. Dazu bestimmt man t so, dass der eine Vektor ein Vielfaches des anderen ist.

a) Gesucht ist t, so dass gilt: $\begin{pmatrix} 0 \\ 2 \\ 2t \end{pmatrix} = k \cdot \begin{pmatrix} 0 \\ 4 \\ 4 \end{pmatrix}$. Es ergibt sich:

$$\begin{array}{lrcl} \text{I} & 0 & = & 0 \\ \text{II} & 2 & = & 4k \\ \text{III} & 2t & = & 4k \end{array}$$

Lösen führt zu $k = \frac{1}{2}$ und $t = 1$. Es muss noch sichergestellt sein, dass die Geraden nicht identisch sind, also macht man die Punktprobe:

$$\begin{array}{lrclcl} \text{I} & 1 & = & 4 & & \\ \text{II} & 1 & = & 1 & + & 4k \\ \text{III} & 1 & = & 7 & + & 4k \end{array}$$

Für Gleichung I ergibt sich unmittelbar ein Widerspruch, also sind die Geraden echt parallel (da sie keinen Schnittpunkt besitzen).

b) Gesucht ist t, so dass gilt: $\begin{pmatrix} 0,5t \\ t \\ 4 \end{pmatrix} = k \cdot \begin{pmatrix} 1 \\ 2 \\ -2 \end{pmatrix}$. Es ergibt sich:

$$\begin{array}{lrcl} \text{I} & 0,5t & = & k \\ \text{II} & t & = & 2k \\ \text{III} & 4 & = & -2k \end{array}$$

Aus III ergibt sich $k = -2$. Einsetzen in II führt zu $t = -4$. Überprüfen in I ergibt eine wahre Aussage. Es muss noch sichergestellt sein, dass die Geraden nicht identisch sind, also macht man die Punktprobe. Dies führt zu einen Widerspruch, also sind die Geraden echt parallel.

12.5 Allgemeines Verständnis von Geraden

a) I) Die Richtungsvektoren $\vec{r}$ und $\vec{v}$ müssen linear abhängig (ein Vielfaches voneinander) sein. Für die Stützvektoren muss gelten: $\vec{A} \neq \vec{B}$. Außerdem darf der zu $\vec{B}$ gehörende Punkt B nicht auf g liegen, das heißt: $\vec{B} \neq \vec{A} + \lambda \cdot \vec{r}$. (Bzw. der zu $\vec{A}$ gehörende Punkt A darf nicht auf h liegen.)

II) Die Stützvektoren müssen nicht unbedingt gleich sein, aber jeder «Stützpunkt» muss ein Punkt der anderen Gerade sein (Nachweis durch Punktprobe). Die Richtungsvektoren $\vec{r}$ und $\vec{v}$ müssen linear abhängig sein.

III) Die Stützvektoren müssen nicht unbedingt gleich sein, aber die Geraden müssen sich schneiden. Die Richtungsvektoren müssen orthogonal sein: $\vec{r} \circ \vec{v} = 0$.

b) Für die Winkelbestimmung braucht man die beiden Richtungsvektoren $\vec{r}$ und $\vec{v}$.
Für den spitzen Winkel δ gilt dann:

$$\cos\delta = \frac{|\vec{r} \circ \vec{v}|}{|\vec{r}| \cdot |\vec{v}|}$$

c) Zur Bestimmung der gegenseitigen Lage prüft man zuerst die Richtungsvektoren auf lineare Abhängigkeit bzw. Unabhängigkeit:

1. Sind die Richtungsvektoren ein Vielfaches voneinander (linear abhängig), können die Geraden parallel oder identisch sein.
   Sie sind identisch, wenn ein Punkt der einen Geraden auf der anderen Geraden liegt (positive Punktprobe), sonst sind sie parallel (negative Punktprobe).
2. Sind die Richtungsvektoren kein Vielfaches voneinander (linear unabhängig), können die Geraden sich schneiden oder windschief sein.
   Durch Gleichsetzen erhält man den Schnittpunkt oder einen Widerspruch, welcher angibt, dass die Geraden windschief sind.

13 Ebenen

13.1 Parameterform der Ebenengleichung

a) Einer der angegebenen Punkte, z.B. A, wird als «Stützpunkt» genommen; die Verbindungsvektoren $\overrightarrow{AB}$ und $\overrightarrow{AC}$ sind dann die Spannvektoren der Ebene. Konkret ergibt sich damit:

$$E\colon \vec{X} = \begin{pmatrix} 1 \\ 4 \\ 3 \end{pmatrix} + \lambda \cdot \begin{pmatrix} 1 \\ 3 \\ -6 \end{pmatrix} + \mu \cdot \begin{pmatrix} 2 \\ 1 \\ -2 \end{pmatrix}$$

b) Der «Stützpunkt» und der erste Spannvektor können direkt von der Geraden g übernommen werden. Den zweiten Spannvektor erhält man, indem man den Verbindungsvektor zwischen dem Stützpunkt und dem angegebenen Punkt aufstellt. Damit gilt:

$$E\colon \vec{X} = \begin{pmatrix} -1 \\ 2 \\ 4 \end{pmatrix} + \lambda \cdot \begin{pmatrix} 3 \\ 6 \\ -1 \end{pmatrix} + \mu \cdot \begin{pmatrix} 2 \\ 1 \\ 2 \end{pmatrix}$$

13.2 Koordinatengleichung einer Ebene

Es gibt verschiedene Wege, die Koordinatenform der Ebenengleichung zu bestimmen. In der Lösung ist der Weg über die Punkt-Normalenform gewählt, weil er der anschaulichste ist. Es ist aber z.B. auch möglich, die Koordinatenform zu bestimmen, indem man ein Gleichungssystem bildet und dieses ausrechnet.

a) Zuerst legt man fest, welcher Ortsvektor als Stützvektor benutzt wird, dann bildet man zwei Spannvektoren und errechnet mit diesen den Normalenvektor $\vec{n}$. Dieser wird in die Punkt-Normalenform eingesetzt und ausgerechnet:

Als Stützvektor wird $\vec{A}$ gewählt, damit ergibt sich für die Spannvektoren $\overrightarrow{AB} = \begin{pmatrix} 2 \\ -1 \\ 1 \end{pmatrix}$ und $\overrightarrow{AC} = \begin{pmatrix} 6 \\ 2 \\ 3 \end{pmatrix}$. Das Vektorprodukt (siehe Seite 47) der Spannvektoren ergibt $\begin{pmatrix} -5 \\ 0 \\ 10 \end{pmatrix}$.

Ausklammern von 5 führt zu $\vec{n} = \begin{pmatrix} -1 \\ 0 \\ 2 \end{pmatrix}$. Einsetzen in die Punkt-Normalenform und Ausrechnen ergibt

$\begin{pmatrix} -1 \\ 0 \\ 2 \end{pmatrix} \circ \left(\begin{pmatrix} x_1 \\ x_2 \\ x_3 \end{pmatrix} - \begin{pmatrix} 2 \\ 2 \\ 2 \end{pmatrix} \right) = 0 \Rightarrow -x_1 + 2 + 2x_3 - 4 = 0$. Ordnen der Gleichung führt auf: $x_1 - 2x_3 = -2$.

b) Lösungsweg: Der Stützvektor der Geraden wird als Punkt der Ebene in der Punkt-Normalenform benutzt. Der erste Spannvektor ist der Richtungsvektor der Geraden, der zweite Spannvektor ergibt sich als Verbindungsvektor des «Stützpunktes» der Geraden zu dem gegebenen Punkt. Mit den beiden Spannvektoren wird $\vec{n}$ berechnet und über die Punkt-Normalenform die Koordinatengleichung ausgerechnet.

Stützvektor: $\vec{S} = \begin{pmatrix} 3 \\ 5 \\ 7 \end{pmatrix}$, Spannvektoren $\begin{pmatrix} 1 \\ 1 \\ 1 \end{pmatrix}$ und $\begin{pmatrix} 1 \\ -4 \\ -5 \end{pmatrix}$. Das Vektorprodukt (siehe Seite 47) der Spannvektoren und Ausklammern von (-1) führt zu $\vec{n} = \begin{pmatrix} 1 \\ -6 \\ 5 \end{pmatrix}$. Einsetzen von $\vec{S}$ und $\vec{n}$ in die Punkt-Normalenform und Ausrechnen führt zu $x_1 - 6x_2 + 5x_3 = 8$.

c) Lösungsweg: Zuerst wird der Schnittpunkt der Geraden ermittelt. Bevor man die Gleichungen gleichsetzt, überprüft man, ob sie den gleichen Stützvektor besitzen. Der eine Richtungsvektor bildet einen Spannvektor, der andere Richtungsvektor den anderen. Mit den beiden Spannvektoren wird $\vec{n}$ berechnet und über die Punkt-Normalenform die Koordinatengleichung ausgerechnet.

Beide Geraden besitzen den gleichen Stützvektor $\vec{S} = \begin{pmatrix} 1 \\ 2 \\ 3 \end{pmatrix}$, die Spannvektoren sind $\begin{pmatrix} 1 \\ 3 \\ 4 \end{pmatrix}$ und $\begin{pmatrix} 2 \\ -1 \\ 3 \end{pmatrix}$. Damit ist $\vec{n} = \begin{pmatrix} 13 \\ 5 \\ -7 \end{pmatrix}$. Einsetzen von $\vec{S}$ und $\vec{n}$ in die Punkt-Normalenform und Ausrechnen führt zu $13x_1 + 5x_2 - 7x_3 = 2$.

d) Zuerst wird der Schnittpunkt durch Gleichsetzen der dazugehörigen Gleichungen bestimmt:

$$\begin{array}{lrcrcrcr} \text{I} & 1 & + & 3\lambda & = & 4 & + & 6\mu \\ \text{II} & & & \lambda & = & 1 & + & 2\mu \\ \text{III} & 2 & + & 2\lambda & = & 1 & + & 4\mu \end{array}$$

Die Gleichung II wird mit -2 multipliziert zu III addiert. Es ergibt sich der Ausdruck $3 = 0$. Dies ist ein Widerspruch. Die Gleichung hat damit keine Lösung, d.h. die Geraden schneiden sich nicht. Da die Richtungsvektoren linear abhängig sind, sind die Geraden parallel. Der «Stützpunkt» der einen Geraden wird als Punkt in der Punkt-Normalenform benutzt. Der erste Spannvektor der Ebene ist der Richtungsvektor der Geraden, der zweite Spannvektor ergibt sich aus dem Verbindungsvektor zwischen dem «Stützpunkt» der ersten Geraden und dem des «Stützpunktes» der zweiten Geraden. Mit den beiden Spannvektoren wird $\vec{n}$ berechnet und über die Punkt-Normalenform die Koordinatengleichung ausgerechnet. Stützvektor $\vec{S} = \begin{pmatrix} 1 \\ 0 \\ 2 \end{pmatrix}$, die Spannvektoren sind $\begin{pmatrix} 3 \\ 1 \\ 2 \end{pmatrix}$ und $\begin{pmatrix} 3 \\ 1 \\ -1 \end{pmatrix}$. Das

Vektorprodukt (siehe Seite 47) der Spannvektoren und Ausklammern von (-3) führt zu $\vec{n} = \begin{pmatrix} 1 \\ -3 \\ 0 \end{pmatrix}$. Einsetzen von $\vec{S}$ und $\vec{n}$ in die Punkt-Normalenform und Ausrechnen führt zu $x_1 - 3x_2 = 1$.

e) Der Verbindungsvektor $\overrightarrow{AA^*}$ ist orthogonal zur Spiegelebene. Damit kann man ihn als Normalenvektor der Ebene benutzen. Dann wird der Punkt P in der Mitte der beiden Punkte ausgerechnet.
Es ist $\overrightarrow{AA^*} = \begin{pmatrix} 2 \\ -2 \\ -4 \end{pmatrix}$. Ausklammern von 2 ergibt $\vec{n} = \begin{pmatrix} 1 \\ -1 \\ -2 \end{pmatrix}$. Für $\vec{P}$ ergibt sich
$\vec{P} = \vec{A} + \frac{1}{2} \cdot \overrightarrow{AA^*} = \begin{pmatrix} 2 \\ 3 \\ 5 \end{pmatrix}$. Einsetzen in die Punkt-Normalenform ergibt die Koordinatengleichung $x_1 - x_2 - 2x_3 = -11$.

f) Da E die Gerade g enthalten soll, muss der Normalenvektor $\vec{n}$ senkrecht auf dem Richtungsvektor der Geraden stehen: $\begin{pmatrix} n_1 \\ n_2 \\ n_3 \end{pmatrix} \circ \begin{pmatrix} 2 \\ 0 \\ -1 \end{pmatrix} = 0$. Außerdem soll die Ebene auch auf der angegebenen Ebene F mit $\vec{n_F} = \begin{pmatrix} -1 \\ 1 \\ 2 \end{pmatrix}$ senkrecht stehen. Damit gilt
$\begin{pmatrix} n_1 \\ n_2 \\ n_3 \end{pmatrix} \circ \begin{pmatrix} -1 \\ 1 \\ 2 \end{pmatrix} = 0$. Die beiden Skalarprodukte werden ausgerechnet, es ergibt sich das folgende Gleichungssystem:

$$\begin{array}{lrcrcrcl} \text{I} & 2n_1 & & & - & n_3 & = & 0 \\ \text{II} & -n_1 & + & n_2 & + & 2n_3 & = & 0 \end{array}$$

Aus I ergibt sich $n_3 = 2n_1$. Da es sich um zwei Gleichungen mit drei Unbekannten handelt, wählt man eine Unbekannte und setzt ein: $n_1 = 1$, damit ist $n_3 = 2$ und $n_2 = -3$. Der so bestimmte Normalenvektor und der Stützvektor von g werden in die Punkt-Normalenform eingesetzt und diese ausgerechnet. Damit ist die Koordinatenform: $x_1 - 3x_2 + 2x_3 = 4$.

g) Lösungsweg: Mit drei Punkten wird eine Ebene aufgestellt. Anschließend prüft man, ob der 4. Punkt in der Ebene liegt. Da eine Punktprobe in der Parameterform relativ aufwändig ist, lohnt es sich, die Koordinatenform aufzustellen.

Als Stützvektor wird $\vec{A}$ gewählt, damit ergibt sich für die Spannvektoren $\overrightarrow{AB} = \begin{pmatrix} 2 \\ 2 \\ 2 \end{pmatrix}$

und $\overrightarrow{AC} = \begin{pmatrix} 5 \\ 1 \\ 1 \end{pmatrix}$. Das Vektorprodukt (siehe Seite 47) der Spannvektoren und Ausklammern von 8 führt zu $\vec{n} = \begin{pmatrix} 0 \\ 1 \\ -1 \end{pmatrix}$. Einsetzen in die Punkt-Normalenform und Ausrechnen ergibt: $x_2 - x_3 = -1$. Einsetzen von $D(8 \mid -1 \mid 0)$ ergibt $-1 = -1$, damit liegen alle vier Punkte in einer Ebene.

13.3 Ebenen im Koordinatensystem

Den Schnittpunkt einer Ebene mit der x_1-Achse erhält man, indem man die x_2- und die x_3-Komponente des Punktes gleich Null setzt, in die Koordinatengleichung einsetzt und x_1 berechnet. Entsprechend erhält man die Schnittpunkte einer Ebene mit den anderen Koordinatenachsen.

a) Koordinatengleichung E: $3x_1 + 4x_2 + 3x_3 = 12$. Schnittpunkt mit der x_1-Achse: Für x_2 und x_3 wird 0 eingesetzt, man erhält: $3x_1 = 12 \Rightarrow x_1 = 4 \Rightarrow S_1\,(4 \mid 0 \mid 0)$. Entsprechend verfährt man für die anderen Schnittpunkte: $4x_2 = 12 \Rightarrow x_2 = 3 \Rightarrow S_2\,(0 \mid 3 \mid 0)$ und $3x_3 = 12 \Rightarrow x_3 = 4 \Rightarrow S_3\,(0 \mid 0 \mid 4)$.

b) $E: 4x_1 - 8x_2 + 4x_3 = 16$. Schnittpunkte mit den Koordinatenachsen: $4x_1 = 16, \Rightarrow S_1\,(4 \mid 0 \mid 0)$, $-8x_2 = 16 \Rightarrow S_2\,(0 \mid -2 \mid 0)$ und $4x_3 = 16 \Rightarrow S_3\,(0 \mid 0 \mid 4)$.

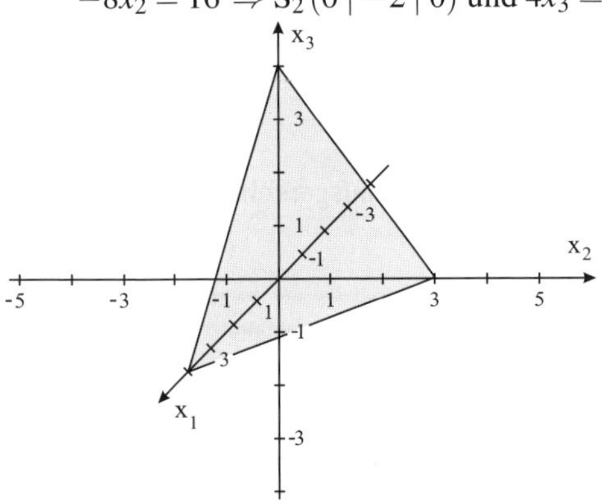

Aufgabe a)

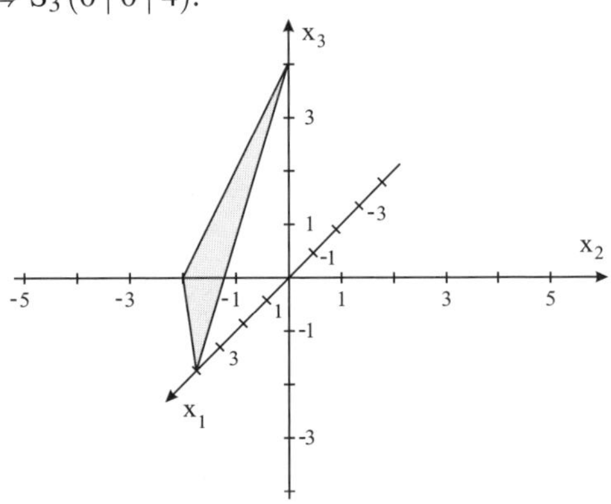

Aufgabe b)

c) $E: 2x_1 + 4x_2 = 8$. Schnittpunkte mit den Koordinatenachsen: $2x_1 = 8 \Rightarrow S_1\,(4 \mid 0 \mid 0)$ und $4x_2 = 8 \Rightarrow S_2\,(0 \mid 2 \mid 0)$. Da es keinen Schnittpunkt mit der x_3-Achse gibt, bedeutet dies, dass die Ebene parallel zur x_3-Achse ist.

d) $E: x_1 + 2x_3 = 4$. Schnittpunkte mit den Koordinatenachsen: $x_1 = 4 \Rightarrow S_1\,(4 \mid 0 \mid 0)$ und $2x_3 = 4 \Rightarrow S_3\,(0 \mid 0 \mid 2)$. Da es keinen Schnittpunkt mit der x_2-Achse gibt, bedeutet dies, dass die Ebene parallel zur x_2-Achse ist.

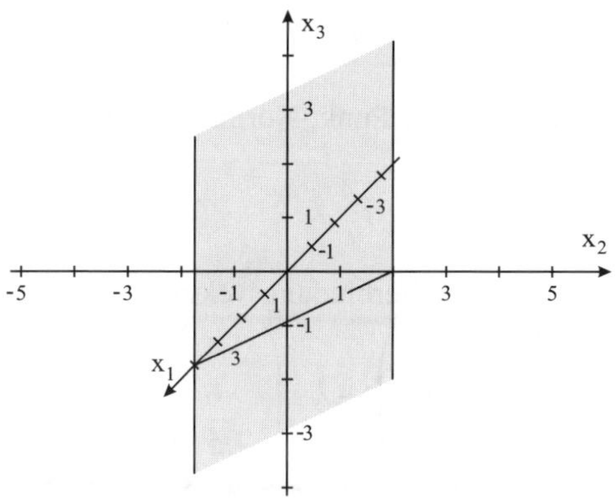

Aufgabe c)

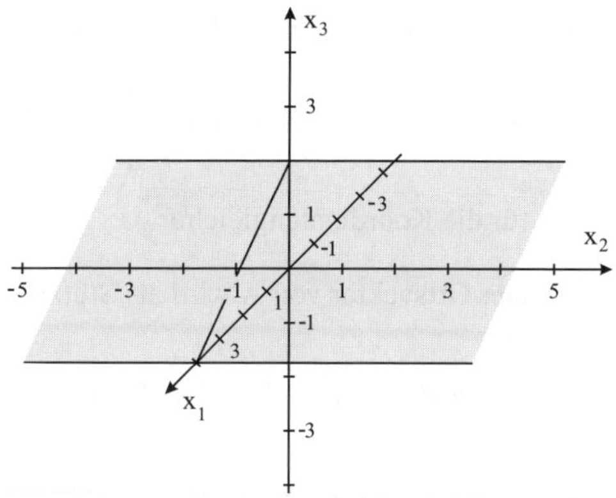

Aufgabe d)

e) E : $3x_2 + x_3 = 3$. Schnittpunkte mit den Koordinatenachsen: $3x_2 = 3 \Rightarrow S_2\,(0\,|\,1\,|\,0)$ und $x_3 = 3 \Rightarrow S_3\,(0\,|\,0\,|\,3)$. Da es keinen Schnittpunkt mit der x_1-Achse gibt, bedeutet dies, dass die Ebene parallel zur x_1-Achse ist.

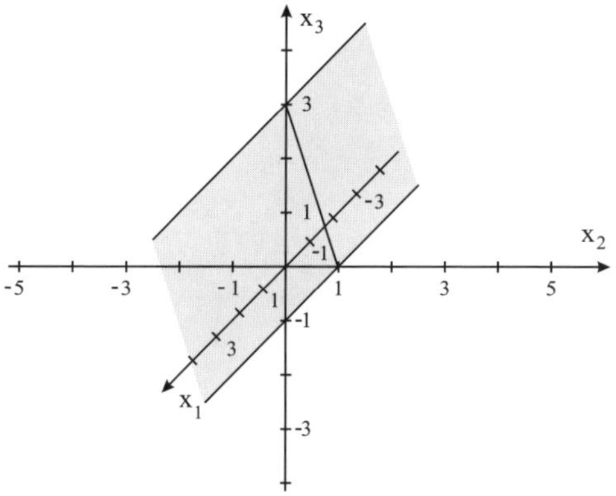

Aufgabe e)

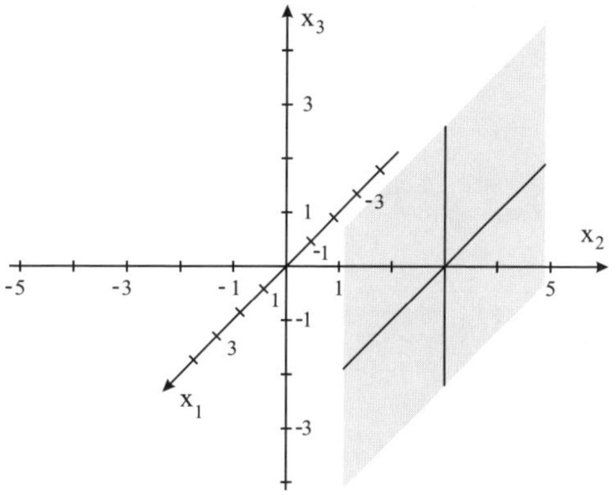

Aufgabe f)

f) E : $x_2 = 3$. Schnittpunkt mit den Koordinatenachsen: $x_2 = 3 \Rightarrow S_2\,(0\,|\,3\,|\,0)$. Da es keine Schnittpunkte mit der x_1- und der x_3-Achse gibt, bedeutet dies, dass die Ebene parallel zur x_1x_3-Ebene ist.

13.4 Bestimmen von Geraden und Ebenen in einem Quader

a) $\overrightarrow{B} = \overrightarrow{A} + \overrightarrow{C} \Rightarrow \overrightarrow{B} = \begin{pmatrix} 4 \\ 6 \\ 0 \end{pmatrix} \Rightarrow B\,(4\,|\,6\,|\,0)$

$\overrightarrow{D} = \overrightarrow{A} + \overrightarrow{G} \Rightarrow D\,(4\,|\,0\,|\,5)$ $\quad\overrightarrow{E} = \overrightarrow{B} + \overrightarrow{G} \Rightarrow E\,(4\,|\,6\,|\,5)$

$\overrightarrow{F} = \overrightarrow{C} + \overrightarrow{G} \Rightarrow F\,(0\,|\,6\,|\,5)$ $\quad\overrightarrow{M} = \overrightarrow{B} + \frac{1}{2}\cdot\overrightarrow{G} \Rightarrow M\,(4\,|\,6\,|\,2{,}5)$

$\overrightarrow{N} = \overrightarrow{C} + \frac{1}{2}\cdot\overrightarrow{G} \Rightarrow N\,(0\,|\,6\,|\,2{,}5)$

b) Wenn man ein kartesisches Koordinatensystem zugrundelegt, ergibt sich aus der Zeichnung für den Normalenvektor $\vec{n} = \begin{pmatrix} 0 \\ 1 \\ 0 \end{pmatrix}$. Einsetzen von $\vec{B}$ in die Punkt-Normalenform ergibt für die Koordinatengleichung $x_2 = 6$.

c) Der Ortsvektor von A wird als Stützvektor genommen, der Verbindungsvektor von A zu N ist der Richtungsvektor. Die Gerade ist damit: $g: \vec{X} = \begin{pmatrix} 4 \\ 0 \\ 0 \end{pmatrix} + \lambda \cdot \begin{pmatrix} -4 \\ 6 \\ 2,5 \end{pmatrix}$.

Für die zweite Gerade verfährt man analog: $h: \vec{X} = \begin{pmatrix} 0 \\ 0 \\ 5 \end{pmatrix} + \mu \cdot \begin{pmatrix} 4 \\ 6 \\ -2,5 \end{pmatrix}$.

d) Da die Ebene durch den Nullpunkt geht, muss man nur den Normalenvektor bestimmen: $\overrightarrow{E}$ und $\overrightarrow{F}$ dienen als Spannvektoren. Damit ergibt sich für die Ebene: $-5x_2 + 6x_3 = 0$. Zum Schluss wird noch eine Punktprobe mit A gemacht.

14 Gegenseitige Lage von Geraden und Ebenen

14.1 Gegenseitige Lage

a) Für die Gerade gilt:

$$\begin{aligned} x_1 &= 4 + \lambda \\ x_2 &= 6 + 2\lambda \\ x_3 &= 2 + 3\lambda \end{aligned}$$

Die Werte für x_1, x_2 und x_3 setzt man in die Ebenengleichung ein und löst nach λ auf (die Gerade wird als «allgemeiner Punkt» $P_\lambda\,(4+\lambda \mid 6+2\lambda \mid 2+3\lambda)$ in die Ebenengleichung eingesetzt):

$$2\cdot(4+\lambda)+4\cdot(6+2\lambda)+6\cdot(2+3\lambda)+12=0$$

Auflösen der Klammern führt zu: $28\lambda+56=0$ bzw. zu $\lambda=-2$. Dies wird in die Geradengleichung eingesetzt, damit ist der Schnittpunkt $S\,(2 \mid 2 \mid -4)$.

b) Die Gerade wird als «allgemeiner Punkt» geschrieben und in die Ebenengleichung eingesetzt:

$$2\cdot(3+2\lambda)+1\cdot(2+5\lambda)-3\cdot(2+7\lambda)=4$$

Auflösen der Klammern führt zu: $\lambda=-\frac{1}{6}$. In die Geradengleichung eingesetzt ergibt sich der Schnittpunkt $S\left(\frac{8}{3} \mid \frac{7}{6} \mid \frac{5}{6}\right)$.

c) Die Gerade wird als «allgemeiner Punkt» geschrieben und in die Ebenengleichung eingesetzt:

$$1\cdot(1+2\lambda)-1\cdot(3+2\lambda)=0$$

Auflösen der Klammern führt zu: $-2=0$. Dies ist ein Widerspruch, die Gleichung hat keine Lösung, also ist die Gerade parallel zur Ebene.

14.2 Gerade und Ebene parallel

a) Damit die Gerade g_t und die Ebene E parallel sind, muss der Normalenvektor $\vec{n}$ von E orthogonal zum Richtungsvektor $\vec{r}$ der Geraden sein: $\vec{n}\circ\vec{r}=0$. Ausrechnen des Skalarproduktes ergibt:

$$\begin{pmatrix} 2 \\ 1 \\ t \end{pmatrix} \circ \begin{pmatrix} 1 \\ 2 \\ 4 \end{pmatrix} = 2\cdot 1+1\cdot 2+t\cdot 4=0 \quad\Rightarrow\quad t=-1.$$

Für $t=-1$ ist g_t parallel zu E. Zum Nachweis, dass die Gerade echt parallel ist, setzt man noch den «Stützpunkt» der Gerade in die Ebenengleichung ein (Punktprobe). Dies führt zu einen Widerspruch, also ist die Gerade echt parallel.

b) Damit die Gerade g_t und die Ebene E_t parallel sind, muss der Normalenvektor $\vec{n}$ der Ebene orthogonal zum Richtungsvektor $\vec{r}$ der Geraden sein: $\vec{n}\circ\vec{r}=0$. Ausrechnen des Skalarproduktes ergibt: $1\cdot t+t\cdot 2+2\cdot(-1)=0 \Rightarrow t=\frac{2}{3}$. Für $t=\frac{2}{3}$ ist g_t parallel zu E_t. Zum Schluss wird eine Punktprobe mit dem «Stützpunkt» der Geraden gemacht, welche die echte Parallelität zeigt.

14.3 Allgemeines Verständnis von Geraden und Ebenen

a) Einen Normalenvektor $\vec{n}$ der Ebene E erhält man, indem man die Werte n_1, n_2 und n_3 der Koordinatengleichung von E: $n_1x_1 + n_2x_2 + n_3x_3 + n_0 = 0$ als Vektor $\vec{n} = \begin{pmatrix} n_1 \\ n_2 \\ n_3 \end{pmatrix}$ schreibt.

I) Damit die Gerade parallel zur Ebene liegt, muss der Richtungsvektor $\vec{r}$ der Geraden orthogonal zum Normalenvektor $\vec{n}$ der Ebene sein. Das Skalarprodukt der beiden muss Null ergeben: $\vec{r} \circ \vec{n} = 0$. Außerdem muss eine Punktprobe des «Stützpunktes» A der Geraden in der Ebenengleichung einen Widerspruch ergeben, damit Gerade und Ebene echt parallel liegen.

II) Damit die Gerade senkrecht auf der Ebene steht, müssen der Richtungsvektor $\vec{r}$ der Geraden und der Normalenvektor $\vec{n}$ der Ebene linear abhängig (kollinear) sein. Also muss gelten: $\vec{n} = k \cdot \vec{r}$ mit $k \in \mathbb{R}$.

III) Damit die Gerade in der Ebene liegt, muss der «Stützpunkt» A der Geraden in der Ebene liegen und der Richtungsvektor $\vec{r}$ der Geraden orthogonal zum Normalenvektor $\vec{n}$ der Ebene stehen: $\vec{r} \circ \vec{n} = 0$.

b) Man weist nach, dass eine Gerade in einer Ebene enthalten ist, indem man die Gerade als «allgemeinen Punkt» umschreibt und in die Koordinatengleichung einsetzt. Falls die Gleichung unendlich viele Lösungen besitzt, liegt die Gerade in der Ebene.
Alternativ kann man so vorgehen wie unter a) III) beschrieben.

14.4 Vermischte Aufgaben

a) Als Stützvektor der Geraden wählt man $\vec{\mathrm{P}} = \begin{pmatrix} 4 \\ 9 \\ 7 \end{pmatrix}$, der Normalenvektor der Ebene ist $\vec{n} = \begin{pmatrix} 2 \\ 1 \\ -2 \end{pmatrix}$. Nun ist ein Richtungsvektor $\overrightarrow{r_g}$ so zu wählen, dass $\overrightarrow{r_g} \circ \vec{n} = 0$. Beispiel:

$\overrightarrow{r_g} = \begin{pmatrix} 1 \\ -2 \\ 0 \end{pmatrix}$ oder $\overrightarrow{r_g} = \begin{pmatrix} 1 \\ 0 \\ 1 \end{pmatrix}$.

Eine mögliche Geradengleichung ist

$$g: \ \vec{\mathrm{X}} = \begin{pmatrix} 4 \\ 9 \\ 7 \end{pmatrix} + \lambda \cdot \begin{pmatrix} 1 \\ -2 \\ 0 \end{pmatrix}; \ \lambda \in \mathbb{R}$$

b) Als Stützvektor der Geraden wählt man $\vec{Q} = \begin{pmatrix} 4 \\ -1 \\ 3 \end{pmatrix}$, der Normalenvektor der Ebene ist $\vec{n} = \begin{pmatrix} 4 \\ -3 \\ 5 \end{pmatrix}$. Da $g \perp E$ ist, kann man $\overrightarrow{r_g} = 1 \cdot \vec{n}$ wählen (oder ein anderes Vielfaches).

Eine mögliche Geradengleichung ist

$$g: \vec{X} = \begin{pmatrix} 4 \\ -1 \\ 3 \end{pmatrix} + \lambda \cdot \begin{pmatrix} 4 \\ -3 \\ 5 \end{pmatrix}; \lambda \in \mathbb{R}$$

c) Der Punkt S (0 | 10 | 0) ist ein Punkt der Ebene, der Normalenvektor ist $\vec{n} = \begin{pmatrix} -2 \\ 1 \\ 2 \end{pmatrix}$.

Den Normaleneinheitsvektor $\overrightarrow{n_0}$ mit Länge 1 LE erhält man durch $\overrightarrow{n_0} = \frac{1}{|\vec{n}|} \cdot \vec{n} = \frac{1}{3} \cdot \begin{pmatrix} -2 \\ 1 \\ 2 \end{pmatrix}$.

Den Ortsvektor eines Punktes außerhalb der Ebene mit Abstand 3 LE erhält man durch

$$\overrightarrow{P} = \overrightarrow{S} + 3 \cdot \overrightarrow{n_0} = \begin{pmatrix} 0 \\ 10 \\ 0 \end{pmatrix} + 3 \cdot \frac{1}{3} \cdot \begin{pmatrix} -2 \\ 1 \\ 2 \end{pmatrix} = \begin{pmatrix} -2 \\ 11 \\ 2 \end{pmatrix}$$

dies ist der Stützvektor der

Geraden. Der Richtungsvektor $\overrightarrow{r_g}$ der Geraden ist so zu wählen, dass gilt $\overrightarrow{r_g} \circ \vec{n} = 0$ (weil g parallel zu E ist), z.B. $\overrightarrow{r_g} = \begin{pmatrix} 1 \\ 0 \\ 1 \end{pmatrix}$ oder $\overrightarrow{r_g} = \begin{pmatrix} 1 \\ 2 \\ 0 \end{pmatrix}$.

Eine mögliche Geradengleichung ist

$$g: \vec{X} = \begin{pmatrix} -2 \\ 11 \\ 2 \end{pmatrix} + \lambda \cdot \begin{pmatrix} 1 \\ 0 \\ 1 \end{pmatrix}; \lambda \in \mathbb{R}$$

Eine weitere Geradengleichung ergibt sich mit Hilfe von $\overrightarrow{P} = \overrightarrow{S} - 3 \cdot \overrightarrow{n_0}$.

15 Gegenseitige Lage zweier Ebenen

15.1 Schnitt von zwei Ebenen

a) Gleichung II wird von Gleichung I subtrahiert, es ergibt sich $-x_2+4x_3=7$. Es wird x_3 als λ festgelegt und eingesetzt: $-x_2+4\cdot\lambda=7 \Rightarrow x_2=4\lambda-7$. Einsetzen in I ergibt $x_1+5\cdot\lambda=8 \Rightarrow x_1=8-5\lambda$. Umschreiben zu einer Geradengleichung wie in Aufgabe ergibt:

$$g:\vec{X}=\begin{pmatrix}8\\-7\\0\end{pmatrix}+\lambda\cdot\begin{pmatrix}-5\\4\\1\end{pmatrix}$$

b) Die beiden Gleichungen werden addiert, es ergibt sich $7x_1+x_3=0 \Rightarrow 7x_1=-x_3$. Nun wird x_1 als λ festgelegt und eingesetzt $7\cdot\lambda=-x_3 \Rightarrow x_3=-7\lambda$. Einsetzen in die Gleichung von E_1 ergibt: $\lambda-x_2+2\cdot(-7\lambda)=7 \Rightarrow -x_2-13\lambda=7$ bzw. $x_2=-7-13\lambda$. Nun hat man je eine Gleichung für x_1, x_2 und x_3:

$$\begin{aligned} x_1 &= && && \lambda\\ x_2 &= && -7 && -\ 13\lambda\\ x_3 &= && && -\ 7\lambda \end{aligned}$$

Daraus ergibt sich als Geradengleichung

$$g:\vec{X}=\begin{pmatrix}0\\-7\\0\end{pmatrix}+\lambda\cdot\begin{pmatrix}1\\-13\\-7\end{pmatrix}$$

c) Aus Gleichung I ergibt sich direkt: $4x_2=5 \Rightarrow x_2=\frac{5}{4}$. In Gleichung II setzt man $x_1=\lambda$, damit ist $6\cdot\lambda=-5x_3 \Rightarrow x_3=-\frac{6}{5}\lambda$. Umschreiben zu einer Geradengleichung ergibt

$$g:\vec{X}=\begin{pmatrix}0\\\frac{5}{4}\\0\end{pmatrix}+\lambda\cdot\begin{pmatrix}1\\0\\-\frac{6}{5}\end{pmatrix} \text{ bzw. } g:\vec{X}=\begin{pmatrix}0\\1,25\\0\end{pmatrix}+\lambda\cdot\begin{pmatrix}5\\0\\-6\end{pmatrix}$$

15.2 Parallele Ebenen

a) Damit die beiden Ebenen parallel sind, müssen die Normalenvektoren von E_t und F linear abhängig sein. Es muss also gelten: $\overrightarrow{n_E}=k\cdot\overrightarrow{n_F}$ mit $k\in\mathbb{R}$. Gesucht ist ein k, so dass gilt:

$$\begin{pmatrix}t\\-2t\\-4\end{pmatrix}=k\cdot\begin{pmatrix}-2\\4\\-4\end{pmatrix}$$

Dies führt zu folgendem Gleichungssystem:

$$\begin{aligned} \text{I}\quad & t &= -2k\\ \text{II}\quad & -2t &= 4k\\ \text{III}\quad & -4 &= -4k \end{aligned}$$

Die Gleichung III führt auf $k = 1$. Einsetzen in Gl. I führt zu: $t = -2$. Prüfen in II bestätigt diese Lösung. Zur Kontrolle, ob die Ebenen echt parallel sind, subtrahiert man noch die Gleichungen der Ebenen, es ergibt sich $0 = -1$, dies ist ein Widerspruch, die Ebenen sind also echt parallel.

b) Man geht vor wie in der vorangegangenen Aufgabe, es ergibt sich das Gleichungssystem

$$\begin{array}{lrcr} \text{I} & 2t & = & 8k \\ \text{II} & 1 & = & -2k \\ \text{III} & 3 & = & -6k \end{array}$$

Die Gleichungen II und III führen auf $k = -\frac{1}{2}$. Eingesetzt in I ergibt sich $t = -2$. Zur Kontrolle, ob die Ebenen echt parallel sind, addiert man noch die Gleichungen der Ebenen: $2 \cdot \text{I} + \text{II}$, es ergibt sich $0 = 23$. Dies ist ein Widerspruch; die Ebenen sind also echt parallel.

15.3 Verschiedene Aufgaben zur Lage zweier Ebenen

a) Damit die Ebenen identisch sind, muss sich bei der Addition der Ebenengleichungen $0 = 0$ ergeben. Aus den Faktoren vor x_1, x_2 und x_3 liest man ab, dass man Gleichung I mit 2 multiplizieren muss. Es wird also $2 \cdot \text{I}$ zu II addiert, damit ergibt sich $0 = 2d + 9$ $\Rightarrow d = -4{,}5$.

b) Wenn die Ebenen orthogonal zueinander sind, muss das Skalarprodukt der beiden Normalenvektoren gleich Null sein. Es ist

$$\begin{pmatrix} 3 \\ 4 \\ -2 \end{pmatrix} \circ \begin{pmatrix} 2 \\ 1 \\ 5 \end{pmatrix} = 6 + 4 - 10 = 0.$$

Also sind die beiden Ebenen orthogonal.

c) Damit die Ebenen orthogonal zueinander sind, muss das Skalarprodukt der beiden Normalenvektoren gleich Null sein:

$$\begin{pmatrix} 2 \\ -1 \\ 3 \end{pmatrix} \circ \begin{pmatrix} t \\ -2t \\ -4 \end{pmatrix} = 2t + 2t - 12 = 0.$$

Daraus ergibt sich $4t = 12 \Rightarrow t = 3$. Für $t = 3$ sind die Ebenen orthogonal zueinander.

d) I) Zwei parallel liegende Ebenen unterscheiden sich nur durch ihre Konstanten (d und h). Also müssen die Normalenvektoren der beiden Ebenen linear abhängig (kollinear) sein. Die Konstanten dürfen nicht gleich bzw. das gleiche Vielfache wie die Normalenvektoren sein, sonst wären die Ebenen identisch.

II) Damit die beiden Ebenen senkrecht aufeinander stehen, müssen die beiden Normalenvektoren senkrecht aufeinander stehen. Ihr Skalarprodukt ist damit: $\overrightarrow{n_E} \circ \overrightarrow{n_F} = 0$. Anders ausgedrückt: $a \cdot e + b \cdot f + c \cdot g = 0$

III) Damit die beiden Ebenen identisch sind, müssen die gleichen Bedingungen wie für parallele Ebenen gelten (siehe I), allerdings müssen die Konstanten das gleiche Vielfache voneinander sein, wie die Normalenvektoren.

16 Abstandsberechnungen

16.1 Abstand Punkt – Ebene

a) Die Koordinaten des Punktes werden in die Hessesche Normalenform (HNF) eingesetzt:

$$e = \frac{|2 \cdot 2 - 1 \cdot 4 + 2 \cdot (-1) - 1|}{\sqrt{2^2 + (-1)^2 + 2^2}} = \frac{|-3|}{\sqrt{9}} = 1\,\text{LE}$$

b) Die Koordinaten des Punktes werden in die HNF eingesetzt:

$$e = \frac{|1 \cdot 9 + 2 \cdot 4 + 2 \cdot (-3) + 3|}{\sqrt{1^2 + 2^2 + 2^2}} = \frac{|14|}{\sqrt{9}} = \frac{14}{3}\,\text{LE}$$

c) Die Ebene wird zuerst in die Koordinatenform umgerechnet, anschließend wird wie in den vorangegangenen Aufgaben eingesetzt: $\mathrm{E}:\ 2x_1 + 2x_2 + x_3 = 26$, Einsetzen und Ausrechnen ergibt für den Abstand $\frac{8}{3}$ LE.

16.2 Abstand Punkt – Gerade

a) Einsetzen des Richtungsvektors von g und des Punktes T in die Punkt-Normalenform liefert die Hilfsebene $\mathrm{E_H}:\ -2x_1 + x_2 + x_3 = -9$. Schneiden mit g ergibt den Schnittpunkt $\mathrm{L}(8 \mid 3 \mid 4)$. DerVerbindungsvektor ist $\overrightarrow{\mathrm{LT}} = \begin{pmatrix} -2 \\ -9 \\ 5 \end{pmatrix}$. Für den Betrag des Verbindungsvektors ergibt sich $|\overrightarrow{\mathrm{LT}}| = \sqrt{(-2)^2 + (-9)^2 + 5^2} = \sqrt{110}$. Also ist der Punkt T $\sqrt{110}$ LE von der Geraden entfernt.

b) Einsetzen des Richtungsvektors von g und des Punktes P in die Punkt-Normalenform liefert die Hilfsebene $\mathrm{E_H}:\ 3x_1 - 2x_3 = 3$. Schneiden mit g ergibt den Schnittpunkt $\mathrm{L}(1 \mid -4 \mid 0)$. Betrag des Verbindungsvektors: $|\overrightarrow{\mathrm{LP}}| = 7$. Der Punkt P ist 7 LE von der Geraden entfernt.

16.3 Abstand paralleler Geraden

Die Fragestellung lässt sich auf den Abstand eines Punktes zu einer Geraden zurückführen: Wenn bewiesen ist, dass die Geraden parallel sind, berechnet man den Abstand des «Stützpunktes» der einen Geraden zur anderen Geraden.

a) Wenn die Geraden parallel oder identisch sind, müssen die Richtungsvektoren linear abhängig sein. Dies lässt sich unmittelbar an den beiden Vektoren ablesen: $\begin{pmatrix} 3 \\ 0 \\ 3 \end{pmatrix} = 3 \cdot \begin{pmatrix} 1 \\ 0 \\ 1 \end{pmatrix}$.
Nun wird der Abstand des «Stützpunktes» $\mathrm{S}(2 \mid 3 \mid 4)$ der Geraden h zu g berechnet: Einsetzen des Richtungsvektors von g und des Punktes S in die Punkt-Normalenform liefert

die Hilfsebene $E_H: \ x_1 + x_3 = 6$. Schneiden mit g ergibt den Schnittpunkt $L(3 \mid 1 \mid 3)$. Für die Länge bzw. den Betrag des Verbindungsvektors ergibt sich $|\overrightarrow{LS}| = \sqrt{6}$, damit sind die beiden Geraden $\sqrt{6}$ LE voneinander entfernt.

b) Die Richtungsvektoren sind linear abhängig, daher sind die Geraden parallel oder identisch. Nun wird der Abstand des «Stützpunktes» S der Geraden h zu g berechnet: Einsetzen des Richtungsvektors von g und des Punktes S in die Punkt-Normalenform liefert die Hilfsebene $E_H: \ x_1 + 3x_2 + 4x_3 = 14$. Schneiden mit g ergibt $t = 0$ und damit den Schnittpunkt $L(5 \mid -1 \mid 3)$. Für die Länge bzw. den Betrag des Verbindungsvektors ergibt sich $|\overrightarrow{LS}| = \sqrt{56}$, damit sind die beiden Geraden $\sqrt{56}$ LE voneinander entfernt.

16.4 Verschiedene Aufgaben

a) Da der gesuchte Punkt A auf der Geraden von P und Q gleich weit entfernt ist, gilt: $|\overrightarrow{PA}| = |\overrightarrow{QA}|$. Die Gerade wird als «allgemeiner Punkt» geschrieben: $A(2 + 2\lambda \mid 1 + \lambda \mid 3 + 2\lambda)$.

Eingesetzt ergibt sich $|\overrightarrow{PA}| = |\vec{A} - \vec{P}| = \left| \begin{pmatrix} -3 + 2\lambda \\ \lambda \\ 3 + 2\lambda \end{pmatrix} \right| = \sqrt{(-3 + 2\lambda)^2 + \lambda^2 + (3 + 2\lambda)^2}$.

Für $|\overrightarrow{QA}|$ ergibt sich entsprechend $|\overrightarrow{QA}| = \sqrt{(-4 + 2\lambda)^2 + (-2 + \lambda)^2 + (-4 + 2\lambda)^2}$.
Die beiden Wurzeln werden gleichgesetzt:

$$\sqrt{(2\lambda - 3)^2 + \lambda^2 + (2\lambda + 3)^2} = \sqrt{(2\lambda - 4)^2 + (\lambda - 2)^2 + (2\lambda - 4)^2}$$

Als Nächstes wird die Gleichung quadriert, um die Wurzel zu beseitigen, und die Klammern werden aufgelöst. Nachdem zusammengefasst wurde, ergibt sich $18 = 36\lambda$. Dies führt zu $\lambda = \frac{1}{2}$. Damit ist der gesuchte Punkt $A(3 \mid 1{,}5 \mid 4)$.

b) Da der gesuchte Punkt M auf der Geraden von A und C gleich weit entfernt ist, gilt $|\overrightarrow{AM}| = |\overrightarrow{CM}|$. Die Gerade wird als «allgemeiner Punkt» geschrieben und eingesetzt: Für den «allgemeinen Punkt» gilt $M(-1 + 2\lambda \mid 4 - 2\lambda \mid 1 + \lambda)$.

Eingesetzt ergibt sich $|\overrightarrow{AM}| = |\vec{M} - \vec{A}| = \left| \begin{pmatrix} 2\lambda - 3 \\ -2\lambda + 6 \\ \lambda \end{pmatrix} \right| = \sqrt{(2\lambda - 3)^2 + (-2\lambda + 6)^2 + \lambda^2}$.

Für $|\overrightarrow{CM}|$ ergibt sich entsprechend $|\overrightarrow{CM}| = \sqrt{(2\lambda)^2 + (-2\lambda)^2 + (2 + \lambda)^2}$.
Die beiden Wurzeln werden gleichgesetzt:

$$\sqrt{(2\lambda - 3)^2 + (6 - 2\lambda)^2 + \lambda^2} = \sqrt{(2\lambda)^2 + (-2\lambda)^2 + (2 + \lambda)^2}$$

Als Nächstes wird die Gleichung quadriert, um die Wurzel zu beseitigen, und die Klammern werden aufgelöst. Nachdem zusammengefasst wurde, ergibt sich

$$9\lambda^2 - 36\lambda + 45 = 9\lambda^2 + 4\lambda + 4$$

Dies führt zu $\lambda = \frac{41}{40}$. Damit ist der gesuchte Punkt $M\left(\frac{21}{20} \mid \frac{39}{20} \mid \frac{81}{40}\right)$.

c) Da die beiden gesuchten Punkte P_1und P_2 auf g die Entfernung 3 vom Punkt A haben, gilt $|\overrightarrow{AP}| = 3$. Die Gerade wird als «allgemeiner Punkt» umgeschrieben und eingesetzt: $P(1+2\lambda \mid \lambda \mid 2+2\lambda)$. Also ist $|\overrightarrow{AP}| = |\vec{P}-\vec{A}| = \sqrt{(2\lambda-2)^2+(\lambda-1)^2+(2\lambda-2)^2} = 3$. Die Gleichung wird zuerst quadriert, dann werden die Klammern aufgelöst. Es ergibt sich $9\lambda^2 - 18\lambda = 0$. Ausklammern von λ oder Auflösen mit Hilfe der pq- oder abc-Formel führt zu $\lambda_1 = 2$ und $\lambda_2 = 0$. Damit sind die gesuchten Punkte $P_1\,(5 \mid 2 \mid 6)$ und $P_2\,(1 \mid 0 \mid 2)$.

d) Zuerst stellt man eine Ebenengleichung der drei Punkte auf. Die Höhe der Pyramide ist der Abstand des Punktes S von der Ebene. Die Ebene wird wie in Kapitel 13.1 aufgestellt, Koordinatengleichung: $E: x_1 - x_2 + x_3 = 1$. Eingesetzt in die Abstandsformel ergibt sich für den Abstand $e = \frac{15}{\sqrt{3}} = \frac{15}{\sqrt{3}} \cdot \frac{\sqrt{3}}{\sqrt{3}} = \frac{15\cdot\sqrt{3}}{3} = 5\sqrt{3}$ LE.

e) Gesucht ist der Wert b aus der Koordinatengleichung. Die Ebene, der Punkt und der Abstand werden in die Abstandsformel eingesetzt und anschließend nach b aufgelöst:

$$e(P;E) = \frac{|2\cdot(-1)+1\cdot 2-2\cdot(-3)-b|}{\sqrt{2^2+1^2+2^2}} = 2 \Rightarrow \frac{|6-b|}{3} = 2 \Rightarrow |6-b| = 6$$

Nun muss eine Fallunterscheidung gemacht werden, um den Betrag aufzulösen:
1. Fall: $(6-b) = 6 \Rightarrow b_1 = 0$
2. Fall: $-(6-b) = 6 \Rightarrow b_2 = 12$
Damit sind die gesuchten Ebenen $E_1: 2x_1 + x_2 - 2x_3 = 0$ und $E_2: 2x_1 + x_2 - 2x_3 = 12$.

f) Gesucht sind die Punkte auf der Geraden, die den Abstand 3 LE von der angegebenen Ebene haben. Die Gerade wird hierzu als «allgemeiner Punkt» geschrieben, und dieser und die Ebene werden in die Abstandsformel eingesetzt:

$$e(P;E) = \frac{|2\cdot(2+2\lambda)+1\cdot(-5+4\lambda)+2\cdot(-3+5\lambda)-11|}{\sqrt{9}} = \frac{|18\lambda-18|}{3} = 3$$

Fallunterscheidung:
1. Fall: $(18\lambda - 18) = 9 \Rightarrow \lambda_1 = 1{,}5$
2. Fall: $-(18\lambda - 18) = 9 \Rightarrow \lambda_2 = 0{,}5$
Einsetzen in die Geradengleichung führt zu $P_1\,(5 \mid 1 \mid 4{,}5)$ und $P_2\,(3 \mid -3 \mid -0{,}5)$.

g) Wenn die Ebenen parallel zueinander liegen, müssen die beiden Normalenvektoren linear abhängig sein. Es ist $\vec{n}_1 = (-1)\cdot\vec{n}_2$, damit ist bewiesen, dass die Ebenen parallel liegen (bzw. identisch sein können). Abstand der Ebenen: Man bestimmt einen Punkt $P(p_1 \mid p_2 \mid p_3)$ in E_2 und berechnet den Abstand des Punktes zu E_1. Es werden p_1 und p_2 Null gesetzt und p_3 bestimmt: $-2\cdot 0 + 3\cdot 0 - 1\cdot p_3 = -7 \Rightarrow p_3 = 7$. Damit ist $P(0 \mid 0 \mid 7)$, für den Abstand folgt: $e((0 \mid 0 \mid 7);E_1) = \frac{3}{\sqrt{14}} = \frac{3}{14}\sqrt{14}$ LE.

17 Winkelberechnungen

17.1 Winkel zwischen Vektoren bzw. Geraden

Zuerst stellt man die Verbindungsvektoren auf. Anschließend setzt man in die Formel für den Winkel ein.

a)

$$\cos\beta = \overrightarrow{BA} \circ \overrightarrow{BC} = \frac{\begin{pmatrix} 2 \\ -4 \\ 4 \end{pmatrix} \circ \begin{pmatrix} -4 \\ 2 \\ 4 \end{pmatrix}}{\sqrt{2^2+(-4)^2+4^2} \cdot \sqrt{(-4)^2+2^2+4^2}} = 0 \Rightarrow \beta = 90^\circ$$

$$\cos\gamma = \overrightarrow{CA} \circ \overrightarrow{CB} = \frac{\begin{pmatrix} 6 \\ -6 \\ 0 \end{pmatrix} \circ \begin{pmatrix} 4 \\ -2 \\ -4 \end{pmatrix}}{\sqrt{72} \cdot 6} = \frac{36}{\sqrt{72} \cdot 6} = \frac{6}{\sqrt{72}} = \frac{6}{\sqrt{36} \cdot \sqrt{2}} = \frac{6}{6 \cdot \sqrt{2}} = \frac{1}{\sqrt{2}} \Rightarrow \gamma = 45^\circ$$

$$\cos\alpha = \overrightarrow{AB} \circ \overrightarrow{AC} = \frac{\begin{pmatrix} -2 \\ 4 \\ -4 \end{pmatrix} \circ \begin{pmatrix} -6 \\ 6 \\ 0 \end{pmatrix}}{6 \cdot \sqrt{72}} = \frac{36}{6 \cdot \sqrt{72}} = \frac{6}{\sqrt{72}} = \frac{1}{\sqrt{2}} \Rightarrow \gamma = 45^\circ$$

b) I) Durch die Aufgabenstellung ist vorausgesetzt, dass sich die beiden Geraden tatsächlich schneiden, dies hätte sonst geprüft werden müssen. Der Winkel zwischen den beiden Geraden wird berechnet, indem man den Winkel zwischen den Richtungsvektoren berechnet:

$$\cos\alpha = \frac{\left| \begin{pmatrix} -1 \\ 3 \\ 5 \end{pmatrix} \circ \begin{pmatrix} 7 \\ -1 \\ 2 \end{pmatrix} \right|}{\sqrt{35} \cdot \sqrt{54}} = \frac{|-7-3+10|}{\sqrt{35} \cdot \sqrt{54}} = \frac{|0|}{\sqrt{35} \cdot \sqrt{54}} = 0 \Rightarrow \alpha = 90^\circ$$

II) Auch hier wird der Winkel α zwischen den Richtungsvektoren bestimmt:

$$\cos\alpha = \frac{\left| \begin{pmatrix} 2 \\ -6 \\ 10 \end{pmatrix} \circ \begin{pmatrix} 2 \\ 3 \\ 5 \end{pmatrix} \right|}{\sqrt{140} \cdot \sqrt{38}} = \frac{|4-18+50|}{\sqrt{140} \cdot \sqrt{38}} = \frac{36}{\sqrt{140} \cdot \sqrt{38}} \Rightarrow \alpha \approx 60{,}42^\circ$$

17.2 Winkel zwischen Ebenen

a) Der Winkel zwischen zwei Ebenen wird berechnet, indem man den Winkel zwischen den Normalenvektoren berechnet:

$$\cos\alpha = \frac{\left|\begin{pmatrix}1\\-1\\2\end{pmatrix}\circ\begin{pmatrix}6\\1\\-1\end{pmatrix}\right|}{\sqrt{1^2+(-1)^2+2^2}\cdot\sqrt{6^2+1^2+(-1)^2}} = \frac{|6-1-2|}{\sqrt{6}\cdot\sqrt{38}} = \frac{3}{\sqrt{6}\cdot\sqrt{38}} \Rightarrow \alpha \approx 78{,}54^\circ$$

b) Auch hier wird der Winkel zwischen den Normalenvektoren bestimmt:

$$\cos\alpha = \frac{\left|\begin{pmatrix}0\\4\\0\end{pmatrix}\circ\begin{pmatrix}6\\0\\5\end{pmatrix}\right|}{4\cdot\sqrt{6^2+5^2}} = \frac{0}{4\cdot\sqrt{61}} = 0 \Rightarrow \alpha = 90^\circ$$

17.3 Winkel zwischen Gerade und Ebene

a) Der Winkel zwischen einer Gerade und einer Ebene wird berechnet, indem man den Winkel zwischen dem Richtungsvektor der Geraden und dem Normalenvektor der Ebene berechnet. Dabei wird im Unterschied zum Winkel zwischen zwei Geraden oder zwischen zwei Ebenen der *Sinus* des Winkels bestimmt:

$$\sin\alpha = \frac{\left|\begin{pmatrix}1\\2\\-1\end{pmatrix}\circ\begin{pmatrix}3\\5\\-2\end{pmatrix}\right|}{\sqrt{6}\cdot\sqrt{38}} = \frac{|3+10+2|}{\sqrt{6}\cdot\sqrt{38}} = \frac{15}{\sqrt{6}\cdot\sqrt{38}} \Rightarrow \alpha \approx 83{,}41^\circ$$

b) Es ist:

$$\sin\alpha = \frac{\left|\begin{pmatrix}0\\1\\0\end{pmatrix}\circ\begin{pmatrix}6\\10\\-4\end{pmatrix}\right|}{\sqrt{1}\cdot\sqrt{152}} = \frac{|0+10+0|}{\sqrt{152}} = \frac{10}{\sqrt{4\cdot 38}} = \frac{10}{\sqrt{4}\cdot\sqrt{38}} = \frac{5}{\sqrt{38}} \Rightarrow \alpha \approx 54{,}20^\circ$$

c) Es ist:

$$\sin\alpha = \frac{\left|\begin{pmatrix}1\\2\\3\end{pmatrix}\circ\begin{pmatrix}0\\0\\1\end{pmatrix}\right|}{\sqrt{14}\cdot 1} = \frac{3}{\sqrt{14}} \Rightarrow \alpha \approx 53{,}30^\circ$$

18 Spiegelungen

Alle Spiegelpunkte sind im Folgenden mit einem Sternchen * versehen.

18.1 Punkt an Punkt

Um den Punkt P an Q zu spiegeln, wird der Vektor $\overrightarrow{PQ}$ an den Ortsvektor von Q einmal angehängt. (Alternativ kann man auch an den Ortsvektor von P den Vektor $\overrightarrow{PQ}$ zweimal anhängen). Damit ist:

a) $\overrightarrow{P^*} = \overrightarrow{Q} + \overrightarrow{PQ} = \begin{pmatrix} 2 \\ 1 \\ 2 \end{pmatrix} + \begin{pmatrix} -1 \\ -3 \\ -3 \end{pmatrix} = \begin{pmatrix} 1 \\ -2 \\ -1 \end{pmatrix}$, also ist $P^*(1 \mid -2 \mid -1)$.

b) $\overrightarrow{P^*} = \overrightarrow{R} + \overrightarrow{PR} = \begin{pmatrix} 0 \\ 3 \\ -2 \end{pmatrix} + \begin{pmatrix} -3 \\ -1 \\ -7 \end{pmatrix} = \begin{pmatrix} -3 \\ 2 \\ -9 \end{pmatrix}$, also ist $P^*(-3 \mid 2 \mid -9)$.

c) $\overrightarrow{P^*} = \overrightarrow{S} + \overrightarrow{PS} = \begin{pmatrix} -3 \\ 1 \\ 4 \end{pmatrix} + \begin{pmatrix} -6 \\ -3 \\ -1 \end{pmatrix} = \begin{pmatrix} -9 \\ -2 \\ 3 \end{pmatrix}$, also ist $P^*(-9 \mid -2 \mid 3)$.

18.2 Punkt an Ebene

Um einen Punkt P an einer Ebene zu spiegeln, braucht man zuerst den sog. Lotfußpunkt L, das ist der Punkt der Ebene, der den kürzesten Abstand zu P besitzt (es wird «das Lot von P auf die Ebene gefällt»). An diesem Punkt wird P gespiegelt. L bestimmt man, indem man eine Lotgerade durch den Punkt P aufstellt und als Richtungsvektor den Normalenvektor $\vec{n}$ der Ebene benutzt.

a) Lotgerade $g_l: \vec{X} = \begin{pmatrix} 1 \\ 4 \\ 7 \end{pmatrix} + \lambda \cdot \begin{pmatrix} 1 \\ -1 \\ -2 \end{pmatrix}$, diese wird geschnitten mit

$E: x_1 - x_2 - 2x_3 + 11 = 0 \Rightarrow 1 + \lambda - (4 - \lambda) - 2(7 - 2\lambda) + 11 = 0 \Rightarrow 6\lambda = 6 \Rightarrow \lambda = 1.$

Es wird λ in g_l eingesetzt, damit ergibt sich für den Lotfußpunkt $L(2 \mid 3 \mid 5)$.

Nun wird A an L gespiegelt: $\overrightarrow{A^*} = \overrightarrow{L} + \overrightarrow{AL}$, damit ist $A^*(3 \mid 2 \mid 3)$.

b) Lotgerade $g_l: \vec{X} = \begin{pmatrix} -1 \\ -4 \\ -9 \end{pmatrix} + \lambda \cdot \begin{pmatrix} 2 \\ -2 \\ 1 \end{pmatrix}$, Schnitt mit E ergibt $\lambda = 1$, damit ist $L(1 \mid -6 \mid -8)$.

Nun wird S an L gespiegelt, es ist $S^*(3 \mid -8 \mid -7)$.

c) Lotgerade $g_l: \vec{X} = \begin{pmatrix} 2 \\ 3 \\ 4 \end{pmatrix} + \lambda \cdot \begin{pmatrix} 4 \\ 1 \\ -1 \end{pmatrix}$, Schnitt mit E ergibt $\lambda = -\frac{2}{9}$, damit ist

$L\left(\frac{10}{9} \mid \frac{25}{9} \mid \frac{38}{9}\right)$. Nun wird P an L gespiegelt, es ist $P^*\left(\frac{2}{9} \mid \frac{23}{9} \mid \frac{40}{9}\right)$.

18.3 Punkt an Gerade

Ein Punkt wird an einer Geraden gespiegelt, indem man eine Hilfsebene durch den Punkt und senkrecht zur Geraden aufstellt (ähnlich wie bei der Abstandsberechnung eines Punktes von einer Geraden wird der Richtungsvektor $\vec{r}$ der Geraden als Normalenvektor $\vec{n}$ benutzt). Anschließend wird die Hilfsebene mit der Geraden geschnitten und der Punkt am Schnittpunkt S von Gerade und Ebene gespiegelt.

a) Einsetzen von P und $\vec{r}$ in die Punkt-Normalenform: $\begin{pmatrix} 1 \\ 0 \\ 1 \end{pmatrix} \circ \left(\begin{pmatrix} x_1 \\ x_2 \\ x_3 \end{pmatrix} - \begin{pmatrix} 2 \\ 3 \\ 4 \end{pmatrix} \right) = 0,$

damit ist die Hilfsebene $\mathrm{E_H}:\ x_1 + x_3 = 6$. Schneiden mit g führt zu $2 + \lambda + 2 + \lambda = 6$ $\Rightarrow \lambda = 1$. Einsetzen in die Geradengleichung führt auf den Schnittpunkt S $(3 \mid 1 \mid 3)$. Spiegeln von P an S ergibt $\mathrm{P}^*\ (4 \mid -1 \mid 2)$.

b) Einsetzen von B und $\vec{r}$ in die Punkt-Normalenform ergibt die Hilfsebene $\mathrm{E_H}:\ 4x_1 - x_2 - x_3 = 21$. Schneiden mit g führt zu $\lambda = 2$. Einsetzen in die Geradengleichung führt auf den Schnittpunkt S $(7 \mid 4 \mid 3)$. Spiegeln von B an S ergibt $\mathrm{B}^*\ (9 \mid 10 \mid 5)$.

18.4 Allgemeine Spiegelungen

a) Bei der Spiegelung einer Geraden $g:\ \vec{\mathrm{X}} = \vec{\mathrm{A}} + \lambda \cdot \vec{r}$ an einer Ebene unterscheidet man zwei Fälle:

I) Die Gerade ist parallel zur Ebene: In diesem Fall spiegelt man den «Stützpunkt» A der Geraden an der Ebene, indem man eine Hilfsgerade senkrecht zu E durch A aufstellt und den Lotfußpunkt ermittelt. Der gespiegelte «Stützpunkt» A^* ist der «Stützpunkt» der neuen Geraden. Der Richtungsvektor $\vec{r}$ wird übernommen.

II) Die Gerade schneidet die Ebene: Zuerst ermittelt man den Schnittpunkt der Geraden mit der Ebene. Anschließend spiegelt man den «Stützpunkt» A (oder einen beliebigen anderen Punkt außer dem Schnittpunkt) der Geraden an der Ebene. Der Spiegelpunkt ist A^*. Die Spiegelgerade besitzt den «Stützpunkt» A^*, als Richtungsvektor dient der Verbindungsvektor zwischen A^* und dem Schnittpunkt mit der Ebene.

b) Bei der Spiegelung einer Ebene E_1 an einer Ebene E_2 können zwei Fälle auftreten:

I) Die Ebenen sind parallel: Zuerst bestimmt man einen Punkt auf E_1, dieser Punkt wird an E_2 gespiegelt. Der Normalenvektor wird übernommen, da die Ebenen parallel sind. Der Spiegelpunkt und der Normalenvektor werden in die Punkt-Normalenform eingesetzt und ergeben die Spiegelebene.

II) Die Ebenen schneiden sich: Es wird zuerst eine Schnittgerade ermittelt. Anschließend wird ein Punkt P, der nicht auf der Schnittgeraden liegt, auf der Ebene E_1 bestimmt und an E_2 gespiegelt. Mit der Schnittgeraden und dem Spiegelpunkt P^* wird die Spiegelebene aufgestellt.

19 Kugeln

19.1 Kugelgleichung

Eine Kugel K mit Mittelpunkt $M(m_1 \mid m_2 \mid m_3)$ und Radius r hat die Koordinatengleichung
$K\colon\ (x_1-m_1)^2+(x_2-m_2)^2+(x_3-m_3)^2=r^2$.

a) I) Mit $M(2 \mid 1 \mid 5)$ und $r=3$ ergibt sich folgende Gleichung für die Kugel:
$K\colon\ (x_1-2)^2+(x_2-1)^2+(x_3-5)^2=9$ bzw.
$K\colon\ x_1^2+x_2^2+x_3^2-4x_1-2x_2-10x_3+21=0$.

II) Mit $M(-3 \mid 2 \mid -4)$ und $r=\sqrt{7}$ ergibt sich folgende Gleichung für die Kugel:
$K\colon\ (x_1+3)^2+(x_2-2)^2+(x_3+4)^2=7$ bzw.
$K\colon\ x_1^2+x_2^2+x_3^2+6x_1-4x_2+8x_3+22=0$.

III) Mit $M(0 \mid 0 \mid 1)$ und $r=4$ ergibt sich folgende Gleichung für die Kugel:
$K\colon\ (x_1-0)^2+(x_2-0)^2+(x_3-1)^2=16$ bzw.
$K\colon\ x_1^2+x_2^2+x_3^2-2x_3-15=0$.

b) Bringt man die gegebenen Kugelgleichungen auf die allgemeine Form, so kann man ihren Mittelpunkt und Radius ablesen:

I) An $K\colon\ (x_1-2)^2+(x_2-3)^2+(x_3+2)^2=8$ kann man den Mittelpunkt und Radius direkt ablesen:
$M_1(2 \mid 3 \mid -2)$, $r_1=\sqrt{8}$.

II) $K_2\colon\ (x_1-4)^2+(x_2-3)^2+(x_3+1)^2-22=0$ läßt sich umformen zu
$K_2\colon\ (x_1-4)^2+(x_2-3)^2+(x_3-(-1))^2=\left(\sqrt{22}\right)^2 \Rightarrow M_2(4 \mid 3 \mid -1)$, $r_2=\sqrt{22}$.

III) $K_3\colon\ x_1^2+x_2^2+x_3^2=25$ wird umgeformt zu $K_3\colon\ (x_1-0)^2+(x_2-0)^2+(x_3-0)^2=5^2$
$\Rightarrow M_3(0 \mid 0 \mid 0)$, $r_3=5$.

c) Um die Lage der Punkte $P(4 \mid 1 \mid 3)$ bzw. $Q(3 \mid 0 \mid 10)$ P und Q bezüglich der Kugel K mit Mittelpunkt $M(1 \mid 1 \mid 7)$ und Radius $r=5$ zu überprüfen, berechnet man jeweils ihren Abstand zu M und vergleicht diesen mit dem Radius von K:

$$\overline{PM}=|\overrightarrow{PM}|=\left|\begin{pmatrix}-3\\0\\4\end{pmatrix}\right|=\sqrt{(-3)^2+0^2+4^2}=\sqrt{25}=5=r \Rightarrow \text{P liegt auf K.}$$

$$\overline{QM}=|\overrightarrow{QM}|=\left|\begin{pmatrix}-2\\1\\-3\end{pmatrix}\right|=\sqrt{(-2)^2+1^2+(-3)^2}=\sqrt{14}\approx 3{,}74<r \Rightarrow \text{Q liegt inner-}$$

halb von K.

19.2 Gegenseitige Lage von Kugel und Gerade

a) Zur Bestimmung der gemeinsamen Punkte von Kugel und Gerade setzt man die Gerade als «allgemeinen Punkt» in die Koordinatengleichung der Kugel ein und löst die entstandene quadratische Gleichung.

I) Die Gerade $g\colon\ \vec{X} = \begin{pmatrix} 1 \\ 2 \\ 2 \end{pmatrix} + \lambda \cdot \begin{pmatrix} -1 \\ 1 \\ 4 \end{pmatrix}$ hat als «allgemeinen Punkt»

$P_\lambda\,(1-\lambda \mid 2+\lambda \mid 2+4\lambda)$, die Kugel $K_1\colon\ M_1\,(0 \mid 0 \mid 0)$, $r_1 = 3$ hat die Koordinatengleichung

$K_1\colon\ (x_1-0)^2+(x_2-0)^2+(x_3-0)^2 = 3^2$. Setzt man P_λ in K_1 ein, so erhält man: $(1-\lambda)^2+(2+\lambda)^2+(2+4\lambda)^2 = 9$ bzw. $18\lambda^2+18\lambda = 0$ mit den Lösungen $\lambda_1 = 0$ und $\lambda_2 = -1$. Setzt man λ_1 bzw. λ_2 in P_λ ein, so erhält man die Schnittpunkte $S_1\,(1 \mid 2 \mid 2)$ und $S_2\,(2 \mid 1 \mid -2)$; die Gerade g ist also eine Sekante.

II) Die Gerade g_{AB} durch $A\,(4 \mid 2 \mid 2)$ und $B\,(4 \mid 4 \mid 6)$ hat die Gleichung

$g_{AB}\colon\ \vec{X} = \begin{pmatrix} 4 \\ 2 \\ 2 \end{pmatrix} + \lambda \cdot \begin{pmatrix} 0 \\ 2 \\ 4 \end{pmatrix}$ und als «allgemeinen Punkt» $P_\lambda\,(4 \mid 2+2\lambda \mid 2+4\lambda)$.

Setzt man P_λ in $K_2\colon\ (x_1-2)^2+(x_2-3)^2+(x_3-4)^2 = 2^2$ ein, so erhält man: $(4-2)^2+(2+2\lambda-3)^2+(2+4\lambda-4)^2 = 4$ bzw. $4\lambda^2-4\lambda+1 = 0$ mit der Lösung $\lambda = \frac{1}{2}$. Setzt man $\lambda = \frac{1}{2}$ in P_λ ein, so erhält man den Berührpunkt $B\,(4 \mid 3 \mid 4)$; die Gerade g_{AB} ist also Tangente an K_2.

III) Die Gerade $h\colon\ \vec{X} = \begin{pmatrix} 1 \\ 0 \\ 5 \end{pmatrix} + \lambda \cdot \begin{pmatrix} 1 \\ 1 \\ 1 \end{pmatrix}$ hat als «allgemeinen Punkt»

$P_\lambda\,(1+\lambda \mid \lambda \mid 5+\lambda)$, die Kugel $K_3\colon\ M_3\,(1 \mid 0 \mid 3)$, $r_3 = 1$ hat die Koordinatengleichung

$K_3\colon\ (x_1-1)^2+(x_2-0)^2+(x_3-3)^2 = 1^2$. Setzt man P_λ in K_3 ein, so erhält man: $(1+\lambda-1)^2+(\lambda-0)^2+(5+\lambda-3)^2 = 1$ bzw. $3\lambda^2-4\lambda+3 = 0$. Diese quadratische Gleichung hat keine reelle Lösung, also haben h und K_3 keine gemeinsamen Punkte; die Gerade h ist also eine Passante.

b) Die Gerade $g\colon\ \vec{X} = \begin{pmatrix} 18 \\ -16 \\ 22 \end{pmatrix} + \lambda \cdot \begin{pmatrix} 2 \\ 1 \\ 0 \end{pmatrix}$ hat als «allgemeinen Punkt»

$P_\lambda\,(18+2\lambda \mid -16+\lambda \mid 22)$, die Kugel K hat die Koordinatengleichung

$K\colon\ (x_1-0)^2+(x_2-0)^2+(x_3-2)^2 = 6^2$. Setzt man P_λ in K ein, so erhält man: $(18+2\lambda)^2+(-16+\lambda)^2+(22-2)^2 = 36$ bzw. $5\lambda^2+40\lambda+944 = 0$. Diese quadratische Gleichung hat keine reelle Lösung, also haben g und K keine gemeinsamen Punkte.

Alternativ hätte man auch den Abstand des Mittelpunkts zur Geraden mit Hilfe einer zu g orthogonalen Hilfsebene berechnen können; dieser wäre größer als der Radius, so dass g und K keine gemeinsamen Punkte haben.

19.3 Gegenseitige Lage von Kugel und Ebene

a) I) Die Kugel K: $(x_1-5)^2+(x_2-2)^2+(x_3-1)^2=49$ hat den Mittelpunkt $\mathrm{M}(5 \mid 2 \mid 1)$ und den Radius $r=7$.

Um den Mittelpunkt M* des Schnittkreises von K mit E zu erhalten, stellt man eine Lotgerade l auf, die durch $\mathrm{M}(5 \mid 2 \mid 1)$ geht und den Normalenvektor $\vec{n}=\begin{pmatrix}2\\2\\1\end{pmatrix}$ der Ebene E: $2x_1+2x_2+x_3=6$ als Richtungsvektor hat und schneidet diese mit E.

Der Punkt M* ist ein «allgemeiner Punkt» dieser Lotgeraden:

$$l\colon \vec{\mathrm{X}}=\begin{pmatrix}5\\2\\1\end{pmatrix}+\lambda\cdot\begin{pmatrix}2\\2\\1\end{pmatrix} \Rightarrow \mathrm{M}^*(5+2\lambda \mid 2+2\lambda \mid 1+\lambda).$$

Setzt man diesen Punkt in die Ebene E ein, so erhält man:

$2\cdot(5+2\lambda)+2\cdot(2+2\lambda)+1+\lambda=6$ bzw. $\lambda=-1 \Rightarrow \mathrm{M}^*(3 \mid 0 \mid 0)$.

Den Radius r^* erhält man mit Hilfe des Satzes des Pythagoras: $(r^*)^2+d^2=r^2$(siehe Zeichnung). Dabei gilt:

$$d=\overline{\mathrm{MM}^*}=\left|\overrightarrow{\mathrm{MM}^*}\right|=\left|\begin{pmatrix}-2\\-2\\-1\end{pmatrix}\right|=\sqrt{(-2)^2+(-2)^2+(-1)^2}=\sqrt{9}=3.$$

Also gilt $(r^*)^2+3^2=7^2 \Rightarrow r^*=\sqrt{40}$.

II) Der Punkt M* ist ein «allgemeiner Punkt» der Lotgeraden:

$$l\colon \vec{\mathrm{X}}=\begin{pmatrix}-1\\3\\5\end{pmatrix}+\lambda\cdot\begin{pmatrix}2\\3\\1\end{pmatrix} \Rightarrow \mathrm{M}^*(-1+2\lambda \mid 3+3\lambda \mid 5+\lambda).$$

Setzt man diesen in die Ebene E ein, so erhält man als Schnittpunkt von E mit l:

$2\cdot(-1+2\lambda)+3\cdot(3+3\lambda)+5+\lambda-26=0$ bzw. $\lambda=1 \Rightarrow \mathrm{M}^*(1 \mid 6 \mid 6)$.

Den Radius r^* erhält man mit Hilfe des Satzes des Pythagoras: $(r^*)^2+d^2=r^2$ (siehe Zeichnung). Dabei gilt:

$$d=\overline{\mathrm{MM}^*}=|\overrightarrow{\mathrm{MM}^*}|=\left|\begin{pmatrix}2\\3\\1\end{pmatrix}\right|=\sqrt{2^2+3^2+1^2}=\sqrt{14}.$$

Also gilt $(r^*)^2+\left(\sqrt{14}\right)^2=5^2 \Rightarrow r^*=\sqrt{11}$.

b) Um die gegenseitige Lage von Kugel und Ebene zu bestimmen, berechnet man den Abstand e des Mittelpunkts M der Kugel zur Ebene E mit Hilfe der HNF (siehe Kapitel Abstandsberechnungen):

I) Die Kugel K: $(x_1-3)^2+x_2^2+(x_3+1)^2=9$ hat den Mittelpunkt $M(3\mid 0\mid -1)$ und den Radius $r=3$. Für den Abstand e von M zu E: $5x_1+6x_2-3x_3=11$ gilt (mit Hilfe der HNF):

$e=\frac{|5\cdot 3+6\cdot 0-3\cdot(-1)-11|}{\sqrt{5^2+6^2+3^2}}=\frac{7}{\sqrt{70}}=0,84<r$. Also schneidet die Ebene die Kugel in einem Schnittkreis.

II) Für den Abstand e von $M(0\mid 0\mid 0)$ zu E: $2x_1+2x_2+x_3=3$ gilt (mit Hilfe der HNF):

$e=\frac{|2\cdot 0+2\cdot 0+1\cdot 0-3|}{\sqrt{2^2+2^2+1^2}}=\frac{3}{3}=1=r$. Also berührt die Ebene die Kugel in einem einzigen Punkt (d.h. E ist Tangentialebene an K).

c) Die Tangentialebene E_T enthält den Punkt $B(7\mid -3\mid 2)$ und hat als Normalenvektor den Verbindungsvektor von B zu $M(2\mid 4\mid 1)$: $\overrightarrow{BM}=\begin{pmatrix}-5\\7\\-1\end{pmatrix}$.

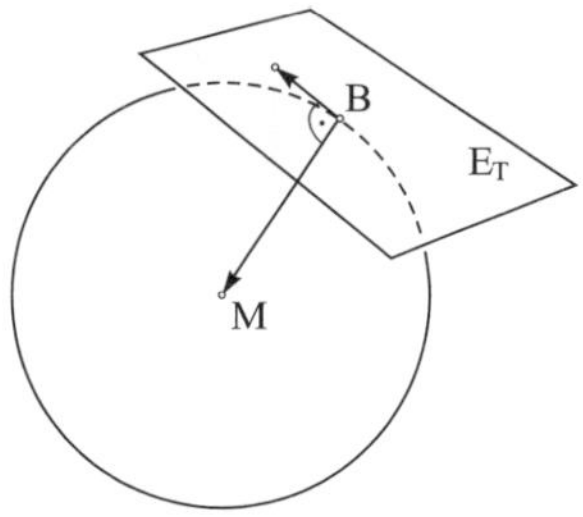

Setzt man B und $\overrightarrow{BM}$ in die Punkt-Normalenform ein, so erhält man:

E_T: $\begin{pmatrix}-5\\7\\-1\end{pmatrix}\circ\left(\vec{X}-\begin{pmatrix}7\\-3\\2\end{pmatrix}\right)=0$ bzw. E_T: $-5x_1+7x_2-x_3+58=0$.

19.4 Gegenseitige Lage zweier Kugeln

a) Um zu prüfen, ob K_1 mit $M_1(3\mid 1\mid 4)$ und $r_1=3$ und K_2 mit $M_2(5\mid -2\mid 8)$ und $r_2=2$ gemeinsame Punkte haben, vergleicht man den Abstand der beiden Mittelpunkte mit den Radien r_1 und r_2.

Es ist $r_1+r_2=3+2=5$ und

$|\overrightarrow{M_1M_2}|=\left|\begin{pmatrix}2\\-3\\4\end{pmatrix}\right|=\sqrt{2^2+(-3)^2+4^2}=\sqrt{29}>5.$

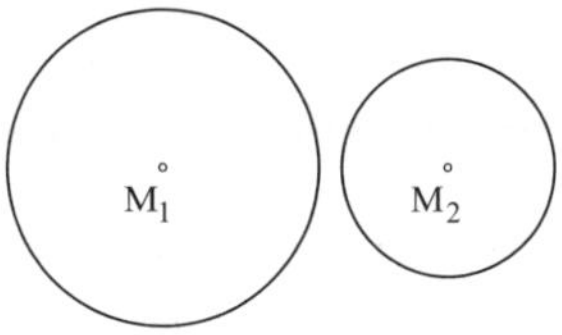

Somit haben K_1 und K_2 keine gemeinsamen Punkte.

b) Um zu zeigen, dass sich K_1 und K_2 berühren, vergleicht man den Abstand der beiden Mittelpunkte mit den Radien r_1 und r_2.
Die Kugel K_1: $(x_1+1)^2+x_2^2+(x_3-2)^2=36$ hat den Mittelpunkt $M_1(-1\mid 0\mid 2)$ und den

Radius $r_1 = 6$. Die Kugel K_2 hat den Mittelpunkt $M_2\,(1 \mid 2 \mid 3)$ und den Radius $r_2 = 3$.

Es gilt:

$$|\overrightarrow{M_1M_2}| = \left|\begin{pmatrix} 2 \\ 2 \\ 1 \end{pmatrix}\right| = \sqrt{2^2+2^2+1^2} = 3 = r_1 - r_2.$$

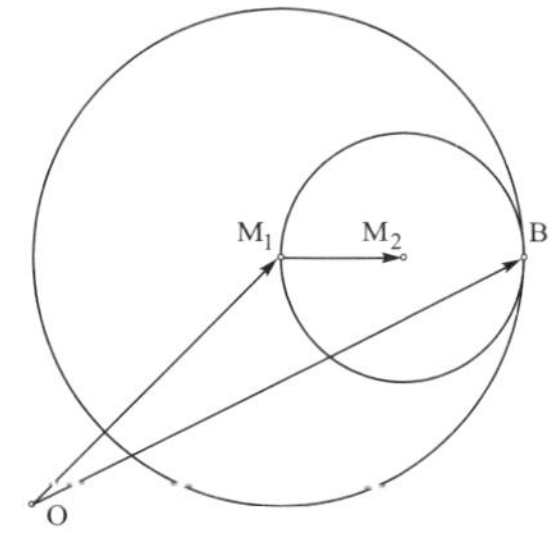

Somit berühren sich K_1 und K_2.

Um die Koordinaten des Berührpunkts B zu bestimmen, stellt man eine geeignete Vektorkette auf:

$$\overrightarrow{B} = \overrightarrow{M_1} + 2 \cdot \overrightarrow{M_1M_2} = \begin{pmatrix} -1 \\ 0 \\ 2 \end{pmatrix} + 2 \cdot \begin{pmatrix} 2 \\ 2 \\ 1 \end{pmatrix} = \begin{pmatrix} 3 \\ 4 \\ 4 \end{pmatrix} \Rightarrow B(3 \mid 4 \mid 4).$$

Wenn nicht bekannt wäre, dass M_2 genau in der Mitte zwischen M_1 und B liegt, hätte man eine Gerade durch M_1 und M_2aufstellen und diese mit K_1und K_2 schneiden müssen. Einer der Schnittpunkte liegt sowohl auf K_1 als auch auf K_2; dieser ist der Berührpunkt.

Als weitere Alternative könnte man auch den Vektor $\overrightarrow{M_1M_2}$ auf Länge 1 normieren und eine Vektorkette aufstellen: $\overrightarrow{B} = \overrightarrow{M_1} + r_1 \cdot \frac{1}{|\overrightarrow{M_1M_2}|} \cdot \overrightarrow{M_1M_2}$

c) Um die Gleichung der Ebene des Schnittkreises zu bestimmen, subtrahiert man die Gleichungen der beiden Kugeln voneinander.

Die Kugel $K_1:\ (x_1-3)^2+(x_2+6)^2+(x_3-7)^2 = 100$ hat die Koordinatengleichung

$K_1:\ x_1^2 - 6x_1 + 9 + x_2^2 + 12x_2 + 36 + x_3^2 - 14x_3 + 49 = 100$ bzw.

$K_1:\ x_1^2 + x_2^2 + x_3^2 - 6x_1 + 12x_2 - 14x_3 = 6.$

Die Kugel $K_2:\ M_2(-1 \mid 2 \mid -1),\ r_2 = \sqrt{52}$ hat die Gleichung

$K_2:\ (x_1+1)^2+(x_2-2)^2+(x_3+1)^2 = \left(\sqrt{52}\right)^2$ bzw.

$K_2:\ x_1^2 + 2x_1 + 1 + x_2^2 - 4x_2 + 4 + x_3^2 + 2x_3 + 1 = 52$ bzw.

$K_2:\ x_1^2 + x_2^2 + x_3^2 + 2x_1 - 4x_2 + 2x_3 = 46$

Subtrahiert man die beiden Kugelgleichungen voneinander, so erhält man folgende Ebenengleichung:

$E:\ -8x_1 + 16x_2 - 16x_3 = -40$ bzw. $E:\ -x_1 + 2x_2 - 2x_3 = -5.$

Stochastik

20 Berechnung von Wahrscheinlichkeiten

20.1 Additionssatz, Vierfeldertafel

a) Es ergeben sich folgende ergänzte Tafeln:

I)

	A	$\overline{A}$	
B	0,3	0,1	0,4
$\overline{B}$	0,5	0,1	0,6
	0,8	0,2	1

II)

	A	$\overline{A}$	
B	$\frac{1}{8}$	$\frac{1}{2}$	$\frac{5}{8}$
$\overline{B}$	$\frac{1}{4}$	$\frac{1}{8}$	$\frac{3}{8}$
	$\frac{3}{8}$	$\frac{5}{8}$	1

b) I)

	F	$\overline{F}$	
S	0,4	0,2	0,6
$\overline{S}$	0,3	0,1	0,4
	0,7	0,3	1

Es sind:
F: mag Fußball
S: mag Schwimmen
$\overline{F}$: mag Fußball nicht
$\overline{S}$: mag Schwimmen nicht

Gegeben sind $P(F) = 0{,}7$ und $P(S) = 0{,}6$ sowie $P(F \cup S) = 0{,}9$ bzw. $P(\overline{F} \cap \overline{S}) = 0,1$, da sich 10 % der Schüler für keine der beiden Sportarten begeistern. Aus der Vierfeldertafel ergibt sich: $P(F \cap S) = 0,4$. Somit begeistern sich 40 % der Schüler für beide Sportarten.

II) Der Additionssatz besagt in diesem Fall:
$P(F \cup S) = P(F) + P(S) - P(F \cap S)$, also:
$0,9 = 0,7 + 0,6 - 0,4$.
Der Additionssatz gilt somit für diese Aufgabe.

20.2 Baumdiagramme und Pfadregeln

a) I)

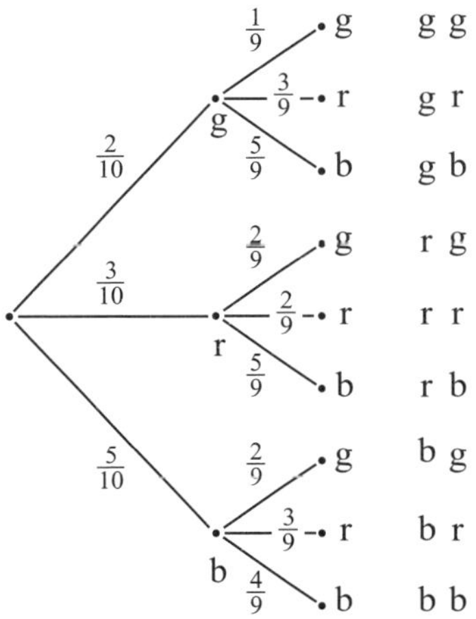

Da insgesamt 10 Kugeln in der Urne sind, betragen die Wahrscheinlichkeiten beim 1. Ziehen für grün, rot bzw. blau: $\frac{2}{10}, \frac{3}{10}$ bzw. $\frac{5}{10}$.

Danach sind nur noch 9 Kugeln in der Urne und die Wahrscheinlichkeiten bzgl. der 2. Ziehung hängen jeweils davon ab, welche Farbe beim 1. Mal gezogen wurde.

II) Die erste Pfadregel (Produktregel) besagt, dass sich die Wahrscheinlichkeit für einen Pfad aus dem Produkt der Wahrscheinlichkeiten längs des Pfades ergibt.
Dem Ereignis A entspricht der Pfad zu gg, dem Ereignis B entsprechend zu rb.
$A = \{gg\}; P(A) = \frac{2}{10} \cdot \frac{1}{9} = \frac{1}{45}$.
$B = \{rb\}; P(B) = \frac{3}{10} \cdot \frac{5}{9} = \frac{1}{6}$.
Die zweite Pfadregel (Summenregel) besagt, dass sich die Wahrscheinlichkeit eines Ereignisses aus der Summe der Wahrscheinlichkeiten aller Pfade, die zu diesem Ereignis gehören, ergibt.
$C = \{rg, gr\}; P(C) = \frac{3}{10} \cdot \frac{2}{9} + \frac{2}{10} \cdot \frac{3}{9} = \frac{2}{15}$.
$D = \{gg, rr, bb\}; P(D) = \frac{2}{10} \cdot \frac{1}{9} + \frac{3}{10} \cdot \frac{2}{9} + \frac{5}{10} \cdot \frac{4}{9} = \frac{2+6+20}{90} = \frac{14}{45}$.
$E = \{gg, gr, rg, rr\}; P(E) = \frac{2}{10} \cdot \frac{1}{9} + \frac{2}{10} \cdot \frac{3}{9} + \frac{3}{10} \cdot \frac{2}{9} + \frac{3}{10} \cdot \frac{2}{9} = \frac{2+6+6+6}{90} = \frac{2}{9}$.

b) I)

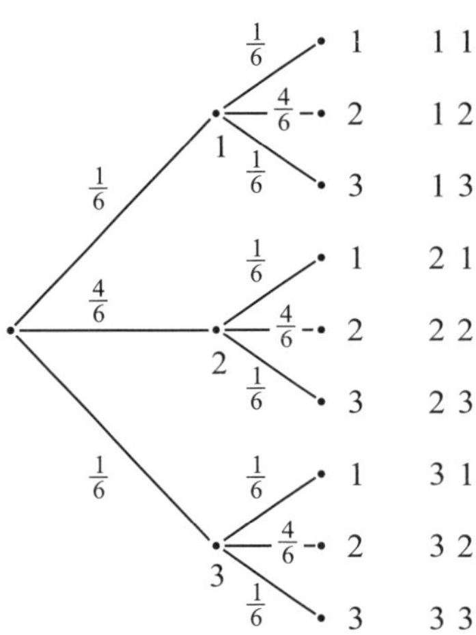

II) $A = \{12\}; P(A) = \frac{1}{6} \cdot \frac{4}{6} = \frac{1}{9}$.

$B = \{12, 22, 32\}$; $P(B) = \frac{1}{6} \cdot \frac{4}{6} + \frac{4}{6} \cdot \frac{4}{6} + \frac{1}{6} \cdot \frac{4}{6} = \frac{1}{9} + \frac{4}{9} + \frac{1}{9} = \frac{6}{9} = \frac{2}{3}$.

$C = \{11, 12, 13\}$; $P(C) = \frac{1}{6} \cdot \frac{1}{6} + \frac{1}{6} \cdot \frac{4}{6} + \frac{1}{6} \cdot \frac{1}{6} = \frac{1+4+1}{36} = \frac{6}{36} = \frac{1}{6}$.

$D = \{13, 22, 31\}$; $P(D) = \frac{1}{6} \cdot \frac{1}{6} + \frac{4}{6} \cdot \frac{4}{6} + \frac{1}{6} \cdot \frac{1}{6} = \frac{1+16+1}{36} = \frac{18}{36} = \frac{1}{2}$.

$E = \{11, 13, 23, 31\}$; $P(E) = \frac{1}{6} \cdot \frac{1}{6} + \frac{1}{6} \cdot \frac{1}{6} + \frac{4}{6} \cdot \frac{1}{6} + \frac{1}{6} \cdot \frac{1}{6} = \frac{1+1+4+1}{36} = \frac{7}{36}$.

c) I) e: Fehler erkannt; $P(e) = 0,8$.
$\bar{e}$: Fehler nicht erkannt; $P(\bar{e}) = 0,2$.
Zweimal den Fehler übersehen und beim dritten Mal erkennen entspricht dem Pfad $\bar{e}\bar{e}e$.

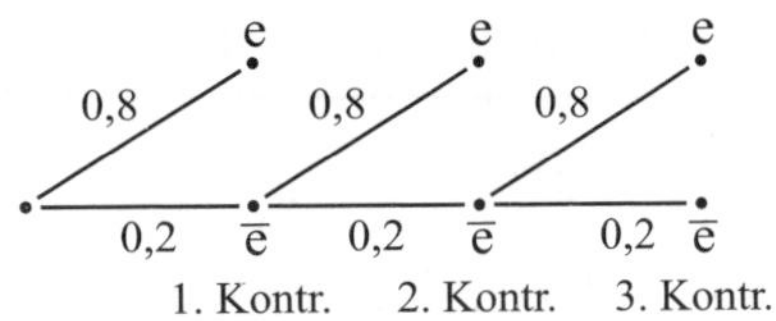

Es ist $P(\bar{e}\bar{e}e) = 0,2 \cdot 0,2 \cdot 0,8 = 0,032 = 3,2\,\%$.

II) Den Fehler spätestens beim 3. Mal erkennen bedeutet $\{e, \bar{e}e, \bar{e}\bar{e}e\}$.
Es ist: $P(e) = 0,8$, $P(\bar{e}e) = 0,2 \cdot 0,8 = 0,16$ und $P(\bar{e}\bar{e}e) = 0,032$.
Nach der 2. Pfadregel gilt:
P(«spätestens beim 3. Mal erkannt») $= 0,8 + 0,16 + 0,032 = 0,992 = 99,2\,\%$.
Schneller lässt sich die Wahrscheinlichkeit mit dem Gegenereignis bestimmen. Es heißt hier: «Der Fehler ist auch beim 3. Mal noch nicht erkannt» und bedeutet $\{\bar{e}\bar{e}\bar{e}\}$.
Für die Wahrscheinlichkeit des Gegenereignisses gilt:
$P(\bar{e}\bar{e}\bar{e}) = 0,2 \cdot 0,2 \cdot 0,2 = 0,008 = 0,8\,\%$.
Damit ist $100\,\% - 0,8\,\% = 99,2\,\%$ die gesuchte Wahrscheinlichkeit.

d)

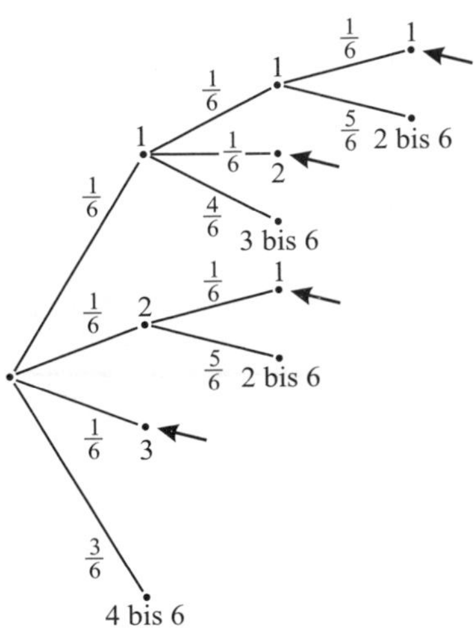

Die markierten Pfade führen zum Gewinn.

$P(\text{Gewinn}) = \frac{1}{6} \cdot \frac{1}{6} \cdot \frac{1}{6} + \frac{1}{6} \cdot \frac{1}{6} + \frac{1}{6} \cdot \frac{1}{6} + \frac{1}{6}$
$= \frac{1+6+6+36}{216} = \frac{49}{216} \approx 0,23$

Die Gewinnwahrscheinlichkeit beträgt $\frac{49}{216}$ oder etwa 23 %.

20.3 Unabhängigkeit von zwei Ereignissen

a) I)

	A	$\overline{A}$	
B	0,32	0,08	0,4
$\overline{B}$	0,48	0,12	0,6
	0,8	0,2	1

II)

	A	$\overline{A}$	
B	$\frac{3}{5}$	$\frac{1}{15}$	$\frac{2}{3}$
$\overline{B}$	$\frac{3}{10}$	$\frac{1}{30}$	$\frac{1}{3}$
	$\frac{9}{10}$	$\frac{1}{10}$	1

III)

	A	$\overline{A}$	
B	$\frac{1}{20}$	$\frac{1}{5}$	$\frac{1}{4}$
$\overline{B}$	$\frac{3}{20}$	$\frac{3}{5}$	$\frac{3}{4}$
	$\frac{1}{5}$	$\frac{4}{5}$	1

b) Es ist: $P(m) = \frac{90}{200} = 0,45$; $P(R) = \frac{80}{200} = 0,4$; $P(m \cap R) = \frac{36}{200} = 0,18$.
Da $0,45 \cdot 0,4 = 0,18$ gilt der spezielle Multiplikationssatz und die Ereignisse sind unabhängig.
Alternativer Lösungsweg:
Man prüft nach, ob der Anteil an Rauchern unter allen Befragten genau so groß ist wie der Anteil an Rauchern unter den Männern.
Anteil der Raucher unter allen Befragten: $\frac{80}{200} = \frac{2}{5} = 0,4$.
Anteil der Raucher unter den Männern: $\frac{36}{90} = \frac{2}{5} = 0,4$.
Die Werte stimmen überein, also sind Geschlecht und Rauchverhalten unabhängig voneinander.

20.4 Bedingte Wahrscheinlichkeit

a) Es ist a: älter als 70 Jahre, j ($=\overline{a}$): höchstens 70 Jahre, m: männlich, w($=\overline{m}$): weiblich.
Gegeben sind $P(a) = 0,3$; $P_a(m) = 0,4$ und $P_j(m) = 0,5$.
Dann gilt: $P(a \cap m) = P(a) \cdot P_a(m) = 0,3 \cdot 0,4 = 0,12$.
$P(j) = 1 - P(a) = 0,7$.
$P(j \cap m) = P(j) \cdot P_j(m) = 0,7 \cdot 0,5 = 0,35$.

P(a), P(j), $P(a \cap m)$ und $P(j \cap m)$ werden in die Vierfeldertafel eingetragen und diese wird vervollständigt: Gesucht ist $P_m(j)$.
Entsprechend der Formel gilt:
$P_m(j) = \frac{P(m \cap j)}{P(m)} = \frac{0,35}{0,47} \approx 0,74 = 74\,\%$.
Also sind rund 74 % der Männer höchstens 70 Jahre alt.

	a	j	
m	0,12	0,35	0,47
w	0,18	0,35	0,53
	0,3	0,7	1

b) Es ist k: krank, g: gesund, «+»: positiv getestet, «−»: negativ getestet.

I) Aus den Angaben lassen sich folgende Wahrscheinlichkeiten bestimmen:
$P(k) = 0{,}2$; $P_k(+) = 0{,}96$; $P_g(-) = 0{,}94$.
Damit ist:
$P(g) = 1 - P(k) = 0{,}8$.
$P(k \cap +) = P(k) \cdot P_k(+) = 0{,}2 \cdot 0{,}96 = 0{,}192$
$P(g \cap -) = P(g) \cdot P_g(-) = 0{,}8 \cdot 0{,}94 = 0{,}752$
Gesucht sind $P_+(k)$ und $P_-(g)$. Daher gilt:
$P_+(k) = \frac{P(k \cap +)}{P(+)} = \frac{0{,}192}{0{,}24} = 0{,}8 = 80\,\%$ und
$P_-(g) = \frac{P(g \cap -)}{P(-)} = \frac{0{,}752}{0{,}76} \approx 0{,}99 = 99\,\%$.

	k	g	
+	0,192	0,048	0,24
–	0,008	0,752	0,76
	0,2	0,8	1

Die Wahrscheinlichkeit, dass man bei einem positiven Testergebnis tatsächlich krank ist, beträgt 80 %.
Die Wahrscheinlichkeit, dass man bei einem negativen Testergebnis tatsächlich gesund ist, beträgt 99 %.

II) Aus den Angaben lassen sich folgende Wahrscheinlichkeiten bestimmen:
$P(k) = 0{,}5$; $P_k(+) = 0{,}96$; $P_g(-) = 0{,}94$.
Die Rechnungen wie bei I) ergeben nebenstehende Vierfeldertafel.
Gesucht sind wieder $P_+(k)$ und $P_-(g)$.
Daher gilt:
$P_+(k) = \frac{0{,}48}{0{,}51} \approx 0{,}94 = 94\,\%$ und
$P_-(g) = \frac{0{,}47}{0{,}49} \approx 0{,}96 = 96\,\%$.

	k	g	
+	0,48	0,03	0,51
–	0,02	0,47	0,49
	0,5	0,5	1

Je größer der Anteil der Kranken an der Bevölkerung wird, desto sicherer deutet ein positives Testergebnis auf eine Erkrankung hin. Dafür kann man sich auf ein negatives Testergebnis weniger verlassen.

21 Kombinatorische Zählprobleme

21.1 Geordnete Stichproben mit Zurücklegen

a) Zuerst bestimmt man die Anzahl aller Möglichkeiten: Für jede der 4 Stellen gibt es 10 mögliche Ziffern, also insgesamt 10^4 Möglichkeiten.

A: Für jede Stelle stehen 5 ungerade Ziffern zur Verfügung, also 5^4 günstige Möglichkeiten.
Somit gilt für die Wahrscheinlichkeit: $P(A) = \frac{5^4}{10^4} = (\frac{5}{10})^4 = (\frac{1}{2})^4 = \frac{1}{16}$.

B: Für jede Stelle stehen 2 verschiedene Ziffern zur Verfügung, also 2^4 günstige Möglichkeiten. Somit gilt: $P(B) = \frac{2^4}{10^4} = (\frac{1}{5})^4 = \frac{1}{625}$.

C: Die erste und die zweite Ziffer können frei gewählt werden, die beiden anderen liegen dann fest: $10 \cdot 10 \cdot 1 \cdot 1 - 100$ günstige Ausfälle, also: $P(C) = \frac{100}{10^4} = \frac{1}{100}$.

b) Für jeden der 8 Mühlesteine stehen 2 Farben zur Verfügung.
Anzahl aller möglichen Ausfälle: $2^8 = 256$.

A: Es gibt nur 2 günstige Ausfälle (alle schwarz oder alle weiß).
Somit ist $P(A) = \frac{2}{2^8} = \frac{1}{2^7} = \frac{1}{128}$.

B: Es gibt 8 günstige Ausfälle, da der weiße Stein an 8 verschiedenen Stellen sein kann.
Somit ist $P(B) = \frac{8}{2^8} = \frac{1}{2^5} = \frac{1}{32}\ldots$

C: Es gibt 2^7 günstige Ausfälle, da die ersten 7 Steine frei gewählt werden können, der letzte aber festgelegt ist. Somit ist $P(C) = \frac{2^7}{2^8} = \frac{1}{2}$.

c) Anzahl aller möglichen Ausfälle: $5^3 = 125$.
Um an eine Stelle N oder A zu ziehen, gibt es jeweils 2 Möglichkeiten, für H dagegen nur eine Möglichkeit. Die Möglichkeiten jeder Stelle werden miteinander multipliziert, um die günstigen Ausfälle zu erhalten.

$P(A) = \frac{2 \cdot 2 \cdot 1}{5^3} = \frac{4}{125}$ $\quad P(B) = \frac{2 \cdot 1 \cdot 2}{5^3} = \frac{4}{125}$ $\quad P(C) = \frac{1 \cdot 1 \cdot 1}{5^3} = \frac{1}{125}$ $\quad P(D) = \frac{4 \cdot 4 \cdot 4}{5^3} = \frac{64}{125}$

21.2 Geordnete Stichproben ohne Zurücklegen

Die Möglichkeiten pro Stufe werden jeweils miteinander multipliziert.

a) Anzahl aller möglichen Ausfälle: $10 \cdot 9 \cdot 8 \cdot 7 \cdot 6$, da zu Beginn 10 Kugeln in der Urne sind.
$P(A) = \frac{6 \cdot 5 \cdot 4 \cdot 3 \cdot 2}{10 \cdot 9 \cdot 8 \cdot 7 \cdot 6} = \frac{4 \cdot 3}{9 \cdot 8 \cdot 7} = \frac{1}{3 \cdot 2 \cdot 7} = \frac{1}{42}$.
$P(B) = \frac{4 \cdot 3 \cdot 2 \cdot 1 \cdot 6}{10 \cdot 9 \cdot 8 \cdot 7 \cdot 6} = \frac{1}{10 \cdot 3 \cdot 7} = \frac{1}{210}$.
$P(C) = \frac{4 \cdot 9 \cdot 8 \cdot 7 \cdot 6}{10 \cdot 9 \cdot 8 \cdot 7 \cdot 6} = \frac{4}{10} = \frac{2}{5}$.
$P(D) = P(rwrwr) + P(wrwrw) = \frac{6 \cdot 4 \cdot 5 \cdot 3 \cdot 4}{10 \cdot 9 \cdot 8 \cdot 7 \cdot 6} + \frac{4 \cdot 6 \cdot 3 \cdot 5 \cdot 2}{10 \cdot 9 \cdot 8 \cdot 7 \cdot 6} = \frac{3}{9 \cdot 7} + \frac{3}{9 \cdot 2 \cdot 7} = \frac{1}{21} + \frac{1}{42} = \frac{3}{42} = \frac{1}{14}$.

b) Anzahl aller möglichen Ausfälle: $5 \cdot 4 \cdot 3 \cdot 2 \cdot 1$.
$P(A) = \frac{4 \cdot 3 \cdot 1 \cdot 2 \cdot 1}{5 \cdot 4 \cdot 3 \cdot 2 \cdot 1} = \frac{1}{5}$.
$P(B) = 1 - P(\overline{B}) = 1 - \frac{4 \cdot 3 \cdot 2 \cdot 1 \cdot 1}{5 \cdot 4 \cdot 3 \cdot 2 \cdot 1} = 1 - \frac{1}{5} = \frac{4}{5}$.

c) Anzahl aller möglichen Ausfälle: $6 \cdot 5 \cdot 4 \cdot 3 \cdot 2 \cdot 1$.
$P(A) = \frac{3 \cdot 2 \cdot 2 \cdot 1 \cdot 1 \cdot 1}{6 \cdot 5 \cdot 4 \cdot 3 \cdot 2 \cdot 1} = \frac{1}{5 \cdot 4 \cdot 3} = \frac{1}{60}$.
$P(B) = \frac{3 \cdot 2 \cdot 1 \cdot 3 \cdot 2 \cdot 1}{6 \cdot 5 \cdot 4 \cdot 3 \cdot 2 \cdot 1} = \frac{1}{5 \cdot 4} = \frac{1}{20}$.
$P(C) = 4 \cdot P(B) = \frac{4}{20} = \frac{1}{5}$, da es für das dreifache A insgesamt viermal so viele Möglichkeiten wie bei Ereignis B gibt.

21.3 Ungeordnete Stichproben ohne Zurücklegen

a) Die Anzahl aller möglichen Ausfälle, wenn von 25 Kugeln 4 gezogen werden, ist:
$\binom{25}{4} = \frac{25 \cdot 24 \cdot 23 \cdot 22}{4 \cdot 3 \cdot 2 \cdot 1} = 25 \cdot 23 \cdot 22$.
A: 5 Zahlen sind durch 5 teilbar, also gibt es $\binom{5}{4}$ günstige Ausfälle.
Damit ist $P(A) = \frac{\binom{5}{4}}{\binom{25}{4}} = \frac{5}{25 \cdot 23 \cdot 22} = \frac{1}{5 \cdot 23 \cdot 22} = \frac{1}{23 \cdot 110} = \frac{1}{2530}$.
B: 12 Zahlen sind gerade, also gibt es $\binom{12}{4}$ günstige Ausfälle.
Damit ist $P(B) = \frac{\binom{12}{4}}{\binom{25}{4}} = \frac{\frac{12 \cdot 11 \cdot 10 \cdot 9}{4 \cdot 3 \cdot 2 \cdot 1}}{25 \cdot 23 \cdot 22} = \frac{11 \cdot 5 \cdot 9}{25 \cdot 23 \cdot 22} = \frac{9}{230}$.
C: Es gibt nur zwei günstige Ausfälle: $\{(1,2,3,4),(1,2,3,5)\}$.
Damit ist $P(C) = \frac{2}{25 \cdot 23 \cdot 22} = \frac{1}{25 \cdot 23 \cdot 11} = \frac{1}{6325}$.
D: Das Produkt 12 ist nicht möglich, da $1 \cdot 2 \cdot 3 \cdot 4$ schon 24 ergibt. Damit ist $P(D) = 0$.

b) Wenn von 15 Kugeln 3 gezogen werden, ist die Anzahl aller möglichen Ausfälle:
$\binom{15}{3} = \frac{15 \cdot 14 \cdot 13}{3 \cdot 2 \cdot 1} = 5 \cdot 7 \cdot 13$.
A: Von 7 weißen Kugeln 3 ziehen ergibt $\binom{7}{3}$ günstige Ausfälle.
Damit ist $P(A) = \frac{\binom{7}{3}}{\binom{15}{3}} = \frac{\frac{7 \cdot 6 \cdot 5}{3 \cdot 2 \cdot 1}}{5 \cdot 7 \cdot 13} = \frac{7 \cdot 5}{5 \cdot 7 \cdot 13} = \frac{1}{13}$.
B: Von 7 weißen (w) Kugeln 3 ziehen, ergibt $\binom{7}{3}$ günstige Ausfälle, von 5 schwarzen (s) Kugeln 3 ziehen, ergibt $\binom{5}{3}$ günstige Ausfälle, von 3 roten (r) Kugeln 3 ziehen, ergibt $\binom{3}{3}$ günstige Ausfälle.
Damit ist $P(B) = P(\text{www}) + P(\text{sss}) + P(\text{rrr})$
$$= \frac{\binom{7}{3}}{\binom{15}{3}} + \frac{\binom{5}{3}}{\binom{15}{3}} + \frac{\binom{3}{3}}{\binom{15}{3}} = \frac{\frac{7 \cdot 6 \cdot 5}{3 \cdot 2 \cdot 1}}{5 \cdot 7 \cdot 13} + \frac{\frac{5 \cdot 4 \cdot 3}{3 \cdot 2 \cdot 1}}{5 \cdot 7 \cdot 13} + \frac{\frac{3 \cdot 2 \cdot 1}{3 \cdot 2 \cdot 1}}{5 \cdot 7 \cdot 13} = \frac{7 \cdot 5 + 10 + 1}{5 \cdot 7 \cdot 13} = \frac{46}{455}.$$
C: Von 7 weißen Kugeln 1 ziehen, ergibt $\binom{7}{1}$ günstige Ausfälle, von 5 schwarzen Kugeln 2 ziehen ergibt $\binom{5}{2}$ günstige Ausfälle, insgesamt $\binom{7}{1} \cdot \binom{5}{2}$ günstige Ausfälle.
Damit ist $P(C) = \frac{\binom{7}{1} \cdot \binom{5}{2}}{\binom{15}{3}} = \frac{7 \cdot 10}{5 \cdot 7 \cdot 13} = \frac{2}{13}$.
D: Es gibt 12 nicht-rote Kugeln, von denen 3 gezogen werden müssen, also gibt es $\binom{12}{3}$ günstige Ausfälle.
Damit ist $P(D) = \frac{\binom{12}{3}}{\binom{15}{3}} = \frac{\frac{12 \cdot 11 \cdot 10}{3 \cdot 2 \cdot 1}}{5 \cdot 7 \cdot 13} = \frac{2 \cdot 11 \cdot 10}{5 \cdot 7 \cdot 13} = \frac{44}{91}$.
E: Entsprechend Ereignis C ergeben sich $\binom{7}{1} \cdot \binom{5}{1} \cdot \binom{3}{1}$ günstige Ausfälle.
Damit ist $P(E) = \frac{\binom{7}{1} \cdot \binom{5}{1} \cdot \binom{3}{1}}{\binom{15}{3}} = \frac{7 \cdot 5 \cdot 3}{5 \cdot 7 \cdot 13} = \frac{3}{13}$.
F: Betrachtet man das Gegenereignis $\overline{F}$: «keine weiße Kugel», so muss man von 8 Kugeln 3 ziehen, d.h. es gibt hierfür $\binom{8}{3}$ günstige Ausfälle.

Damit ist $P(F) = 1 - P(\overline{F}) = 1 - \frac{\binom{8}{3}}{\binom{15}{3}} = 1 - \frac{\frac{8\cdot7\cdot6}{3\cdot2\cdot1}}{5\cdot7\cdot13} = 1 - \frac{8\cdot7}{5\cdot7\cdot13} = 1 - \frac{8}{65} = \frac{57}{65}$.

c) Wenn von 10 Glühbirnen 3 herausgegriffen werden, so ist die Anzahl aller möglichen Ausfälle: $\binom{10}{3} = \frac{10\cdot9\cdot8}{3\cdot2\cdot1} = 10\cdot3\cdot4$.

A: Von 8 nicht-defekten Glühbirnen werden 3 gegriffen, also gibt es $\binom{8}{3}$ günstige Ausfälle.
Damit ist $P(A) = \frac{\binom{8}{3}}{\binom{10}{3}} = \frac{\frac{8\cdot7\cdot6}{3\cdot2\cdot1}}{\frac{10\cdot9\cdot8}{3\cdot2\cdot1}} = \frac{8\cdot7}{10\cdot3\cdot4} = \frac{7}{15}$.

B: Von 8 nicht-defekten Glühbirnen werden 2 gegriffen und von 2 defekten Glühbirnen wird eine gegriffen, also gibt es $\binom{8}{2}\cdot\binom{2}{1}$ günstige Ausfälle.
Damit ist $P(B) = \frac{\binom{8}{2}\cdot\binom{2}{1}}{\binom{10}{3}} = \frac{\frac{8\cdot7}{2\cdot1}\cdot2}{10\cdot3\cdot4} = \frac{8\cdot7}{10\cdot3\cdot4} = \frac{7}{15}$.

C: Von 8 nicht-defekten Glühbirnen wird eine gegriffen und von 2 defekten Glühbirnen werden 2 gegriffen, also gibt es $\binom{8}{1}\cdot\binom{2}{2}$ günstige Ausfälle.
Damit ist $P(C) = \frac{\binom{8}{1}\cdot\binom{2}{2}}{\binom{10}{3}} = \frac{8\cdot1}{10\cdot3\cdot4} = \frac{1}{15}$.
Probe: $P(A)+P(B)+P(C) = \frac{7}{15}+\frac{7}{15}+\frac{1}{15} = 1$.

21.4 Vermischte Aufgaben

a) Es gibt insgesamt $4! = 4\cdot3\cdot2\cdot1 = 24$ Möglichkeiten für die Sitzverteilung.

A: Holger muss auf Platz «2» oder «3» sitzen. Die anderen haben jeweils $3! = 6$ Möglichkeiten, sich auf die anderen Sitze zu verteilen, es gibt also 12 günstige Ausfälle.
Damit ist $P(A) = \frac{12}{24} = \frac{1}{2}$.

B: Entweder Holger sitzt auf Platz «1» und Peter auf Platz «4» oder umgekehrt. Die beiden anderen können jeweils noch die Sitze tauschen, also gibt es $2\cdot2 = 4$ günstige Ausfälle.
Damit ist $P(B) = \frac{4}{24} = \frac{1}{6}$.

C: Holger und Christoph können entweder die Plätze «1» und «2» oder die Plätze «2» und «3» oder die Plätze «3» und «4» einnehmen. Für jeden dieser Fälle gibt es 4 Möglichkeiten(vgl. B), also insgesamt 12 günstige Ausfälle.
Damit ist $P(C) = \frac{12}{24} = \frac{1}{2}$.

b) Für die Auswahl der Prüfungsthemen gibt es insgesamt $\binom{10}{3} = \frac{10\cdot9\cdot8}{3\cdot2\cdot1} = 120$ Möglichkeiten.
Wenn der Prüfling keines (0) der Prüfungsthemen vorbereitet hat, werden aus den 4 unvorbereiteten 3 gewählt, also gibt es $\binom{4}{3}$ günstige Ausfälle. Damit ist $P(0) = \frac{\binom{4}{3}}{\binom{10}{3}} = \frac{4}{120} = \frac{1}{30}$.
Wenn der Prüfling eines der Prüfungsthemen vorbereitet hat, werden aus den 4 unvorbereiteten 2 gewählt und aus den 6 vorbereiteten wird eines gewählt, also gibt es $\binom{4}{2}\cdot\binom{6}{1}$ günstige Ausfälle. Damit ist $P(1) = \frac{\binom{6}{1}\cdot\binom{4}{2}}{\binom{10}{3}} = \frac{6\cdot6}{120} = \frac{3}{10}$.
Wenn der Prüfling zwei der Prüfungsthemen vorbereitet hat, wird aus den 4 unvorbereiteten eines gewählt und aus den 6 vorbereiteten werden 2 gewählt, also gibt es $\binom{4}{1}\cdot\binom{6}{2}$ günstige Ausfälle. Damit ist $P(2) = \frac{\binom{6}{2}\cdot\binom{4}{1}}{\binom{10}{3}} = \frac{15\cdot4}{120} = \frac{1}{2}$.
Wenn der Prüfling alle drei Prüfungsthemen vorbereitet hat, werden aus den 6 vorbereiteten

3 gewählt, also gibt es $\binom{6}{3}$ günstige Ausfälle. Damit ist $P(3) = \frac{\binom{6}{3}}{\binom{10}{3}} = \frac{\frac{6\cdot 5\cdot 4}{3\cdot 2\cdot 1}}{120} = \frac{20}{120} = \frac{1}{6}$.

c) Es handelt sich um eine geordnete Stichprobe mit Zurücklegen (bei jeder Frage gibt es 3 Antworten). Anzahl aller möglichen Ergebnisse: $3^{10} = 59049$.

A: Bei jeder Frage gibt es 2 falsche Antworten, also
$P(A) = \frac{2^{10}}{3^{10}} = \frac{1024}{59049} = 0{,}0173 = 1{,}73\,\%$.

B: Für die ersten 5 Fragen gibt es jeweils eine Möglichkeit, für die zweiten 5 Fragen gibt es jeweils 2 Möglichkeiten, also $P(B) = \frac{1^5 \cdot 2^5}{3^{10}} = \frac{32}{59049} = 0{,}00054 = 0{,}05\,\%$.

C: Um die 5 richtigen Antworten auf die 10 Fragen zu verteilen, gibt es $\binom{10}{5}$ Möglichkeiten. Jede einzelne hat die Wahrscheinlichkeit von B, also
$P(C) = \binom{10}{5} \cdot \frac{1^5 \cdot 2^5}{3^{10}} = 252 \cdot \frac{2^5}{3^{10}} = \frac{252 \cdot 32}{59049} = \frac{8064}{59049} \approx 0{,}137 = 13{,}7\,\%$

D: Um die 4 richtigen Antworten zu verteilen gibt es $\binom{10}{4} = 210$ Möglichkeiten, bei jeder der 6 falschen Antworten gibt es jeweils 2 Möglichkeiten, also $\binom{10}{4} \cdot 2^6$ günstige Ausfälle. Damit ist $P(D) = \frac{\binom{10}{4} \cdot 2^6}{3^{10}} = \frac{210 \cdot 64}{59049} = \frac{13440}{59049} \approx 0{,}228 = 22{,}8\,\%$.

22 Wahrscheinlichkeitsverteilung von Zufallsgrößen

22.1 Erwartungswert

a)

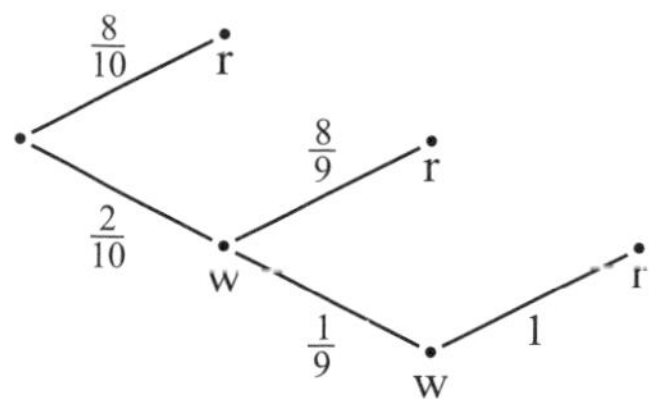

$P(r) = \frac{8}{10}$,
$P(wr) = \frac{2}{10} \cdot \frac{8}{9} = \frac{16}{90}$,
$P(wwr) = \frac{2}{10} \cdot \frac{1}{9} \cdot 1 = \frac{2}{90}$.

Ergebnis	Anzahl der Züge x_i	$P(x_i)$	$x_i \cdot P(x_i)$
r	1	$\frac{8}{10}$	$\frac{8}{10}$
wr	2	$\frac{16}{90}$	$\frac{32}{90}$
wwr	3	$\frac{2}{90}$	$\frac{6}{90}$
			$\frac{110}{90}$

Die Summe der letzten Spalte ergibt den Erwartungswert E(X):
$E(X) = \Sigma x_i \cdot P(x_i) = \frac{8}{10} + \frac{32}{90} + \frac{6}{90} = \frac{72+32+6}{90} = \frac{110}{90} = \frac{11}{9} = 1,\overline{2}$.
Man braucht durchschnittlich etwa 1,2 Züge.

b)

Augensumme	Auszahlung x_i in Euro	$P(x_i)$	$x_i \cdot P(x_i)$
2	4	$\frac{1}{36}$	$\frac{4}{36}$
3	1	$\frac{2}{36}$	$\frac{2}{36}$
4	1	$\frac{3}{36}$	$\frac{3}{36}$
5 bis 12	0	$\frac{30}{36}$	0
			$\frac{9}{36}$

Die Summe der letzten Spalte ergibt den Erwartungswert E(X):
$E(X) = \frac{4+2+3}{36} = \frac{9}{36} = \frac{1}{4} = 0,25$.
Man bekommt im Durchschnitt 25 Cent ausgezahlt.

c) I)

Entnommener Betrag x_i in Euro	$P(x_i)$	$x_i \cdot P(x_i)$
0,50	$\frac{6}{10}$	$\frac{3}{10}$
1	$\frac{3}{10}$	$\frac{3}{10}$
2	$\frac{1}{10}$	$\frac{2}{10}$
		$\frac{8}{10}$

Die Summe der letzten Spalte ergibt den Erwartungswert E(X):
$E(X) = \frac{3+3+2}{10} = \frac{8}{10} = 0,8.$
Man kann durchschnittlich 80 Cent erwarten.

II)

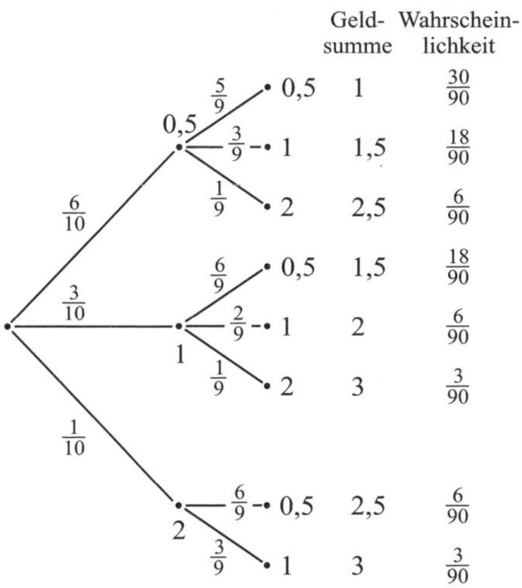

Zusammengefasst:

Entnommener Betrag x_i in Euro	$P(x_i)$	$x_i \cdot P(x_i)$
1	$\frac{30}{90}$	$\frac{30}{90}$
1,5	$\frac{36}{90}$	$\frac{54}{90}$
2	$\frac{6}{90}$	$\frac{12}{90}$
2,5	$\frac{12}{90}$	$\frac{30}{90}$
3	$\frac{6}{90}$	$\frac{18}{90}$
		$\frac{144}{90}$

Die Summe der letzten Spalte ergibt den Erwartungswert E(X):
$E(X) = \frac{30+54+12+30+18}{90} = \frac{144}{90} = \frac{16}{10} = 1,6.$
Man erhält im Durchschnitt 1,60 Euro.

22.2 Varianz und Standardabweichung

a)

Ereignis	Gewinn x_i	$P(x_i)$	$x_i \cdot P(x_i)$	$(x_i - E(X))^2$	$(x_i - E(X))^2 \cdot P(x_i)$
weiß	4	0,1	0,4	$2,8^2 = 7,84$	0,784
rot	8	0,1	0,8	$6,8^2 = 46,24$	4,624
schwarz	0	0,8	0	$(-1,2)^2 = 1,44$	1,152
			$E(X) = 1,2$		$V(X) = 6,56$

Die Varianz V(X) ergibt sich als Summe der letzten Spalte:

$V(X) = \Sigma(x_i - E(X))^2 \cdot P(x_i) = 0,784 + 4,624 + 1,152 = 6,56.$
Die Standardabweichung σ erhält man durch $\sigma(X) = \sqrt{V(X)} = \sqrt{6,56} \approx 2,56.$
Der Erwartungswert für den Gewinn beträgt 1,20 Euro, die Standardabweichung 2,56 Euro.

b)

Ereignis	Gewinn x_i	$P(x_i)$	$x_i \cdot P(x_i)$	$(x_i - E(X))^2$	$(x_i - E(X))^2 \cdot P(x_i)$
weiß	1	0,4	0,4	$(-0,2)^2 = 0,04$	0,016
rot	2	0,4	0,8	$0,8^2 = 0,64$	0,256
schwarz	0	0,2	0	$(-1,2)^2 = 1,44$	0,288
			$E(X) = 1,2$		$V(X) = 0,56$

Die Varianz V(X) ergibt sich als Summe der letzten Spalte:
$V(X) = 0,016 + 0,256 + 0,288 = 0,56.$
Die Standardabweichung σ erhält man durch $\sigma(X) = \sqrt{V(X)} = \sqrt{0,56} \approx 0,75.$

c) In beiden Spielen beträgt der durchschnittliche Gewinn, wenn man oft spielt, 1,20 Euro. Die Standardabweichung $\sigma(X)$ ist bei I) wesentlich größer als bei II); dies liegt daran, dass bei I) die Gewinne bis zu 8 Euro betragen (allerdings mit viel kleinerer Wahrscheinlichkeit), bei II) ist der höchste mögliche Gewinn nur 2 Euro. Wer das Risiko liebt und bei wenigen Spielen auf einen großen Gewinn spekuliert, wird Spiel I) bevorzugen. Wer eher «auf Nummer sicher geht», wird die 80 %ige Gewinnchance bei Spiel II) nutzen, auch wenn die Gewinne geringer sind. Wenn man sehr oft spielt, ist es sowieso egal, welches der beiden Spiele man wählt (wegen des gleichen Erwartungswertes E(X)).

23 Binomialverteilung

23.1 Binomialverteilung mit Gebrauch der Formel

Bei einem Bernoulli-Experiment wird die Wahrscheinlichkeit P eines Ereignisses bei k Treffern mit der Trefferwahrscheinlichkeit p und der Kettenlänge n (Anzahl der Durchführungen des Experiments) mit folgender Formel berechnet:
$P(X=k)=\binom{n}{k}\cdot p^k\cdot(1-p)^{n-k}$.

a) Bei Treffer «Zahl» ist $p=\frac{1}{2}$, die Kettenlänge ist $n=5$.
$P(A)=P(X=2)=\binom{5}{2}\cdot\left(\frac{1}{2}\right)^2\cdot\left(\frac{1}{2}\right)^3=10\cdot\left(\frac{1}{2}\right)^5=\frac{10}{32}=\frac{5}{16}\approx 0{,}3125$.
$P(B)=P(X=0)=\binom{5}{0}\cdot\left(\frac{1}{2}\right)^0\cdot\left(\frac{1}{2}\right)^5=\frac{1}{32}=0{,}03125$.
$P(C)=P(X\leqslant 1)=P(X=0)+P(X=1)=\frac{1}{32}+\binom{5}{1}\cdot\left(\frac{1}{2}\right)^1\cdot\left(\frac{1}{2}\right)^4=\frac{1}{32}+\frac{5}{32}=\frac{3}{16}=0{,}1875$.
$P(D)=P(X\geqslant 1)=1-P(X=0)=1-\frac{1}{32}=\frac{31}{32}=0{,}96875$ (Rechnen mit dem Gegenereignis).

b) Bei Treffer «verdorben» ist $p=\frac{1}{5}$, die Kettenlänge ist $n=5$.
$P(A)=P(X=1)=\binom{5}{1}\cdot\left(\frac{1}{5}\right)^1\cdot\left(\frac{4}{5}\right)^4=5\cdot\frac{4^4}{5^5}=\left(\frac{4}{5}\right)^4=\frac{256}{625}$.
$P(B)=P(X=0)=\binom{5}{0}\cdot\left(\frac{1}{5}\right)^0\cdot\left(\frac{4}{5}\right)^5=\left(\frac{4}{5}\right)^5=\frac{1024}{3125}$.
$P(C)=P(X\geqslant 2)=1-P(X\leqslant 1)=1-P(X=1)-P(X=0)$
$=1-\frac{1024}{3125}-\frac{256}{625}=1-\frac{1024}{3125}-\frac{1280}{3125}=\frac{821}{3125}$.

c) Bei Treffer «Mädchen» ist $p=0{,}49$, die Kettenlänge ist $n=4$.
$P(A)=P(X=2)=\binom{4}{2}\cdot 0{,}49^2\cdot 0{,}51^2\approx 0{,}375$.
$P(B)=P(X\leqslant 3)=1-P(X=4)=1-\binom{4}{4}\cdot 0{,}49^4\cdot 0{,}51^0\approx 0{,}942$.

d) Bei Treffer «Wappen» ist $p=\frac{1}{2}$; gesucht ist die Kettenlänge n.
Bedingung: $P(X\geqslant 1)\geqslant 0{,}99$, d.h. für das Gegenereignis gilt: $P(X=0)\leqslant 0{,}01$.
Da $P(X=0)=\binom{n}{0}\cdot\left(\frac{1}{2}\right)^0\cdot\left(\frac{1}{2}\right)^n=\left(\frac{1}{2}\right)^n$ muss also gelten:

$$\begin{aligned}
\left(\tfrac{1}{2}\right)^n &\leqslant 0{,}01 && \mid \text{Logarithmieren mit lg}\\
\lg\left(\tfrac{1}{2}\right)^n &\leqslant \lg 0{,}01 && \mid \text{Anwenden der Logarithmengesetze}\\
n\cdot\lg\left(\tfrac{1}{2}\right) &\leqslant -2 && \mid :\lg\left(\tfrac{1}{2}\right)\\
n &\geqslant \frac{-2}{\lg\left(\frac{1}{2}\right)}\approx 6{,}64 && \mid \text{(Teilen durch eine negative Zahl dreht das }\leqslant\text{-Zeichen um)}\\
n &\geqslant 6{,}64
\end{aligned}$$

Man muss also 7-mal eine Münze werfen, um mit 99 %iger Sicherheit mindestens einmal Wappen zu erhalten.

e) Bei Treffer «Sechs» ist $p = \frac{1}{6}$, gesucht ist die Kettenlänge n.
Bedingung: $P(X \geqslant 1) \geqslant 0{,}9$, d.h. für das Gegenereignis gilt: $P(X = 0) \leqslant 0{,}1$.
Da $P(X = 0) = \binom{n}{0} \cdot \left(\frac{1}{6}\right)^0 \cdot \left(\frac{5}{6}\right)^n = \left(\frac{5}{6}\right)^n$, muss also gelten:

$$\begin{aligned}
\left(\tfrac{5}{6}\right)^n &\leqslant 0{,}1 && \mid \text{Logarithmieren mit lg} \\
\lg\left(\tfrac{5}{6}\right)^n &\leqslant \lg 0{,}1 && \mid \text{Anwenden der Logarithmengesetze} \\
n \cdot \lg\left(\tfrac{5}{6}\right) &\leqslant -1 && \mid : \lg\left(\tfrac{5}{6}\right) \\
n &\geqslant \frac{-1}{\lg\left(\frac{5}{6}\right)} \approx 12{,}63 && \mid \text{(Teilen durch eine negative Zahl} \\
& && \quad \text{dreht das } \leqslant \text{-Zeichen um)} \\
n &\geqslant 12{,}63
\end{aligned}$$

Man muss 13-mal würfeln, um mit 90 %iger Sicherheit mindestens eine «Sechs» zu erhalten.

23.2 Binomialverteilung mit Gebrauch der Tabelle

In der Tabelle «Binomialverteilung (Summenfunktion)» auf Seite 251 kann man die Wahrscheinlichkeit $P(X \leqslant k)$ ablesen.

a) Ablesen aus der Tabelle für $n = 20$ in der Spalte $p = \frac{1}{3}$ führt zu:
$P(X \leqslant 5) = 0{,}2972 = 29{,}72\,\%$.
$P(X < 10) = P(X \leqslant 9) = 0{,}9081 = 90{,}81\,\%$.
$P(X > 6) = 1 - P(X \leqslant 6) = 1 - 0{,}4793 = 0{,}5207 = 52{,}07\,\%$.
$P(X \geqslant 3) = 1 - P(X \leqslant 2) = 1 - 0{,}0176 = 0{,}9824 = 98{,}24\,\%$.
$P(4 \leqslant X \leqslant 10) = P(X \leqslant 10) - P(X \leqslant 3) = 0{,}9624 - 0{,}0604 = 0{,}9020 = 90{,}20\,\%$.

b) Ablesen aus der Tabelle für $n = 100$ in der Spalte $p = 0{,}4$ führt zu:
$P(X \leqslant 40) = 0{,}5433 = 54{,}33\,\%$.
$P(X > 45) = 1 - P(X \leqslant 45) = 1 - 0{,}8689 = 0{,}1311 = 13{,}11\,\%$.
$P(X \geqslant 50) = 1 - P(X \leqslant 49) = 1 - 0{,}9729 = 0{,}0271 = 2{,}71\,\%$.
$P(X < 30) = P(X \leqslant 29) = 0{,}0148 = 1{,}48\,\%$.
$P(X = 40) = P(X \leqslant 40) - P(X \leqslant 39) = 0{,}5433 - 0{,}4621 = 0{,}0812 = 8{,}12\,\%$.
$P(35 \leqslant X \leqslant 45) = P(X \leqslant 45) - P(X \leqslant 34) = 0{,}8689 - 0{,}1303 = 0{,}7386 = 73{,}86\,\%$.

c) Für die Ereignisse A bis E ist $n = 50$ und $p = \frac{1}{6}$ bei Treffer «Sechs»:
$P(A) = P(X \leqslant 10) = 0{,}7986 = 79{,}86\,\%$.
$P(B) = P(X \geqslant 10) = 1 - P(X \leqslant 9) = 1 - 0{,}6830 = 0{,}3170 = 31{,}70\,\%$.
$P(C) = P(X = 10) = P(X \leqslant 10) - P(X \leqslant 9) = 0{,}7986 - 0{,}6830 = 0{,}1156 = 11{,}56\,\%$.
$P(D) = P(5 \leqslant X \leqslant 11) = P(X \leqslant 11) - P(X \leqslant 4) = 0{,}8827 - 0{,}0643 = 0{,}8184 = 81{,}84\,\%$.
$P(E) = P(3 < X < 14) = P(X \leqslant 13) - P(X \leqslant 3) = 0{,}9693 - 0{,}0238 = 0{,}9455 = 94{,}55\,\%$.

d) Da $p > 0,5$ müssen die Werte aus der Tabelle «von unten» abgelesen und noch von 1 subtrahiert werden. Ablesen aus der Tabelle für $n = 50$ in der Spalte $p = 0,7$ führt zu:
$P(X \leqslant 40) = 1 - 0,0402 = 0,9598 = 95,98\,\%$.
$P(X < 30) = P(X \leqslant 29) = 1 - 0,9522 = 0,0478 = 4,78\,\%$.
$P(X = 35) = P(X \leqslant 35) - P(X \leqslant 34) = (1 - 0,4468) - (1 - 0,5692) = 0,1224 = 12,24\,\%$.
$P(32 \leqslant X \leqslant 38) = P(X \leqslant 38) - P(X \leqslant 31) = (1 - 0,1390) - (1 - 0,8594) = 0,7204$
$= 72,04\,\%$.
$P(X > 36) = 1 - P(X \leqslant 36) = 1 - (1 - 0,3279) = 0,3279 = 32,79\,\%$.

e) Setzt man als Treffer «keimt nicht», so ist $p = 1 - 0,90 = 0,1$ und $n = 20$.
A: Mindestens 16 Blumenzwiebeln keimen bedeutet, dass höchstens 4 nicht keimen:
$P(A) = P(X \leqslant 4) = 0,9568 = 95,68\,\%$.
B: Mindestens 18 Blumenzwiebeln keimen bedeutet, dass höchstens 2 nicht keimen:
$P(B) = P(X \leqslant 2) = 0,6769 = 67,69\,\%$.
C: Alle Blumenzwiebeln keimen bedeutet, dass keine nicht keimt:
$P(C) = P(X \leqslant 0) = 0,1216 = 12,16\,\%$.

23.3 Erwartungswert und Standardabweichung

a) Sei X Zufallsvariable für die Anzahl der defekten Glühbirnen.
Mit $n = 150$ und $p = 0,04$ (4 %) erhält man:
Erwartungswert: $E(X) = \mu = n \cdot p = 150 \cdot 0,04 = 6$.
Zugehörige Standardabweichung: $\sigma = \sqrt{n \cdot p \cdot (1 - p)} = \sqrt{150 \cdot 0,04 \cdot 0,96} = 2,4$.
Bei einer Entnahme von 150 Glühbirnen hat man durchschnittlich mit 6 defekten Glühbirnen zu rechnen. Die zugehörige Standardabweichung beträgt 2,4 Glühbirnen.

b) I) Erwartungswert: $E(X) = \mu = n \cdot p = 80 \cdot 0,3 = 24$.
Zugehörige Standardabweichung: $\sigma = \sqrt{n \cdot p \cdot (1 - p)} = \sqrt{80 \cdot 0,3 \cdot 0,7} \approx 4,10$.
II) Erwartungswert: $E(X) = \mu = n \cdot p = 50 \cdot 0,4 = 20$.
Zugehörige Standardabweichung: $\sigma = \sqrt{n \cdot p \cdot (1 - p)} = \sqrt{50 \cdot 0,4 \cdot 0,6} \approx 3,46$.
III) Erwartungswert: $E(X) = \mu = n \cdot p = 20 \cdot 0,6 = 12$.
Zugehörige Standardabweichung: $\sigma = \sqrt{n \cdot p \cdot (1 - p)} = \sqrt{20 \cdot 0,6 \cdot 0,4} \approx 2,19$.

c) Sei X Zufallsvariable für die Menge verdorbener Tomaten (in kg).
Mit $n = 30$ und $p = 0,2$ (20 %) erhält man:
Erwartungswert: $E(X) = \mu = n \cdot p = 30 \cdot 0,2 = 6$.
Zugehörige Standardabweichung: $\sigma = \sqrt{n \cdot p \cdot (1 - p)} = \sqrt{30 \cdot 0,2 \cdot 0,8} \approx 2,19$.
Bei einer Entnahme von 30 kg sind durchschnittlich 6 kg verdorbene Tomaten zu erwarten. Die zugehörige Standardabweichung beträgt etwa 2,2 kg.

24 Hypothesentests

24.1 Grundbegriffe, Fehler 1. und 2. Art

a) Die Nullhypothese lautet: H_0: $p = \frac{1}{6}$ bei Treffer «Sechs», $n = 60$.
Der Annahmebereich ist $A = \{8, 9, 10, 11, 12\}$, der Ablehnungsbereich ist
$\overline{A} = \{0, ..., 7\} \cup \{13, ..., 60\}$.
Wenn nur 7-mal «Sechs» fällt, wird die Hypothese abgelehnt. Ist der Würfel trotzdem in Ordnung, begeht man einen Fehler 1. Art.
Die Wahrscheinlichkeit, einen Fehler 1. Art zu begehen, heißt Irrtumswahrscheinlichkeit α. Im vorliegenden Fall ist α die Wahrscheinlichkeit, dass weniger als 8 oder mehr als 12 «Sechsen» fallen, obwohl $p = \frac{1}{6}$ gilt.

b) Die Nullhypothese lautet: H_0: $p \leqslant 0,05$ bei Treffer «Apfel nicht einwandfrei», $n = 50$.
Ein möglicher Annahmebereich ist beispielsweise $A = \{0, .., 4\}$, entsprechend ist dann der Ablehnungsbereich $\overline{A} = \{5, 6, ..., 50\}$.
Es handelt sich um einen rechtsseitigen Test, da $\overline{A}$ die großen Werte enthält. Wird A vergrößert, so wird $\overline{A}$ und damit auch $P(\overline{A})$ unter der Voraussetzung $p \leqslant 0,05$ verkleinert. Dies ist die Wahrscheinlichkeit für einen Fehler 1. Art. Die Wahrscheinlichkeit, dass man dem Händler glaubt, obwohl mehr Äpfel nicht einwandfrei sind (Fehler 2. Art), nimmt dabei zu.

24.2 Einseitiger Test

a) I) Man verwendet die Tabelle für $p = 0,4$ und $n = 100$:
Für $\overline{A} = \{50, ..., 100\}$ ergibt sich:
$\alpha = P(\overline{A}) = P(X \geqslant 50) = 1 - P(X \leqslant 49) = 1 - 0,9729 = 0,0271 = 2,71\,\%$.
Für $\overline{A} = \{49, ..., 100\}$ ergibt sich:
$\alpha = P(\overline{A}) = P(X \geqslant 49) = 1 - P(X \leqslant 48) = 1 - 0,9577 = 0,0423 = 4,23\,\%$.

II) Man verwendet die Tabelle für $p = 0,8$ und $n = 100$:
Wegen $p > 0,5$ müssen die Werte in der Tabelle «von unten» abgelesen und die Differenz zu 1 gebildet werden.
Für $\overline{A} = \{0, ..., 74\}$ ergibt sich:
$\alpha = P(\overline{A}) = P(X \leqslant 74) = 1 - 0,9125 = 0,0875 = 8,75\,\%$.

b) I) Es handelt sich um einen rechtsseitigen Test.
Die Tabelle für $n = 100$ und $p = 0,1$ liefert:
$P(X \leqslant 14) = 0,9274 \Rightarrow P(X > 14) = 0,0726 = 7,26\,\%$.
$P(X \leqslant 15) = 0,9601 \Rightarrow P(X > 15) = 0,0399 = 3,99\,\%$.
$P(X \leqslant 16) = 0,9794 \Rightarrow P(X > 16) = 0,0206 = 2,06\,\%$.
$P(X \leqslant 17) = 0,9900 \Rightarrow P(X > 17) = 0,0100 = 1,00\,\%$.
Da $P(\overline{A})$ höchstens den Wert α annehmen darf, ist der Ablehnungsbereich
$\overline{A} = \{16, ..., 100\}$ für $\alpha = 5\,\%$ bzw. $\overline{A} = \{18, ..., 100\}$ für $\alpha = 2\,\%$ und $\alpha = 1\,\%$.

II) Es handelt sich um einen linksseitigen Test.
Die Tabelle für $n = 50$ und $p = 0,3$ liefert:
$P(X \leqslant 7) = 0,0073 = 0,73\,\%$.
$P(X \leqslant 8) = 0,0183 = 1,83\,\%$.
$P(X \leqslant 9) = 0,0402 = 4,02\,\%$.
$P(X \leqslant 10) = 0,0789 = 7,89\,\%$.
Also ist der Ablehnungsbereich $\overline{A} = \{0,...,9\}$ für $\alpha = 5\,\%$,
$\overline{A} = \{0,...,8\}$ für $\alpha = 2\,\%$ und $\overline{A} = \{0,...,7\}$ für $\alpha = 1\,\%$.

c) Die Nullhypothese lautet: H_0: $p \leqslant 0,04$ bei Treffer «Chip defekt» und $n = 100$.
Es handelt sich um einen rechtsseitigen Test mit $\alpha = 5\,\%$.
Die Tabelle liefert:
$P(X \leqslant 7) = 0,9525 \Rightarrow P(X > 7) = 1 - P(X \leqslant 7) = 1 - 0,9525 = 0,0475 = 4,75\,\%$.
Also ist $A = \{0,...,7\}$ und $\overline{A} = \{8,...,100\}$.
Da eine 9 im Ablehnungsbereich liegt, kann man bei $\alpha = 5\,\%$ auf mehr als $4\,\%$ Ausschuss schließen.

d) Die Nullhypothese lautet: H_0: $p \geqslant 0,3$ bei Treffer «die Partei wird gewählt» und $n = 100$.
Es handelt sich um einen linksseitigen Test mit $\alpha = 5\,\%$.
Die Tabelle liefert:
$P(X \leqslant 22) = 0,0479 = 4,79\,\%$.
$P(X \leqslant 23) = 0,0755 = 7,55\,\%$ (zu groß).
Also ist $\overline{A} = \{0,...,22\}$ und $A = \{23,...,100\}$.
Da 25 nicht im Ablehnungsbereich liegt, kann man bei der vorgegebenen Irrtumswahrscheinlichkeit nicht auf einen gesunkenen Stimmenanteil schließen.

e) Die Nullhypothese lautet: H_0: $p \leqslant 0,04$ bei Treffer «Birne defekt» und $n = 50$.
Es handelt sich um einen rechtsseitigen Test.
Da $\overline{A} = \{5,...,50\}$ und $A = \{0,...,4\}$, ist
$P(\overline{A}) = P(X \geqslant 5) = 1 - P(X \leqslant 4) = 1 - 0,9510 = 0,0490 = 4,90\,\%$.
Die Irrtumswahrscheinlichkeit beträgt somit $4,9\,\%$.
Um $\alpha = 2\,\%$ zu erreichen, muss $\overline{A}$ verkleinert werden. Die Tabelle liefert:
$P(X \leqslant 5) = 0,9856 = 98,56\,\% \Rightarrow P(X > 5) = 1,44\,\% < 2\%$.
Also ist der Ablehnungsbereich $\overline{A} = \{6,...,50\}$ bei $\alpha = 2\,\%$.

Teil 2 – Anwendungsaufgaben

Im Folgenden finden Sie Anwendungsaufgaben, die anspruchsvoller als die Aufgaben des Grundwissens sind und Ihnen die Möglichkeit bieten, den Stoff zu vertiefen und sich schrittweise auf das Abitur vorzubereiten.

1 Analysis

1.1 Swimmingpool

Tipps ab Seite 224, Lösungen ab Seite 230

Ein quaderförmiger Swimmingpool mit 8 m Länge, 5 m Breite und 3 m Höhe wird mit Wasser gefüllt.
Zu Beginn beträgt die Wasserhöhe 0,1 m.
Der Zu- bzw. Abfluss des Wassers wird modellhaft beschrieben durch die Zulaufratenfunktion f mit

$$f(t) = t^3 - 13t^2 + 40t; \quad 0 \leqslant t \leqslant 9$$

($f(t)$ in m^3 pro Stunde, t in Stunden).

a) Geben Sie die Zeitpunkte an, zu denen Wasser weder zu- noch abläuft, berechnen Sie die Zeitpunkte maximalen Zu- bzw. Abflusses und skizzieren Sie den Graph G_f der Zulaufratenfunktion f.

b) Wie viel Wasser befindet sich nach 3 Stunden im Pool? Bestimmen Sie die Höhe des Wasserstands am Ende des gesamten Einfüllvorgangs.

c) Berechnen Sie die maximale Wassermenge im Pool und erläutern Sie, weshalb die Definitionsmenge von f beschränkt ist.

1.2 Mountainbike

Tipps ab Seite 224, Lösungen ab Seite 232

Eine kleine Firma stellt Mountainbikes her. Bei einer Monatsproduktion von x Mountainbikes entstehen Fixkosten in Höhe von 5000 Euro und variable Kosten $V(x)$ (in Euro), die durch folgende Tabelle modellhaft gegeben sind:

x	0	2	6	10
$V(x)$	0	306	954	1650

a) Bestimmen Sie die Funktionsgleichung der ganzrationalen Funktion 2. Grades $V(x)$ sowie der monatlichen Herstellungskosten H in Abhängigkeit von x.

b) Skizzieren Sie den Graph von H für $0 \leqslant x \leqslant 200$ in ein geeignetes Koordinatensystem.
Bei welcher Produktionszahl sind die variablen Kosten fünfmal so hoch wie die Fixkosten?

c) Alle monatlich produzierten Mountainbikes werden zu einem Preis von 450 Euro pro Stück an einen Händler verkauft.
Geben Sie den monatlichen Gewinn G in Abhängigkeit von x an und skizzieren Sie den Graph der Gewinnfuktion in das vorhandene Koordinatensystem.
Bei welchen Produktionszahlen macht die Firma Gewinn?
Wie hoch ist der maximale Gewinn pro Monat?

1.3 Bakterien

Tipps ab Seite 224, Lösungen ab Seite 233

Eine Bakterienkultur hat zu Beginn der Beobachtung 500 Bakterien. Jede Stunde nimmt die Anzahl der Bakterien um 30 % zu.

a) Bestimmen Sie das Wachstumsgesetz $\mathrm{B}(t)$. (Es ist $\mathrm{B}(t)$: Anzahl der Bakterien, t: Zeit in Stunden nach Beginn der Beobachtung).
Wie viele Bakterien sind nach 6 Stunden in der Kultur vorhanden?

b) Nach welcher Zeit hat sich die Anzahl der Bakterien verdreifacht?

c) Durch die Zugabe eines neu entwickelten Antibiotikums nach 6 Stunden seit Beginn der Beobachtung verringert sich die Anzahl der Bakterien nach folgendem Gesetz:

$$\mathrm{B}(t) = 2414 \cdot e^{-0{,}8755(t-6)}\ ;\ t \geqslant 6$$

Nach wie vielen Stunden seit Beginn der Beobachtung beträgt die Bakterienanzahl weniger als die Anzahl zu Beginn?

1.4 Sonnenblume

Tipps ab Seite 225, Lösungen ab Seite 234

a) Die Höhe einer Sonnenblume (in Metern) zur Zeit t (in Wochen seit Beginn der Beobachtung) soll zunächst modellhaft beschrieben werden durch eine Funktion h_1 mit:

$$h_1(t) = 0{,}08 \cdot e^{k \cdot t};\ k \in \mathbb{R}$$

Bestimmen Sie die Wachstumskonstante k, wenn die Sonnenblume in den ersten 5 Wochen der Beobachtung 0,52 m gewachsen ist.
Wie hoch müsste demnach die Sonnenblume 8 Wochen nach Beginn der Beobachtung sein?

b) Zu welchem Zeitpunkt beträgt die Wachstumsgeschwindigkeit 0, 1 m pro Woche?

c) Die Sonnenblume ist nach 8 Wochen tatsächlich nur 1,20 m hoch. Die Höhe wird deshalb für $t \geqslant 5$ modellhaft beschrieben durch die Funktion h_2 mit:

$$h_2(t) = a - b \cdot e^{-0{,}5 \cdot t};\ a,\ b \in \mathbb{R}$$

Bestimmen Sie a und b aus den beobachteten Höhen nach 5 und 8 Wochen.
Welche Höhe wird langfristig erwartet?

d) Erklären Sie, wo die Nachteile von Modell h_1 gegenüber Modell h_2 liegen.

1.5 Luftvolumen der Lunge

Tipps ab Seite 225, Lösungen ab Seite 235

Die momentane Änderungsrate des Luftvolumens in der Lunge eines Menschen kann durch die Funktion f mit $f(t) = 2 \cdot \sin\left(\frac{2}{5}\pi \cdot t\right)$ modelliert werden (dabei ist t die Zeit in Sekunden; $f(t)$ ist in Liter pro Sekunde angegeben).
Zu Beginn der Beobachtung ($t = 0$) ist keine Luft in der Lunge vorhanden.

a) Geben Sie die Bedeutung der Funktion F mit $\mathrm{F}(t) = \int_0^t f(x)\mathrm{d}x$ im Kontext der Aufgabe an. Bestimmen Sie $\mathrm{F}(t)$.

b) Das nachfolgende Diagramm zeigt den zeitlichen Verlauf des Luftvolumens in der Lunge und den zeitlichen Verlauf der momentanen Änderungsrate des Luftvolumens.

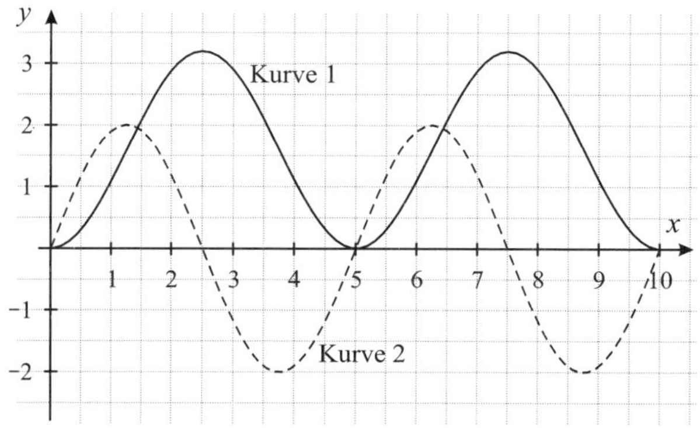

Geben Sie an, welche der beiden Kurven den zeitlichen Verlauf des Luftvolumens in der Lunge beschreibt. Begründen Sie Ihre Wahl im Sachkontext der Aufgabenstellung.
Bestimmen Sie das maximal und das minimal mögliche Luftvolumen in der Lunge.
Bestimmen Sie die Zeitpunkte während des Zeitintervalls $[0; 5]$, zu denen die Lunge jeweils die Hälfte des maximal möglichen Luftvolumens enthält.

c) Bestimmen Sie das durchschnittliche Luftvolumen in der Lunge im Zeitintervall $[0; 5]$. Benutzen Sie dabei, dass für eine Funktion der Gestalt

$$f(x) = \cos(a \cdot x)$$

die Funktion

$$\mathrm{F}(x) = \frac{1}{a} \cdot \sin(a \cdot x)$$

eine Stammfunktion ist.

2 Analytische Geometrie

2.1 Turm

Tipps ab Seite 225, Lösungen ab Seite 237

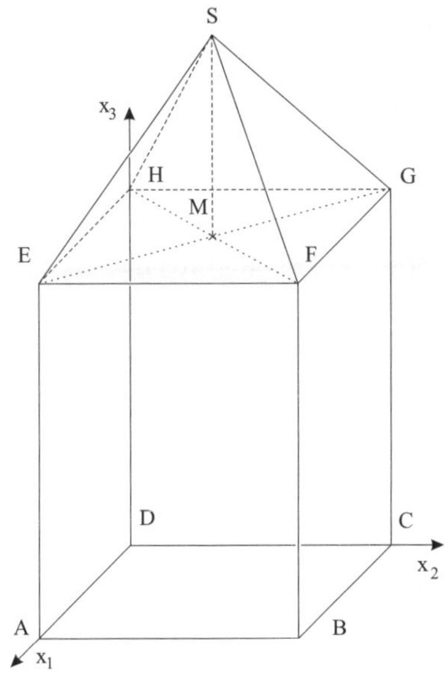

Ein Turm hat die Form einer senkrechten quadratischen Säule, der eine senkrechte Pyramide aufgesetzt ist (siehe Skizze). Die Gesamthöhe des Turms beträgt 24 m, die horizontalen Kanten sind 8 m, die vertikalen Kanten sind 18 m lang. Der Punkt D liegt im Ursprung eines kartesischen Koordinatensystems mit der Längeneinheit 1 m.

a) Geben Sie die Koordinaten aller Punkte an und berechnen Sie den Neigungswinkel des Daches (Winkel zwischen Pyramidengrundfläche und Seitenfläche) sowie die Größe der Dachfläche.

b) Im Punkt $P(18 \mid 4 \mid 0)$ steht ein 8 m hoher Fahnenmast.
Berechnen Sie die Länge des Schattens auf Boden und Turmwand, wenn das einfallende Sonnenlicht die Richtung $\begin{pmatrix} -10 \\ 1 \\ -2 \end{pmatrix}$ hat.

2.2 Geradenschar

Tipps ab Seite 226, Lösungen ab Seite 238

a) Die Punkte $O(0 \mid 0 \mid 0)$, $A(8 \mid 0 \mid 0)$, $B(0 \mid 6 \mid 0)$ und $C_t\,(0 \mid t \mid 4)$ mit $t \in \mathbb{R}$ sind die Eckpunkte der Pyramide $OABC_t$.
Zeichnen Sie ein Schrägbild der Pyramide $OABC_0$.
Bestimmen Sie die Gleichung der Geraden g, auf der alle Punkte C_t liegen, und zeichnen Sie diese ebenfalls ein.

Bestimmen Sie eine Koordinatengleichung der Ebene E durch die Punkte A, B und C_0 und berechnen Sie den Abstand vom Ursprung zur Ebene E.

b) Berechnen Sie das Volumen der Pyramide $OABC_0$.
Erläutern Sie, welches Volumen die Pyramide $OABC_t$ hat.
Für welche Werte von t ist das Dreieck ABC_t rechtwinklig?
Bestimmen Sie den Flächeninhalt des Dreiecks ABC_6.

2.3 Pyramide

Tipps ab Seite 226, Lösungen ab Seite 240

Gegeben sind die Punkte $A(-3 \mid 1 \mid 2)$, $B(1 \mid -3 \mid 4)$, $C(3 \mid -2 \mid 2)$ und $S(9 \mid 9 \mid -4)$.
Die Punkte A, B und C liegen in der Ebene E.

a) Bestimmen Sie eine Koordinatengleichung von E.
Zeigen Sie, dass das Dreieck ABC rechtwinklig, aber nicht gleichschenklig ist.
Bestimmen Sie die Koordinaten des Punktes D so, dass das Viereck ABCD ein Rechteck ist.

b) Bestimmen Sie die Koordinaten des Mittelpunkts M des Rechtecks.
Die Gerade g geht durch S und M.
Berechnen Sie den spitzen Winkel zwischen g und E und das Volumen der Pyramide ABCDS.

c) Ein Laserstrahl hat die Richtung $\begin{pmatrix} -6 \\ 6 \\ 8 \end{pmatrix}$ und geht durch die Pyramidenspitze S.
Berechnen Sie die Durchstoßpunkte des Laserstrahls durch die Koordinatenebenen.
Die Spitze S wird an der Kante AB der Pyramide gespiegelt.
Berechnen Sie die Koordinaten des Spiegelpunkts S^*.

2.4 Pyramide und Kugel

Tipps ab Seite 227, Lösungen ab Seite 243

Gegeben sind die fünf Punkte $P(1 \mid 2 \mid 0)$, $Q(2 \mid -1 \mid 2)$, $R(0 \mid 2 \mid 1)$, $S(2 \mid 2 \mid 5)$ und $T(-2 \mid -2 \mid 1)$.

a) Bestimmen Sie eine Koordinatengleichung der Ebene E, die durch die Punkte, P, Q und R geht. Zeichnen Sie das Dreieck, das ensteht, wenn die Schnittpunkte von E mit den Koordinatenachsen verbunden werden.

b) Berechnen Sie das Volumen der Pyramide, zu der dieses Dreieck als Grundfläche und der Koordinatenursprung als Spitze gehören.

c) Beschreiben Sie die Menge aller Punkte, die von den Punkten S und T denselben Abstand haben, durch zwei weitere Eigenschaften bezügliche ihrer Lage zu S und T.
Bestimmen Sie eine Gleichung für diese Punktmenge.

d) Begründen Sie die Aussage: «Alle Punkte, die von S und T einen Abstand von 10 Einheiten haben, liegen auf einem Kreis.

e) * Alle Punkte, deren Abstand vom Punkt S dreimal so groß ist wie der vom Punkt T, liegen auf einer Kugel. Bestimmen Sie ihre Gleichung. Geben Sie den Mittelpunkt und den Radius der Kugel an.

3 Stochastik

3.1 Glücksspiel

Tipps ab Seite 228, Lösungen ab Seite 246

Eine Urne enthalte sechs rote und eine blaue Kugel. Für ein Glücksspiel wird folgende Regel vereinbart:
Es wird genau eine Kugel gezogen. Ist die gezogene Kugel blau, so wird sie in die Urne zurückgelegt, ist sie dagegen rot, so wird sie beiseite gelegt und in der Urne durch eine blaue ersetzt.

a) Das Glücksspiel wird dreimal durchgeführt und jeweils die Farbe der gezogenen Kugel festgestellt.
Berechnen Sie die Wahrscheinlichkeit folgender Ereignisse:
A: Nur die zweite Kugel ist rot.
B: Genau eine der gezogenen Kugeln ist blau.
C: Höchstens zwei der gezogenen Kugeln sind rot.

b) Auf einem Jahrmarkt wird das Glücksspiel an einem Stand angeboten.
Ein Spieler darf dreimal ziehen. Er erhält
bei drei blauen Kugeln 50 Euro,
bei zwei blauen Kugeln 10 Euro,
bei einer blauen Kugel 2 Euro.

Wie hoch muss der Einsatz des Spielers sein, damit dieses Glücksspiel dem Standbesitzer langfristig pro Spiel einen Gewinn von 0,58 Euro bringt?

c) Ein Glücksspieler behauptet, dass man mindestens zwei Ziehungen durchführen muss, um mit einer Wahrscheinlichkeit von 99 % mindestens eine rote Kugel zu ziehen. Hat er recht? Wie oft müsste man ziehen, wenn in der Urne statt 6 nur 4 rote Kugeln liegen?

3.2 Handys

Tipps ab Seite 228, Lösungen ab Seite 248

Die Firma Noko stellt Handys in Massenproduktion her. Jedes Handy ist mit einer Wahrscheinlichkeit von 10 % fehlerhaft.

a) Mit welchem mathematischen Modell lässt sich das Ziehen einer Stichprobe von 100 Handys beschreiben?
Berechnen Sie die Wahrscheinlichkeit für folgende Ereignisse:
A: Weniger als 5 Handys sind fehlerhaft.
B: Genau 3 Handys sind fehlerhaft.
C: Mindestens 90 Handys funktionieren.

b) Zur Aussonderung fehlerhafter Handys gibt es eine Qualitätskontrolle, welche folgendes leistet:

Unter allen geprüften Handys beträgt der Anteil der Handys, die einwandfrei sind und dennoch ausgesondert werden, 4 %.
Insgesamt werden 93 % aller Handys nicht ausgesondert.
Bestimmen Sie die Wahrscheinlichkeit dafür, dass ein Handy fehlerhaft ist und ausgesondert wird.
Welcher Anteil der fehlerhaften Handys wird demnach ausgesondert?

c) Die Firma Noko garantiert nun, dass bei einer Lieferung höchstens 4 % der Handys fehlerhaft sind.
Der Großhändler macht eine Stichprobe mit 100 Handys und findet 7 fehlerhafte.
Kann er hieraus mit einer Irrtumswahrscheinlichkeit von 5 % schließen, dass die Firma Noko eine falsche Angabe gemacht hat?

3.3 Überraschungseier

Zur Premiere eines Films bringt eine Schokoladenfirma Überraschungseier mit Filmfiguren auf den Markt. Die Firma wirbt damit, dass sich in jedem 5. Überraschungsei eine Filmfigur befindet.

a) Für einen Kindergeburtstag werden 20 Überraschungseier gekauft, wobei man davon ausgehen kann, dass die Verteilung der Figuren zufällig ist.
Erklären Sie, welche Bedeutung in diesem Zusammenhang die folgende Rechnung hat:
$\binom{20}{2} \cdot \left(\frac{1}{5}\right)^2 \cdot \left(\frac{4}{5}\right)^{18} \approx 0,13691.$
Berechnen Sie die Wahrscheinlichkeiten $P(A)$ und $P(B)$ der folgenden Ereignisse:
A: In keinem Ei ist eine Figur aus dem Film.
B: Es befinden sich in höchstens 2 Eiern Figuren aus dem Film.

b) Ein Käufer möchte unbedingt eine Filmfigur bekommen. Berechnen Sie, wieviele Überraschungseier er mindestens kaufen muss, um mit 99,9 %iger Sicherheit mindestens ein Überraschungsei mit einer Filmfigur zu erhalten.

c) Bei der Produktion der Überraschungseier treten nur die folgenden beiden Fehler auf:

F_1 : falsches Gewicht der Schokoladenhülle
F_2 : fehlerhafte Verpackung

F_1 und F_2 treten unabhängig voneinander auf. Ein Ei ist einwandfrei, wenn es keinen der beiden Fehler aufweist, was erfahrungsgemäß bei 90 % der Eier der Fall ist. Erfahrungsgemäß haben 7,5 % der Schokohüllen ein falsches Gewicht.
Veranschaulichen Sie die Zusammenhänge mit einem Baumdiagramm und bestimmen Sie die Wahrscheinlichkeit, mit der Fehler F_2 auftritt.

Tipps

1 Analysis

1.1 Swimmingpool

a) Wenn Wasser weder zu- noch abläuft, müssen Sie die Zulaufrate Null setzen.
Die Zeitpunkte maximalen Zu- bzw. Abflusses erhalten Sie durch Berechnung der Hoch- bzw. Tiefpunkte des Graphen der Zulaufratenfunktion und Betrachtung der Werte am jeweiligen Intervallrand.

b) Den Wasserstand nach 3 Stunden erhalten Sie, indem Sie eine Funktion $w(t)$ aufstellen, die die Wassermenge zum Zeitpunkt t angibt. Diese erhalten Sie als Stammfunktion von f unter Berücksichtigung der Anfangsbedingung (Wassermenge zu Beginn). Alternativ können Sie auch die Wassermenge, die zu Beginn im Pool ist, bestimmen und die zugeflossene Wassermenge durch Integration berechnen und dazu addieren. Die Höhe des Wasserstands am Ende des gesamten Vorgangs erhalten Sie, indem Sie die vorhandene Wassermenge durch die Grundfläche des Pools teilen.

c) Die maximale Wassermenge kann sich jeweils nur am Ende einer Zuflussphase im Pool befinden.
Überlegen Sie, wie sich die Wassermenge über das angegebene Zeitintervall hinaus entwickeln würde.

1.2 Mountainbike

a) Verwenden Sie für die variablen Kosten V den Ansatz $\mathrm{V}(x) = ax^2 + bx + c$, setzen Sie die gegebenen Daten ein und lösen Sie das entstandene Gleichungssystem.
Die Herstellungskosten setzen sich aus den Fixkosten und den variablen Kosten zusammen.

b) Setzen Sie $\mathrm{V}(x) = 5 \cdot 5000$ und lösen Sie die Gleichung.

c) Berechnen Sie den Verkaufserlös und ermitteln Sie den Gewinn durch Subtraktion der Herstellungskosten vom Erlös. Bestimmen Sie die Nullstellen der Gewinnfunktion und überlegen Sie, für welche x-Werte die Gewinnfunktion positiv ist.
Den maximalen Gewinn erhalten Sie mit Hilfe der 1. Ableitung der Gewinnfunktion.

1.3 Bakterien

a) Verwenden Sie den Ansatz $\mathrm{B}(t) = a \cdot e^{kt}$ und bestimmen Sie a und k mit Hilfe der gegebenen Daten; berechnen Sie hierzu zuerst die Bakterienanzahl nach einer Stunde.
Die Bakterienanzahl nach 6 Stunden erhalten Sie durch Einsetzen von $t = 6$ in $\mathrm{B}(t)$.

b) Berechnen Sie die dreifache Anzahl wie zu Beginn und setzen Sie diese mit $\mathrm{B}(t)$ gleich; lösen Sie die Gleichung nach t auf.

c) Setzen Sie das «neue» $B(t)$ mit 500 gleich und lösen Sie die Gleichung nach t auf.

1.4 Sonnenblume

a) Bestimmen Sie die Höhe zu Beginn der Beobachtung und nach 5 Wochen und stellen Sie mit $h_1(t)$ eine Gleichung auf, um k zu berechnen.
Die Höhe nach 8 Wochen erhalten Sie durch Einsetzen von $t = 8$ in $h_1(t)$.

b) Die Wachstumsgeschwindigkeit wird durch die erste Ableitung beschrieben. Wenn diese 1 dm pro Woche betragen soll, muss die erste Ableitung den Wert 0,1 annehmen.

c) Stellen Sie aus den gegebenen Daten zwei Gleichungen auf und bestimmen Sie a und b sowie den Grenzwert für $t \longrightarrow \infty$.

d) Überlegen Sie, weshalb das eine Modell die Realität besser beschreibt, indem Sie vergleichen, wie die Modelle das Wachstum über einen längeren Zeitraum beschreiben.

1.5 Luftvolumen der Lunge

a) Überlegen Sie, was mit Hilfe des Integrals berechnet wird. Bestimmen Sie eine Stammfunktion von $f(x)$ und wenden Sie den Hauptsatz der Differential- und Integralrechnung an.

b) Beachten Sie, dass das Luftvolumen in der Lunge nicht negativ sein kann und bestimmen Sie die Periode der beiden Kurven.
Das maximale Luftvolumen erhalten Sie zu dem Zeitpunkt, an dem $f(t)$ eine Nullstelle mit Vorzeichenwechsel von + nach − hat. Setzen Sie diesen Zeitpunkt in $F(t)$ ein.
Das minimale Luftvolumen ergibt sich aus der Aufgabenstellung.
Um die Zeitpunkte zu bestimmen, zu denen die Lunge die Hälfte des maximalen Luftvolumens (V_{max}) enthält, lösen Sie die Gleichung $F(t) = \frac{V_{max}}{2}$. Beachten Sie, dass dabei mehrere Lösungen innerhalb des zu betrachtenden Zeitintervalls möglich sind.

c) Das durchschnittliche Luftvolumen $\overline{V}$ in der Lunge während des Zeitintervalls $[0; 5]$ erhalten Sie durch Integration und Mittelwertbildung aus $\overline{V} = \frac{1}{5} \cdot \int_0^5 F(t)\mathrm{d}t$

2 Analytische Geometrie

2.1 Turm

a) Aus der Skizze können Sie sehen, dass die horizontalen Kanten AB, DC, EF und HG parallel zur x_1-Achse und die horizontalen Kanten DA, CB, HE und GF parallel zur x_1-Achse liegen.
Als vertikale Kanten bleiben AE, BF, CG und DH übrig.

Die Spitze S liegt 6 m über dem Mittelpunkt des Quadrates EFGH.

Für die Berechnungen des Neigungswinkels können Sie entweder den Winkel zwischen zwei Ebenen berechnen oder einfacher die Pyramide in der Spitze parallel zur x_2x_3-Ebene durchschneiden und mit einer geeigneten Skizze den Winkel trigonometrisch berechnen.

Für die Berechnung der Dachfläche sind die Dreiecksflächen zu berechnen, die Dreieckshöhe ist aber nicht die Pyramidenhöhe, sondern ergibt sich mit Hilfe des Satzes des Pythagoras.

b) Bestimmen Sie zuerst die Koordinaten der Spitze des Mastes und überlegen Sie, wo der Schatten der Spitze auf der Wand liegt. Um die Schattenlänge zu erhalten, müssen Sie noch überlegen, in welchem Punkt der Schatten vom Boden auf die Wand übergeht.

2.2 Geradenschar

a) C_0 bedeutet, dass $t = 0$ in C_t eingesetzt wird.

Um die Gleichung der Geraden zu erhalten, setzen Sie zwei verschiedene Zahlen für t in C_t ein und stellen mit diesen beiden Punkten die Geradengleichung auf.

Überlegen Sie anhand des Richtungsvektors, wie diese verläuft.

Die Koordinatengleichung erhalten Sie durch Einsetzen der drei gegebenen Punkte in die allgemeine Koordinatengleichung einer Ebene und Lösen des Gleichungssystems.

Alternativ können Sie mit Hilfe der drei Punkte die Koordinatengleichung durch Bestimmung des Normalenvektors und der Normalenform aufstellen.

Den Abstand von O zu E erhalten Sie mit Hilfe der Hesseschen Normalenform.

b) Überlegen Sie, wie Sie die Grundfläche und die Höhe der Pyramide möglichst einfach erhalten.

Ändert sich die Höhe der Pyramide, wenn sich C_t auf der Geraden g bewegt?

Um zu ermitteln, für welche t das Dreieck ABC_t rechtwinklig ist, betrachten Sie die Skalarprodukte von je zwei Verbindungsvektoren.

Überlegen Sie, welcher Art das Dreieck ABC_6 ist.

2.3 Pyramide

a) Die Koordinatengleichung von E erhalten Sie durch Bestimmen der Spannvektoren (Verbindungsvektoren), des Normalenvektors mit Hilfe des Vektorproduktes sowie durch Aufstellen und Ausrechnen der Normalenform.

Zur Prüfung der Rechtwinkligkeit berechnen Sie das Skalarprodukt von je zwei Verbindungsvektoren, zur Prüfung der Gleichschenkligkeit die Länge der Verbindungsvektoren.

Punkt D erhalten Sie durch Aufstellen einer Vektorkette.

b) Den Mittelpunkt des Rechtecks erhalten Sie als Mittelpunkt der Strecke AC oder BD.

Für den Winkel ε zwischen der Geraden g mit Richtungsvektor $\overrightarrow{r_g}$ und der Ebene E mit

Normalenvektor $\vec{n}$ verwenden Sie die Formel:

$$\sin\varepsilon = \frac{|\overrightarrow{r_g} \circ \vec{n}|}{|\overrightarrow{r_g}| \cdot |\vec{n}|}.$$

Zur Bestimmung des Volumens der Pyramide verwenden Sie die Formel $V = \frac{1}{3} \cdot G \cdot h$.
G ist die Grundfläche (Rechtecksfläche), h ist der Abstand von S zu E (mit Hilfe der Hesseschen Normalenform berechnen).

c) Stellen Sie eine Gerade auf und schneiden Sie diese mit den Koordinatenebenen.
Zur Spiegelung von S an AB machen Sie zuerst eine Skizze.
Anschließend stellen Sie eine Hilfsebene senkrecht zur Geraden AB durch S auf und schneiden diese mit der Geraden AB. Mit dem Punkt S und dem erhaltenen Schnittpunkt stellen Sie eine geeignete Vektorkette auf.

2.4 Pyramide und Kugel

a) Um eine Parametergleichung der Ebene E, die die Punkte P, Q und R enthält, zu bestimmen, können Sie z.B. den Vektor $\overrightarrow{P}$ als Stützvektor und die Vektoren $\overrightarrow{PQ}$ und $\overrightarrow{PR}$ als Spannvektoren verwenden. Um damit eine Koordinatengleichung der Ebene E zu bestimmen, berechnen Sie mit Hilfe des Vektorprodukts der beiden Spannvektoren einen Normalenvektor $\vec{n}$ und setzen diesen und beispielsweise den Ortsvektor $\overrightarrow{P}$ in die Punkt-Normalenform $\vec{n} \circ \left(\overrightarrow{X} - \overrightarrow{P}\right) = 0$ ein.

b) Das Volumen V der Pyramide, zu der das sich ergebende Dreieck als Grundfläche und der Koordinatenursprung als Spitze gehören, erhalten Sie mit der Formel: $V = \frac{1}{3} \cdot G \cdot h$.
Als Grundfläche G der Pyramide können Sie das rechtwinklige Dreieck OS_1S_2 verwenden.
Die zugehörige Pyramidenhöhe h ist der Abstand von O zu S_3.

c) Skizzieren Sie die Problemstellung. Überlegen Sie, welchen Punkt und welchen Normalenvektor der Ebene zwischen S und T Sie kennen. Verwenden Sie die Punkt-Normalenform $\vec{n} \circ \left(\overrightarrow{X} - \overrightarrow{A}\right) = 0$.

d) Überlegen Sie, wo alle Punkte liegen, die von S und T denselben Abstand haben und wo alle Punkte liegen, die von S bzw. T 10 Einheiten entfernt sind. Überlegen Sie, ob die Schnittmenge ein Kreis ist.

e) Für jeden Punkt $X(x_1 \mid x_2 \mid x_3)$, dessen Abstand von S dreimal so groß ist wie von T, müssen Sie die Bedingungsgleichung $|\overrightarrow{SX}| = 3 \cdot |\overrightarrow{TX}|$ lösen. Formen Sie das Ergebnis so um, dass es die Form der allgemeinen Kugelgleichung $(x_1 - m_1)^2 + (x_2 - m_2)^2 + (x_3 - m_3)^2 = r^2$ hat und bestimmen Sie daraus die Koordinaten des Mittelpunkts $M(m_1 \mid m_2 \mid m_3)$ und des Radius r.

3 Stochastik

3.1 Glücksspiel

a) Zeichnen Sie ein Baumdiagramm für die einzelnen Ziehungen. Beachten Sie dabei, dass sich die Wahrscheinlichkeiten ändern, wenn eine rote Kugel gezogen wurde.
Ermitteln Sie mit Hilfe der Pfadregeln (Produkt- und Summenregel) die Wahrscheinlichkeiten der Ereignisse A bis E. Manchmal rechnet es sich leichter mit dem Gegenereignis.

b) Ermitteln Sie mit Hilfe des Baumdiagramms und der Pfadregeln die Wahrscheinlichkeiten für die einzelnen Ereignisse.
Legen Sie den Einsatz des Spielers mit x Euro fest und überlegen Sie sich den Reingewinn des Standbesitzers bei den jeweiligen Ereignissen.
Bestimmen Sie den Erwartungswert des Gewinnes des Standbesitzers (in Abhängigkeit von x) und setzen Sie diesen mit 0,58 gleich.

c) Berechnen Sie die Wahrscheinlichkeit bei zwei Ziehungen mit Hilfe des Baumdiagrammes und der Pfadregeln unter Berücksichtigung des Gegenereignisses.
Wenn in der Urne nur noch 4 rote Kugeln sind, müssen Sie beachten, dass sich auch die Wahrscheinlichkeit für die Ziehung einer blauen Kugel ändert.
Bestimmen Sie eine Formel für die Wahrscheinlichkeit des Ereignisses bei n Ziehungen, stellen Sie eine Gleichung auf und lösen Sie diese mit Hilfe des Logarithmus.

3.2 Handys

a) Überlegen Sie, wie viele Ausfälle es bei der Ziehung eines Handys gibt, wie oft dasselbe Experiment gemacht wird und welche Wahrscheinlichkeiten auftreten.
Legen Sie die Zufallsvariable X für die Anzahl der fehlerhaften Handys fest. Mit Hilfe einer Tabelle können Sie die Wahrscheinlichkeiten $P(X \leqslant k)$ für $n = 100$ und $p = 0,1$ bestimmen.

b) Verwenden Sie F für «fehlerhaft» und A für «ausgesondert». Bestimmen Sie aus den gegebenen Daten die entsprechenden Wahrscheinlichkeiten, auch für die Schnittmengen. Anschließend tragen Sie diese in eine Vierfeldertafel ein und lesen hieraus die gesuchte Wahrscheinlichkeit ab.

c) Stellen Sie zunächst die Nullhypothese auf und bestimmen Sie dann den Annahmebereich A^* und den Ablehnungsbereich $\overline{A^*}$ für die vorgegebene Irrtumswahrscheinlichkeit. Zum Schluss prüfen Sie, in welchen Bereich die konkret durchgeführte Stichprobe fällt.

3.3 Überraschungseier

a) Überlegen Sie, welche Bedeutung die Wahrscheinlichkeit $P(X = k) = \binom{n}{k} \cdot p^k \cdot (1-p)^{n-k}$ bei einer Binomialverteilung mit Kettenlänge n und Trefferwahrscheinlichkeit p hat, wobei

X Zufallsvariable für die Anzahl der Treffer sei.
Wenn in keinem Ei eine Figur enthalten ist, gilt: $k = 0$.
Wenn höchstens zwei Figuren enthalten sind, müssen Sie die Wahrscheinlichkeiten $P(X = k)$ für $k = 0$, $k = 1$, und $k = 2$ berechnen und addieren.

b) Rechnen Sie mit dem Gegenereignis und $P(X \geqslant 1) = 1 - P(X = 0)$. Stellen Sie eine Ungleichung auf und lösen Sie diese. Beachten Sie, dass sich das $<$ bzw. $>$ Zeichen «umdreht», wenn durch eine negative Zahl geteilt wird.

c) Überlegen Sie, was es bedeutet, wenn ein Ei einwandfrei ist.
Zeichnen Sie das zugehörige Baumdiagramm mit den entsprechenden Wahrscheinlichkeiten und stellen Sie eine Gleichung für die Wahrscheinlichkeit auf, dass ein Ei einwandfrei ist. Verwenden Sie die Produktregel.

Lösungen

1 Analysis

1.1 Swimmingpool

a) Es ist $f(t) = t^3 - 13t^2 + 40t;\ 0 \leqslant t \leqslant 9$.
Wenn Wasser weder zu- noch abläuft, ist die Zulaufrate $f(t) = 0$:
$t^3 - 13t^2 + 40t = 0$ führt zu $t \cdot (t^2 - 13t + 40) = 0$, Lösungen: $t_1 = 0$, $t_2 = 5$ und $t_3 = 8$. Zu Beginn, nach 5 und nach 8 Stunden läuft das Wasser weder zu noch ab.

Die Zeitpunkte maximalen Zu- bzw. Abflusses können am Intervallrand oder bei den relativen Extrema von f liegen.
Die relativen Extrema erhält man mit Hilfe der 1. und 2. Ableitung:
$f'(t) = 3t^2 - 26t + 40$ und $f''(t) = 6t - 26$.
Setzt man die erste Ableitung $f'(t) = 0$, führt dies zu $3t^2 - 26t + 40 = 0$ mit den Lösungen $t_1 = 2$ und $t_2 = \frac{20}{3} = 6\frac{2}{3}$.
Setzt man t_1 bzw. t_2 in $f(t)$ ein, so ergibt sich $f(2) = 2^3 - 13 \cdot 2^2 + 40 \cdot 2 = 36$ bzw.
$f\left(\frac{20}{3}\right) = \left(\frac{20}{3}\right)^3 - 13 \cdot \left(\frac{20}{3}\right)^2 + 40 \cdot \left(\frac{20}{3}\right) = -\frac{400}{27}$.
Setzt man t_1 bzw. t_2 in $f''(t)$ ein, so ergibt sich:

$$f''(2) = 6 \cdot 2 - 26 = -14 < 0, \text{ d.h. relatives Maximum}$$
$$f''\left(\frac{20}{3}\right) = 6 \cdot \frac{20}{3} - 26 = 14 > 0, \text{ d.h. relatives Minimum}$$

Die Intervallränder sind $t_3 = 0$ und $t_4 = 9$. Diese werden in $f(t)$ eingesetzt. Es gilt: $f(0) = 0$ und $f(9) = 9^3 - 13 \cdot 9^2 + 40 \cdot 9 = 36 = f(2)$. Somit hat der Zufluss nach 2 Stunden ein relatives Maximum, nach $6\frac{2}{3}$ Stunden hat der Zufluss ein relatives Minimum, welches negativ ist, d.h. der Abfluss ist maximal, und nach 9 Stunden hat der Zufluss ein Maximum, welches gleich groß ist wie nach 2 Stunden, aber am Rand liegt.

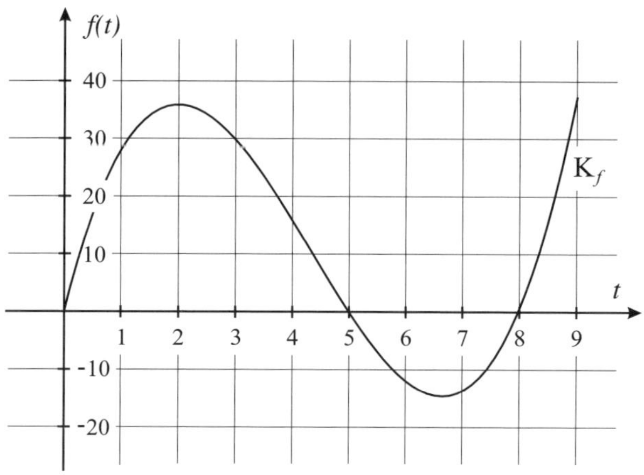

b) Um die Wassermenge nach 3 Stunden zu berechnen, benötigt man zuerst die Wassermenge zu Beginn: $V = G \cdot h = 8 \cdot 5 \cdot 0{,}1 = 4$. Somit sind zu Beginn $4\,m^3$ Wasser im Pool.
Nun stellt man eine Funktion $w(t)$ auf, die den Wasserstand im Pool zum Zeitpunkt t angibt. Hierzu bestimmt man eine allgemeine Stammfunktion von f und berücksichtigt die Anfangsbedingung:
$$w(t) = \frac{1}{4}t^4 - \frac{13}{3}t^3 + 20t^2 + c$$
Mit $w(0) = 4$ ergibt sich $c = 4 \Rightarrow w(t) = \frac{1}{4}t^4 - \frac{13}{3}t^3 + 20t^2 + 4$.
Damit ist die Wassermenge nach 3 Stunden:
$$w(3) = \frac{1}{4} \cdot 3^4 - \frac{13}{3} \cdot 3^3 + 20 \cdot 3^2 + 4 = 87{,}25\,m^3$$
Alternativ kann man den Zufluss z in den ersten 3 Stunden mit Hilfe des Integrals berechnen:
$$\begin{aligned} z &= \int_0^3 f(t)dt = \int_0^3 \left(t^3 - 13t^2 + 40t\right) dt \\ &= \left[\frac{1}{4}t^4 - \frac{13}{3}t^3 + 20t^2\right]_0^3 \\ &= \frac{1}{4} \cdot 3^4 - \frac{13}{3} \cdot 3^3 + 20 \cdot 3^2 \\ &= 83{,}25 \end{aligned}$$

Somit befinden sich nach 3 Stunden ungefähr $4 + 83{,}25 = 87{,}25\,m^3$ Wasser im Pool.

Am Ende des gesamten Einfüllvorgangs ($t = 9$) beträgt die gesamte Wassermenge im Pool
$$w(9) = \frac{1}{4} \cdot 9^4 - \frac{13}{3} \cdot 9^3 + 20 \cdot 9^2 + 4 = 105{,}25.$$

Also sind $105{,}25\,m^3$ Wasser im Pool, folglich ist die Höhe h des Wasserstands:
$$h = \frac{105{,}25}{8 \cdot 5} \approx 2{,}63\,m$$

c) Die maximale Wassermenge kann nur am Ende eines Zulaufs erreicht sein, also bei $t = 5$ oder $t = 9$. Die Wassermenge wird mit Hilfe von $w(t)$ berechnet:
Es ist:
$$w(5) = \frac{1}{4} \cdot 5^4 - \frac{13}{3} \cdot 5^3 + 20 \cdot 5^2 + 4 \approx 118{,}6$$
und
$$w(9) = 105{,}25$$

Somit beträgt nach 5 Stunden die maximale Wassermenge im Pool $118{,}6\,m^3$, also etwas weniger als das maximale Fassungsvermögen des Pools ($120\,m^3$).

Für $t > 9$ würde der Zulauf sehr stark ansteigen, so dass die Wassermenge im Pool sehr bald das Fassungsvermögen des Pools überschreiten würde. Also ist die Definitionsmenge der Funktion f, die den Zulauf modellhaft beschreibt, beschränkt.
Das Modell hat hier seine Grenze.

1.2 Mountainbike

a) Da die variablen Kosten V durch eine ganzrationale Funktion 2. Grades beschrieben werden sollen, gilt für V der Ansatz: $V(x) = ax^2 + bx + c$.
Aus den gegebenen Daten erhält man folgende Gleichungen:

$$\begin{array}{llcr} \text{I} & V(0) & = & 0 \\ \text{II} & V(2) & = & 306 \\ \text{III} & V(6) & = & 954 \end{array}$$

bzw.

$$\begin{array}{lccccccr} \text{I} & a\cdot 0^2 & + & b\cdot 0 & + & c & = & 0 \\ \text{II} & a\cdot 2^2 & + & b\cdot 2 & + & c & = & 306 \\ \text{III} & a\cdot 6^2 & + & b\cdot 6 & + & c & = & 954 \end{array}$$

Dies führt zu:

$$\begin{array}{lccccr} \text{I} & & & c & = & 0 \\ \text{II} & 4a & + & 2b & = & 306 \\ \text{III} & 36a & + & 6b & = & 954 \end{array}$$

Multipliziert man Gleichung II mit 3 und subtrahiert davon Gleichung III, so ergibt sich: $-24a = -36 \Rightarrow a = 1,5$. Setzt man $a = 1,5$ in Gleichung II ein, so erhält man: $4 \cdot 1,5 + 2b = 306 \Rightarrow b = 150$. Außerdem ist auch $V(10) = 100a + 10b = 1650$ erfüllt. Somit werden die variablen Kosten V beschrieben durch: $V(x) = 1,5x^2 + 150x$.
Die monatlichen Herstellungskosten H setzen sich aus den Fixkosten und den variablen Kosten V zusammen: $H(x) = 5000 + V(x) = 1,5x^2 + 150x + 5000$.

b) Wenn die variablen Kosten $V(x)$ fünfmal so hoch wie die Fixkosten (5000 €) sein sollen, muss gelten:
$V(x) = 25000$ bzw.
$1,5x^2 + 150x = 25\,000$
$\Rightarrow x_1 = 88,44$ und $x_2 = -188,44$.
Also sind bei einer Produktion von 88 Mountainbikes die variablen Kosten fünfmal so hoch wie die Fixkosten.

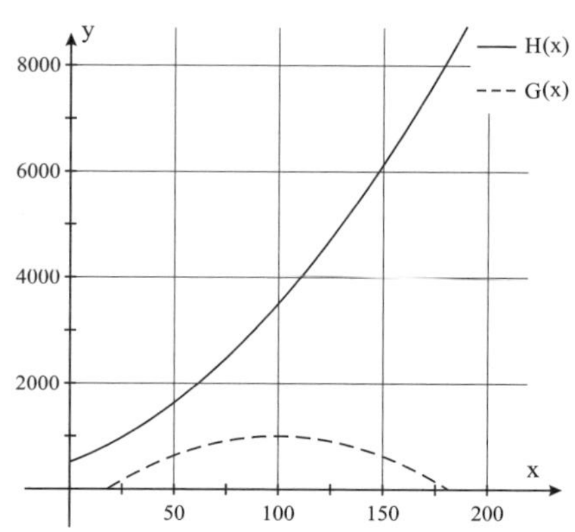

c) Den monatlichen Gewinn G erhält man, indem man die Herstellungskosten H vom Erlös E subtrahiert. Da ein Mountainbike für 450 € an den Händler verkauft wird, gilt für den

Erlös E bei x produzierten Mountainbikes:

$$E(x) = 450 \cdot x$$
$$G(x) = E(x) - H(x) = 450x - (1{,}5x^2 + 150x + 5000) = -1{,}5x^2 + 300x - 5000.$$

Die Firma macht Gewinn, wenn $G(x)$ positiv ist, d.h. die Produktionszahlen zwischen den beiden Nullstellen von G liegen, da der Graph von G eine nach unten geöffnete Parabel ist.
$G(x) = 0$ führt zu $-1{,}5x^2 + 300x - 5000 = 0 \Rightarrow x_1 = 18{,}4$ und $x_2 = 181{,}6$.
Die Firma macht Gewinn, wenn mehr als 18 und weniger als 182 Mountainbikes hergestellt werden.

Den maximalen Gewinn erhält man durch Berechnung des Maximums von G durch Nullsetzen der 1. Ableitung:

$$G'(x) = -3x + 300 = 0 \Rightarrow x = 100.$$

Da G' bei $x = 100$ das Vorzeichen von + nach − wechselt, handelt es sich um ein Maximum. Setzt man $x = 100$ in $G(x)$ ein, so erhält man:

$$G(100) = -1{,}5 \cdot 100^2 + 300 \cdot 100 - 5000 = 10000.$$

Bei einer Produktion von 100 Mountainbikes pro Monat beträgt der maximale Gewinn 10 000 €.

1.3 Bakterien

a) Für das Wachstumsgesetz wählt man den Ansatz $B(t) = a \cdot e^{kt}$, da es sich um natürliches exponentielles Wachstum handelt.
Da $B(0) = 500$ und nach einer Stunde $B(1) = 500 + \frac{30}{100} \cdot 500 = 650$, gelten folgende Gleichungen:

$$\begin{array}{lll} \text{I} & a \cdot e^{k \cdot 0} & = 500 \\ \text{II} & a \cdot e^{k \cdot 1} & = 650 \end{array}$$

Gleichung I führt zu $a = 500$; setzt man dies in Gleichung II ein, so ergibt sich $500 \cdot e^k = 650$ bzw. $k = \ln\left(\frac{650}{500}\right) \approx 0{,}2624$.
Somit lautet das Wachstumsgesetz: $B(t) = 500 \cdot e^{0{,}2624 \cdot t}$.

Für $t = 6$ gilt: $B(6) = 500 \cdot e^{0{,}2624 \cdot 6} \approx 2414$.
Nach 6 Stunden sind etwa 2414 Bakterien vorhanden.

b) Die Zeit, nach der sich die Anzahl der Bakterien verdreifacht (Anzahl = 1500) hat, erhält man durch die Gleichung:
$1500 = B(t)$ bzw. $1500 = 500 \cdot e^{0{,}2624 \cdot t}$ mit $t = \frac{\ln 3}{0{,}2624} \approx 4{,}2$.
Nach 4,2 Stunden hat sich die Anzahl der Bakterien verdreifacht.

c) Zum Zeitpunkt, zu dem erstmals die Bakterienanzahl weniger als die Anzahl zu Beginn der

Beobachtung (500) betragen soll, muss gelten:

$$500 = 2414 \cdot e^{-0,8755 \cdot (t-6)}$$
$$\ln\left(\frac{500}{2414}\right) = -0,8755 \cdot (t-6)$$
$$t = 6 + \frac{\ln\left(\frac{500}{2414}\right)}{-0,8755} \approx 7,8$$

Nach 7,8 Stunden gibt es also weniger als 500 Bakterien.

1.4 Sonnenblume

a) Zu Beginn hat die Sonnenblume die Höhe $h_1(0) = 0,08 \cdot e^{k \cdot 0} = 0,08$.
Nach 5 Wochen ist sie $0,08\text{ m} + 0,52\text{ m} = 0,6\text{ m}$ hoch, also gilt:

$$h_1(5) = 0,6 \Rightarrow 0,08 \cdot e^{k \cdot 5} = 0,6 \Rightarrow k = \frac{\ln\left(\frac{0,6}{0,08}\right)}{5} \approx 0,4030$$

Somit lautet die Funktionsgleichung von h_1:
$h_1(t) = 0,08 \cdot e^{0,4030 \cdot t}$.
Nach 8 Wochen ist $h_1(8) = 0,08 \cdot e^{0,4030 \cdot 8} \approx 2,01$.

b) Da h_1 die Höhe der Sonnenblume beschreibt, wird durch h_1' die Wachstumsgeschwindigkeit beschrieben.
Gesucht ist der Zeitpunkt, an dem diese $0,1$ m pro Woche beträgt.
Die Funktion h_1 wird mit Hilfe der Kettenregel abgeleitet:

$$h_1(t) = 0,08 \cdot e^{0,4030 \cdot t}$$
$$h_1{}'(t) = 0,4030 \cdot 0,08 \cdot e^{0,4030 \cdot t} \approx 0,03 \cdot e^{0,4030 \cdot t}$$

Nun wird $h_1{}'$ gleich $0,1$ gesetzt:

$$0,1 = 0,03 \cdot e^{0,4030 \cdot t} \Rightarrow 3,33 = e^{0,4030 \cdot t} \Rightarrow \ln 3,33 = 0,4030 \cdot t \Rightarrow t \approx 2,99$$

Nach ca. 3 Wochen beträgt die Wachstumsgeschwindigkeit also $0,1$ m pro Woche.

c) Nach 5 Wochen ist die Sonnenblume 0,60 m, nach 8 Wochen 1,20 m hoch, somit gelten folgende zwei Gleichungen:

$$\begin{array}{llllll} \text{I} & h_2(5) & = & 0,60 & \Rightarrow & a - b \cdot e^{-0,5 \cdot 5} = 0,60 \\ \text{II} & h_2(8) & = & 1,20 & \Rightarrow & a - b \cdot e^{-0,5 \cdot 8} = 1,20 \end{array}$$

Subtrahiert man Gleichung II von Gleichung I, so ergibt sich:

$$-b \cdot e^{-0,5 \cdot 5} + b \cdot e^{-0,5 \cdot 8} = -0,6 \Rightarrow b \cdot \left(-e^{-0,5 \cdot 5} + e^{-0,5 \cdot 8}\right) = -0,6$$
$$\Rightarrow b = \frac{-0,6}{-e^{-0,5 \cdot 5} + e^{-0,5 \cdot 8}} \approx 9,41$$

Setzt man $b = 9,41$ in Gleichung I ein, so ergibt sich:

$$a - 9,41 \cdot e^{-0,5 \cdot 5} = 0,6 \Rightarrow a = 0,6 + 9,41 e^{-0,5 \cdot 5} \approx 1,37$$

Somit lautet die Funktionsgleichung von h_2:

$$h_2(t) = 1,37 - 9,41 \cdot e^{-0,5 \cdot t} \text{ mit } t \geqslant 5$$

Es ergibt sich für den Grenzwert:

$$\lim_{t \to \infty} h_2(t) = \lim_{t \to \infty} \left(1,37 - 9,41 \cdot e^{-0,5 \cdot t}\right) = 1,37$$

Die Sonnenblume kann daher langfristig nach Modell h_2 die Höhe von 1,37 m nicht überschreiten.

d) Da h_1 ein natürliches exponentielles Wachstum beschreibt, hat Modell h_1 gegenüber h_2 den Nachteil, dass es bei h_1 keine Grenze des Wachstums gibt. Das Wachstum von Sonnenblumen ist aber beschränkt. Daher gibt Modell h_2, welches ein beschränktes Wachstum beschreibt, ab einer gewissen Zeit den Verlauf der Höhe der Sonnenblume besser wieder.

1.5 Luftvolumen der Lunge

Es ist $f(t) = 2 \cdot \sin\left(\frac{2}{5}\pi \cdot t\right)$; $t \geqslant 0$.

a) Da $f(t)$ die Änderungsrate des Luftvolumens in der Lunge beschreibt, kann durch $\mathrm{F}(t)$ das Luftvolumen selbst beschrieben werden, da nach dem Haupsatz der Differential- und Integralrechnung $\mathrm{F}'(t) = f(t)$ gilt und sich die momentane Änderungsrate einer Funktion immer als deren erste Ableitung ergibt.

$$\begin{aligned}
\mathrm{F}(t) &= \int_0^t f(x)\mathrm{d}x \\
&= \int_0^t 2 \cdot \sin\left(\frac{2}{5}\pi \cdot x\right)\mathrm{d}x \\
&= \left[-2 \cdot \cos\left(\frac{2}{5}\pi \cdot x\right) \cdot \frac{1}{\frac{2}{5}\pi}\right]_0^t \\
&= \left[-\frac{5}{\pi} \cdot \cos\left(\frac{2}{5}\pi \cdot x\right)\right]_0^t \\
&= -\frac{5}{\pi} \cdot \cos\left(\frac{2}{5}\pi \cdot t\right) - \left(-\frac{5}{\pi} \cdot \cos\left(\frac{2}{5}\pi \cdot 0\right)\right) \\
&= -\frac{5}{\pi} \cdot \cos\left(\frac{2}{5}\pi \cdot t\right) + \frac{5}{\pi}
\end{aligned}$$

Damit ist also $\mathrm{F}(t) = -\frac{5}{\pi} \cdot \cos\left(\frac{2}{5}\pi \cdot t\right) + \frac{5}{\pi}$; $t \geqslant 0$.

b) Beim Einatmen nimmt das Luftvolumen in der Lunge zu, beim Ausatmen nimmt es wieder ab. Das Luftvolumen kann aber nicht negativ werden, also kommt nur Kurve 1 für den zeitlichen Verlauf des Luftvolumens in Frage. Die Kurve 2 beschreibt die momentane Änderungsrate des Luftvolumens, d.h. Kurve 2 ist die grafische Ableitung von Kurve 1.

Die Periodenlänge der Funktionen, welche die Änderungsrate des Luftvolumens und auch des Luftvolumens beschreiben, ist $p = \frac{2\pi}{\frac{2}{5}\pi} = 5$.
Laut Aufgabenstellung hat das Luftvolumen zu Beginn $t = 0$ und wegen der Periode $p = 5$ auch nach 5 Sekunden den Wert 0, ist dann also minimal.
An der Stelle $t = 2,5$ hat $f(t)$ eine Nullstelle mit Vorzeichenwechsel von $+$ nach $-$, dies ist die hinreichende Bedingung dafür, dass $\mathrm{F}(t)$ an dieser Stelle ein Maximum besitzt:

$$\mathrm{V}_{\max} = \mathrm{F}(2,5) = -\frac{5}{\pi} \cdot \cos\left(\frac{2}{5}\pi \cdot 2,5\right) + \frac{5}{\pi} = -\frac{5}{\pi} \cdot (-1) + \frac{5}{\pi} = \frac{10}{\pi} \approx 3,2$$

Somit beträgt das maximale Luftvolumen in der Lunge etwa 3,2 Liter, das minimale Luftvolumen beträgt 0 Liter.
Um die Zeitpunkte während des Intervalls $[0;5]$ zu bestimmen, zu denen die Lunge die Hälfte des maximalen Luftvolumens $\frac{\frac{10}{\pi}}{2} = \frac{5}{\pi}$, enthält, löst man die Gleichung $\mathrm{F}(t) - \frac{5}{\pi}$:

$$-\frac{5}{\pi} \cdot \cos\left(\frac{2}{5}\pi \cdot t\right) + \frac{5}{\pi} = \frac{5}{\pi} \Leftrightarrow \cos\left(\frac{2}{5}\pi \cdot t\right) = 0$$

Damit muss wegen des Verlaufs der Cosinus-Funkion gelten:

$$\frac{2}{5}\pi \cdot t = \frac{\pi}{2} \Rightarrow t_1 = \frac{5}{4} = 1,25 \text{ oder } \frac{2}{5}\pi \cdot t = \frac{3}{2}\pi \Rightarrow t_2 = \frac{15}{4} = 3,75$$

Also enthält die Lunge nach 1,25 Sekunden und nach 3,75 Sekunden die Hälfte des maximalen Luftvolumens.

c) Das durchschnittliche Luftvolumen $\overline{\mathrm{V}}$ in der Lunge während des Zeitintervalls $[0; 5]$ erhält man durch Integration und anschließende Mittelwertbildung. Dabei wird die angegebene Regel verwendet:

$$\begin{aligned}
\overline{\mathrm{V}} &= \frac{1}{5} \cdot \int_0^5 \mathrm{F}(t)\mathrm{d}t \\
&= \frac{1}{5} \cdot \int_0^5 \left(-\frac{5}{\pi} \cdot \cos\left(\frac{2}{5}\pi \cdot t\right) + \frac{5}{\pi}\right) \mathrm{d}t \\
&= \frac{1}{5} \cdot \left[-\frac{5}{\pi} \cdot \sin\left(\frac{2}{5}\pi \cdot t\right) \cdot \frac{1}{\frac{2}{5}\pi} + \frac{5}{\pi} \cdot t\right]_0^5 \\
&= \frac{1}{5} \cdot \left[-\frac{25}{2\pi^2} \cdot \sin\left(\frac{2}{5}\pi \cdot t\right) + \frac{5}{\pi} \cdot t\right]_0^5 \\
&= \frac{1}{5} \cdot \left(-\frac{25}{2\pi^2} \cdot \sin\left(\frac{2}{5}\pi \cdot 5\right) + \frac{5}{\pi} \cdot 5 - \left(-\frac{25}{2\pi^2} \cdot \sin\left(\frac{2}{5}\pi \cdot 0\right) + \frac{5}{\pi} \cdot 0\right)\right) \\
&= \frac{1}{5} \cdot \frac{25}{\pi} = \frac{5}{\pi} \\
&\approx 1,6
\end{aligned}$$

Somit beträgt das durchschnittliche Luftvolumen in der Lunge während des Zeitintervalls $[0; 5]$ etwa 1,6 Liter.

2 Analytische Geometrie

2.1 Turm

a) Für die einzelnen Punkte ergeben sich folgende Koordinaten:
A(8 | 0 | 0), B(8 | 8 | 0), C(0 | 8 | 0), D(0 | 0 | 0), E(8 | 0 | 18), F(8 | 8 | 18), G(0 | 8 | 18), H(0 | 0 | 18), S(4 | 4 | 24), M(4 | 4 | 18).
Den Neigungswinkel des Daches bestimmt man mit Hilfe der Trigonometrie:

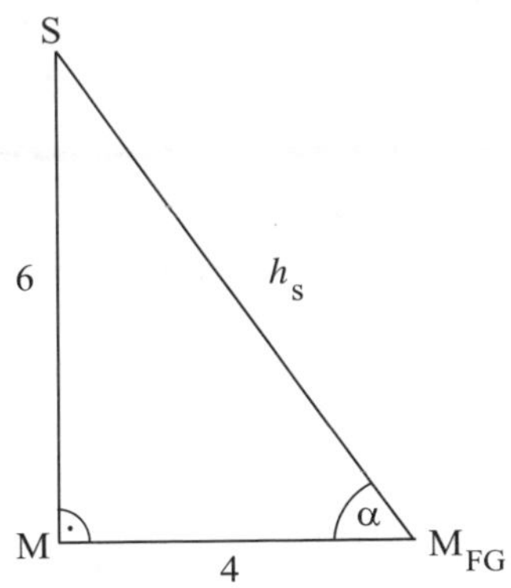

Es ist $\tan\alpha = \frac{6}{4} \Rightarrow \alpha = 56{,}31°$.
Für die Berechnung der Größe der Dachfläche ermittelt man zuerst die Dreiecksfläche einer Seitenfläche der Pyramide: $A_\triangle = \frac{1}{2} \cdot g \cdot h_s$.
Die Grundseite g ist 8 m lang, h_s erhält man mit Hilfe des Satzes des Pythagoras (siehe Skizze)
$h_s^2 = 4^2 + 6^2 \Rightarrow h_s = \sqrt{52} = 2\sqrt{13}$.
Für eine Dreiecksfläche ergibt sich
$A_\triangle = \frac{1}{2} \cdot 8 \cdot 2\sqrt{13} = 8\sqrt{13}$.

Da die gesamte Dachfläche aus 4 kongruenten Dreiecken besteht, erhält man für die Größe der Dachfläche:

$$A_{Dach} = 4 \cdot A_\triangle = 4 \cdot 8 \cdot \sqrt{13} = 32 \cdot \sqrt{13} \approx 115{,}4.$$

Die Größe der Dachfläche beträgt somit 115,4 m^2.

b) Um die Länge des Schattens zu bestimmen, braucht man den Schattenpunkt der Spitze des Fahnenmastes an der Wand und den Schattenpunkt am Übergang zwischen Boden und Wand.
Für die Spitze S′ des Fahnenmastes ergibt sich: S′(18 | 4 | 8).
Den Schattenpunkt Z′ der Spitze S′ an der Wand erhält man, indem mit S′ und der Richtung des Sonnenlichtes eine Gerade g aufgestellt wird, welche mit der Turmebene ABFE mit der Gleichung $x_1 = 8$ geschnitten wird:

$$g: \overrightarrow{X} = \begin{pmatrix} 18 \\ 4 \\ 8 \end{pmatrix} + \lambda \cdot \begin{pmatrix} -10 \\ 1 \\ -2 \end{pmatrix}; \lambda \in \mathbb{R}$$

geschnitten mit $x_1 = 8$ führt zu $18 - 10\lambda = 8 \Rightarrow \lambda = 1$.

Setzt man $\lambda = 1$ in g ein, so erhält man: $\overrightarrow{Z}' = \begin{pmatrix} 18 \\ 4 \\ 8 \end{pmatrix} + 1 \cdot \begin{pmatrix} -10 \\ 1 \\ -2 \end{pmatrix} = \begin{pmatrix} 8 \\ 5 \\ 6 \end{pmatrix}$

$\Rightarrow Z'(8 \mid 5 \mid 6)$.

Geht man von Z' aus vertikal bis zum Boden nach unten, so erhält man einen Schattenpunkt Z am Übergang zwischen Boden und Wand: $Z(8 \mid 5 \mid 0)$.

Die Länge des Schattens ergibt sich nun aus zwei Teilstrecken:

$l_1 = \overline{PZ}$ (Schattenlänge am Boden), $l_2 = \overline{ZZ'}$ (Schattenlänge an der Wand):

$$l_1 = PZ = |\overrightarrow{PZ}| = \left| \begin{pmatrix} -10 \\ 1 \\ 0 \end{pmatrix} \right| = \sqrt{(-10)^2 + 1^2 + 0^2} = \sqrt{101}$$

$$l_2 = \overline{ZZ'} = |\overrightarrow{ZZ'}| = \left| \begin{pmatrix} 0 \\ 0 \\ 6 \end{pmatrix} \right| = \sqrt{0^2 + 0^2 + 6^2} = 6$$

So ergibt sich für die Gesamtlänge l:

$l = l_1 + l_2 = \sqrt{101} + 6 \approx 16{,}05$.

Der Schatten hat eine Gesamtlänge von 16,05 m.

2.2 Geradenschar

a) Um die Gleichung von g zu bestimmen, benötigt man zwei Punkte, z.B. $C_0(0 \mid 0 \mid 4)$ und $C_1(0 \mid 1 \mid 4)$:

$$g\colon\ \overrightarrow{X} = \begin{pmatrix} 0 \\ 0 \\ 4 \end{pmatrix} + \lambda \cdot \begin{pmatrix} 0 \\ 1 \\ 0 \end{pmatrix}, \ \lambda \in \mathbb{R}.$$

Diese Gerade ist parallel zur x_2-Achse.

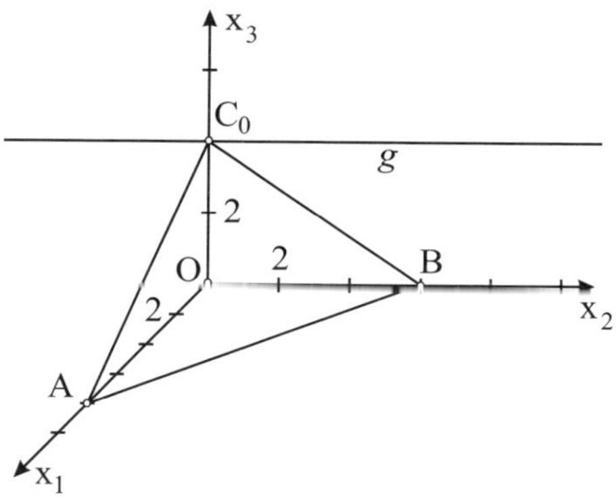

Fasst man die Punkte $A(8 \mid 0 \mid 0)$, $B(0 \mid 6 \mid 0)$ und $C_0(0 \mid 0 \mid 4)$ als Schnittpunkte der Ebene

E: $ax_1 + bx_2 + cx_3 - d = 0$ mit den Koordinatenachsen auf, so erhält man durch Einsetzen:

$$\begin{array}{llllllll} \text{I} & a\cdot 8 & + & b\cdot 0 & + & c\cdot 0 & - & d = 0 \\ \text{II} & a\cdot 0 & + & b\cdot 6 & + & c\cdot 0 & - & d = 0 \quad \Rightarrow 8a = 6b = 4c \\ \text{III} & a\cdot 0 & + & b\cdot 0 & + & c\cdot 4 & - & d = 0 \end{array}$$

Dies wird erfüllt durch z.B. $a = 3 \Rightarrow b = 4 \Rightarrow c = 6 \Rightarrow d = 24$.
Somit erhält man: E: $3x_1 + 4x_2 + 6x_3 - 24 = 0$.

Alternativ berechnet man mit Hilfe des Vektorprodukts (vergl. Seite 47) zweier Verbindungsvektoren der drei Punkte $A(8 \mid 0 \mid 0)$, $B(0 \mid 6 \mid 0)$ und $C_0\,(0 \mid 0 \mid 4)$ einen Normalenvektor:

$$\overrightarrow{AB} \times \overrightarrow{AC_0} = \begin{pmatrix} -8 \\ 6 \\ 0 \end{pmatrix} \times \begin{pmatrix} -8 \\ 0 \\ 4 \end{pmatrix} = \begin{pmatrix} 24 \\ 32 \\ 48 \end{pmatrix} = 8 \cdot \begin{pmatrix} 3 \\ 4 \\ 6 \end{pmatrix} \Rightarrow \vec{n} = \begin{pmatrix} 3 \\ 4 \\ 6 \end{pmatrix}$$

Setzt man A und $\vec{n}$ in die Normalenform E: $\vec{n} \circ (\overrightarrow{X} - \overrightarrow{A}) = 0$ ein, so ergibt sich für E:

$$\begin{pmatrix} 3 \\ 4 \\ 6 \end{pmatrix} \circ \left(\overrightarrow{X} - \begin{pmatrix} 8 \\ 0 \\ 0 \end{pmatrix} \right) = 0 \Rightarrow \text{E: } 3x_1 + 4x_2 + 6x_3 - 24 = 0$$

Den Abstand e vom Ursprung O $(0 \mid 0 \mid 0)$ zur Ebene E berechnet man mit Hilfe der Hesseschen Normalenform:

$$e = \frac{|\,3\cdot 0 + 4\cdot 0 + 6\cdot 0 - 24\,|}{\left\| \begin{pmatrix} 3 \\ 4 \\ 6 \end{pmatrix} \right\|} = \frac{|-24|}{\sqrt{3^2 + 4^2 + 6^2}} = \frac{24}{\sqrt{61}} \approx 3{,}07\,\text{LE}$$

b) Das Volumen der Pyramide $OABC_0$ berechnet man mit der Formel $V = \frac{1}{3} \cdot G \cdot h$.
Die Grundfläche G ist der Flächeninhalt des rechtwinkligen Dreiecks OAB:

$$G = \frac{1}{2} \cdot \overline{OA} \cdot \overline{OB} = \frac{1}{2} \cdot 8 \cdot 6 = 24$$

Die Höhe h ist die Länge der Strecke $[OC_0]$: $h = 4$.
Somit gilt: $V = \frac{1}{3} \cdot 24 \cdot 4 = 32$ VE.

Da alle C_t auf der Geraden g liegen, welche parallel zur y-Achse ist, ändert sich die Höhe h der Pyramide nicht, so dass die Pyramide $OABC_t$ für alle t dasselbe Volumen wie die Pyramide $OABC_0$ hat.

Damit das Dreieck ABC_t rechtwinklig ist, muss das Skalarprodukt von je zwei Verbindungsvektoren Null sein:

$$\overrightarrow{AB} \circ \overrightarrow{AC_t} = 0 \Rightarrow \begin{pmatrix} -8 \\ 6 \\ 0 \end{pmatrix} \circ \begin{pmatrix} -8 \\ t \\ 4 \end{pmatrix} = 64 + 6t = 0 \Rightarrow t = -\tfrac{32}{3}.$$

$$\overrightarrow{AB} \circ \overrightarrow{BC_t} = 0 \Rightarrow \begin{pmatrix} -8 \\ 6 \\ 0 \end{pmatrix} \circ \begin{pmatrix} 0 \\ t-6 \\ 4 \end{pmatrix} = 6t - 36 = 0 \Rightarrow t = 6.$$

$$\overrightarrow{AC_t} \circ \overrightarrow{BC_t} = 0 \Rightarrow \begin{pmatrix} -8 \\ t \\ 4 \end{pmatrix} \circ \begin{pmatrix} 0 \\ t-6 \\ 4 \end{pmatrix} = t^2 - 6t + 16 = 0 \Rightarrow \text{keine reelle Lösung.}$$

Somit ist das Dreieck ABC_t für $t_1 = -\frac{32}{3}$ und $t_2 = 6$ rechtwinklig.
Der Flächeninhalt des Dreiecks ABC_6 lässt sich einfach bestimmen, da für $t = 6$ bei Punkt B ein rechter Winkel ist:

$$A = \tfrac{1}{2} \cdot \overline{AB} \cdot \overline{BC_6} = \tfrac{1}{2} \cdot \left| \begin{pmatrix} -8 \\ 6 \\ 0 \end{pmatrix} \right| \cdot \left| \begin{pmatrix} 0 \\ 0 \\ 4 \end{pmatrix} \right| = \tfrac{1}{2} \cdot 10 \cdot 4 = 20.$$

Das Dreieck ABC_6 hat einen Flächeninhalt von 20 FE.

2.3 Pyramide

a) Die Verbindungsvektoren sind $\overrightarrow{AB} = \begin{pmatrix} 4 \\ -4 \\ 2 \end{pmatrix}$, $\overrightarrow{AC} = \begin{pmatrix} 6 \\ -3 \\ 0 \end{pmatrix}$ und $\overrightarrow{BC} = \begin{pmatrix} 2 \\ 1 \\ -2 \end{pmatrix}$.

Nimmt man als Spannvektoren $\frac{1}{2}\overrightarrow{AB} = \begin{pmatrix} 2 \\ -2 \\ 1 \end{pmatrix}$ und $\frac{1}{3}\overrightarrow{AC} = \begin{pmatrix} 2 \\ -1 \\ 0 \end{pmatrix}$, so erhält man als

Normalenvektor:

$$\vec{n} = \begin{pmatrix} 2 \\ -2 \\ 1 \end{pmatrix} \times \begin{pmatrix} 2 \\ -1 \\ 0 \end{pmatrix} = \begin{pmatrix} 1 \\ 2 \\ 2 \end{pmatrix}$$

Die Normalenform ist damit E: $\vec{n} \circ (\overrightarrow{X} - \overrightarrow{A}) = 0$ bzw. E: $\begin{pmatrix} 1 \\ 2 \\ 2 \end{pmatrix} \circ \left(\overrightarrow{X} - \begin{pmatrix} -3 \\ 1 \\ 2 \end{pmatrix} \right) = 0.$

Durch Ausrechnen erhält man als Koordinatengleichung: E: $x_1 + 2x_2 + 2x_3 - 3 = 0$

Da $\overrightarrow{AB} \circ \overrightarrow{BC} = \begin{pmatrix} 4 \\ -4 \\ 2 \end{pmatrix} \circ \begin{pmatrix} 2 \\ 1 \\ -2 \end{pmatrix} = 4 \cdot 2 + (-4) \cdot 1 + 2 \cdot (-2) = 8 - 4 - 4 = 0,$

ist das Dreieck ABC rechtwinklig (bei B).

Die Seitenlängen sind:

$\overline{AB} = \sqrt{4^2 + (-4)^2 + 2^2} = 6,$

$\overline{AC} = \sqrt{6^2 + (-3)^2 + 0^2} = \sqrt{45}$

$\overline{BC} = \sqrt{2^2 + 1^2 + (-2)^2} = 3$, daher ist das Dreick ABC nicht gleichschenklig.

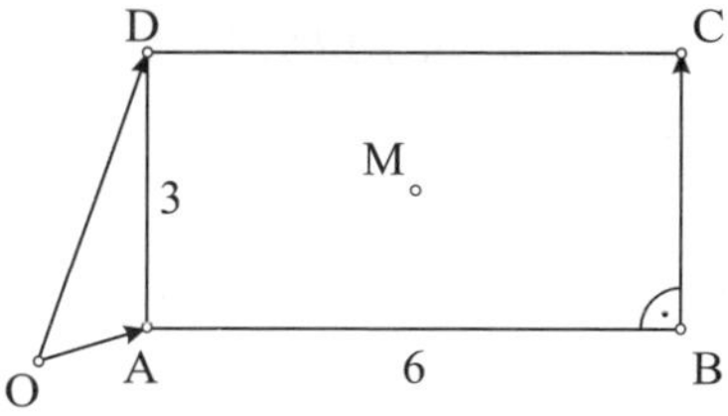

Für den Ortsvektor von D gilt folgende Vektorkette:

$$\overrightarrow{D} = \overrightarrow{A} + \overrightarrow{BC} = \begin{pmatrix} -3 \\ 1 \\ 2 \end{pmatrix} + \begin{pmatrix} 2 \\ 1 \\ -2 \end{pmatrix} = \begin{pmatrix} -1 \\ 2 \\ 0 \end{pmatrix} \Rightarrow D(-1 \mid 2 \mid 0).$$

b) Der Mittelpunkt M von AC hat die Koordinaten $M\left(\frac{-3+3}{2} \mid \frac{1-2}{2} \mid \frac{2+2}{2}\right) \Rightarrow M\left(0 \mid -\frac{1}{2} \mid 2\right)$.

Der Richtungsvektor der Geraden g ist der Vektor $\overrightarrow{SM} = \begin{pmatrix} -9 \\ -9,5 \\ 6 \end{pmatrix}$, der Normalenvektor der Ebene E ist der Vektor $\vec{n} = \begin{pmatrix} 1 \\ 2 \\ 2 \end{pmatrix}$. Somit gilt für den Winkel ε zwischen g und E:

$$\sin\varepsilon = \frac{|\overrightarrow{r_g} \circ \vec{n}|}{|\overrightarrow{r_g}| \cdot |\vec{n}|} = \frac{\left| \begin{pmatrix} -9 \\ -9,5 \\ 6 \end{pmatrix} \circ \begin{pmatrix} 1 \\ 2 \\ 2 \end{pmatrix} \right|}{\left| \begin{pmatrix} -9 \\ -9,5 \\ 6 \end{pmatrix} \right| \cdot \left| \begin{pmatrix} 1 \\ 2 \\ 2 \end{pmatrix} \right|} = \frac{|-9-19+12|}{\left|\sqrt{(-9)^2+(-9,5)^2+6^2}\right| \cdot \left|\sqrt{1^2+2^2+2^2}\right|} = \frac{16}{\sqrt{207,25 \cdot 3}}$$

$\Rightarrow \varepsilon \approx 21{,}74^\circ$ (die Pyramide ist sehr schief).

Das Volumen der Pyramide ist $V = \frac{1}{3} \cdot G \cdot h$.
Für die Grundfläche G gilt: $G = \overline{AB} \cdot \overline{BC} = 6 \cdot 3 = 18$.
Die Höhe h ist der Abstand von S zu E, der mit Hilfe der Hesseschen Normalenform von E berechnet wird:

$$h = \frac{|1 \cdot 9 + 2 \cdot 9 + 2 \cdot (-4) - 3|}{\left\| \begin{pmatrix} 1 \\ 2 \\ 2 \end{pmatrix} \right\|} = \frac{16}{3}$$

Somit gilt: $V = \frac{1}{3} \cdot 18 \cdot \frac{16}{3} = 32$.
Die Pyramide ABCDS hat ein Volumen von $V = 32$ VE.

c) Der Laserstrahl hat die Gleichung $l: \overrightarrow{X} = \begin{pmatrix} 9 \\ 9 \\ -4 \end{pmatrix} + \lambda \cdot \begin{pmatrix} -6 \\ 6 \\ 8 \end{pmatrix}; \lambda \in \mathbb{R}$.

Schneidet man l mit der x_1x_2-Ebene ($x_3 = 0$), gilt: $-4 + 8\lambda = 0$ bzw. $\lambda = \frac{1}{2} \Rightarrow S_1(6 \mid 12 \mid 0)$
Schneidet man l mit der x_2x_3-Ebene ($x_1 = 0$), gilt $9 - 6\lambda = 0$ bzw. $\lambda = \frac{3}{2} \Rightarrow S_2(0 \mid 18 \mid 8)$
Schneidet man l mit der x_1x_3-Ebene ($x_2 = 0$), gilt $9 + 6\lambda = 0$ bzw. $\lambda = -\frac{3}{2} \Rightarrow S_3(18 \mid 0 \mid -16)$

Um S an AB zu spiegeln, benötigt man zuerst eine Hilfsebene E_H, welche durch S geht und orthogonal zu AB ist, d.h. der Normalenvektor von E_H ist der Vektor $\overrightarrow{AB}$; somit hat die Hilfsebene folgende Gleichung:

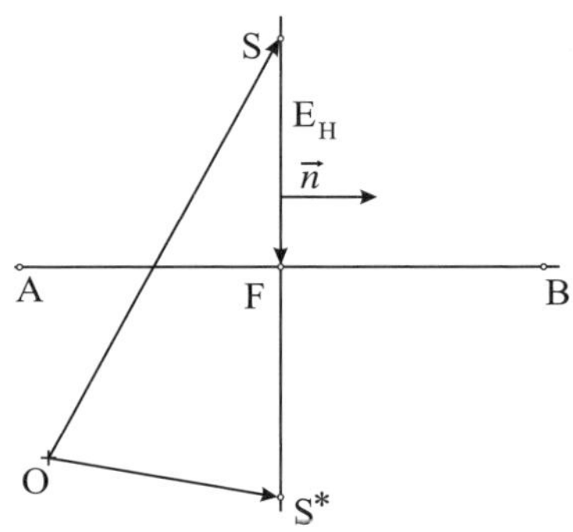

E_H: $\overrightarrow{AB} \circ (\overrightarrow{X} - \overrightarrow{S}) = 0$ bzw. $\begin{pmatrix} 4 \\ -4 \\ 2 \end{pmatrix} \circ \left(\overrightarrow{X} - \begin{pmatrix} 9 \\ 9 \\ -4 \end{pmatrix} \right) = 0$. Dies führt zur Koordinatengleichung E_H: $2x_1 - 2x_2 + x_3 + 4 = 0$

Schneidet man E_H mit der Geraden AB: $\overrightarrow{X} = \begin{pmatrix} -3 \\ 1 \\ 2 \end{pmatrix} + \lambda \cdot \begin{pmatrix} 4 \\ -4 \\ 2 \end{pmatrix}; \lambda \in \mathbb{R}$, so erhält man den Schnittpunkt F:

$2 \cdot (-3+4\lambda) - 2 \cdot (1-4\lambda) + 2 + 2\lambda + 4 = 0$ führt zu $\lambda = \frac{1}{9} \Rightarrow F\left(-\frac{23}{9} \mid \frac{5}{9} \mid \frac{20}{9}\right)$.

Spiegelt man nun S an F, so gilt folgende Vektorkette:

$$\overrightarrow{S^*} = \overrightarrow{S} + 2 \cdot \overrightarrow{SF} = \begin{pmatrix} 9 \\ 9 \\ -4 \end{pmatrix} + 2 \cdot \begin{pmatrix} -\frac{104}{9} \\ -\frac{76}{9} \\ \frac{56}{9} \end{pmatrix} = \begin{pmatrix} -\frac{127}{9} \\ -\frac{71}{9} \\ \frac{76}{9} \end{pmatrix}$$

Der Spiegelpunkt S^* hat somit die Koordinaten $S^*\left(-\frac{127}{9} \mid -\frac{71}{9} \mid \frac{76}{9}\right)$.

2.4 Pyramide und Kugel

Gegeben sind die Punkte $P(1 \mid 2 \mid 0)$, $Q(2 \mid -1 \mid 2)$, $R(0 \mid 2 \mid 1)$, $S(2 \mid 2 \mid 5)$ und $T(-2 \mid -2 \mid 1)$.

a) Um eine Parametergleichung der Ebene E, die die Punkte P, Q und R enthält, zu bestimmen, kann man z.B. den Vektor $\overrightarrow{P}$ als Stützvektor und die Vektoren $\overrightarrow{PQ}$ und $\overrightarrow{PR}$ als Spannvektoren verwenden. Man erhält als Parameterform:

$$E: \overrightarrow{X} = \begin{pmatrix} 1 \\ 2 \\ 0 \end{pmatrix} + \lambda \cdot \begin{pmatrix} 1 \\ -3 \\ 2 \end{pmatrix} + \mu \cdot \begin{pmatrix} -1 \\ 0 \\ 1 \end{pmatrix}; \lambda, \mu \in \mathbb{R}$$

Um damit eine Koordinatengleichung der Ebene E zu erhalten, berechnet man mit Hilfe des Vektorprodukts (siehe Seite 47) der beiden Spannvektoren einen Normalenvektor $\vec{n}$ und setzt diesen und beispielsweise den Ortsvektor $\overrightarrow{P}$ in die Punkt-Normalenform $\vec{n} \circ \left(\overrightarrow{X} - \overrightarrow{P}\right) = 0$ ein. Berechnen des Vektorprodukts liefert:

$$\begin{pmatrix} 1 \\ -3 \\ 2 \end{pmatrix} \times \begin{pmatrix} -1 \\ 0 \\ 1 \end{pmatrix} = \begin{pmatrix} -3 \\ -3 \\ -3 \end{pmatrix} = -3 \cdot \begin{pmatrix} 1 \\ 1 \\ 1 \end{pmatrix} \Rightarrow \vec{n} = \begin{pmatrix} 1 \\ 1 \\ 1 \end{pmatrix}$$

Einsetzen ergibt:

$$E: \begin{pmatrix} 1 \\ 1 \\ 1 \end{pmatrix} \circ \left(\vec{x} - \begin{pmatrix} 1 \\ 2 \\ 0 \end{pmatrix}\right) = 0$$

$$E: 1 \cdot (x_1 - 1) + 1 \cdot (x_2 - 2) + 1 \cdot (x_3 - 0) = 0$$

$$\Rightarrow E: x_1 + x_2 + x_3 = 3$$

Die Schnittpunkte S_1, S_2 und S_3 sind die Schnittpunkte von E mit den entsprechenden Koordinatenachsen:
Schneidet man E mit der x_1-Achse, gilt $x_2 = x_3 = 0$ und man erhält:
$x_1 + 0 + 0 = 3 \Rightarrow x_1 = 3 \Rightarrow S_1\,(3\,|\,0\,|\,0)$.
Für die beiden anderen Achsen ergibt sich entsprechend:
$0 + x_2 + 0 = 3 \Rightarrow x_2 = 3 \Rightarrow S_2\,(0\,|\,3\,|\,0)$ und
$0 + 0 + x_3 = 3 \Rightarrow x_3 = 3 \Rightarrow S_3\,(0\,|\,0\,|\,3)$.

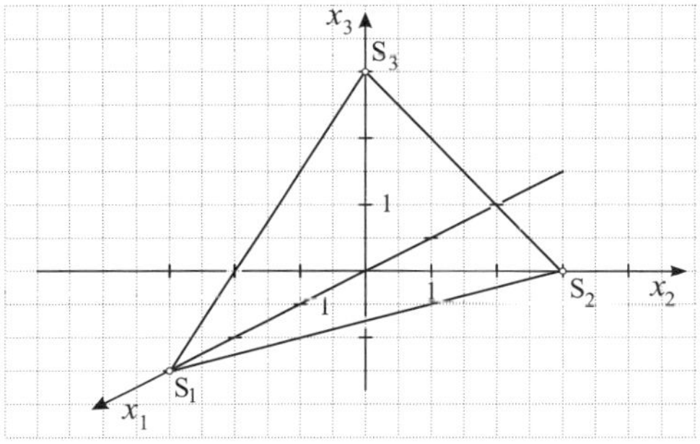

b) Das Volumen V der Pyramide, zu der das Dreieck durch S_1, S_2 und S_3 als Grundfläche und der Koordinatenursprung als Spitze gehören, erhält man mit der Formel: $V = \frac{1}{3} \cdot G \cdot h$. Als Grundfläche G der Pyramide kann man das Dreieck OS_1S_2 verwenden. Dieses hat einen Flächeninhalt von $G = \frac{1}{2} \cdot 3 \cdot 3 = \frac{9}{2}$. Die zugehörige Pyramidenhöhe h ist der Abstand von O zu S_3: $h = 3$.
Damit erhält man das Volumen der Pyramide: $V = \frac{1}{3} \cdot G \cdot h = \frac{1}{3} \cdot \frac{9}{2} \cdot 3 = 4{,}5\,\text{VE}$.

c) Alle Punkte, die von S und T denselben Abstand haben, liegen auf einer Ebene E_M, der Mittelebene der Strecke $\overline{ST}$:

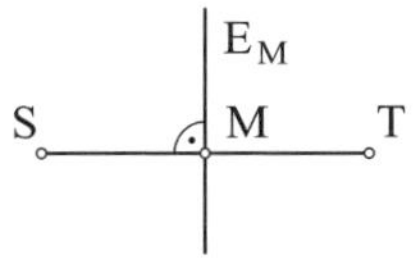

E_M verläuft durch den Mittelpunkt M der Strecke $\overline{ST}$ und ist orthogonal zur Strecke $\overline{ST}$.
Der Mittelpunkt M von $\overline{ST}$ hat die Koordinaten $M\left(\frac{2+(-2)}{2}\,\middle|\,\frac{2+(-2)}{2}\,\middle|\,\frac{5+1}{2}\right) = (0\,|\,0\,|\,3)$.
Als Normalenvektor $\vec{n}$ der Ebene E_M kann man ein Vielfaches des Verbindungsvektors

$$\overrightarrow{ST} = \begin{pmatrix} -4 \\ -4 \\ -4 \end{pmatrix} = -4 \cdot \begin{pmatrix} 1 \\ 1 \\ 1 \end{pmatrix} \text{ wählen, also z.B. } \vec{n} = \begin{pmatrix} 1 \\ 1 \\ 1 \end{pmatrix}.$$

Setzt man den Ortsvektor $\overrightarrow{M} = \begin{pmatrix} 0 \\ 0 \\ 3 \end{pmatrix}$ und den Normalenvektor $\vec{n} = \begin{pmatrix} 1 \\ 1 \\ 1 \end{pmatrix}$ in die Punkt-

Normalenform $\vec{n} \circ \left(\overrightarrow{\mathrm{M}} - \overrightarrow{\mathrm{M}}\right) = 0$ ein, erhält man:

$$\mathrm{E_M}: \begin{pmatrix} 1 \\ 1 \\ 1 \end{pmatrix} \circ \left(\overrightarrow{\mathrm{X}} - \begin{pmatrix} 0 \\ 0 \\ 3 \end{pmatrix} \right) = 0$$

$$\mathrm{E_M}:\ 1 \cdot (x_1 - 0) + 1 \cdot (x_2 - 0) + 1 \cdot (x_3 - 3) = 0$$

$$\Rightarrow \mathrm{E_M}:\ x_1 + x_2 + x_3 = 3$$

Die Ebene $\mathrm{E_M}$ ist identisch mit der Ebene E aus Aufgabe a)

d) Dass alle Punkte, die von S und T den Abstand 10 Einheiten haben, auf einem Kreis liegen, kann man folgendermaßen begründen:

Alle Punkte, die von S und T denselben Abstand haben, liegen auf einer Ebene $\mathrm{E_M}$, der Mittelebene der Strecke $\overline{\mathrm{ST}}$ (siehe Aufgabe 2.1).

Alle Punkte, die von S den Abstand 10 haben, liegen auf einer Kugel mit Mittelpunkt S und Radius 10.

Alle Punkte, die von T den Abstand 10 haben, liegen auf einer Kugel mit Mittelpunkt T und Radius 10.

Also liegen alle gesuchten Punkte auf der Schnittmenge dieser beiden Kugeln und der Mittelebene $\mathrm{E_M}$.

Die Schnittmenge dieser Kugeln mit der Mittelebene $\mathrm{E_M}$ ist ein Kreis mit Mittelpunkt $\mathrm{M}(0 \mid 0 \mid 3)$.

e) Für jeden Punkt $\mathrm{X}(x_1 \mid x_2 \mid x_3)$, dessen Abstand von $\mathrm{S}(2 \mid 2 \mid 5)$ dreimal so groß ist wie von $\mathrm{T}(-2 \mid -2 \mid 1)$, muss folgende Bedingung gelten:

$$|\overrightarrow{\mathrm{SX}}| = 3 \cdot |\overrightarrow{\mathrm{TX}}|$$

$$\sqrt{(x_1-2)^2 + (x_2-2)^2 + (x_3-5)^2} = 3 \cdot \sqrt{(x_1+2)^2 + (x_2+2)^2 + (x_3-1)^2}$$

$$(x_1-2)^2 + (x_2-2)^2 + (x_3-5)^2 = 9 \cdot \left((x_1+2)^2 + (x_2+2)^2 + (x_3-1)^2\right)$$

$$x_1^2 - 4x_1 + 4 + x_2^2 - 4x_2 + 4 + x_3^2 - 10x_3 + 25 = 9 \cdot \left(x_1^2 + 4x_1 + 4 + x_2^2 + 4x_2 + 4 + x_3^2 - 2x_3 + 1\right)$$

$$x_1^2 - 4x_1 + x_2^2 - 4x_2 + x_3^2 - 10x_3 + 33 = 9x_1^2 + 36x_1 + 9x_2^2 + 36x_2 + 9x_3^2 - 18x_3 + 81$$

$$0 = 8x_1^2 + 40x_1 + 8x_2^2 + 40x_2 + 8x_3^2 - 8x_3 + 48$$

$$0 = x_1^2 + 5x_1 + x_2^2 + 5x_2 + x_3^2 - x_3 + 6$$

$$0 = (x_1+2,5)^2 - 2,5^2 + (x_2+2,5)^2 - 2,5^2 + (x_3-0,5)^2 - 0,5^2 + 6$$

$$6,75 = (x_1+2,5)^2 + (x_2+2,5)^2 + (x_3-0,5)^2$$

Diese Gleichung beschreibt eine Kugel K mit Mittelpunkt $\mathrm{M}(-2,5 \mid -2,5 \mid 0,5)$ und Radius $r = \sqrt{6,75} \approx 2,6$.

3 Stochastik

3.1 Glücksspiel

a) Um eine Übersicht über alle möglichen Ausgänge des Spiels und deren Wahrscheinlichkeiten zu erhalten, bietet es sich an, ein Baumdiagramm zu zeichnen. Dabei ist darauf zu achten, dass sich nach Ziehung einer roten Kugel die Verhältnisse in der Urne ändern.
Es ist b: blau und r: rot.

Hinweis: Die einzelnen Ziehungen sind nicht unabhängig voneinander, da die Wahrscheinlichkeitsverteilung einer Ziehung vom Ausgang der vorherigen Ziehung abhängt. Es handelt sich hier um bedingte Wahrscheinlichkeiten, für die entsprechend der Pfadregeln (Produkt- und Summenregel) folgendes gilt:

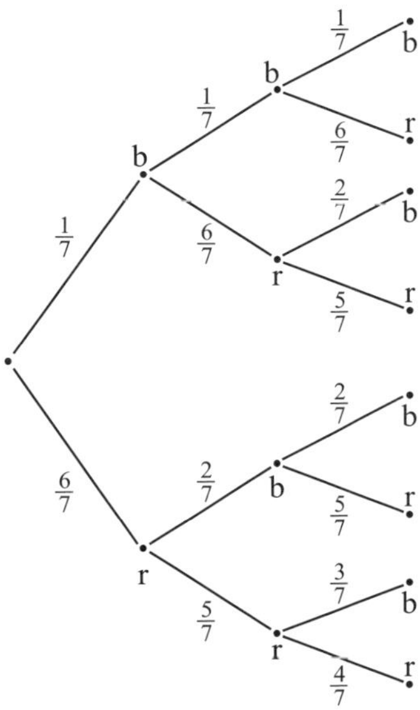

$P(A) = P(\text{nur die zweite Kugel ist rot}) = P(brb)$
$= \frac{1}{7} \cdot \frac{6}{7} \cdot \frac{2}{7} = \frac{12}{343} \approx 3{,}5\,\%$

$P(B) = P(\text{genau eine blaue Kugel})$
$= P(brr) + P(rbr) + P(rrb)$
$= \frac{1}{7} \cdot \frac{6}{7} \cdot \frac{5}{7} + \frac{6}{7} \cdot \frac{2}{7} \cdot \frac{5}{7} + \frac{6}{7} \cdot \frac{5}{7} \cdot \frac{3}{7}$
$= \frac{180}{343} \approx 52{,}5\,\%$

$P(C) = P(\text{höchstens zwei rote Kugeln})$
$= 1 - P(\text{alle Kugeln rot}) = 1 - P(rrr)$
$= 1 - \frac{6}{7} \cdot \frac{5}{7} \cdot \frac{4}{7} = \frac{223}{343} \approx 65{,}0\,\%$ (Gegenereignis).

b) Um die Gewinnerwartung des Standbesitzers pro Glücksspiel zu ermitteln, berechnet man für die einzelnen Ereignisse die Wahrscheinlichkeiten (mit Hilfe des Baumdiagramms und der Pfadregeln). Es ist
$P(\text{keine blaue Kugel}) = P(rrr) = \frac{6}{7} \cdot \frac{5}{7} \cdot \frac{4}{7} = \frac{120}{343}$.

$P(\text{genau eine blaue Kugel}) = P(brr) + P(rbr) + P(rrb) = P(B)$
$= \frac{1}{7} \cdot \frac{6}{7} \cdot \frac{5}{7} + \frac{6}{7} \cdot \frac{2}{7} \cdot \frac{5}{7} + \frac{6}{7} \cdot \frac{5}{7} \cdot \frac{3}{7} = \frac{180}{343}$

$P(\text{genau zwei blaue Kugeln}) = P(bbr) + P(brb) + P(rbb)$
$= \frac{1}{7} \cdot \frac{1}{7} \cdot \frac{6}{7} + \frac{1}{7} \cdot \frac{6}{7} \cdot \frac{2}{7} + \frac{6}{7} \cdot \frac{2}{7} \cdot \frac{2}{7} = \frac{42}{343}$.

$P(\text{drei blaue Kugeln}) = P(\text{bbb}) = \frac{1}{7} \cdot \frac{1}{7} \cdot \frac{1}{7} = \frac{1}{343}$.

Wird der Einsatz des Spielers mit x Euro angesetzt, erhält man folgende Tabelle:

Anzahl blaue Kugeln	0	1	2	3
Wahrscheinlichkeit	$\frac{120}{343}$	$\frac{180}{343}$	$\frac{42}{343}$	$\frac{1}{343}$
Gewinn des Standbesitzers in Euro	x	$x-2$	$x-10$	$x-50$

Die Gewinnerwartung $E(X)$ des Standbesitzers pro Spiel erhält man, indem man die Wahrscheinlichkeit jedes Ereignisses mit dem entsprechenden Gewinn multipliziert und anschließend aufsummiert:

$E(X) = \frac{120}{343} \cdot x + \frac{180}{343} \cdot (x-2) + \frac{42}{343} \cdot (x-10) + \frac{1}{343} \cdot (x-50) = x - \frac{830}{343}$.

Damit die langfristige Gewinnerwartung des Standbesitzers pro Spiel 0,58 Euro beträgt, muss gelten:

$E(X) = 0{,}58$. Diese Gleichung führt zu $x - \frac{830}{343} = 0{,}58$ bzw. $x = 0{,}58 + \frac{830}{343} \approx 3{,}00$.

Der Spieleinsatz muss also 3 Euro betragen.

c) Zuerst bestimmt man die Wahrscheinlichkeit für das Ereignis F: mindestens eine rote Kugel bei n Ziehungen:

Hierzu verwendet man das Gegenereignis $\overline{F}$: alle n Kugeln sind blau.

Es gilt: $P(F) = 1 - P(\overline{F}) = 1 - \left(\frac{1}{7}\right)^n$.

Der Spieler behauptet, dass $P(F) \geqslant 0{,}99$ für alle $n \geqslant 2$.

Nun berechnet man, für welche n die Wahrscheinlichkeit $P(F) \geqslant 0{,}99$ gilt:

$1 - \left(\frac{1}{7}\right)^n \geqslant 0{,}99$ führt zu $\left(\frac{1}{7}\right)^n \leqslant 0{,}01 \Rightarrow n \geqslant \frac{\ln 0{,}01}{\ln\left(\frac{1}{7}\right)} \approx 2{,}37$.

Die Behauptung des Spielers ist falsch, da $P(F) \geqslant 0{,}99$ erst für $n \geqslant 3$ gilt.

Wenn sich in der Urne statt 6 roter Kugeln nur noch 4 befinden, beträgt die Wahrscheinlichkeit, dass bei einer Ziehung eine blaue Kugel gezogen wird, $\frac{1}{5}$.

Mit der gleichen Argumentation wie oben beträgt bei n Ziehungen die Wahrscheinlichkeit für das Ereignis F^*: mindestens eine Kugel ist rot:

$P(F^*) = 1 - \left(\frac{1}{5}\right)^n$.

Da diese mindestens 99 % betragen soll, muss gelten:

$1 - \left(\frac{1}{5}\right)^n = 0{,}99 \Rightarrow \left(\frac{1}{5}\right)^n = 0{,}01 \Rightarrow \ln\left(\frac{1}{5}\right)^n = \ln(0{,}01) \Rightarrow n \cdot \ln\left(\frac{1}{5}\right) = \ln(0{,}01)$

$\Rightarrow n = \frac{\ln(0{,}01)}{\ln\left(\frac{1}{5}\right)} \approx 2{,}86$.

Auch wenn die Anzahl der roten Kugeln auf 4 reduziert wird, muss man also mindestens dreimal ziehen, um mit einer Wahrscheinlichkeit von mindestens 99 % mindestens eine rote Kugel zu ziehen.

3.2 Handys

a) Da bei den Handys nur die Ausfälle «fehlerhaft» und «fehlerfrei» unterschieden werden, kann die Ziehung eines Handys als Bernoulli-Experiment angesehen werden. Ferner handelt es sich um Massenproduktion, so dass sich die Wahrscheinlichkeit beim Ziehen ohne Zurücklegen nur unwesentlich ändert. Somit kann mit einer binomialverteilten Zufallsgröße der Kettenlänge $n = 100$ mit der Trefferwahrscheinlichkeit $p = 0,1$ für «Handy ist fehlerhaft» gerechnet werden; die Zufallsvariable X gebe also die Anzahl der fehlerhaften Handys an.

Es ergeben sich mit Hilfe einer Tabelle für die gesuchten Ereignisse folgende Wahrscheinlichkeiten:
$P(A) = P(\text{weniger als 5 fehlerhafte Handys}) = P(X \leqslant 4) = 0,0237 = 2,37\,\%$.
$P(B) = P(\text{genau 3 fehlerhafte Handys})$
$= P(X = 3) = P(X \leqslant 3) - P(X \leqslant 2) = 0,0078 - 0,0019 = 0,0059 = 0,59\,\%$.
$P(C) = P(\text{mindestens 90 Handys funktionieren}) = P(\text{höchstens 10 fehlerhafte Handys})$
$= P(X \leqslant 10) = 0,5832 = 58,32\,\%$.

b) Es sei F: Handy fehlerhaft und A: Handy ausgesondert.
Es gelten entsprechend der gegebenen Daten folgende Wahrscheinlichkeiten:
$P(F) = 0,1$ und $P(\overline{F} \cap A) = 0,04$ sowie $P(\overline{A}) = 0,93$.
Hieraus folgt: $P(\overline{F}) = 1 - P(F) = 1 - 0,1 = 0,9$ und $P(A) = 1 - P(\overline{A}) = 1 - 0,93 = 0,07$.
Trägt man diese Wahrscheinlichkeiten in eine Vierfeldertafel ein und ergänzt diese, so ergibt sich:

	A	$\overline{A}$	
F	0,03	0,07	0,1
$\overline{F}$	0,04	0,86	0,9
	0,07	0,93	1

Die Wahrscheinlichkeit, dass ein Handy fehlerhaft ist und ausgesondert wird, kann aus der Vierfeldertafel abgelesen werden: $P(F \cap A) = 0,03 = 3\,\%$.
Der Anteil der fehlerhaften und ausgesonderten Handys im Verhältnis zu allen fehlerhaften Handys ist: $\frac{0,03}{0,1} = 30\,\%$.

c) Die Nullhypothese lautet: H_0: $p \leqslant 0,04$ bei Treffer «Handy fehlerhaft» und $n = 100$.
Es handelt sich um einen rechtsseitigen Test mit der Irrtumswahrscheinlichkeit $\alpha = 5\,\%$.
Ist X die Anzahl der fehlerhaften Handys, so liefert die Tabelle:
$P(X \leqslant 6) = 0,8936 \Rightarrow P(X > 6) = 1 - P(X \leqslant 6) = 1 - 0,8936 = 0,1064 = 10,64\,\%$.
$P(X \leqslant 7) = 0,9525 \Rightarrow P(X > 7) = 1 - P(X \leqslant 7) = 1 - 0,9525 = 0,0475 = 4,75\,\%$.
Da für die Zahlen des Ablehnungsbereichs $\overline{A^*}$ die Wahrscheinlichkeit höchstens den Wert $\alpha = 5\,\%$ erreichen darf, ist der Ablehnungsbereich $\overline{A^*} = \{8, ..., 100\}$ und der Annahmebe-

reich ist demzufolge $A^* = \{0, ..., 7\}$..
Da 7 nicht im Ablehnungsbereich liegt, kann der Großhändler nicht schließen, dass die Firma Noko eine falsche Angabe gemacht hat.

3.3 Überraschungseier

a) Allgemein gilt für eine binomialverteilte Zufallsvariable X mit Kettenlänge n und Trefferwahrscheinlichkeit p: Die Wahrscheinlichkeit für genau k Treffer beträgt:
$P(X=k) = \binom{n}{k} \cdot p^k \cdot (1-p)^{n-k}$.
In diesem Fall beschreibt X die Anzahl der Überraschungseier, die eine Filmfigur enthalten, wenn man zufällig 20 Eier erwirbt: $n = 20$, $p = \frac{1}{5}$.
Die Rechnung: $\binom{20}{2} \cdot \left(\frac{1}{5}\right)^2 \cdot \left(\frac{4}{5}\right)^{18} \approx 0{,}1369$ liefert somit die Wahrscheinlichkeit $P(X = 2)$, d.h. die Wahrscheinlichkeit, dass bei 20 Eiern genau zwei Eier eine Figur aus dem Film enthalten beträgt etwa 0,1369 bzw. etwa 14 %.
Für die Wahrscheinlichkeit des Ereignisses A, dass sich in keinem Ei eine Filmfigur befindet, gilt mit $k = 0$ entsprechend:
$P(A) = P(X=0) = \binom{20}{0} \cdot \left(\frac{1}{5}\right)^0 \cdot \left(\frac{4}{5}\right)^{20} = \left(\frac{4}{5}\right)^{20} \approx 0{,}0115$ bzw. etwa 1 %.
Für die Wahrscheinlichkeit des Ereignisses B, dass sich in höchstens zwei Eiern eine Filmfigur befindet, erhält man durch Aufsummieren der Wahrscheinlichkeiten für $k = 0$, $k = 1$, und $k = 2$:

$$\begin{aligned} P(B) &= P(X=0) + P(X=1) + P(X=2) \\ &= \binom{20}{0} \cdot \left(\tfrac{1}{5}\right)^0 \cdot \left(\tfrac{4}{5}\right)^{20} + \binom{20}{1} \cdot \left(\tfrac{1}{5}\right)^1 \cdot \left(\tfrac{4}{5}\right)^{19} + \binom{20}{2} \cdot \left(\tfrac{1}{5}\right)^2 \cdot \left(\tfrac{4}{5}\right)^{18} \\ &\approx 0{,}0115 + 0{,}0577 + 0{,}1369 = 0{,}2061 \text{ bzw. etwa } 21\,\%. \end{aligned}$$

b) Um zu berechnen, wie viele Überraschungseier ein Käufer mindestens kaufen muss, um mit einer Sicherheit von 99,9 % mindestens ein Überraschungsei mit einer Filmfigur zu erhalten, stellt man folgende Ungleichung auf (wobei X wieder Zufallsvariable für die Anzahl der Filmfiguren bei n gekauften Eiern ist): $P(X \geqslant 1) \geqslant 0{,}999$.
Das Gegenereignis zu $X \geqslant 1$ ist $X < 1$, also $X = 0$ («keine Filmfigur»)
Wegen $P(X \geqslant 1) = 1 - P(X = 0)$ folgt:
$P(X \geqslant 1) \geqslant 0{,}999 \Rightarrow 1 - P(X=0) \geqslant 0{,}999 \Rightarrow 1 - 0{,}999 \geqslant P(X=0)$
$\Rightarrow P(X=0) \leqslant 0{,}001$.
Es ist: $P(X=0) = \binom{n}{0} \cdot p^0 \cdot (1-p)^n = 1 \cdot 1 \cdot \left(\frac{4}{5}\right)^n$ und somit erhält man:
$P(X=0) = \left(\frac{4}{5}\right)^n \leqslant 0{,}001 \Rightarrow \ln\left(\frac{4}{5}\right)^n \leqslant \ln(0{,}001) \Rightarrow n \cdot \ln\left(\frac{4}{5}\right) \leqslant \ln(0{,}001)$
$\Rightarrow n \geqslant \frac{\ln(0{,}001)}{\ln\left(\frac{4}{5}\right)} \approx 30{,}96$.
Es müssen also mindestens 31 Eier gekauft werden.

c) Um die Zusammenhänge in einem Baumdiagramm darstellen zu können, überlegt man sich zunächst, welche Fälle auftreten können. Man kann insgesamt vier Fälle unterscheiden:
1. F_1 tritt auf und F_2 tritt auf

2. F_1 tritt auf und F_2 tritt nicht auf
3. F_1 tritt nicht auf und F_2 tritt auf
4. F_1 tritt nicht auf und F_2 tritt nicht auf

Im Folgenden bezeichnet $\overline{F_1}$ bzw. $\overline{F_2}$ den Fall, dass Fehler F_1 bzw. F_2 nicht auftritt («Gegenereignis»). Außerdem ist $P(F_1) = 0,075$ und $P\left(\overline{F_1} \cap \overline{F_2}\right) = 0,9$ (laut Aufgabenstellung). In einem Baumdiagramm lässt sich dieser Zusammenhang so darstellen:

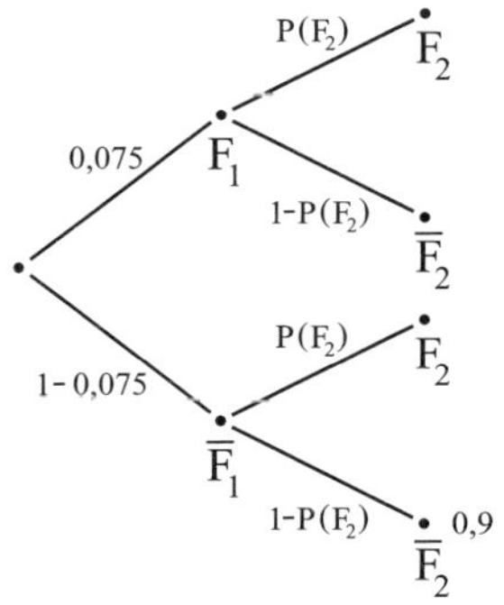

Die Fehler treten unabhängig voneinander auf, also kann die Produktregel angewendet werden:

P(«Ei ist einwandfrei») $= P\left(\overline{F_1} \cap \overline{F_2}\right) = P\left(\overline{F}_1\right) \cdot P\left(\overline{F}_2\right) = 0,9$ und es gilt: $P(F_1) = 0,075$.

Mit $P\left(\overline{F_1}\right) = 1 - P(F_1)$ bzw. $P\left(\overline{F_2}\right) = 1 - P(F_2)$ folgt:

$P\left(\overline{F_1}\right) \cdot P\left(\overline{F_2}\right) = (1 - 0,075) \cdot (1 - P(F_2)) = 0,9 \Rightarrow 1 - P(F_2) = \frac{0,9}{0,925} = \frac{36}{37}$

$\Rightarrow P(F_2) = 1 - \frac{36}{37} \approx 0,027.$

Der Fehler F_2 tritt also mit einer Wahrscheinlichkeit von etwa $2,7\,\%$ auf.

Binomialverteilung – Summenverteilung

$$P(X \leqslant k) = F_{n;p}(k) = \sum_{i=0}^{k} \binom{n}{i} \cdot p^i \cdot (1-p)^{n-i}$$

		p												
n	k	0,02	0,03	0,04	0,05	0,10	1/6	0,20	0,30	1/3	0,40	0,50	k	n
	0	0,6676	5438	4420	3585	1216	0261	0115	0008	0003	0000	0000	19	
	1	9401	8802	8103	7358	3917	1304	0692	0076	0033	0005	0000	18	
	2	9929	9790	9561	9245	6769	3287	2061	0355	0176	0036	0002	17	
	3	9994	9973	9926	9841	8670	5665	4114	1071	0604	0160	0013	16	
	4		9997	9990	9974	9568	7687	6296	2375	1515	0510	0059	15	
	5			9999	9997	9887	8982	8042	4164	2972	1256	0207	14	
	6					9976	9629	9133	6080	4793	2500	0577	13	
	7					9996	9887	9679	7723	6615	4159	1316	12	
20	8					9999	9972	9900	8867	8095	5956	2517	11	20
	9						9994	9974	9520	9081	7553	4119	10	
	10						9999	9994	9829	9624	8725	5881	9	
	11							9999	9949	9870	9435	7483	8	
	12								9987	9963	9790	8684	7	
	13								9997	9991	9935	9423	6	
	14									9998	9984	9793	5	
	15										9997	9941	4	
	16											9987	3	
	17											9998	2	
	0	0,3642	2181	1299	0769	0052	0001	0000	0000	0000	0000	0000	49	
	1	7358	5553	4005	2794	0338	0012	0002	0000	0000	0000	0000	48	
	2	9216	8108	6767	5405	1117	0066	0013	0000	0000	0000	0000	47	
	3	9822	9372	8609	7604	2503	0238	0057	0000	0000	0000	0000	46	
	4	9968	9832	9510	8964	4312	0643	0185	0002	0000	0000	0000	45	
	5	9995	9963	9856	9622	6161	1388	0480	0007	0001	0000	0000	44	
	6	9999	9993	9964	9882	7702	2506	1034	0025	0005	0000	0000	43	
	7		9999	9992	9968	8779	3911	1904	0073	0017	0000	0000	42	
	8			9999	9992	9421	5421	3073	0183	0050	0002	0000	41	
	9				9998	9755	6830	4437	0402	0127	0008	0000	40	
	10					9906	7986	5836	0789	0284	0022	0000	39	
	11					9968	8827	7107	1390	0570	0057	0000	38	
	12					9990	9373	8139	2229	1035	0133	0002	37	
	13					9997	9693	8894	3279	1715	0280	0005	36	
	14					9999	9862	9393	4468	2612	0540	0013	35	
	15						9943	9692	5692	3690	0955	0033	34	
	16						9978	9856	6839	4868	1561	0077	33	
	17						9992	9937	7822	6046	2369	0164	32	
50	18						9998	9975	8594	7126	3356	0325	31	50
	19						9999	9991	9152	8036	4465	0595	30	
	20							9997	9522	8741	5610	1013	29	
	21							9999	9749	9244	6701	1611	28	
	22								9877	9576	7660	2399	27	
	23								9944	9778	8438	3359	26	
	24								9976	9892	9022	4439	25	
	25								9991	9951	9427	5561	24	
	26								9997	9979	9686	6641	23	
	27								9999	9992	9840	7601	22	
	28									9997	9924	8389	21	
	29									9999	9960	8987	20	
	30										9986	9405	19	
	31										9995	9675	18	
	32										9998	9836	17	
	33										9999	9923	16	
	34											9967	15	
	35											9987	14	
	36											9995	13	
	37											9968	12	
n		0,98	0,97	0,96	0,95	0,90	5/6	0,80	0,70	2/3	0,60	0,50	k	n
		p												

Nicht aufgeführte Werte sind gleich 1
(auf 4 Stellen hinter dem Komma)

Für $p \geqslant 0,5$ wird von unten abgelesen.
Dabei gilt:
$P(X \leqslant k) = 1 -$ abgelesener Wert von p

Beispiel:
$F_{50;0,60}(25) = 1 - 0,9022 = 0,0978$

		p												
n	k	0,02	0,03	0,04	0,05	0,10	1/6	0,20	0,30	1/3	0,40	0,50	k	n
	0	0,1326	0476	0169	0059	0000	0000	0000	0000	0000	0000	0000	99	
	1	4033	1946	0872	0371	0003	0000	0000	0000	0000	0000	0000	98	
	2	6767	4198	2321	1183	0019	0000	0000	0000	0000	0000	0000	97	
	3	8590	6472	4295	2578	0078	0000	0000	0000	0000	0000	0000	96	
	4	9492	8179	6289	4360	0237	0001	0000	0000	0000	0000	0000	95	
	5	9845	9192	7884	6160	0576	0004	0000	0000	0000	0000	0000	94	
	6	9959	9688	8936	7660	1172	0013	0001	0000	0000	0000	0000	93	
	7	9991	9894	9525	8720	2061	0038	0003	0000	0000	0000	0000	92	
	8	9998	9968	9810	9369	3209	0095	0009	0000	0000	0000	0000	91	
	9		9991	9932	9718	4513	0213	0023	0000	0000	0000	0000	90	
	10		9998	9978	9885	5832	0427	0057	0000	0000	0000	0000	89	
	11			9993	9957	7030	0777	0126	0000	0000	0000	0000	88	
	12			9998	9985	8018	1297	0253	0000	0000	0000	0000	87	
	13				9995	8761	2000	0469	0001	0000	0000	0000	86	
	14				9999	9274	2874	0804	0002	0000	0000	0000	85	
	15					9601	3877	1285	0004	0000	0000	0000	84	
	16					9794	4942	1923	0010	0001	0000	0000	83	
	17					9900	5994	2712	0022	0002	0000	0000	82	
	18					9954	6965	3621	0045	0005	0000	0000	81	
	19					9980	7803	4602	0089	0011	0000	0000	80	
	20					9992	8481	5595	0165	0024	0000	0000	79	
	21					9997	8998	6540	0288	0048	0000	0000	78	
	22					9999	9370	7389	0479	0091	0001	0000	77	
	23						9621	8109	0755	0164	0003	0000	76	
	24						9783	8686	1136	0281	0006	0000	75	
	25						9881	9125	1631	0458	0012	0000	74	
	26						9938	9442	2244	0715	0024	0000	73	
	27						9969	9658	2964	1066	0046	0000	72	
	28						9985	9800	3768	1524	0084	0000	71	
	29						9993	9888	4623	2093	0148	0000	70	
	30						9997	9939	5491	2766	0248	0000	69	
	31						9999	9969	6331	3525	0398	0001	68	
	32							9985	7107	4344	0615	0002	67	
	33							9993	7793	5188	0913	0004	66	
100	34							9997	8371	6019	1303	0009	65	100
	35							9999	8839	6803	1795	0018	64	
	36							9999	9201	7511	2386	0033	63	
	37								9470	8123	3068	0060	62	
	38								9660	8630	3822	0105	61	
	39								9790	9034	4621	0176	60	
	40								9875	9341	5433	0284	59	
	41								9928	9566	6225	0443	58	
	42								9960	9724	6967	0666	57	
	43								9979	9831	7635	0967	56	
	44								9989	9900	8211	1356	55	
	45								9995	9943	8689	1841	54	
	46								9997	9969	9070	2421	53	
	47								9999	9983	9362	3087	52	
	48								9999	9991	9577	3822	51	
	49									9996	9729	4602	50	
	50									9998	9832	5398	49	
	51									9999	9900	6178	48	
	52										9942	6914	47	
	53										9968	7579	46	
	54										9983	8159	45	
	55										9991	8644	44	
	56										9996	9033	43	
	57										9998	9334	42	
	58										9999	9557	41	
	59											9716	40	
	60											9824	39	
	61											9895	38	
	62											9940	37	
	63											9967	36	
	64											9982	35	
	65											9991	34	
	66											9996	33	
	67											9998	32	
	68											9999	31	
n		0,98	0,97	0,96	0,95	0,90	5/6	0,80	0,70	2/3	0,60	0,50	k	n
		p												

Nicht aufgeführte Werte sind gleich 1
(auf 4 Stellen hinter dem Komma)

Für $p \geqslant 0,5$ wird von unten abgelesen.
Dabei gilt:
$P(X \leqslant k) = 1 -$ abgelesener Wert von p

Beispiel:
$F_{100;0,60}(50) = 1 - 0,9729 = 0,0271$

Stichwortverzeichnis

Ihr Feedback zu diesem Buch

Für Ihre Anregungen, Hinweise und Bewertungen sind wir dankbar und offen.
Sie helfen damit, dieses Buch noch weiter zu optimieren ... für einen bestmöglichen Erfolg im Mathe-Abi.

Als einfache und schnelle Verfahren bieten sich folgende Wege für Ihr Feedback an:

* per Post: einfach dieses Blatt im frankierten Umschlag zurücksenden;
* per Fax: an unsere Faxnummer 0761 45699 45;
* per E-mail: an info@freiburger-verlag.de;
* per Internet: unter www.freiburger-verlag.de.

Besten Dank für Ihre Mithilfe! Zudem erhalten Sie für alle Vorschläge, die in Folgeauflagen eingearbeitet werden, als Dankeschön eine kleine Aufmerksamkeit von uns.

Erfolg im Mathe-Abi Bayern
Das Übungsbuch für das Grundwissen

Seite	Anregung

Erfolg im Mathe-Abi Bayern

Das Übungsbuch für das Grundwissen

Freiburger Verlag GmbH
›Erfolg im Mathe-Abi‹
Hartkirchweg 37

79111 Freiburg

Fax: 0761 45699 45

Absender:

Name / Vorname / Position	Kundennummer, falls bekannt
Straße / Nr.	Schule
PLZ / Ort	Klasse
Tel. für Rückfragen	Schuladresse
email-Adresse	

Besten Dank für Ihre Mithilfe!
Ihr Freiburger-Verlags-Team